ISBN 2-01-166635-X

79, boulevard Saint-Germain, F 75006 Paris

Maths

Term S

FAIRE LE POINT

Philippe ANGOT

François DUBOIS

Professeurs agrégés au lycée
F. Villon des Mureaux

HACHETTE
Éducation

PRÉFACE

Cet ouvrage s'adresse à tous les élèves de Terminale S, à ceux qui ont choisi l'enseignement de spécialité « mathématiques », comme aux autres. Il apporte toutes les bases et les exercices pour une bonne préparation au baccalauréat. Il est particulièrement recommandé aux élèves qui se heurtent aux principales difficultés du programme et qui manquent de méthode ou d'exemples pour parvenir à les surmonter.
Sa présentation claire en fait un outil pratique et efficace pour progresser, se perfectionner et, bien entendu, se préparer à l'épreuve du baccalauréat.

Dans chaque chapitre (*), vous trouverez :

- un rappel de cours clair et concis (rubrique **« À retenir ! »**) ;
- un exposé de deux ou trois savoir-faire de base du chapitre (rubrique **« Comment faire ? »**), avec pour chacun d'eux :

 — un **exercice type** dont l'approche et la résolution ont été rédigées de façon détaillée pour en dégager toutes les étapes et les articulations ;

 — un **résumé de la méthode** employée (encadré **« En bref ! »**) ;

 — des **exercices d'application** issus des questions des baccalauréats des années récentes, ou très semblables à ceux-là, qui vous permettront d'utiliser et d'assimiler ce que vous venez de voir ;

- enfin, sous l'intitulé **« Faire le point »**, quelques exercices plus complets et de difficulté un peu supérieure. Ces exercices vous permettront de faire la synthèse des méthodes abordées dans le chapitre et d'en voir les éventuels prolongements.

Les **solutions de toutes les applications et des exercices de la rubrique « Faire le point »** sont regroupées en fin de chapitre. Si vous n'arrivez pas à faire un exercice, ne vous précipitez pas sur la solution. Essayez plutôt d'étudier à nouveau l'exemple proposé et la méthode qui s'y rattache ; c'est ainsi que vous mettrez le plus de chances de votre côté pour atteindre les exigences du baccalauréat.

Plus qu'une suite de « recettes », ce livre montre des exemples de démarches à engager face à un énoncé. Si la maîtrise des techniques — de calcul, en particulier — est indispensable à la résolution des problèmes, tout aussi essentielle nous semble la méthode.
Nous souhaitons que cet ouvrage vous permette d'acquérir les bons réflexes, ceux qui vous donneront l'aisance nécessaire pour aborder, avec confiance et sérénité, l'épreuve de mathématiques du baccalauréat.

Les auteurs

(*) Dans le sommaire, on a spécifié les chapitres faisant partie de l'enseignement de spécialité. À l'intérieur de l'ouvrage, ces mêmes chapitres sont signalés par un astérisque.

SOMMAIRE

1

DÉNOMBREMENT ET APPLICATION AUX PROBABILITÉS

OBJECTIFS

- *Étudier la partition d'un ensemble*
- *Résoudre un exercice de dénombrement*
- *Appliquer le dénombrement au calcul des probabilités*

À RETENIR !

CARDINAL D'UN ENSEMBLE FINI

- **Définition**

Le **cardinal** d'un ensemble fini E est le nombre d'éléments de cet ensemble. On le note Card E.

• Propriétés

- Si A et B sont deux sous-ensembles de E tels que $A \cap B = \varnothing$, alors :
$$\text{Card}(A \cup B) = \text{Card } A + \text{Card } B.$$
- Si A et B sont deux sous-ensembles quelconques de E, alors :
$$\text{Card}(A \cup B) = \text{Card } A + \text{Card } B - \text{Card}(A \cap B).$$
- Si A est un sous-ensemble de E, alors :
$$\text{Card } \overline{A} = \text{Card } E - \text{Card } A.$$

($\overline{A}$ étant le complémentaire de A dans E.)

LISTES ORDONNÉES D'ÉLÉMENTS

• p-listes :

Soient E un ensemble fini et p un entier strictement positif.
Une liste ordonnée de p éléments de E, dans laquelle chaque élément peut éventuellement être répété plusieurs fois, s'appelle **une p-liste de E.**

L'ensemble des p-listes de E se note E^p.

Soient E un ensemble de cardinal n, et p un entier strictement positif. Le nombre de p-listes de E est n^p.

On a donc $\text{Card}(E^p) = (\text{Card } E)^p$.

• Arrangements

Soient E un ensemble fini de cardinal n, et p un entier vérifiant $0 \leqslant p \leqslant n$.
Une liste ordonnée de p éléments distincts de E s'appelle un **arrangement** de p éléments de E.

On dit aussi : « arrangement de p éléments pris parmi n ».

Le nombre d'arrangements de p éléments pris parmi n, que l'on note A_n^p, est :

$$A_n^p = n \times (n-1) \times (n-2) \times ... \times (n-p+1).$$

L'écriture de A_n^p comporte p facteurs.

• Permutations

Soit E un ensemble fini de cardinal n.
Une **permutation** de E est une liste ordonnée contenant les n éléments de E.
Le nombre de permutations de E est :

$$n \times (n-1) \times (n-2) \times ... \times 3 \times 2 \times 1.$$

Pour tout entier n, on note $\boldsymbol{n}\,!$ (« factorielle n ») le produit :

$$n \times (n-1) \times (n-2) \times ... \times 3 \times 2 \times 1.$$

Dans ce cas, le nombre de permutations de E est $n\,!$.
On convient que $0\,! = 1$ et $1\,! = 1$.
On a également $n\,! = A_n^n$, et, pour tout p vérifiant $0 \leqslant p \leqslant n$:

$$A_n^p = \frac{n\,!}{(n-p)\,!}.$$

SOUS-ENSEMBLES

• Combinaisons

Soient E un ensemble de cardinal n, et p un entier tel que $0 \leqslant p \leqslant n$.
Un sous-ensemble (non ordonné) de p éléments de E (distincts) s'appelle une **combinaison de *p* éléments de *E*.**

On dit aussi : « combinaison de p éléments pris parmi n ».

Le nombre de combinaisons de p éléments pris parmi n, que l'on note C_n^p ou $\binom{n}{p}$, est :

$$C_n^p = \frac{n\,!}{p\,!(n-p)\,!}.$$

$$C_n^p = \frac{A_n^p}{p\,!}.$$

• Propriétés des C_n^p

Pour tous entiers naturels n et p tels que $p \leqslant n$, on a :

$$C_n^p = C_n^{n-p}.$$

Pour tous entiers naturels n et p tels que $1 \leqslant p < n$, on a :

$$C_{n-1}^{p-1} + C_{n-1}^p = C_n^p.$$

Remarque :

Cette relation permet de construire le triangle de Pascal : tableau dans lequel on lit C_n^p à l'intersection de la n^{e} ligne et de la p^{e} colonne.

n \ p	0	1	2	3	4	5	6
0	1						
1	1	1					
2	1	2	1				
3	1	3	3	1			
4	1	4	6	4	1		
5	1	5	10	10	5	1	
6	1	6	15	20	15	6	1

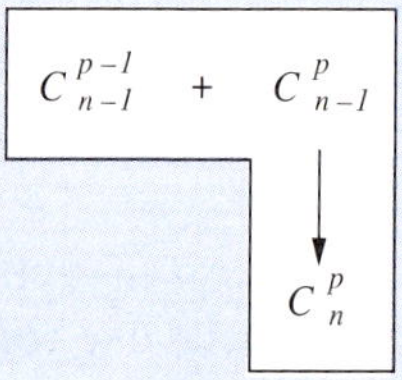

• Binôme de Newton

Pour tous nombres réels ou complexes a et b, et pour tout $n \in \mathbb{N}$, on a :

$$(a+b)^n = \sum_{k=0}^{n} C_n^k \, a^k b^{n-k}.$$

COMMENT FAIRE ?

ÉTUDIER LA PARTITION D'UN ENSEMBLE

Exemple

Dans une classe de 30 élèves, 21 étudient l'anglais, 14 étudient l'allemand, 3 n'étudient ni l'anglais, ni l'allemand.
Combien d'élèves étudient les deux langues ?

Notons E l'ensemble des 30 élèves, A l'ensemble de ceux qui étudient l'anglais et G l'ensemble de ceux qui étudient l'allemand.
D'après l'énoncé : Card $E = 30$; Card $A = 21$; Card $G = 14$.
L'ensemble des élèves n'étudiant aucune des deux langues est $\overline{A \cup G}$. (C'est le complémentaire de l'ensemble de ceux qui en étudient au moins une.)

On a $\text{Card}\left(\overline{A \cup G}\right) = 3$.

Donc $\text{Card}(A \cup G) = \text{Card } E - \text{Card}\left(\overline{A \cup G}\right)$,
$= 30 - 3 = 27$.

L'ensemble de ceux qui étudient les deux langues est $A \cap G$.

D'après le cours : $\text{Card}(A \cup G) = \text{Card } A + \text{Card } G - \text{Card}(A \cap G)$,
d'où : $\text{Card}(A \cap G) = 21 + 14 - 27$,
$\text{Card}(A \cap G) = 8$.

Il y a donc 8 élèves qui étudient les deux langues.

EN BREF !

Les formules
$\text{Card}(A \cup B) = \text{Card } A + \text{Card } B - \text{Card}(A \cap B)$
et $\text{Card } \overline{A} = \text{Card } E - \text{Card } A$ permettent de résoudre ce type d'exercices. La principale difficulté est en fait la traduction de l'énoncé en termes d'union ou d'intersection d'ensembles. Bien repérer alors les mots tels que « et » (intersection) « ou » (union), ainsi que les phrases négatives (complémentaire). Ne pas hésiter de plus à faire un schéma représentant les ensembles.

APPLICATIONS

1 Dans un collège de 300 élèves, une enquête a donné les résultats suivants :

- 200 élèves aiment la lecture ;
- 180 élèves aiment le sport ;
- 60 élèves n'aiment ni le sport, ni la lecture.

1° Combien d'élèves n'aiment que la lecture ?
2° Combien d'élèves n'aiment que le sport ?
3° Combien d'élèves aiment à la fois le sport et la lecture ?

(D'après bac, 1993.)

2 Un enquêteur s'adresse à un groupe de 20 personnes au sujet de leurs loisirs : intérêt pour le tennis dans la pratique, ou comme spectacle à la télévision.
Parmi ces 20 personnes, on sait que 15 regardent des tournois de tennis à la télévision, 8 pratiquent ce sport et 5 font les deux.
Combien de personnes ne s'intéressent pas au tennis, ni dans la pratique, ni à la télévision ?

RÉSOUDRE UN EXERCICE DE DÉNOMBREMENT

Exemples

1° Une urne contient 12 boules numérotées : 5 boules noires, 3 boules blanches et 4 boules rouges. On tire simultanément 5 boules.
***a*) Combien y a-t-il de tirages possibles ?**
***b*) Combien y a-t-il de tirages possibles comportant 2 noires et 3 blanches ?**
***c*) Combien y a-t-il de tirages possibles comportant 2 rouges, 1 noire et 2 blanches ?**
2° Mêmes questions lorsque les 5 boules sont tirées successivement avec remise.
3° Mêmes questions lorsque les 5 boules sont tirées successivement sans remise.

1° *a*) Les 5 boules sont tirées simultanément. Un tirage est donc une combinaison de 5 boules prises parmi 12. (On ne tient pas compte de l'ordre dans lequel les boules sont tirées.)

Il y a donc $C_{12}^{5} = \dfrac{12 \times 11 \times 10 \times 9 \times 8}{5 \times 4 \times 3 \times 2 \times 1}$ = **792 tirages possibles.**

b) Puisque l'on ne tient pas compte de l'ordre, un tirage est composé de 2 boules noires prises parmi 5 ($C_5^2 = 10$ choix possibles) et de 3 blanches prises parmi 3 ($C_3^3 = 1$ choix possible).
Il y a donc $C_5^2 \times C_3^3 = 10$ **tirages** contenant 2 noires et 3 blanches.

c) Un tirage est composé de 2 rouges prises parmi 4 ($C_4^2 = 6$ choix possibles), de 1 noire prise parmi 5 ($C_5^1 = 5$ choix) et de 2 blanches prises parmi 3 ($C_3^2 = 3$ choix).
Il y a donc $C_4^2 \times C_5^1 \times C_3^2 = 6 \times 5 \times 3 = 90$ **tirages** contenant 2 rouges, 1 noire et 2 blanches.

2° *a*) Cette fois les 5 boules sont tirées successivement et avec remise. (On tient compte alors de l'ordre dans lequel elles sont tirées.)
Un tirage est donc une « 5-listes » de 5 éléments pris parmi 12.
Il y a donc $12^5 = 248\,832$ **tirages possibles.**

b) Le tirage est composé de 2 boules noires prises parmi 5 ($5^2 = 25$ choix possibles) et de 3 blanches prises parmi 3 ($3^3 = 27$ choix possibles). Comme ici l'ordre intervient, il faut tenir compte des $C_5^2 = 10$ façons de les répartir. (C_5^2 est le nombre de façons de choisir, par exemple, les positions des 2 noires parmi les 5 que contient le tirage.)
Il y a donc $C_5^2 \times 5^2 \times 3^3 = 10 \times 25 \times 27 = 6\,750$ **tirages contenant 2 noires et 3 blanches.**

c) Le tirage est cette fois composé de 2 rouges tirées parmi 4 ($4^2 = 16$ choix possibles), de 1 noire parmi 5 (5 choix possibles) et de 2 blanches parmi 3 ($3^2 = 9$ choix possibles). De plus, il y a $C_5^2 = 10$ façons de placer les 2 rouges parmi les 5 places libres, puis 3 façons de placer la noire (il reste 3 places libres), et enfin une façon de placer les 2 blanches restantes.
Au total il y a $C_5^2 \times 3 \times 4^2 \times 5 \times 3^2 = 21\,600$ **tirages contenant 2 rouges, 1 noire et 2 blanches.**

3° *a*) Cette fois-ci les 5 boules sont tirées successivement et sans remise. Un tirage est donc un arrangement de 5 éléments pris parmi 12.
Il y a donc $A_{12}^5 = 12 \times 11 \times 10 \times 9 \times 8 = 95\,040$ **tirages possibles.**

b) La méthode est identique à celle du **2°**. Il y a $A_5^2 = 5 \times 4 = 20$ façons de tirer les 2 noires parmi 5 et $A_3^3 = 3 \times 2 \times 1 = 6$ façons de tirer les 3 blanches parmi 3. En tenant compte des C_5^2 manières de les répartir, il y a donc $C_5^2 \times A_5^2 \times A_3^3 = 10 \times 20 \times 6 = 1\,200$ **tirages contenant 2 noires et 3 blanches.**

c) Le tirage est cette fois composé de 2 rouges tirées parmi 4 ($A_4^2 = 4 \times 3 = 12$ choix possibles), de 1 noire parmi 5 (5 choix possibles) et de 2 blanches parmi 3 ($A_3^2 = 3 \times 2 = 6$ choix possibles).
Il y a toujours $C_5^2 \times 3$ façons de les répartir sur les 5 positions.
En conclusion, il y a $C_5^2 \times 3 \times A_4^2 \times 5 \times A_3^2 = 10\,800$ **tirages contenant 2 rouges, 1 noire et 2 blanches.**

EN BREF !

Pour pouvoir appliquer efficacement les formules du cours, on doit tout d'abord se poser les questions suivantes : les éléments à dénombrer sont-ils ordonnés ou non ? y a-t-il remise ou non ? Bien souvent les réponses sont présentes dans l'énoncé.
Pour savoir alors quel modèle utiliser, on pourra mémoriser le tableau suivant :

	avec ordre	**sans ordre**
avec remise	p-listes n^p	
sans remise	arrangements ou permutations A_n^p ou n !	combinaisons C_n^p

Malheureusement, la situation n'est pas toujours si simple et il faut quelquefois combiner les différentes formules (éléments choisis dans plusieurs ensembles, élément à dénombrer non ordonnés alors que le tirage se fait avec ordre...).

APPLICATIONS

3 On dispose d'un jeu de 32 cartes. On choisit au hasard 5 cartes du jeu. (On dit que l'on a une main de 5 cartes.)

1° Combien y a-t-il de mains différentes de 5 cartes ?

2° Combien y a-t-il de mains de 5 cartes ne contenant que des figures (valets, dames, rois) ?

3° Combien y a-t-il de mains de 5 cartes ne contenant aucun roi ?

4° Combien y a-t-il de mains de 5 cartes contenant au moins un roi ?

5° Combien y a-t-il de mains de 5 cartes contenant exactement un roi et exactement 3 cœurs ?

4 La COVECO est une coopérative de vente par correspondance. Chaque sociétaire est muni d'un numéro. De plus, pour commander par Minitel, il doit posséder un code secret personnel.

1° *a*) Le numéro de sociétaire est formé d'un numéro de six chiffres suivi d'une lettre, répondant aux conditions suivantes :

— il peut y avoir répétition d'un même chiffre plusieurs fois ;

— le premier chiffre de gauche ne peut être un zéro ;

— la lettre ne peut pas être O.
Combien au maximum peut-il y avoir de sociétaires ?
b) Le code secret est composé de quatre lettres prises parmi les vingt-six lettres de l'alphabet (donc O est, cette fois utilisable), avec répétition possible.
Est-ce que tout sociétaire peut posséder un code secret ?
2° Un sociétaire veut passer sa commande par Minitel mais il a oublié son code secret.
a) Il sait seulement que son code est formé de quatres lettres distinctes. Combien de codes a-t-il à essayer ?
b) En réfléchissant plus longuement, il réussit à se rappeler que son code contient également 2 voyelles.
Combien a-t-il de codes à essayer ?

(D'après une épreuve du bac.)

5 Sur un damier carré de 3 lignes et 3 colonnes on veut disposer 4 jetons numérotés 1, 2, 3, 4. (Chaque case contenant au plus un jeton.)
1° De combien de façons peut-on disposer les 4 jetons ?
2° De combien de façons peut-on disposer les 4 jetons si l'on veut que la figure formée par les 4 jetons soit un carré ?
3° De combien de façons peut-on disposer les 4 jetons de sorte que 3 d'entre eux soient sur une même ligne ?

APPLIQUER LE DÉNOMBREMENT AU CALCUL DES PROBABILITÉS

Exemple

On dispose d'une urne contenant 5 boules noires et 15 boules rouges. On suppose que toutes les boules ont la même probabilité d'être tirée.
Un joueur tire simultanément trois boules.
Calculer les probabilités des événements suivants :
A : « le joueur a tiré exactement une boule noire » ;
B : « le joueur a tiré exactement deux boules noires » ;
C : « le joueur a tiré exactement trois boules noires ».

L'épreuve est un tirage simultané de trois boules parmi 20.
L'univers Ω associé est l'ensemble de ces tirages.
On a Card $\Omega = C_{20}^{3} = 1140$. (En effet, un tirage simultané est nécessairement effectué sans ordre et sans remise.)
D'après l'énoncé, tous les éléments de Ω sont équiprobables. Dans ce cas, pour tout événement E, on aura $p(E) = \dfrac{\text{Card } E}{\text{Card } \Omega}$.

A, est l'ensemble des tirages contenant une boule noire (choisie parmi 5) et donc deux boules rouges (choisies parmi 15).

Alors Card $A = C_5^1 \times C_{15}^2 = 5 \times 105 = 525$.

Ainsi $p(A) = \dfrac{525}{1140} = \mathbf{\dfrac{35}{76}}$.

B, est l'ensemble des tirages contenant deux boules noires (choisies parmi 5) et une boule rouge (choisie parmi 15).

Card $B = C_5^2 \times C_{15}^1 = 10 \times 15 = 150$, et $p(B) = \dfrac{150}{1140} = \mathbf{\dfrac{5}{38}}$.

Enfin C, est l'ensemble des tirages contenant trois boules noires.

Card $C = C_5^3 = 2 \times 5 = 10$, et $p(C) = \dfrac{10}{1140} = \mathbf{\dfrac{1}{114}}$.

EN BREF !

Lorsque sur un univers Ω, la probabilité p vérifie l'hypothèse d'équiprobabilité, pour tout événement E et Ω on a :

$$p(E) = \frac{\text{Card } E}{\text{Card } \Omega}.$$

Le calcul des probabilités devient donc un problème de dénombrement, pour lequel on appliquera les formules habituelles.

APPLICATIONS

6 On dispose de neuf jetons indiscernables au toucher et portant respectivement les chiffres 1, 2, 3, 4, 5, 6, 7, 8, 9. On place ces neuf jetons au hasard sur la grille ci-contre, en plaçant un jeton par case.

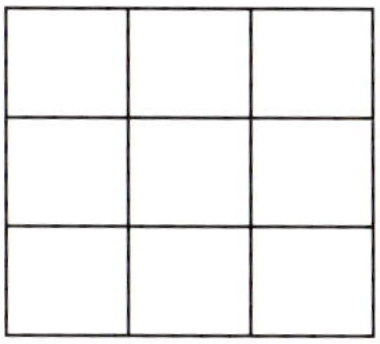

1° De combien de façons peut-on placer les neuf jetons sur la grille ?

2° *a*) Quelle est la probabilité de lire « 421 » sur la deuxième ligne ?

b) Quelle est la probabilité de lire « 421 » sur la deuxième ligne et « 345 » sur la première colonne ?

Maintenant, pour remplir les cases de la première ligne, on tire un jeton parmi les neuf, on écrit le chiffre dans la première case, on remet le jeton et on recommence l'expérience pour chacune des deux autres cases.

3° Quelle est la probabilité d'avoir au moins un « 4 » sur la première ligne ?

(D'après bac D, sept. 1992.)

7 Le code antivol d'un autoradio est une suite de quatre chiffres choisis parmi 0, 1, 2, 3, 4, 5, 6, 7, 8, 9 (par exemple : 1196 ; 0852).

1° On cherche à trouver ce code en testant successivement des suites de quatre chiffres. (Ces essais sont supposés indépendants.)

Quelle est la probabilité pour que le code soit trouvé au premier essai ?

2° Calculer la probabilité pour que le code utilise deux chiffres distincts, et deux seulement (par exemple : 1311 ; 4224).

(D'après bac D, 1991.)

FAIRE LE POINT

8 Dans un sac, on a mis cinq jetons verts numérotés de 1 à 5 et quatre jetons rouges numérotés de 1 à 4.

On prend, simultanémcnt, trois jetons dans le sac.

On fait l'hypothèse que tous les tirages possibles ont la même probabilité.

1° Calculer :

a) la probabilité d'obtenir trois jetons verts ;

b) la probabilité d'obtenir trois jetons rouges ;

c) la probabilité d'obtenir trois jetons de la même couleur.

2° Calculer les probabilités des événements suivants :

A : « on a sorti le jeton vert n° 1 » ;

B : « on a sorti le jeton rouge n° 1 » ;

C : « on a sorti le jeton vert n° 1 et le jeton rouge n° 1 » ;

D : « on a sorti un et un seul jeton portant le n° 1 ».

(D'après bac D, 1991.)

CORRIGÉS

1 Soient E l'ensemble des élèves du collège, S l'ensemble de ceux qui aiment le sport et L l'ensemble de ceux qui aiment la lecture.
Card $E = 300$, Card $L = 200$ et Card $S = 180$.
De plus Card$(\overline{L \cup S}) = 60$.
On a donc Card$(L \cup S)$ = Card E − Card$(\overline{L \cup S}) = 300 - 60 = 240$.
1° Le nombre d'élèves qui n'aiment que la lecture est donc :
Card$(L \cup S)$ − Card $S = 240 - 180 = 60$.
Il y a **60 élèves** qui n'aiment **que la lecture.**
2° De même, il y a Card$(L \cup S)$ − Card $L = 240 - 200 =$ **40 élèves** qui n'aiment **que le sport.**
3° Card$(L \cap S)$ = Card L + Card S − Card $(L \cup S)$,
Card$(L \cap S) = 200 + 180 - 240$,
Card$(L \cap S) = 140$.
Il y a donc **140 élèves** qui aiment **à la fois le sport et la lecture.**

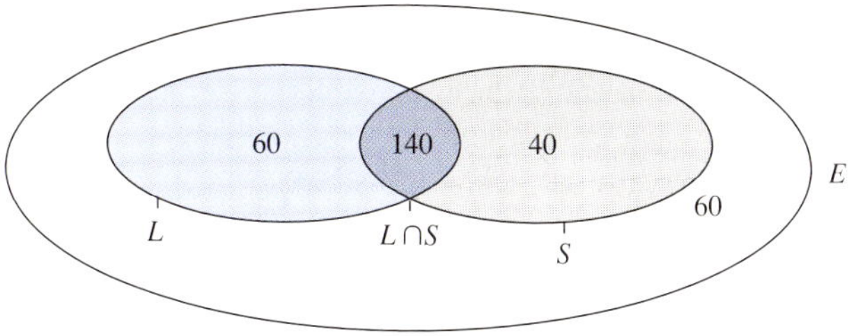

2 Soient E l'ensemble des personnes interrogées, P l'ensemble de celles qui pratiquent le tennis et S l'ensemble de celles qui le préfèrent comme spectacle.
On a Card $E = 20$, Card $S = 15$ et Card $P = 8$.
De plus Card $(S \cap P) = 5$.
On cherche le cardinal de l'ensemble $\overline{S \cup P}$:

$$\text{Card } (S \cup P) = \text{Card } S + \text{Card } P - \text{Card } (S \cap P),$$
$$\text{Card } (S \cup P) = \text{Card } 15 + 8 - 5,$$
$$\text{Card } (S \cup P) = 18.$$

Alors Card$(\overline{S \cup P})$ = Card E − Card $(S \cup P) = 20 - 18 = 2$.
2 personnes ne s'intéressent pas du tout au tennis.

3 **1°** On choisit 5 cartes sans ordre et sans remise.
Il y a $C_{32}^{5} =$ **201 376 mains** de 5 cartes.
2° Il y a dans le jeu 12 figures (4 valets, 4 dames et 4 rois).

Tout se passe comme si l'on choisissait les 5 cartes parmi 12.
Il y a $C_{12}^{5} = $ **792 mains** comportant 5 figures.
3° On choisit 5 cartes parmi 28 (on retire les 4 rois).
Il y a donc $C_{28}^{5} = $ **98 280 mains** ne comportant pas de roi.
4° C'est le complémentaire de l'ensemble précédent.
Il y a donc $C_{32}^{5} - C_{28}^{5} = $ **103 096 mains** contenant au moins un roi.
5° Deux possibilités :
• Un roi qui n'est pas de cœur, trois cœurs différents du roi, et une carte qui n'est ni roi ni cœur : il y a alors $C_{3}^{1} \times C_{7}^{3} \times 21 = 2\,205$ mains.
• Le roi de cœur, deux autres cœurs, et deux cartes qui ne sont ni rois ni cœurs : il y a alors $1 \times C_{7}^{2} \times C_{21}^{2} = 4\,410$ mains.
En tout, cela fait $2\,205 + 4\,410 = $ **6 615 mains comportant exactement 1 roi et 3 cœurs.**

4 **1°** *a*) Calculons le nombre de numéros de sociétaires que l'on peut former :
— pour le 1er chiffre, il y a 9 choix possibles (le 0 n'est pas admis) ;
— pour le 2e chiffre, il y a 10 choix possibles ;
— ... ;
— pour le 6e chiffre, il y a 10 choix possibles ;
— pour la lettre, il y a 25 choix possibles (le O n'est pas admis).
Il y a ainsi $9 \times 25 \times 10^5$ numéros possibles,
donc **$225 \cdot 10^5$ sociétaires possibles.**
b) Le code secret est formé de 4 lettres prises parmi 26, avec possibilité de remise ;
donc il y a $26^4 = $ **456 976 codes secrets possibles.**
Tout sociétaire ne peut pas avoir un code, car $225 \cdot 10^5 > 456\,976$.
2° *a*) Le code du sociétaire est formé de 4 lettres distinctes.
Il y a $A_{26}^{4} = 26 \times 25 \times 24 \times 23 = $ **358 800 codes possibles.**
b) Il faut d'abord calculer le nombre de façons de placer les voyelles.
Il y a 2 voyelles parmi 4 lettres, donc $C_{4}^{2} = 6$ façons de les placer,
puis 6 choix pour la 1re voyelle et 5 pour la seconde,
puis 20 choix pour la 1re consonne et 19 pour la seconde.
Le sociétaire doit donc essayer $6 \times 6 \times 5 \times 20 \times 19 = $ **68 400 codes.**

5 **1°** Les jetons sont discernables. Une disposition correspond à un arrangement de 4 numéros pris parmi 9. Donc il y a $9 \times 8 \times 7 \times 6 = $ **3 024 dispositions.**
2° Énumérons les dispositions où les jetons forment un carré :

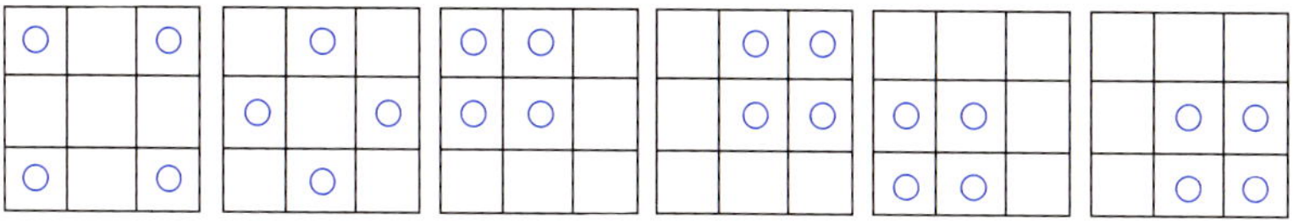

De plus, chaque position est invariante par permutation des pions.
Il y a donc $6 \times 4! = $ **144 dispositions.**

3° Lorsque 3 jetons sont sur une ligne le 4e a 6 positions possibles. Ceci se reproduit pour chacune des 3 lignes, donc 6×3 dispositions.
Comme chaque position est invariante par permutation des pions, il y a donc $3 \times 6 \times 4! = $ **432 dispositions.**

6 **1°** Il y a autant de façons de placer les jetons que de permutations de 9 éléments, soit : $9! = $ **362 880 placements possibles.**

2° *a*) Si on lit « 421 » sur la première ligne, il reste 6 jetons à placer dans 6 cases, soit : $6! = 720$ configurations possibles.

La probabilité cherchée est $p_1 = \dfrac{6!}{9!} = \dfrac{1}{9 \times 8 \times 7} = \mathbf{\dfrac{1}{504}}$.

b) Si on lit « 421 » sur la deuxième ligne et « 345 » sur la première colonne, il reste 4 jetons à placer soit 4 ! configurations possibles.

La probabilité cherchée est $p_2 = \dfrac{4!}{9!} = \dfrac{24}{362\,880} = \mathbf{\dfrac{1}{15\,120}}$.

3° Sachant que l'on remet les jetons, il y a donc 9^3 configurations possibles pour la première ligne (choix de 3 jetons parmi 9 avec ordre et remise).
Soit A l'événement « il y a au moins un « 4 » sur la première ligne » ;
$\overline{A}$ est l'événement « il n'y a pas de « 4 » sur la première ligne »,
alors Card $\overline{A} = 8^3$. (On choisit 3 jetons parmi 8.)

D'où Card $A = 9^3 - 8^3$, et donc $p(A) = \dfrac{9^3 - 8^3}{9^3} = \mathbf{\dfrac{217}{729}}$.

7 **1°** Soit Ω l'ensemble des codes possibles.
Card $\Omega = 10^4$ (choix de 4 chiffres parmi 10 avec ordre et remise).
Comme il n'y a qu'un code exact, la probabilité de le trouver au premier essai est $\boldsymbol{p_1 = \dfrac{1}{10^4}}$.

2° Pour commencer, prenons l'exemple d'un code s'écrivant, par exemple, avec les chiffres 1 et 2 seulement ; il peut comporter :

- un 1 et trois 2 : il y a 4 positions pour le 1 (1222 ; 2122 ; 2212 ; 2221) ;

• deux 1 et deux 2 : il y a $C_4^2 = 6$ positions pour les 1 (1122 ; 1212 ; 1221 ; 2112 ; 2121 ; 2211) ;

• trois 1 et un 2 : il y a $C_4^3 = 4$ positions pour les 1 (1112 ; 1121 ; 1211 ; 2111).

Donc, au total, il y a $4 + 6 + 4 = 14$ possibilités.

Par ailleurs, il y a $C_{10}^2 = 45$ façons de choisir 2 chiffres parmi 10. À chacun de ces choix, correspondent 14 configurations, d'où $45 \times 14 = 630$ codes utilisant deux chiffres distincts.

La probabilité cherchée est donc $\boldsymbol{P_2 = \frac{630}{10^5} = 0{,}063}$.

8 Il y a $C_9^3 = 84$ tirages possibles (choix de 3 jetons parmi 9 sans ordre ni remise).

Donc Card $\Omega = 84$.

1° *a*) Il y a $C_5^3 = 10$ tirages contenant 3 jetons verts.

La probabilité cherchée est $p_1 = \frac{10}{84} = \frac{5}{42}$.

b) Il y a $C_4^3 = 4$ tirages comportant 3 jetons rouges.

La probabilité cherchée est $p_2 = \frac{4}{84} = \boldsymbol{\frac{1}{21}}$.

c) La probabilité d'avoir trois jetons de la même couleur est :

$p_3 = p_1 + p_2 = \frac{5}{42} + \frac{1}{21} = \frac{1}{6}$.

2° • *A*, est l'ensemble des tirages contenant le vert n° 1 et 2 autres jetons pris parmi 8.

Card $A = C_8^2 = 28$, d'où $p(A) = \frac{28}{84} = \boldsymbol{\frac{1}{3}}$.

• De même Card B = Card A, d'où $p(B) = \boldsymbol{\frac{1}{3}}$.

• *C*, est l'ensemble des tirages comportant le vert n° 1, le rouge n° 1 et un autre jeton pris parmi 7.

Card $C = C_7^1 = 7$, d'où $p(C) = \frac{7}{84} = \boldsymbol{\frac{1}{12}}$.

• Il y a C_7^2 tirages contenant le vert n° 1 et pas d'autre n° 1, et C_7^2 tirages contenant le rouge n° 1 et pas d'autre n° 1.

D'où Card $D = 2 \times C_7^2 = 42$ et $p(D) = \frac{42}{84} = \boldsymbol{\frac{1}{2}}$.

2

PROBABILITÉS CONDITIONNELLES ET VARIABLES ALÉATOIRES

OBJECTIFS

- *Utiliser les probabilités conditionnelles*
- *Reconnaître et utiliser les événements indépendants*
- *Étudier une variable aléatoire*

À RETENIR !

PROBABILITÉ CONDITIONNELLE

- **Définition**

Soient Ω un univers fini, muni d'une probabilité p, et A un événement de probabilité non nulle.

Pour tout événement B de Ω, la probabilité **conditionnelle** de B sachant A, est le réel noté $P(B/A)$ et défini par :

$$p(B/A) = \frac{p(A \cap B)}{p(A)}.$$

Remarques :

- $p(B/A)$ se note aussi $p_A(B)$.
- Si A et B sont deux événements tels que $p(A) \neq 0$ et $p(B) \neq 0$, alors :
$$p(A \cap B) = p(A) \times p(B/A) = p(B) \times p(A/B).$$
- $p(\overline{B}/A) = 1 - p(B/A)$.
- Dans le cas d'équiprobabilité, on a $p(B/A) = \dfrac{\text{Card}(A \cap B)}{\text{Card } A}$.

● Événements indépendants

Deux événements A et B sont indépendants si :
$$p(A \cap B) = p(A) \times p(B).$$

Remarque :
Si $p(A) \neq 0$ et $p(B) \neq 0$, alors A et B sont indépendants lorsque :
$$p(A/B) = p(A) \quad \text{ou bien} \quad p(B/A) = p(B).$$

● Formule des probabilités totales

Soient A et B deux événements de Ω tels que $p(A) \neq 0$ et $p(B) \neq 0$. On a $p(A) = p(A \cap B) + p(A \cap \overline{B})$, soit :
$$p(A) = p(B) \times p(A/B) + p(\overline{B}) \times p(A/\overline{B}).$$

Cette formule se généralise à n événements B_1, B_2, ..., B_n, formant une partition de Ω :
$$p(A) = p(B_1) \times p(A/B_1) + p(B_2) \times p(A/B_2) + ... + p(B_n) \times p(A/B_n).$$

VARIABLES ALÉATOIRES

● Définitions

Soit Ω un univers fini. Une **variable aléatoire** X est une application de Ω dans $\mathbb{R}$. L'ensemble $X(\Omega)$ des valeurs que peut prendre X s'appelle l'**univers image.**
Si $\Omega(X) = \{x_1 ; x_2 ; ... ; x_n\}$, on note $(X = x_i)$ l'ensemble des éléments de Ω ayant pour image x_i par X.

• Loi associée

Soit X une variable aléatoire définie sur Ω muni d'une probabilité p.
La loi de probabilité associée à X est l'application définie de $[0\,;\,1]$ dans $\mathbb{R}$, qui à $x_i \in X(\Omega)$ associe $p(X = x_i)$.

Remarque :
Pour définir une loi de probabilité associée à X, il suffit de se donner les probabilités élémentaires $p(X = x_1)$, $p(X = x_2)$, ..., $p(X = x_n)$, telles que $\sum_{i=1}^{n} p(X = x_i) = 1$.

• Fonction de répartition

La **fonction de répartition** de la variable aléatoire X est la fonction :

$$F : \mathbb{R} \to \mathbb{R}$$
$$x \mapsto p(X \leqslant x).$$

F est une fonction en escalier croissante.

• Paramètres d'une variable aléatoire

On appelle **espérance mathématique** d'une variable aléatoire X, le réel $E(X)$ défini par :

$$E(X) = \sum_{i=1}^{n} x_i \times p(X = x_i).$$

On appelle **variance** d'une variable aléatoire X, le réel $V(X)$ défini par :

$$V(X) = \sum_{i=1}^{n} (x_i - E(X))^2 \times p(X = x_i).$$

On a $V(X) = E(X^2) - (E(X))^2 = \sum_{i=1}^{n} x_i^2 \times p(X = x_i) - (E(X))^2$.

L'**écart type** σ d'une variable aléatoire X est la racine carrée de la variance :

$$\sigma(X) = \sqrt{V(X)}.$$

COMMENT FAIRE ?

UTILISER LES PROBABILITÉS CONDITIONNELLES

Exemple

Pour prévenir l'extension d'une certaine maladie, on vaccine 60 % d'une population à risques. Le vaccin n'étant pas totalement infaillible, 10 % des personnes vaccinées attrapent la maladie. En revanche, 30 % des individus non vaccinés ne sont pas malades.
1° *a*) On choisit une personne au hasard.
Quelle est la probabilité qu'elle soit malade et vaccinée ? malade et non vaccinée ?
***b*) En déduire la probabilité pour un individu de contracter la maladie. (On pourra remarquer que $M = (V \cap M) \cup (\overline{V} \cap M)$.)**
2° Calculer la probabilité qu'un individu bien portant soit vacciné.

1° Notons V l'événement « l'individu est vacciné » et M l'événement « l'individu attrape la maladie ».
Il convient tout d'abord de traduire en termes de probabilités les données de l'énoncé :

« On vaccine 60 % d'une population » s'écrit $p(V) = \dfrac{60}{100} = 0{,}6$.

« 10 % des personnes vaccinées attrapent la maladie » se traduit par $p(M/V) = \dfrac{10}{100} = 0{,}1$. (Les 10 % faisant référence aux éléments de V, il s'agit bien d'une probabilité « sachant V ».)
Enfin « 30 % des individus non vaccinés ne sont pas malades » s'écrira $p(\overline{M}/\overline{V}) = \dfrac{30}{100} = 0{,}3$.

On peut alors en déduire immédiatement :

$$P(\overline{V}) = 1 - p(V) = 1 - 0{,}6 = 0{,}4,$$

$$p(\overline{M}/V) = 1 - p(M/V) = 1 - 0{,}1 = 0{,}9,$$

$$P(M/\overline{V}) = 1 - p(\overline{M}/\overline{V}) = 1 - 0{,}3 = 0{,}7.$$

Pour plus de clarté il est possible de représenter les données à l'aide d'un arbre :

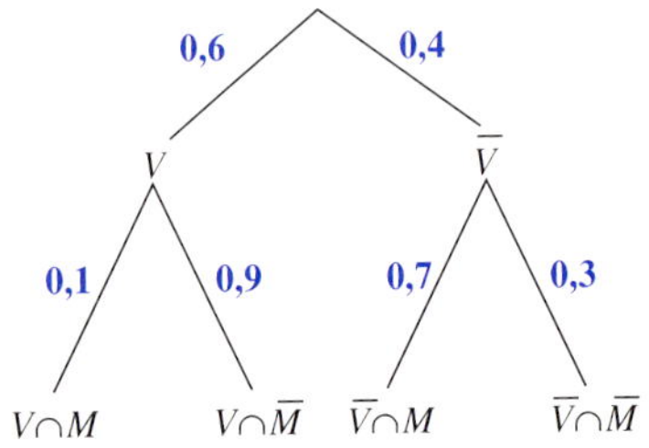

a) « La personne est malade et vaccinée » est l'événement $V \cap M$.
D'après le cours :

$$p(V \cap M) = p(V) \times p(M/V),$$
$$p(V \cap M) = 0{,}6 \times 0{,}1,$$
$$\mathbf{p(V \cap M) = 0{,}06.}$$

« La personne est malade et non vaccinée » est l'événement $\overline{V} \cap M$.

Alors :

$$p(\overline{V} \cap M) = p(\overline{V}) \times p(M/\overline{V}),$$
$$p(\overline{V} \cap M) = 0{,}4 \times 0{,}7,$$
$$\mathbf{p(\overline{V} \cap M) = 0{,}28.}$$

b) Il s'agit ici de calculer $p(M)$, à l'aide de la formule des probabilités totales.
On a d'une part $M = (V \cap M) \cup (\overline{V} \cup M)$. (L'ensemble des malades est en effet la réunion des ensembles des personnes soit malades et vaccinés, soit malades et non vaccinées.)

D'autre part, $V \cap M$ et $\overline{V} \cap M$ sont incompatibles ($V \cap M$ est inclus dans V, alors que $\overline{V} \cap M$ est inclus dans $\overline{V}$).

D'où : $p(M) = p(V \cap M) + p(\overline{V} \cap M)$,

soit : $p(M) = 0{,}06 + 0{,}28$ d'après *a*),

et donc : $\mathbf{P(M) = 0{,}34.}$

2° La probabilité qu'un individu bien portant soit vacciné est $p(V/\overline{M})$.

D'après le cours : $p(V/\overline{M}) = \dfrac{p(V \cap \overline{M})}{p(\overline{M})}$.

On a : $p(V \cap \overline{M}) = p(V) \times p(\overline{M}/V) = 0{,}6 \times 0{,}9 = 0{,}54$

et : $p(\overline{M}) = 1 - p(M) = 1 - 0{,}34 = 0{,}66$,

alors : $\mathbf{p(V/\overline{M}) = \dfrac{0{,}54}{0{,}66} \approx 0{,}82.}$

EN BREF !

La principale difficulté de ce genre d'exercice est la traduction des données de l'énoncé en termes de probabilités. Il est alors important de repérer les phrases du type « sachant que... » « x % de... », annonçant des **probabilités conditionnelles.** Il est conseillé de « visualiser » les données à l'aide d'un arbre qui mettra en valeur les différents choix possibles avec leur probabilité de réalisation. Ce travail de préparation étant fait, le reste n'est bien souvent que l'application des formules du cours, qu'il faut connaître parfaitement.

APPLICATIONS

1 Une urne U_1 contient 3 boules noires et une boule blanche. Une urne U_2 contient 2 boules noires et 3 boules blanches. On tire une boule dans l'une des deux urnes. De plus, on suppose que l'on a deux fois plus de chances de tirer la boule dans U_1 que dans U_2.

1° *a*) Calculer les probabilités de choisir l'urne U_1 et de tirer une blanche ; de choisir l'urne U_2 et de tirer une blanche.

b) En déduire la probabilité de tirer une boule blanche.

2° Sachant que la boule est blanche, quelle est la probabilité qu'elle provienne de U_1 ? de U_2 ?

2 Une usine fabrique des ampoules électriques ; 75 % sont conformes aux normes et 25 % non conformes. Un contrôle qui n'est pas infaillible accepte 10 % des ampoules non conformes et rejette 4 % des ampoules conformes.

1° Calculer la probabilité qu'une ampoule soit acceptée par le contrôle.

2° Sachant qu'une ampoule est acceptée, quelle est la probabilité qu'elle soit conforme aux normes ?

RECONNAÎTRE ET UTILISER LES ÉVÉNEMENTS INDÉPENDANTS

Exemple 1

On lance deux fois de suite un dé bien équilibré. Les événements A : « le 5 sort en premier » et B : « la somme des deux dés est 7 », sont-ils indépendants ?
Même question avec C : « le 6 sort en premier » et D : « la somme des deux dés est 12 ».

L'univers Ω est l'ensemble de tous les couples de deux chiffres pris entre 1 et 6.

Card $\Omega = 6^2 = 36$.

De plus, il y a équiprobabilité sur Ω.

$A = \{(5\,;\,1)\,;\,(5\,;\,2)\,;\,(5\,;\,3)\,;\,(5\,;\,4)\,;\,(5\,;\,5)\,;\,(5\,;\,6)\}$,

d'où $\quad p(A) = \dfrac{6}{36} = \dfrac{1}{6}$.

$B = \{(6\,;\,1)\,;\,(1\,;\,6)\,;\,(5\,;\,2)\,;\,(2\,;\,5)\,;\,(4\,;\,3)\,;\,(3\,;\,4)\}$,

d'où $\quad p(B) = \dfrac{6}{36} = \dfrac{1}{6}$.

$A \cap B = \{(5\,;\,2)\}$, alors $p(A \cap B) = \dfrac{1}{36}$.

On a $p(A \cap B) = \dfrac{1}{36}$ et $p(A) \times p(B) = \dfrac{1}{6} \times \dfrac{1}{6} = \dfrac{1}{36}$,

soit $p(A \cap B) = p(A) \times p(B)$.

Les événements A et B sont donc indépendants.

$C = \{(6\,;\,1)\,;\,(6\,;\,2)\,;\,(6\,;\,3)\,;\,(6\,;\,4)\,;\,(6\,;\,5)\,;\,(6\,;\,6)\}$, alors $p(C) = \dfrac{6}{36} = \dfrac{1}{6}$.

$D = \{(6\,;\,6)\}$, d'où $p(D) = \dfrac{1}{36}$.

$C \cap D = \{(6\,;\,6)\}$, en conséquence $p(C \cap D) = \dfrac{1}{36}$.

Ici $p(C \cap D) \neq p(C) \times p(D)$, donc **les événements C et D ne sont pas indépendants.**

Exemple 2

On lance 5 fois de suite une pièce de monnaie truquée dont le côté « PILE » a deux fois plus de chances de sortie que le côté « FACE ». Quelle est la probabilité d'obtenir 5 fois le côté « FACE » ? au moins une fois le côté « PILE » ?

Si l'on note $p(P)$ la probabilité d'obtenir « PILE » et $p(F)$ celle d'obtenir « FACE », on a :
$p(P) = 2p(F)$ et $p(P) + p(F) = 1$, d'où :

$$p(P) = \frac{2}{3} \quad \text{et} \quad p(F) = \frac{1}{3}.$$

On réalise alors 5 épreuves identiques et indépendantes (le résultat d'un jet de la pièce n'a aucune influence sur les suivants), avec à chaque fois la probabilité $p(F)$ d'obtenir « FACE ».
En généralisant la formule, la probabilité d'obtenir 5 fois « FACE » est $p(F) \times p(F) \times \ldots \times p(F) = p(F)^5$. Donc la probabilité cherchée est $p_1 = p(F)^5 = \left(\frac{1}{3}\right)^5 = \frac{1}{243}$.

La probabilité d'obtenir 5 fois « FACE » est $p_1 = \frac{1}{243}$.

La probabilité d'obtenir au moins une fois le côté « pile » vaut alors $1 - \frac{1}{243} = \frac{242}{243}$.

EN BREF !

Deux événements A et B sont indépendants si :

$$p(A \cap B) = p(A) \times p(B).$$

L'indépendance n'étant pas toujours décelable de façon intuitive, la seule méthode sûre consiste à effectuer le calcul pour vérifier l'égalité ci-dessus.
Attention toutefois à ne pas confondre indépendants et incompatibles. (Deux événements A et B sont incompatibles si $A \cap B = \varnothing$.) La définition de l'indépendance peut se généraliser à un nombre quelconque d'événements. Cette généralisation s'utilise essentiellement lorsqu'on réalise n épreuves identiques, et bien sûr indépendantes.

3 Une famille a n enfants ($n \geqslant 2$). On suppose que, à chaque naissance, la probabilité d'avoir une fille est la même que celle d'avoir un garçon.
Soient les événements A : « La famille a des enfants des deux sexes » et B : « la famille a au plus un garçon ».
Étudier l'indépendance des événements A et B dans le cas où $n = 2$, puis dans le cas où $n = 3$.

4 Une urne contient 3 jetons blancs (un carré et deux ronds) et quatre jetons noirs (trois carrés et un rond).
On tire au hasard et simultanément 3 jetons de l'urne. On suppose l'équiprobabilité des tirages.
Soient A l'événement « Avoir trois jetons de la même forme », et B l'événement « Avoir trois jetons de la même couleur ».
1° Calculer la probabilité des événements A, B et $A \cap B$.
2° Les événements A et B sont-ils indépendants ?

(D'après bac D, Paris 1993.)

5 30 % des individus d'une population sont touchés par une certaine maladie M. Pour une enquête, on choisit 10 personnes au hasard et de façon indépendante.
Quelle est la probabilité que, parmi les 10 personnes, il y en ait au moins une qui soit malade ?

6 Dans une fête foraine, Jean participe à une épreuve de tir. Il a 4 chances sur 10 de toucher la cible. On suppose que les tirs sont des épreuves indépendantes les unes des autres.
1° Il tire 3 fois de suite. Quelle probabilité a-t-il de toucher la cible au moins une fois ?
2° *a*) On suppose qu'il tire n fois. Calculer en fonction de n la probabilité qu'il touche la cible au moins une fois.
b) Combien de fois doit-il tirer, s'il veut toucher la cible au moins une fois avec une probabilité supérieure ou égale à 0,95 ?

(D'après bac D, Antilles-Guyane, 1993.)

ÉTUDIER UNE VARIABLE ALÉATOIRE

Exemple

On jette deux fois de suite un dé cubique et on note S la somme des deux nombres obtenus.
Si $S \leqslant 5$ on gagne 1 F, si $6 \leqslant S \leqslant 10$ on gagne 4 F, et si $S > 10$ on gagne 10 F.
Soit X la variable aléatoire associant à chaque partie le gain obtenu.
Déterminer la loi de probabilité de X, puis calculer son espérance mathématique, sa variance et son écart type.

Si l'on choisit, pour univers Ω, l'ensemble des couples formés par les deux nombres obtenus, on peut affirmer qu'il y a équiprobabilité.
Schématisons Ω par un tableau à double entrée :

1er jet \ 2e jet	**1**	**2**	**3**	**4**	**5**	**6**
1	2	3	4	5	6	7
2	3	4	5	6	7	8
3	4	5	6	7	8	9
4	5	6	7	8	9	10
5	6	7	8	9	10	11
6	7	8	9	10	11	12

Le tableau fait apparaître à l'intersection de chaque ligne et de chaque colonne la somme S des deux nombres obtenus.
Card $\Omega = 6^2 = 36$.
$X(\Omega)$ est l'ensemble des gains possibles, donc $X(\Omega) = \{1 ; 4 ; 10\}$.
L'événement $(X = 1)$ est l'ensemble de tous les tirages dont la somme S est inférieure ou égale à 5. D'après le tableau Card $(X = 1) = 10$, d'où $p(X = 1) = \dfrac{10}{36} = \dfrac{5}{18}$.
De même $(X = 4)$ correspond à $6 \leqslant S \leqslant 10$; Card$(X = 4) = 23$, d'où $P(X = 4) = \dfrac{23}{36}$.

Enfin Card $(X = 10) = 3$, d'où $p(X = 10) = \frac{3}{36} = \frac{1}{12}$.

Résumons ces résultats dans un tableau :

x_i	1	4	10
p_i	$\frac{5}{18}$	$\frac{23}{36}$	$\frac{1}{12}$

On peut vérifier que $\frac{5}{18} + \frac{23}{36} + \frac{1}{12} = \frac{10 + 2 + 3}{36} = \frac{36}{36} = 1$.

D'après le cours :

$$E(X) = 1 \times \frac{5}{18} + 4 \times \frac{23}{36} + 10 \times \frac{1}{12},$$

$$E(X) = \frac{10}{36} + \frac{92}{36} + \frac{30}{36} = \frac{132}{36},$$

soit : $$\mathbf{E(X) = \frac{132}{36} \approx 3{,}67.}$$

$E(X)$ représente ici le gain moyen que l'on peut espérer obtenir à ce jeu.

$$V(X) = \left(1 - \frac{132}{36}\right)^2 \times \frac{5}{18} + \left(4 - \frac{132}{36}\right)^2 \times \frac{23}{36} + \left(10 - \frac{132}{36}\right)^2 \times \frac{1}{12},$$

$$V(X) = \left(\frac{96}{36}\right)^2 \times \frac{10}{36} + \left(\frac{12}{36}\right)^2 \times \frac{23}{36} + \left(\frac{228}{36}\right)^2 \times \frac{3}{36},$$

$$V(X) = \frac{251\,424}{46\,656},$$

soit, après simplification :

$$\mathbf{V(X) = \frac{97}{18} \approx 5{,}39.}$$

Enfin, $\sigma(X) = \sqrt{V(X)} = \sqrt{\frac{97}{18}}$, $\mathbf{\sigma(X) = 2{,}32.}$

EN BREF !

Lorsqu'on étudie une variable aléatoire X, il convient, avant toute chose, de déterminer l'ensemble des valeurs prises par X, c'est-à-dire l'ensemble $X(\Omega)$. Pour chaque valeur x_i de $X(\Omega)$, on calculera ensuite $p_i = p(X = x_i)$ par les méthodes habituelles. Pour plus de clarté, on peut présenter les résultats dans un tableau.
On vérifiera enfin que la **somme des p_i est égale à 1.**
Espérance mathématique, variance et écart-type se calculent à l'aide des formules du cours.

APPLICATIONS

7 On dispose d'une urne contenant 5 boules noires et 15 boules rouges. On suppose que toutes les boules ont la même probabilité d'être tirée. Un joueur tire simultanément 3 boules. Le joueur gagne 5 F pour chaque boule noire obtenue.
On appelle X la variable aléatoire qui prend pour valeur la somme gagnée.
Établir la loi de probabilité de X et calculer son espérance mathématique.

(D'après bac D, Aix-Marseille, 1993.)

8 Dans cet exercice, les différents tirages sont équiprobables. Un sac contient 4 jetons noirs et 4 jetons blancs. On tire 4 jetons simultanément du sac.
Soit n le nombre de jetons noirs tirés et soit la variable aléatoire $X = 2n - 4$.
Déterminer la loi de probabilité de X, son espérance mathématique et son écart type.

9 Pour prévenir l'extension d'une épidémie virale, on décide de soumettre la population menacée à des tests. D'une façon générale le résultat de chaque test est positif pour les porteurs du virus, négatif pour les personnes qui ne sont pas atteintes ; mais il y a des exceptions. Le but de l'exercice est de comparer deux procédures de dépistage, l'une n'utilisant qu'un test, l'autre consistant à la succession de deux tests identiques réalisés indépendamment l'un de l'autre.

On choisit un individu X au hasard et on considère les événements suivants :

V : « X est porteur du virus » ; $\overline{V}$: « X n'est pas porteur du virus » ;

T : « le test appliqué à X est positif » ; $\overline{T}$: « le test appliqué à X est négatif ».

En désignant par $p(E)$ la probabilité de l'événement E, on admet que :

$p(V) = 0{,}1$, d'où $p(\overline{V}) = 0{,}9$;

$p(\overline{T}$ sachant $V) = 0{,}05$, d'où $p(T$ sachant $V) = 0{,}95$;

$p(T$ sachant $\overline{V}) = 0{,}03$.

1° *a*) Dans cette question, on étudie la procédure de contrôle qui n'utilise qu'un test.

a) Calculer la probabilité des événements :

A : « X est porteur du virus ET le test appliqué à X est positif » ;

B : « X n'est pas porteur du virus ET le test appliqué à X est positif ».

En déduire la probabilité de T puis celle de $\overline{T}$.

b) Calculer la probabilité que X soit porteur du virus et que le test soit négatif. En déduire la probabilité que X soit porteur du virus sachant que le test appliqué à X est négatif.

2° On effectue maintenant deux tests identiques dans des conditions qui garantissent l'indépendance des résultats. On considère l'événement $\overline{T}_2$: « les résultats des deux tests appliqués à X sont négatifs ».

a) Quelle est la probabilité de $\overline{T}_2$?

Quelle est la probabilité que les deux tests soient négatifs sachant que X est porteur du virus ?

b) Déduire du *a*) la probabilité que X soit porteur du virus et que les deux tests soient négatifs, puis la probabilité que X soit porteur du virus sachant que les deux tests ont été négatifs.

CORRIGÉS

1 Notons :

• A_1 (respectivement A_2) l'événement « le tirage se fait dans U_1 » (respectivement U_2) ;
• B : « la boule tirée est blanche » et N : « la boule tirée est noire ».

On sait que $p(A_1) = 2p(A_2)$.

Comme $p(A_1) + p(A_2) = 1$, on en déduit que $p(A_1) = \frac{2}{3}$ et $p(A_2) = \frac{1}{3}$.

L'énoncé donne les probabilités suivantes :

$p(B/A_1) = \frac{1}{4}$, $p(N/A_1) = \frac{3}{4}$, $p(B/A_2) = \frac{3}{5}$ et $p(N/A_2) = \frac{2}{5}$.

On peut alors représenter l'expérience par l'arbre suivant :

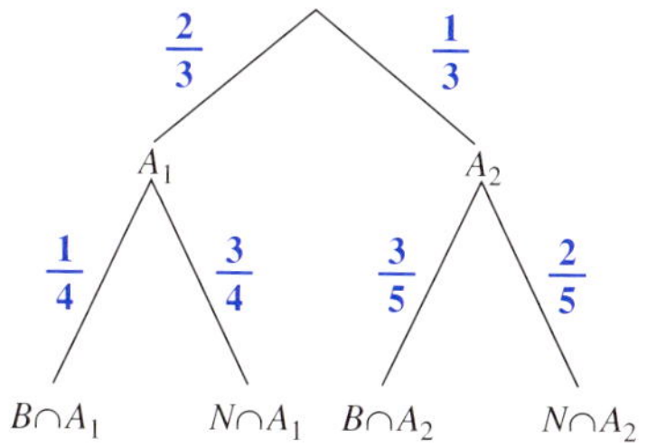

1° *a*) $p(A_1 \cap B) = p(A_1) \times p(B/A_1) = \frac{2}{3} \times \frac{1}{4}$, soit $\boldsymbol{p(A_1 \cap B) = \frac{1}{6}}$.

$p(A_2 \cap B) = p(A_2) \times p(B/A_2) = \frac{1}{3} \times \frac{3}{5}$, soit $\boldsymbol{p(A_2 \cap B) = \frac{1}{5}}$.

b) Comme $A_2 = \overline{A_1}$, on a $B = (A_1 \cap B) \cup (A_2 \cap B)$, avec $A_1 \cap B$ et $A_2 \cap B$ incompatibles.

La formule des probabilités totales donne :

$$p(B) = p(A_1 \cap B) + p(A_2 \cap B),$$

soit :

$$p(B) = \frac{1}{6} + \frac{1}{5}, \text{ donc } \boldsymbol{p(B) = \frac{11}{30}}.$$

2° $p(A_1/B) = \frac{p(A_1 \cap B)}{p(B)} = \frac{\frac{1}{6}}{\frac{11}{30}} = \frac{1}{6} \times \frac{30}{11}$, soit $\boldsymbol{p(A_1/B) = \frac{5}{11}}$.

$p(A_2/B) = 1 - p(A_1/B) = 1 - \frac{5}{11}$, soit $\boldsymbol{p(A_2/B) = \frac{6}{11}}$.

2 Notons A l'événement « l'ampoule est acceptée », et C l'événement « l'ampoule est conforme ».

Dressons l'arbre probabiliste traduisant l'énoncé :

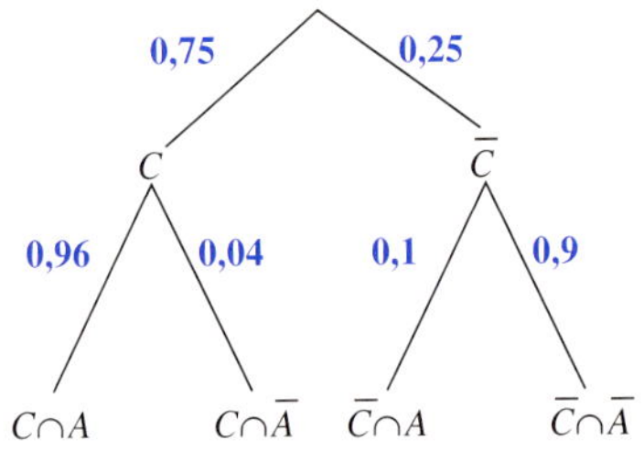

1° $A = (C \cap A) \cup (\overline{C} \cap A)$.

Les événements $C \cap A$ et $\overline{C} \cap A$ sont incompatibles, donc :

$$p(A) = p(C \cap A) + p(\overline{C} \cap A),$$
$$p(A) = p(C) \times p(A/C) + p(\overline{C}) \times p(A/\overline{C}),$$
$$p(A) = 0{,}75 \times 0{,}96 + 0{,}25 \times 0{,}1.$$

Après calculs : $\boldsymbol{p(A) = 0{,}745}$.

2° $p(C/A) = \dfrac{p(A \cap C)}{p(A)} = \dfrac{p(C) \times p(A/C)}{p(A)}$,

donc $p(C/A) = \dfrac{0{,}75 \times 0{,}96}{0{,}745}$, soit $\boldsymbol{p(C/A) \approx 0{,}96}$.

3 • $n = 2$

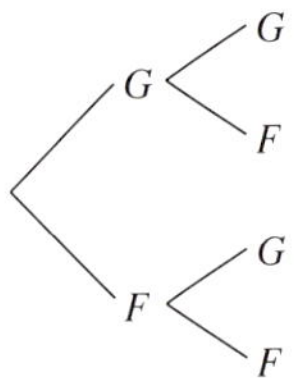

Il y a 4 configurations équiprobables.

Card $A = 2$ ($A = \{GF, FG\}$), d'où $p(A) = \dfrac{1}{2}$.

Card $B = 3$ ($B = \{GF, FG, FF\}$), d'où $p(B) = \dfrac{3}{4}$.

Card $A \cap B = 2$ ($A \cap B = \{GF, FG\}$),
d'où $p(A \cap B) = \dfrac{1}{2}$.

$p(A) \times p(B) = \dfrac{1}{2} \times \dfrac{3}{4} = \dfrac{3}{8}$.

Ainsi, ***A* et *B* ne sont pas indépendants.**

• $n = 3$

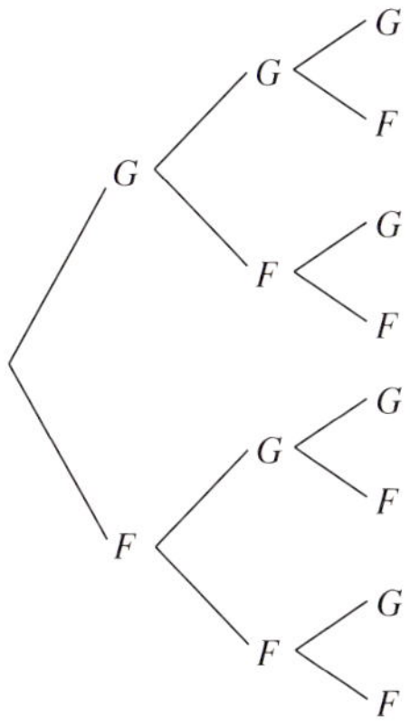

Il y a 8 configurations équiprobables.

Card $A = 6$, d'où $p(A) = \frac{6}{8} = \frac{3}{4}$.

Card $B = 4$, d'où $p(B) = \frac{4}{8} = \frac{1}{2}$.

Card $A \cap B = 3$
(1 garçon et deux filles),
d'où $p(A \cap B) = \frac{3}{8}$.

$p(A) \times p(B) = \frac{3}{4} \times \frac{1}{2} = \frac{3}{8}$.

Donc ***A* et *B* sont indépendants.**

4 Les éléments de Ω sont les ensembles de 3 jetons pris parmi 7.

Donc Card $\Omega = C_7^3 = \frac{7 \times 6 \times 5}{3 \times 2 \times 1} = 35$.

1° Il y a $C_4^3 = 4$ tirages contenant 3 jetons carrés et 1 tirage contenant 3 jetons ronds.

Donc Card $A = 5$, et $\boldsymbol{p(A) = \frac{5}{35} = \frac{1}{7}}$.

Il y a 1 tirage contenant 3 jetons blancs et $C_4^3 = 4$ tirages contenant 3 jetons noirs.

Donc Card $B = 5$, et $\boldsymbol{p(B) = \frac{5}{35} = \frac{1}{7}}$.

$A \cap B$ est l'événement « avoir tiré les 3 jetons carrés noirs ».

Card $A \cap B = 1$, et $\boldsymbol{p(A \cap B) = \frac{1}{35}}$.

2° $p(A) \times p(B) = \frac{1}{7} \times \frac{1}{7} = \frac{1}{49}$, mais $p(A \cap B) = \frac{1}{35}$,

donc $p(A \cap B) \neq p(A) \times p(B)$.

Les événements *A* et *B* ne sont pas indépendants.

5 Soit $p(M)$ la probabilité qu'une personne prise au hasard soit malade.

On a $p(M) = 0{,}3$ et donc $p(\overline{M}) = 0{,}7$.

Soit A l'événement : « il y a au moins un malade parmi les 10 personnes » ; alors $\overline{A}$ est l'événement : « les 10 personnes ne sont pas malades ».

Les personnes étant choisies de façon indépendante, on a :

$p(\overline{A}) = (p(\overline{M}))^{10}$, d'où $p(\overline{A}) = (0{,}7)^{10}$,

alors $p(A) = 1 - (0{,}7)^{10}$, soit $\boldsymbol{p(A) = 0{,}971}$.

6 La probabilité que Jean manque la cible est $p = 0{,}6$.

1° Les épreuves étant indépendantes, la probabilité que Jean manque 3 fois la cible est $(0{,}6)^3$. « Il touche la cible au moins une fois » est le contraire de « il manque 3 fois la cible ».

La probabilité que Jean touche la cible au moins une fois est donc $\mathbf{1 - (0{,}6)^3 = 0{,}784}$.

2° *a*) Par analogie avec la question 1, la probabilité qu'il touche la cible au moins une fois au cours des n tirs est $\mathbf{1 - (0{,}6)^{\boldsymbol{n}}}$.

b) On doit avoir :

$$1 - (0{,}6)^n \geqslant 0{,}95,$$

soit :

$$(0{,}6)^n \leqslant 0{,}05,$$

et donc $n \ln 0{,}6 \leqslant \ln 0{,}05$, car la fonction ln est strictement croissante sur $]0, +\infty[$;

ce qui donne : $$n \geqslant \frac{\ln 0{,}05}{\ln 0{,}6}, \text{ car } \ln 0{,}6 < 0.$$

La calculatrice donne $\boldsymbol{n} \geqslant$ **5,86. Jean doit donc tirer au moins 6 fois.**

7 Les éléments de Ω sont les ensembles de 3 boules prises parmi 20. Card $\Omega = C_{20}^{3}$, soit Card $\Omega = 1\,140$.

Il y a équiprobabilité sur l'univers Ω.

Le joueur peut tirer 0, 1, 2 ou 3 boules noires, donc :

$X(\Omega) = \{0 ; 5 ; 10 ; 15\}$.

$(X = 0)$ est l'événement « le joueur a tiré 3 boules rouges ».

Card $(X = 0) = C_{15}^{3} = 455$, $\quad \boldsymbol{p(X = 0) = \dfrac{455}{1\,140} = \dfrac{91}{228}}$.

$(X - 5)$ est l'événement « le joueur a tiré 1 boule noire et 2 boules rouges ».

Card $(X = 5) = C_5^1 \times C_{15}^2 = 5 \times 105 = 525$, $\boldsymbol{p(X = 5) = \dfrac{525}{1\,140} = \dfrac{35}{76}}$.

$(X = 10)$ est l'événement « le joueur a tiré 2 boules noires et 1 boule rouge ».

Card $(X = 10) = C_5^2 \times C_{15}^1 = 10 \times 15 = 150$, $\mathbf{p(X = 10) = \dfrac{150}{1\,140} = \dfrac{5}{38}}$.

$(X = 15)$ est l'événement « le joueur a tiré 3 boules noires ».

Card $(X = 15) = C_5^3 = 10$, $\mathbf{p(X = 15) = \dfrac{10}{1\,140} = \dfrac{1}{114}}$.

D'où le tableau :

x_i	0	5	10	15
p_i	$\dfrac{91}{228}$	$\dfrac{35}{76}$	$\dfrac{5}{38}$	$\dfrac{1}{114}$

$$E(X) = 0 \times \frac{91}{228} + 5 \times \frac{35}{76} + 10 \times \frac{5}{38} + 15 \times \frac{1}{114},$$

$$E(X) = \frac{175}{76} + \frac{50}{38} + \frac{15}{114} = \frac{525 + 30 + 30}{228}, \text{ soit } \mathbf{E(X) = \frac{855}{228} = 3{,}75.}$$

8 Les éléments de Ω sont des ensembles de 4 jetons pris parmi 8.
card $\Omega = C_8^4 = 70$.

D'après l'énoncé, il y a équiprobabilité sur Ω.

Le nombre de jetons noirs peut varier de 0 à 4. De ce fait :
$X(\Omega) = \{-4\,;\ -2\,;\ 0\,;\ 2\,;\ 4\}$.

$X = -4$ correspond à $n = 0$ (aucun jeton noir).

Card $(X = -4) = 1$, $p(X = -4) = \dfrac{1}{70}$.

$X = -2$ correspond à $n = 1$ (1 jeton noir et 3 jetons blancs).

Card $(X = -2) = C_4^1 \times C_4^3 = 4 \times 4 = 16$, $p(X = -2) = \dfrac{16}{70} = \dfrac{8}{35}$.

$X = 0$ correspond à $n = 2$ (2 jetons noirs et 2 jetons blancs).

Card $(X = 0) = C_4^2 \times C_4^2 = 6 \times 6 = 36$, $p(X = 0) = \dfrac{36}{70} = \dfrac{18}{35}$.

$X = 2$ correspond à $n = 3$ (3 jetons noirs et 1 jeton blanc).

Card $(X = 2) = C_4^3 \times C_4^1 = 4 \times 4 = 16$, $p(X = 2) = \dfrac{8}{35}$.

Enfin, $X = 4$ correspond à $n = 4$ (4 jetons noirs).

Car $(X = 4) = 1$, $p(X = 4) = \dfrac{1}{70}$.

D'où le tableau :

x_i	-4	-2	0	2	4
p_i	$\frac{1}{70}$	$\frac{8}{35}$	$\frac{18}{35}$	$\frac{8}{35}$	$\frac{1}{70}$

$E(X) = -4 \times \frac{1}{70} - 2 \times \frac{8}{35} + 2 \times \frac{8}{35} + 4 \times \frac{1}{70}$, d'où $\mathbf{E(X) = 0.}$

Utilisons la formule $V(X) = E(X^2) - (E(X))^2$.

Ici $V(X) = E(X^2)$, car $E(X) = 0$;

donc : $V(X) = 16 \times \frac{1}{70} + 4 \times \frac{8}{35} + 4 \times \frac{8}{35} + 16 \times \frac{1}{70}$,

$$V(X) = \frac{16 + 64 + 64 + 16}{70} = \frac{160}{70} = \frac{16}{7}.$$

Dans ce cas, $\boldsymbol{\sigma(X) = \sqrt{\frac{16}{7}} = \frac{4}{\sqrt{7}}}$.

9 On a le schéma suivant :

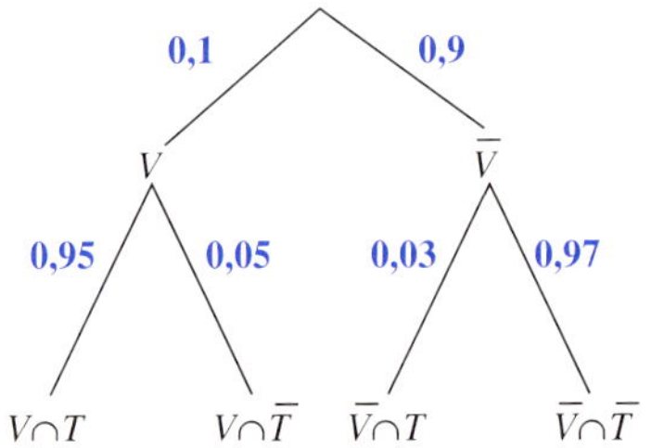

1° *a*) $A = V \cap T$, donc $p(A) = p(V) \times p(T/V) = 0{,}1 \times 0{,}95$,
$\mathbf{p(A) = 0{,}095.}$

De même :
$B = \overline{V} \cap T$, donc $p(B) = p(\overline{V}) \times p(T/\ \overline{V}) = 0{,}9 \times 0{,}03$,
$\mathbf{p(B) = 0{,}027.}$

Les événements A et B sont incompatibles et $A \cup B = T$, donc :

$p(T) = p(A) + p(B)$,
$p(T) = 0{,}095 + 0{,}027$, soit $\mathbf{p(T) = 0{,}122.}$

On en déduit $\mathbf{p(\overline{T}) = 0{,}878.}$

b) $p(V \cap \overline{T}) = p(V) \times p(\overline{T}/V) = 0{,}1 \times 0{,}05$, $\boldsymbol{p(V \cap \overline{T}) = 0{,}005}$.

$$p(V/\overline{T}) = \frac{p(V \cap \overline{T})}{p(\overline{T})};$$

d'après *a*), $p(V/\overline{T}) = \dfrac{0{,}005}{0{,}878}$, soit $\boldsymbol{p(V/\overline{T}) = 0{,}005\,69}$.

2° *a*) Les deux tests étant indépendants :
$p(\overline{T}_2) = p(\overline{T}) \times p(\overline{T}) = (0{,}878)^2$, donc $\boldsymbol{p(\overline{T}_2) \approx 0{,}771}$.
De même, $p(\overline{T}_2/V) = p(\overline{T}/V) \times p(\overline{T}/V) = (0{,}05)^2$,
donc $\boldsymbol{p(\overline{T}_2/V) = 0{,}002\,5}$.

b) $p(\overline{T}_2 \cap V) = p(V) \times p(\overline{T}_2/V) = 0{,}1 \times 0{,}002\,5$,
d'où $\boldsymbol{p(\overline{T}_2 \cap V) = 0{,}000\,25}$.

Enfin, $p(V/\overline{T}_2) = \dfrac{p(\overline{T}_2 \cap V)}{p(\overline{T}_2)} = \dfrac{0{,}000\,25}{0{,}771}$, soit $\boldsymbol{p(V/\overline{T}_2) = 3{,}2 \cdot 10^{-4}}$.

3

LES SYSTÈMES LINÉAIRES

OBJECTIFS

- *Résoudre un système par la méthode de Gauss*

À RETENIR !

GÉNÉRALITÉS

On appelle **système linéaire** de n équations à p inconnues, tout système :

$$(S)\quad \begin{cases} a_{11}\,x_1 + a_{12}\,x_2 + \ldots + a_{1p}\,x_p = b_1 \\ a_{21}\,x_1 + a_{22}\,x_2 + \ldots + a_{2p}\,x_p = b_2 \\ \vdots \\ a_{n1}\,x_1 + a_{n2}\,x_2 + \ldots + a_{np}\,x_p = b_n, \end{cases}$$

où n et p sont deux entiers naturels non nuls, et a_{ij} et b_{ij} $(i \in \{1, \ldots, n\}, j \in \{1, \ldots, p\})$ des réels donnés appelés **coefficients** du système.

Résoudre un tel système, c'est déterminer tous les p-uplets $(x_1, x_2, ..., x_p)$ de réels vérifiant toutes les équations du système.

Un système de n équations à n inconnues est dit **triangulaire supérieur** s'il est de la forme :

$$(S)\quad \begin{cases} a_{11}\,x_1 + a_{12}\,x_2 + ... + a_{1n}\,x_n = b_1 \\ \qquad\qquad a_{22}\,x_2 + ... + a_{2n}\,x_n = b_2 \\ \qquad\qquad ... \\ \qquad\qquad\qquad\qquad a_{nn}\,x_n = b_n\,. \end{cases}$$

On définirait de façon analogue un système **triangulaire inférieur.**
De tels systèmes sont faciles à résoudre (par la méthode de substitution).
Enfin :

Deux systèmes sont dits **équivalents** lorsqu'ils ont le même ensemble de solutions.

RÉSOLUTION PAR LA MÉTHODE DE GAUSS

• Transformations élémentaires sur les lignes

Si on note $L_1, L_2, ..., L_n$ les lignes constituant le système (S), on appelle **transformation élémentaire** sur les lignes de (S), l'une des transformations suivantes :
- échange des lignes L_i et L_j (noté $L_i \leftrightarrow L_j$) ;
- multiplication d'une ligne L_i par un réel non nul α (notée $L_i \leftarrow \alpha\, L_i$) ;
- addition, à la ligne L_i, de la ligne L_j multipliée par un réel non nul λ (notée $L_i \leftarrow L_i + \lambda\, L_j$).

On admettra alors le résultat suivant :
une transformation élémentaire sur les lignes d'un système permet de passer d'un système à un autre système qui lui est équivalent.

• Méthode de Gauss

La méthode de Gauss consiste à construire, à l'aide des transformations élémentaires, une suite de systèmes équivalents à un système donné, afin d'aboutir :

- soit à un système triangulaire résoluble ;
- soit à un système impossible ;
- soit à un système possédant une égalité toujours vraie.

On aura alors respectivement : soit une et une seule, soit aucune, soit une infinité de solutions.

COMMENT FAIRE ?

RÉSOUDRE UN SYSTÈME PAR LA MÉTHODE DE GAUSS

Exemple

Résoudre les systèmes suivants :

$$(S_1)\ \begin{cases} 2x - y + z - 2t = -1 \\ x + y - z + 3t = 7 \\ 3x + 2y - 4z + t = -4 \\ -x + y - 2z + 4t = 6\ ; \end{cases}$$

$$(S_2)\ \begin{cases} x + 2y - 3z = 5 \\ 2x + y + z = 4 \\ x - y + 4z = 1\ ; \end{cases}$$

$$(S_3)\ \begin{cases} x + y - 2z = 1 \\ 2x - y + 3z = -2 \\ 5x - y + 4z = -3. \end{cases}$$

• Résolution de (S_1)

Si l'on choisit d'éliminer en premier la variable x, il est préférable de faire passer en L_1 l'équation ayant le coefficient de x le plus « simple ». (Ce coefficient est quelquefois appelé **pivot de Gauss**.)
La transformation $L_1 \leftrightarrow L_2$ donne :

$$\begin{cases} x + y - z + 3t = 7 & L_1 \leftarrow L_2 \\ 2x - y + z - 2t = -1 & L_2 \leftarrow L_1 \\ 3x + 2y - 4z + t = -4 & L_3 \\ -x + y - 2z + 4t = 6. & L_4 \end{cases}$$

Par transformations élémentaires $L_i \leftarrow L_i + \lambda L_j$, on pourra éliminer x dans les trois dernières équations. On obtient alors le système équivalent :

$$\begin{cases} x + y - z + 3t = 7 & L_1 \\ -3y + 3z - 8t = -15 & L_2 \leftarrow L_2 - 2L_1 \\ -y - z - 8t = -25 & L_3 \leftarrow L_3 - 3L_1 \\ 2y - 3z + 7t = 13. & L_4 \leftarrow L_4 + L_1 \end{cases}$$

(On rappelle que $L_2 \leftarrow L_2 - 2L_1$ signifie : « on a remplacé la ligne L_2 par la ligne obtenue en faisant $L_2 - 2L_1$ », L_1 et L_2 faisant bien sûr référence au système précédent.)

Éliminons maintenant la variable y à l'aide de l'équation L_3. Pour cela il est intéressant de permuter d'abord L_2 et $-L_3$.
Le système est équivalent à :

$$\begin{cases} x + y - z + 3t = 7 & L_1 \\ y + z + 8t = 25 & L_2 \leftarrow -L_3 \\ -3y + 3z - 8t = -15 & L_3 \leftarrow L_2 \\ 2y - 3z + 7t = 13, & L_4 \end{cases}$$

puis à :

$$\begin{cases} x + y - z + 3t = 7 & L_1 \\ y + z + 8t = 25 & L_2 \\ 6z + 16t = 60 & L_3 \leftarrow L_3 + 3\,L_2 \\ -5z - 9t = -37. & L_4 \leftarrow L_4 - 2\,L_2 \end{cases}$$

Il ne reste plus qu'à éliminer z entre L_3 et L_4 en effectuant :

$$L_4 \leftarrow L_4 + \frac{5}{6} L_3,$$

soit :

$$\begin{cases} x + y - z + 3t = 7 & L_1 \\ y + z + 8t = 25 & L_2 \\ 6z + 16t = 60 & L_3 \\ \frac{13}{3} t = 13. & L_4 \leftarrow L_4 + \frac{5}{6} L_3 \end{cases}$$

Le système obtenu, équivalent au système donné, est triangulaire supérieur. Il se résout facilement par substitution. On trouve en effet $t = 3$.

D'où $6z + 48 = 60$, soit $z = 2$;
et $y + 26 = 25$, d'où $y = -1$;
et enfin $x + 6 = 7$, d'où $x = 1$.

Le système (S_1) admet donc une unique solution : (1 ; – 1 ; 2 ; 3).

- Résolution de (S_2)

On obtient, par la même méthode, les systèmes équivalents suivants :

$$\begin{cases} x + 2y - 3z = 5 & L_1 \\ -3y + 7z = -6 & L_2 \leftarrow L_2 - 2\,L_1 \\ -3y + 7z = -4, & L_3 \leftarrow L_3 - L_1 \end{cases}$$

$$\begin{cases} x + 2y - 3z = 5 & L_1 \\ -3y + 7z = -6 & L_2 \\ 0 = 2. & L_3 \leftarrow L_3 - L_2 \end{cases}$$

Cette dernière ligne est impossible, donc **(S_1) n'a pas de solution.**

• Résolution de (S_3)

On obtient les systèmes équivalents suivants :

$$\begin{cases} x + y - 2z = 1 & L_1 \\ -3y + 7z = -4 & L_2 \leftarrow L_2 - 2\,L_1 \\ -6y + 14z = -8, & L_3 \leftarrow L_3 - 5\,L_1 \end{cases}$$

$$\begin{cases} x + y - 2z = 1 & L_1 \\ -3y + 7z = -4 & L_2 \\ 0 = 0. & L_3 \leftarrow L_3 - 2\,L_2 \end{cases}$$

La dernière ligne étant toujours vérifiée, le système a plus d'inconnues que d'équations. En effet, dans le système précédent, $L_3 = 2\,L_2$.

Il y aura une infinité de solutions, obtenues en choisissant une inconnue qui deviendra paramètre (car il reste 2 équations pour 3 inconnues).

Si l'on choisit x comme paramètre, (S_3) est équivalent à :

$$\begin{cases} y - 2z = 1 - x \\ -3y + 7z = -4, \end{cases} \quad \text{soit} \quad \begin{cases} y = -1 - 7x \\ z = -1 - 3x. \end{cases}$$

(résolution d'un système 2×2).

(S_3) a donc pour solutions tous les triplets de la forme :

$(x\,;\ -1 - 7x\,;\ -1 - 3x)$, où x décrit $\mathbb{R}$.

EN BREF !

La méthode de Gauss consiste à éliminer les inconnues une à une, en effectuant des transformations élémentaires sur les lignes du système.

En échangeant les lignes ($L_i \leftrightarrow L_j$), on se ramène à une ligne L_1 comprenant un coefficient en x non nul, le plus simple possible.

On élimine alors x dans toutes les équations (sauf L_1) en remplaçant chaque ligne L_i, par $L_i + \lambda\,L_1$ $\quad$ ($L_i \leftarrow L_i + \lambda\,L_1$).

On obtient alors un système équivalent où x n'apparaît que dans L_1.

On applique au système obtenu la même méthode afin d'éliminer y.

Puis on réitère ce procédé jusqu'à obtenir :

— soit un système triangulaire facilement résoluble,

— soit une impossibilité,

— soit une équation toujours vraie.

L'intérêt de la méthode est qu'elle aboutit en général rapidement au résultat, et surtout que les systèmes obtenus sont équivalents entre eux, ce qui dispense de toute vérification finale.

Cela ne doit, malgré tout, pas faire oublier les autres méthodes (substitution, combinaisons linéaires) qui, sur certains exemples, peuvent se révéler plus rapides.

APPLICATIONS

1 Résoudre les systèmes suivants :

$$(S_1)\ \begin{cases} 2x - y + z = 7 \\ -x + 2y + z = 10 \\ -x - y + z = -2 ; \end{cases} \qquad (S_2)\ \begin{cases} x - 3y + 2z = 0 \\ -x + 2y - z = 3 \\ x - 4y + 3z = 3 ; \end{cases}$$

$$(S_3)\ \begin{cases} x + y - z = 1 \\ x - y + z = 2 \\ x - 5y + 5z = 3. \end{cases}$$

2 Résoudre les systèmes suivants :

$$(S_1)\ \begin{cases} x + y + z - t = 0 \\ -2x + y - 3z + t = -1 \\ x - 3y - 2z + t = -1 \\ x + 2y - 4z + t = 2 ; \end{cases} \qquad (S_2)\ \begin{cases} x + y + 3z - t = 6 \\ x - 2y + z - t = -8 \\ 2x - 3y + z + 2t = 3 \\ -3x + y + z + 2t = 4 ; \end{cases}$$

$$(S_3)\ \begin{cases} x + y + z + t = 0 \\ x - y + z - t = 0 \\ 2x + 3y + 2z + 5t = 1 \\ 3x - y - 2z + 2t = -1. \end{cases}$$

FAIRE LE POINT . . . . .

Il n'est pas rare d'être amené à résoudre des systèmes linéaires dans des domaines aussi différents que l'analyse, la géométrie ou les probabilités. Dans tous les cas, les méthodes de résolution sont identiques, seul le contexte change.

3 **1°** Résoudre le système :

$$\begin{cases} x + y + z + t = -4 \\ -x + y - z + t = 4 \\ 8x + 4y + 2z + t = 1 \\ 3x + 2y + z = 0. \end{cases}$$

2° Déterminer les coefficients a, b, c, d de la fonction :

$$f : \mathbb{R} \to \mathbb{R}$$
$$x \mapsto ax^3 + bx^2 + cx + d,$$

sachant que $f(1) = -4$, $f(-1) = 4$, $f(2) = 1$ et que f admet un minimum pour 1.

(D'après bac D ', 1986.)

4 Dans une base $(\vec{i}, \vec{j}, \vec{k})$ de l'espace, on considère les trois vecteurs $\vec{u}\,(-1, 7, 3)$, $\vec{v}\,(3, 2, 0)$ et $\vec{w}\,(-17, 27, 15)$.

Les vecteurs $\vec{u}$, $\vec{v}$ et $\vec{w}$ sont-ils coplanaires ?
($\vec{u}$, $\vec{v}$, $\vec{w}$ sont coplanaires s'il existe des réels x, y, z, non tous nuls, tels que $x\vec{u} + y\vec{v} + z\vec{w} = \vec{0}$.)

5 Le plan est rapporté à un repère orthonormal $(O, \vec{i}, \vec{j})$.
Déterminer une équation cartésienne du cercle passant par les points $A(1, 2)$, $B(-1, 3)$ et $C(0, 1)$.
(On cherchera l'équation sous la forme $x^2 + y^2 + ax + by + c = 0$.)

6 Résoudre le système de six équations à six inconnues :

$$\begin{cases} x + 2y + 3z + 4t + 5u + 6v = 1 \\ 2x + 3y + 4z + 5t + 6u + v = 2 \\ 3x + 4y + 5z + 6t + u + 2v = 3 \\ 4x + 5y + 6z + t + 2u + 3v = 4 \\ 5x + 6y + z + 2t + 3u + 4v = 5 \\ 6x + y + 2z + 3t + 4u + 5v = 6. \end{cases}$$

(Système tiré d'un sujet du bac D, 1984.)

CORRIGÉS

1 • Résolution de (S_1)

On obtient successivement :

$$\begin{cases} x - 2y - z = -10 & L_1 \leftarrow -L_2 \\ 2x - y + z = 7 & L_2 \leftarrow L_1 \\ -x - y + z = -2, & L_3 \end{cases}$$

$$\begin{cases} x - 2y - z = -10 & L_1 \\ 3y + 3z = 27 & L_2 \leftarrow L_2 - 2L_1 \\ -3y = -12. & L_3 \leftarrow L_3 + L_1 \end{cases}$$

Le système obtenu est triangulaire.

(S_1) a pour solution l'unique triplet (3 ; 4 ; 5).

• Résolution de (S_2)

(S_2) est équivalent à :

$$\begin{cases} x - 3y + 2z = 0 & L_1 \\ -y + z = 3 & L_2 \leftarrow L_2 + L_1 \\ -y + z = 3, & L_3 \leftarrow L_3 - L_1 \end{cases}$$

soit $$\begin{cases} x - 3y + 2z = 0 & L_1 \\ -y + z = 3 & L_2 \\ 0 = 0. & L_3 \leftarrow L_3 - L_2 \end{cases}$$

L'ensemble des solutions de (S_2) est $S = \{(y - 6 ; y ; y + 3) ; y \in \mathbb{R}\}$.

• Résolution de (S_3)

(S_3) est équivalent à :

$$\begin{cases} x + y - z = 1 & L_1 \\ 2x = 3 & L_2 \leftarrow L_2 + L_1 \\ 6x = 8. & L_3 \leftarrow L_3 + 5L_1 \end{cases}$$

Les deux dernières équations étant incompatibles, le sytème (S_3) n'admet pas de solution : $S = \varnothing$.

2 • Résolution de (S_1)

(S_1) équivaut successivement à :

$$\begin{cases} x + y + z - t = 0 & L_1 \\ 3y - z - t = -1 & L_2 \leftarrow L_2 + 2L_1 \\ -4y - 3z + 2t = -1 & L_3 \leftarrow L_3 - L_1 \\ y - 5z + 2t = 2, & L_4 \leftarrow L_4 - L_1 \end{cases}$$

$$\begin{cases} x + y + z - t = 0 & L_1 \\ y - 5z + 2t = 2 & L_2 \leftarrow L_4 \\ 3y - z - t = -1 & L_3 \leftarrow L_2 \\ -4y - 3z + 2t = -1, & L_4 \leftarrow L_3 \end{cases}$$

$$\begin{cases} x + y + z - t = 0 & L_1 \\ y - 5z + 2t = 2 & L_2 \\ 14z - 7t = -7 & L_3 \leftarrow L_3 - 3\,L_2 \\ -23z + 10t = 7, & L_4 \leftarrow L_4 + 4\,L_2 \end{cases}$$

$$\begin{cases} x + y + z - t = 0 & L_1 \\ y - 5z + 2t = 2 & L_2 \\ 14z - 7t = -7 & L_3 \\ -\frac{3}{2}t = \frac{9}{2}. & L_4 \leftarrow L_4 + \frac{23}{14} L_3 \end{cases}$$

Donc **(S_1) a pour unique solution le quadruplet (1 ; 1 ; 1 ; 3).**

- Résolution de (S_2)

En éliminant par exemple x, puis t, puis y puis z, on trouve $\boldsymbol{S = \{(3\,;\,4\,;\,1\,;\,4)\}}$.

- Résolution de (S_3)

En éliminant par exemple y, puis t, puis z, puis x, on trouve $\boldsymbol{S = \left\{\left(-\frac{1}{2}\,;\,-\frac{1}{2}\,;\,\frac{1}{2}\,;\,\frac{1}{2}\right)\right\}}$.

3 1° Le système est équivalent successivement à :

$$\begin{cases} x + y + z + t = -4 & L_1 \\ 2x + 2z = -8 & L_2 \leftarrow L_1 - L_2 \\ 7x + 3y + z = 5 & L_3 \leftarrow L_3 - L_1 \\ 3x + 2y + z = 0, & L_4 \end{cases}$$

$$\begin{cases} x + y + z + t = -4 & L_1 \\ 3x + 2y + z = 0 & L_2 \leftarrow L_4 \\ 7x + 3y + z = 5 & L_3 \\ 2x + 2z = -8, & L_4 \leftarrow L_2 \end{cases}$$

$$\begin{cases} x + y + z + t = -4 & L_1 \\ 3x + 2y + z = 0 & L_2 \\ 4x + y = 5 & L_3 \leftarrow L_3 - L_2 \\ -x - y = -2, & L_4 \leftarrow \frac{1}{4}(L_4 - 2\,L_2) \end{cases}$$

$$\begin{cases} x + y + z + t = -4 & L_1 \\ 3x + 2y + z = 0 & L_2 \\ 4x + y = 5 & L_3 \\ 3x = 3. & L_4 \leftarrow L_4 + L_3 \end{cases}$$

Le système a pour unique solution le quadruplet (1 ; 1 ; – 5 ; – 1).

2° $f(1) = -4$ équivaut à $a + b + c + d = -4$,
$f(-1) = 4$ équivaut à $-a + b - c + d = 4$,
$f(2) = 1$ équivaut à $8a + 4b + 2c + d = 1$,

et f admet un minimum en 1 implique $f'(1) = 0$, soit $3a + 2b + c = 0$, car $f'(x) = 3ax^2 + 2bx + c$.
a, b, c et d vérifient donc les équations du système étudié au **1°**.
D'où $(a, b, c, d) = (1, 1, -5, -1)$, soit $\boldsymbol{f(x) = x^3 + x^2 - 5x - 1}$, pour tout $x \in \mathbb{R}$.

4 Il suffit de résoudre le système :

$$\begin{cases} -x + 3y - 17z = 0 \\ 7x + 2y + 27z = 0 \\ 3x + 15z = 0, \end{cases} \qquad \begin{cases} -x + 3y - 17z = 0 & L_1 \\ 23x + 115z = 0 & L_2 \leftarrow 3\,L_2 - 2\,L_1 \\ 3x + 15z = 0. & L_3 \end{cases}$$

(On remarque que $L_2 \leftarrow 3\,L_2 - 2\,L_1$ est la « composée » des transformations $L_2 \leftarrow L_2 - \frac{2}{3}L_1$ et $L_2 \leftarrow 3\,L_2$.)

Donc $$\begin{cases} -x + 3y - 17z = 0 & L_1 \\ x + 5z = 0 & L_2 \leftarrow \frac{1}{23}L_2 \\ x + 5z = 0. & L_3 \leftarrow 1\,L_3 \end{cases}$$

En choisissant z comme paramètre, on trouve :

$$\begin{cases} -x + 3y = 17z \\ x = -5z, \end{cases} \quad \text{soit} \quad \begin{cases} y = 4z \\ x = -5z. \end{cases}$$

Le système a pour solutions tous les triplets de la forme $(-5z\,;\,4z\,;\,z)$, où z décrit $\mathbb{R}$.

Il existe donc des triplets x, y, z non tous nuls tels que $x\vec{u}+y\vec{v}+z\vec{w}=\vec{0}$ (en particulier, $-5\vec{u}+4\vec{v}+\vec{w}=\vec{0}$).

Les vecteurs $\vec{u}$, $\vec{v}$ et $\vec{w}$ sont donc coplanaires.

5 $x=1$ et $y=2$ vérifient l'équation proposée, d'où $a+2b+c=-5$; pour $x=-1$ et $y=3$, on trouve $-a+3b+c=-10$; pour $x=0$ et $y=1$, on trouve $b+c=-1$.

D'où les systèmes successifs :

$$\begin{cases} a+2b+c=-5 \\ -a+3b+c=-10 \\ b+c=-1, \end{cases} \qquad \begin{cases} a+2b+c=-5 & L_1 \\ 5b+2c=-15 & L_2 \leftarrow L_2+L_1 \\ b+c=-1, & L_3 \end{cases}$$

$$\begin{cases} a+2b+c=-5 & L_1 \\ 5b+2c=-15 & L_2 \\ -3c=-10. & L_3 \leftarrow -5\,L_3+L_2 \end{cases}$$

Le système a pour solution $\left(\frac{1}{3}\,;\,-\frac{13}{3}\,;\,\frac{10}{3}\right)$.

D'où l'équation de cercle cherchée :

$$\boldsymbol{x^2+y^2+\frac{1}{3}x-\frac{13}{3}y+\frac{10}{3}=0.}$$

6 La méthode de Gauss, bien qu'elle permette de trouver le résultat, serait ici assez longue. Des combinaisons linéaires bien choisies permettent d'aboutir plus rapidement.
On obtient successivement :

$$\begin{cases} x+y+z+t+u+v=1 & L_1 \leftarrow \frac{1}{21}(L_1+L_2+L_3+L_4+L_5+L_6) \\ x+y+z+t+u-5v=1 & L_2 \leftarrow L_2-L_1 \\ x+y+z+t-5u+v=1 & L_3 \leftarrow L_3-L_2 \\ x+y+z-5t+u+v=1 & L_4 \leftarrow L_4-L_3 \\ x+y-5z+t+u+v=1 & L_5 \leftarrow L_5-L_4 \\ x-5y+z+t+u+v=1, & L_6 \leftarrow L_6-L_5 \end{cases}$$

$$\begin{cases} x + y + z + t + u + v = 1 & L_1 \\ -6v = 0 & L_2 \leftarrow L_2 - L_1 \\ -6u = 0 & L_3 \leftarrow L_3 - L_1 \\ -6t = 0 & L_4 \leftarrow L_4 - L_1 \\ -6z = 0 & L_5 \leftarrow L_3 - L_1 \\ -6y = 0. & L_6 \leftarrow L_6 - L_1 \end{cases}$$

Nécessairement (1 ; 0 ; 0 ; 0 ; 0 ; 0) est solution. Comme on n'a pas utilisé la méthode de Gauss, on doit vérifier que c'est effectivement une solution en remplaçant respectivement x, y, z, t, u, v par 1, 0, 0, 0, 0, 0, dans chaque équation. Le système est bien vérifié.
D'où $\boldsymbol{S} = \{(\mathbf{1} ; \mathbf{0} ; \mathbf{0} ; \mathbf{0} ; \mathbf{0} ; \mathbf{0})\}$.

4

LES NOMBRES COMPLEXES : FORME ALGÉBRIQUE

OBJECTIFS

- *Écrire un nombre complexe sous forme algébrique*
- *Résoudre une équation du second degré à coefficients réels*
- *Déterminer un ensemble de points à l'aide de la forme algébrique*

À RETENIR !

DÉFINITIONS ET PROPRIÉTÉS

Il existe un ensemble, appelé **ensemble des nombres complexes** et noté $\mathbb{C}$, muni de deux opérations, addition et multiplication, possédant les propriétés suivantes :

- L'ensemble $\mathbb{R}$ des nombres réels est inclus dans $\mathbb{C}$.

- Il existe un nombre complexe noté i, tel que $i^2 = -1$.
- L'addition et la multiplication dans $\mathbb{C}$ possèdent les mêmes propriétés algébriques que l'addition et la multiplication dans $\mathbb{R}$.

Lorsque des nombres complexes sont des réels, leur somme (ou leur produit) dans $\mathbb{C}$ est égale à leur somme (ou leur produit) dans $\mathbb{R}$.

Forme algébrique (ou cartésienne) d'un nombre complexe

Tout nombre complexe z s'écrit, de façon unique, sous la forme $z = x + iy$, où x et y sont des nombres réels.

- x se nomme la **partie réelle** du nombre complexe z et se note $x = \mathrm{Re}(z)$.
- y se nomme la **partie imaginaire** du nombre complexe z et se note $y = \mathrm{Im}(z)$.

Propriété

Soient z et z' des nombres complexes, tels que $z = x + iy$ et $z' = x' + iy'$ (x, y, x', y' étant des réels).

$z = z'$ équivaut à $x = x'$ et $y = y'$.

Forme algébrique de la somme et du produit de nombres complexes

Soient $z = x + iy$ et $z' = x' + iy'$, avec x, y, x', y' réels.

- $z + z' = (x + x') + i(y + y')$.
- $zz' = (xx' - yy') + i(xy' + yx')$.

Remarque : Pour obtenir la forme algébrique du produit, il suffit de développer $(x + iy)(x' + iy')$ en appliquant $i^2 = -1$, comme suit :

$$(x + iy)(x' + iy') = xx' + xiy' + iyx' + i^2yy',$$

$$(x + iy)(x' + iy') = (xx' - yy') + i(xy' + yx').$$

Propriétés algébriques de l'addition et de la multiplication dans $\mathbb{C}$

z, z', z'' désignent des nombres complexes quelconques.

- $z + z' = z' + z$.
- $z + (z' + z'') = (z + z') + z''$ (on pourra écrire : $z + z' + z''$).
- Si $z = x + iy$, avec x et y réels, l'opposé de z, noté $(-z)$, est : $-z = (-x) + i(-y)$.

Remarque : On définit la différence $z - z' = z + (-z')$.

- $zz' = z'z$.
- $z(z'z'') = (zz')z''$ (on pourra écrire : $zz'z''$).
- $1 \times z = z \times 1 = z$.
- Tout nombre complexe z **non nul,** admet un inverse noté $\frac{1}{z}$ (ou z^{-1}) : $z \times \frac{1}{z} = \frac{1}{z} \times z = 1$.

Remarque : Pour $z' \neq 0$, on définit le quotient $\frac{z}{z'} = z \times \frac{1}{z'}$.

CONJUGUÉ

• Définition

Soit le nombre complexe $z = x + iy$, x et y étant réels. On appelle **nombre complexe conjugué de z,** le nombre complexe :

$$\bar{z} = x - iy.$$

Remarque : Par définition, $\mathrm{Re}(\bar{z}) = \mathrm{Re}(z)$ et $\mathrm{Im}(\bar{z}) = -\mathrm{Im}(z)$.

• Propriétés

z et z' désignent des nombres complexes quelconques.

- $\mathrm{Re}(z) = \dfrac{z + \bar{z}}{2}$; $\mathrm{Im}(z) = \dfrac{z - \bar{z}}{2i}$.
- $\overline{z + z'} = \bar{z} + \bar{z}'$.
- $\overline{zz'} = \bar{z}\,\bar{z}'$.

• $\overline{\left(\frac{z}{z'}\right)} = \frac{\bar{z}}{\bar{z}'}$.

• $z = \bar{z}$ signifie que z est un nombre réel.

• $-z = \bar{z}$ signifie que z est un imaginaire pur.

MODULE

• Définition

Soit le nombre complexe $z = x + iy$, x et y étant réels.

• $z\bar{z} = x^2 + y^2$.

• On appelle **module du nombre complexe** z, noté $|z|$, le nombre réel positif ou nul défini par :

$$|z| = \sqrt{z\bar{z}} = \sqrt{x^2 + y^2}.$$

• Propriétés

Soient z et z' des nombres complexes.

• $|zz'| = |z|\,|z'|$.

• $\left|\frac{z}{z'}\right| = \frac{|z|}{|z'|}$ $(z' \neq 0)$.

• $|z + z'| \leqslant |z| + |z'|$ (voir interprétation géométrique).

• $|z| = |\bar{z}|$.

• $|z| = 0$ équivaut à $z = 0$.

• Calcul de l'inverse : $\frac{1}{z'} = \frac{\bar{z}'}{z'\,\bar{z}'} = \frac{\bar{z}'}{|z'|^2}$ $(z' \neq 0)$.

• Si z est un réel, son module et sa valeur absolue en tant que réel sont égaux (ce qui justifie la même notation).

INTERPRÉTATION GÉOMÉTRIQUE

Le plan est muni d'un repère orthonormal $(O, \vec{u}, \vec{v})$.

• Définitions

• À un point M du plan de coordonnées (x, y), on associe le nombre complexe $z = x + \mathrm{i}y$, appelé **affixe du point M.**
• À un vecteur $\vec{w}$ de coordonnées (x, y), on associe le nombre complexe $z = x + \mathrm{i}y$, appelé **affixe du vecteur $\vec{w}$.**

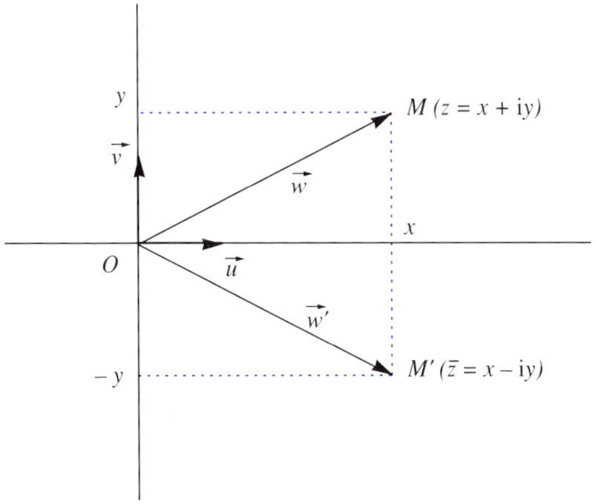

• Propriétés

• Soit M le point d'affixe z.
M est un point de l'axe $(O, \vec{u})$ si, et seulement si, z est réel.
M est un point de l'axe $(O, \vec{v})$ si, et seulement si, z est un imaginaire pur.

• Soient A et B des points d'affixes respectives z_A et z_B. Alors, l'affixe du vecteur $\overrightarrow{AB}$ est $z_B - z_A$.

• Le symétrique de M par rapport à l'axe $(O, \vec{u})$ est le point M' d'affixe $\bar{z}$.

• Le module de z est la norme du vecteur $\vec{w}$: $|z| = \|\vec{w}\|$.

• Soit $\vec{w}_0$ un vecteur d'affixe z_0. L'application du plan dans lui-même, associant à tout point M d'affixe z le point M_1 d'affixe $z_1 = z + z_0$, est la translation de vecteur $\vec{w}_0$.

ÉQUATION DU SECOND DEGRÉ DANS $\mathbb{C}$, À COEFFICIENTS RÉELS

Soient a, b, c des nombres **réels** ($a \neq 0$), et l'équation (E) telle que $az^2 + bz + c = 0$.
Le discriminant de l'équation (E) est le nombre **réel** $\Delta = b^2 - 4ac$.

- Si Δ est un nombre réel strictement positif, alors l'équation (E) admet, **dans** $\mathbb{C}$**,** deux solutions qui sont les **nombres réels :**

$$z_1 = \frac{-b - \sqrt{\Delta}}{2a}\ ;\quad z_2 = \frac{-b + \sqrt{\Delta}}{2a}.$$

- Si $\Delta = 0$, alors l'équation (E) admet, **dans** $\mathbb{C}$**,** une unique solution, qui est le **nombre réel** $z_0 = \dfrac{-b}{2a}$.

- Si Δ est un nombre réel strictement négatif, alors l'équation (E) admet, **dans** $\mathbb{C}$**,** deux solutions qui sont les **nombres complexes :**

$$z_1 = \frac{-b - \mathrm{i}\sqrt{|\Delta|}}{2a}\ ;\quad z_2 = \frac{-b + \mathrm{i}\sqrt{|\Delta|}}{2a}.$$

(Dans ce cas : $z_2 = \bar{z}_1$.)

COMMENT FAIRE ?

ÉCRIRE UN NOMBRE COMPLEXE SOUS FORME ALGÉBRIQUE

Exemple

Écrire sous forme algébrique le nombre complexe $Z = \dfrac{(1-i)(2+i)}{1+2i}$.

Écrivons tout d'abord $(1-i)(2+i)$ sous forme algébrique :

$$(1-i)(2+i) = 2 + i - 2i - i^2 = 3 - i.$$

L'étape suivante consiste à rendre réel le dénominateur en multipliant par le nombre complexe conjugué de $1 + 2i$, qui est $1 - 2i$.

En effet : $(1+2i)(1-2i) = 1^2 + 2^2 = 5$.

D'où : $Z = \dfrac{3-i}{1+2i} = \dfrac{(3-i)(1-2i)}{(1+2i)(1-2i)} = \dfrac{3-6i-i+2i^2}{5} = \dfrac{1-7i}{5}$,

$\boldsymbol{Z = \frac{1}{5} - \frac{7}{5}i}$ $\left(\mathrm{Re}(z) = \dfrac{1}{5} ; \mathrm{Im}(z) = -\dfrac{7}{5}\right)$.

EN BREF !

Pour écrire un nombre complexe sous forme algébrique, on développe en utilisant les propriétés de l'addition et de la multiplication dans $\mathbb{C}$. Et, s'il y a un dénominateur, on le multiplie par son conjugué pour le rendre réel.

Attention : $x + iy$ n'est la forme algébrique que si x et y sont réels.

APPLICATIONS

1 Écrire sous forme algébrique le nombre complexe $Z = \dfrac{(2+i)(1-i)}{1+i}$.

2 Soit f l'application de $\mathbb{C} - \{-1\}$ dans $\mathbb{C}$ définie par $f(z) = \dfrac{z}{z+1}$.

1° Calculer, sous forme algébrique, $f(\mathrm{i})$; $f(-\mathrm{i})$; $f(-1+\mathrm{i})$.
2° Résoudre dans $\mathbb{C}$ l'équation $f(z) = \mathrm{i}$, et écrire la solution sous forme algébrique.

RÉSOUDRE UNE ÉQUATION DU SECOND DEGRÉ À COEFFICIENTS RÉELS

Exemple

Résoudre dans $\mathbb{C}$ les équations suivantes :
1° $Z^2 + Z + 1 = 0$;
2° $Z^2 + Z - 1 = 0$;
3° $Z^2 + Z\sqrt{2} + \frac{1}{2} = 0$.

1° $Z^2 + Z + 1 = 0$ est une équation du second degré, d'inconnue complexe Z, à coefficients réels : $a = 1$, $b = 1$, $c = 1$.
Son discriminant est $\Delta = 1^2 - 4 \times 1 \times 1 = -3$.
Comme Δ est un réel strictement négatif, l'équation $Z^2 + Z + 1 = 0$ admet, dans $\mathbb{C}$, deux solutions qui sont les nombres complexes conjugués :

$$Z_1 = \frac{-1 - \mathrm{i}\sqrt{3}}{2} \quad \text{et} \quad Z_2 = \frac{-1 + \mathrm{i}\sqrt{3}}{2}.$$

L'ensemble des solutions dans $\mathbb{C}$ de l'équation $Z^2 + Z + 1 = 0$ est :

$$\mathcal{S}_{\mathbb{C}} = \left\{\frac{-1 - \mathrm{i}\sqrt{3}}{2} ; \frac{-1 + \mathrm{i}\sqrt{3}}{2}\right\}.$$

2° $Z^2 + Z - 1 = 0$ est une équation du second degré, d'inconnue complexe Z, à coefficients réels : $a = 1$, $b = 1$, $c = -1$.
Son discriminant est $\Delta = 1^2 - 4 \times 1 \times (-1) = 5$.
Comme Δ est un réel strictement positif, l'équation $Z^2 + Z - 1 = 0$ admet, dans $\mathbb{C}$, deux solutions qui sont les nombres réels :

$$Z_1 = \frac{-1 - \sqrt{5}}{2} \quad \text{et} \quad Z_2 = \frac{-1 + \sqrt{5}}{2}.$$

L'ensemble des solutions dans $\mathbb{C}$ de l'équation $Z^2 + Z - 1 = 0$ est :

$$\mathcal{S}_{\mathbb{C}} = \left\{\frac{-1 - \sqrt{5}}{2} ; \frac{-1 + \sqrt{5}}{2}\right\}.$$

3° $Z^2 + Z\sqrt{2} + \frac{1}{2} = 0$ est une équation du second degré, d'inconnue complexe Z, à coefficients réels : $a = 1$, $b = \sqrt{2}$, $c = \frac{1}{2}$.

Son discriminant est $\Delta = (\sqrt{2})^2 - 4 \times 1 \times \frac{1}{2} = 0$.

Comme $\Delta = 0$, l'équation $Z^2 + Z\sqrt{2} + \frac{1}{2} = 0$ admet, dans $\mathbb{C}$, une unique solution qui est le nombre réel $Z_0 = \frac{-\sqrt{2}}{2}$.

L'ensemble des solutions dans $\mathbb{C}$ de l'équation $Z^2 + Z\sqrt{2} + 1 = 0$ est :

$$\mathcal{S}_{\mathbb{C}} = \left\{\frac{-\sqrt{2}}{2}\right\}.$$

EN BREF !

Pour résoudre une équation du second degré dans $\mathbb{C}$, on calcule le discriminant et, suivant son signe, on applique les formules.

APPLICATIONS

3 Résoudre dans $\mathbb{C}$ les équations suivantes :

1° $Z^2 + 2Z + 3 = 0$;
2° $2Z^2 + Z + 1 = 0$;
3° $Z^2 + 4 = 0$;
4° $Z^2 + 5Z + 6 = 0$.

4 **1°** Montrer que tout nombre complexe Z vérifie la relation :

$$8Z^4 + 8Z^3 - Z - 1 = (Z + 1)(2Z - 1)(4Z^2 + 2Z + 1).$$

2° En utilisant ce résultat, résoudre dans $\mathbb{C}$, l'équation :

$$8Z^4 + 8Z^3 - Z - 1 = 0.$$

(D'après bac D, 1992.)

DÉTERMINER UN ENSEMBLE DE POINTS À L'AIDE DE LA FORME ALGÉBRIQUE

Exemple

Soit M un point du plan complexe rapporté à un repère orthonormal. Pour $z \neq 1$, on pose $Z = \dfrac{z - 2i}{z - 1}$.
On note $z = x + iy$ et $Z = X + iY$ (x, y, X, Y réels).
1° Calculer X et Y en fonction de x et y.
2° Déterminer l'ensemble $\mathcal{D}$ des points M tels que Z soit un réel.
3° Déterminer l'ensemble $\mathcal{C}$ des points M tels que Z soit un imaginaire pur. (On trouvera un cercle privé d'un point ; on déterminera le centre et le rayon de ce cercle.)
4° Faire une figure représentant $\mathcal{D}$ et $\mathcal{C}$.

(D'après bac D, 1993.)

1° Cette question doit se lire ainsi : « exprimer Z sous forme algébrique, X et Y désignant respectivement la partie réelle et la partie imaginaire de Z ».
Pour $z \neq 1$, exprimons Z à l'aide de x et y :

$$Z = \frac{(x + iy) - 2i}{(x + iy) - 1} = \frac{x + i(y - 2)}{(x - 1) + iy}.$$

Multiplions le dénominateur par son conjugué :

$$(z - 1)(\bar{z} - 1) = [(x - 1) + iy][(x - 1) - iy] = (x - 1)^2 + y^2.$$

On écrit donc : $$Z = \frac{[x + i(y - 2)][(x - 1) - iy]}{(x - 1)^2 + y^2}.$$

Développons le numérateur, et ordonnons en faisant apparaître la partie réelle et la partie imaginaire.

$$Z = \frac{x(x - 1) - ixy + i(y - 2)(x - 1) + (y - 2)y}{(x - 1)^2 + y^2},$$

$$Z = \frac{x(x - 1) + y(y - 2) + i[-xy + (y - 2)(x - 1)]}{(x - 1)^2 + y^2},$$

$$Z = \frac{x(x - 1) + y(y - 2)}{(x - 1)^2 + y^2} + i\,\frac{-2x - y + 2}{(x - 1)^2 + y^2}.$$

D'où : $$\mathbf{X = \frac{x(x - 1) + y(y - 2)}{(x - 1)^2 + y^2}\,; \qquad Y = \frac{-2x - y + 2}{(x - 1)^2 + y^2}.}$$

2° Pour $z \neq 1$, Z est réel signifie que sa partie imaginaire Y est nulle.
$\mathcal{D}$ est donc l'ensemble des points $M(x, y)$ tels que :

$$\frac{-2x - y + 2}{(x - 1)^2 + y^2} = 0 \quad \text{avec } (x, y) \neq (1, 0),$$

ou encore : $-2x - y + 2 = 0$, avec $(x, y) \neq (1, 0)$.

• $-2x - y + 2 = 0$ est l'équation d'une droite dont un vecteur directeur est $\vec{w}\begin{pmatrix} 1 \\ -2 \end{pmatrix}$.

• Remarquons que le point $A(1, 0)$ appartient à cette droite.

Par conséquent, $\mathcal{D}$ **est la droite d'équation** $\mathbf{-2x - y + 2 = 0}$**, privée du point** $\mathbf{A(1, 0)}$**.**

3° Pour $z \neq 1$, Z est un imaginaire pur signifie que sa partie réelle X est nulle. $\mathcal{C}$ est donc l'ensemble des points $M(x, y)$ tels que :

$$\frac{x(x-1) + y(y-2)}{(x-1)^2 + y^2} = 0, \quad \text{avec} \quad (x, y) \neq (1, 0),$$

ou encore : $x(x-1) + y(y-2) = 0$, avec $(x, y) \neq (1, 0)$.

Exprimons $x(x-1)$ et $y(y-2)$ sous forme canonique, en reconnaissant **le début d'un carré :**

$x(x-1) = x^2 - x$ est le début du développement de :

$$\left(x - \frac{1}{2}\right)^2 = x^2 - x + \frac{1}{4}.$$

D'où : $$x(x-1) = \left(x - \frac{1}{2}\right)^2 - \frac{1}{4}.$$

De même, $y(y-2) = y^2 - 2y$; on reconnaît le début du développement de $(y-1)^2 = y^2 - 2y + 1$.

D'où : $$y(y-2) = (y-1)^2 - 1.$$

Finalement : $x(x-1) + y(y-2) = 0$, avec $(x, y) \neq (1, 0)$,

équivaut à : $\left(x - \frac{1}{2}\right)^2 - \frac{1}{4} + (y-1)^2 - 1 = 0$, avec $(x, y) \neq (1, 0)$,

ou encore à : $\left(x - \frac{1}{2}\right)^2 + (y-1)^2 = \frac{5}{4}$, avec $(x, y) \neq (1, 0)$.

• $\left(x - \frac{1}{2}\right)^2 + (y-1)^2 = \frac{5}{4}$ est une équation du cercle de centre $I\left(\frac{1}{2}, 1\right)$ et de rayon $R = \frac{\sqrt{5}}{2}$.

• Remarquons que le point $A(1, 0)$ appartient à ce cercle ; en effet :

$$\left(1 - \frac{1}{2}\right)^2 + (0-1)^2 = \left(+\frac{1}{2}\right)^2 + (-1)^2 = \frac{1}{4} + 1 = \frac{5}{4}.$$

Par conséquent, $\mathcal{C}$ **est le cercle de centre** $\mathbf{I\left(\frac{1}{2}, 1\right)}$**, de rayon** $\mathbf{\frac{\sqrt{5}}{2}}$**, privé du point** $\mathbf{A(1, 0)}$**.**

4° Figure :

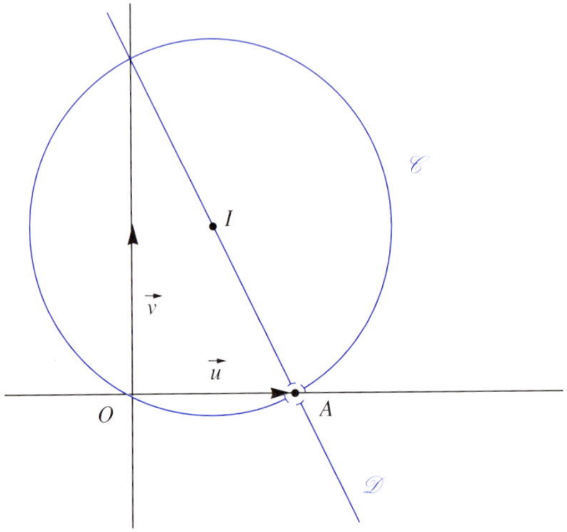

EN BREF !

Pour déterminer des ensembles de points, on doit :

- savoir traduire une donnée de l'énoncé (par exemple : Z est réel ; Z est imaginaire pur ; $|Z - \mathrm{i}| = 2$; etc.) ;
- savoir reconnaître les ensembles les plus **classiques** (droite par une équation de la forme $ax + by + c = 0$; cercle par une équation de la forme $(x - a)^2 + (y - b)^2 = R^2$ ou par $|z - z_0| = R$; etc.).

Remarque : Soyez judicieux, ou suivez la démarche proposée, pour savoir si une caractérisation géométrique ou une expression analytique de l'ensemble est la plus appropriée.

APPLICATION

5 Le plan complexe $\mathscr{P}$ est rapporté à un repère orthonormal direct $(O, \vec{u}, \vec{v})$.

On désigne par A et B les points d'affixes respectives $-\mathrm{i}$ et $2\mathrm{i}$.

On désigne par $\mathscr{P}^*$ l'ensemble des points de $\mathscr{P}$, distincts de A.

Soit f l'application de $\mathscr{P}^*$ dans $\mathscr{P}$ qui, à tout point M d'affixe z, associe le point $f(M)$ d'affixe Z telle que :

$$Z = \mathrm{i}\left(\frac{z - 2\mathrm{i}}{z + \mathrm{i}}\right).$$

1° *a*) Soit M_1 le point d'affixe i ; soit M_2 le point d'affixe $\frac{3}{2} + \frac{1}{2}\mathrm{i}$.

Déterminer $f(M_1)$ et $f(M_2)$.
b) Déterminer le point M de $\mathcal{P}^*$ tel que $f(M) = 0$.
Déterminer le point M de $\mathcal{P}^*$ tel que $f(M) = N$, où N est le point d'affixe $2 - \mathrm{i}$.
2° Déterminer et construire :
a) L'ensemble $\mathcal{E}$ des points M de $\mathcal{P}^*$ dont les images ont pour affixe un nombre imaginaire pur.
b) L'ensemble $\mathcal{F}$ des points M de $\mathcal{P}^*$ dont les images ont pour affixe un nombre réel.
c) L'ensemble $\mathcal{G}$ des points de $\mathcal{P}^*$ dont les images appartiennent au cercle de centre O, de rayon 1.

(D'après bac D, Bordeaux, 1991.)

FAIRE LE POINT . . . . .

6 $\mathcal{P}$ est le plan complexe muni d'un repère orthonormal $(O, \vec{u}, \vec{v})$. K est le point d'affixe -2.
À tout point M de $\mathcal{P}$, distinct de K, d'affixe z, on associe le point M' d'affixe $z' = \dfrac{z-1}{z+2}$.
1° E est le point d'affixe i. Déterminer et construire E'.
2° Déterminer l'ensemble des points M pour lesquels l'affixe de M' est i.
3° Déterminer l'ensemble des points M pour lesquels $M' = M$.
On trouvera deux points B et C. Soit A le point d'affixe 1.
Montrer que ABC est un triangle équilatéral.
4° Soit $z = x + \mathrm{i}y$, avec x et y réels ($z \neq -2$).
Écrire z' sous forme algébrique.
En déduire :
- L'ensemble $\mathcal{S}$ des points M tels que M' appartienne à la droite des abscisses $(O, \vec{u})$. Construire $\mathcal{S}$.
- L'ensemble $\mathcal{T}$ des points M tels que M' appartienne à la droite des ordonnées $(O, \vec{v})$. Construire $\mathcal{T}$.

5° A est le point d'affixe 1 de la question **3°.** Montrer que lorsque M' appartient au cercle $\mathcal{C}'$ de centre A et de rayon 1, alors M appartient à un cercle $\mathcal{C}$ que l'on précisera.

CORRIGÉS

1 $Z = \dfrac{(2+\mathrm{i})(1-\mathrm{i})}{1+\mathrm{i}} = \dfrac{3-\mathrm{i}}{1+\mathrm{i}} = \dfrac{(3-\mathrm{i})(1-\mathrm{i})}{(1+\mathrm{i})(1-\mathrm{i})} = \dfrac{2-4\mathrm{i}}{2}$,

$\boldsymbol{Z = 1 - 2\mathrm{i}.}$

2 1° $f(\mathrm{i}) = \dfrac{\mathrm{i}}{\mathrm{i}+1} = \dfrac{\mathrm{i}(1-\mathrm{i})}{(1+\mathrm{i})(1-\mathrm{i})} = \dfrac{1+\mathrm{i}}{2}$,

$\boldsymbol{f(\mathrm{i}) = \frac{1}{2} + \frac{1}{2}\mathrm{i}.}$

$f(-\mathrm{i}) = \dfrac{-\mathrm{i}}{-\mathrm{i}+1} = \dfrac{-\mathrm{i}(1+\mathrm{i})}{(1-\mathrm{i})(1+\mathrm{i})} = \dfrac{1-\mathrm{i}}{2}$,

$\boldsymbol{f(-\mathrm{i}) = \frac{1}{2} - \frac{1}{2}\mathrm{i}.}$

$f(-1+\mathrm{i}) = \dfrac{-1+\mathrm{i}}{\mathrm{i}} = \dfrac{(-1+\mathrm{i})(-\mathrm{i})}{\mathrm{i}\times(-\mathrm{i})} = \dfrac{1+\mathrm{i}}{1}$,

$\boldsymbol{f(-1+\mathrm{i}) = 1 + \mathrm{i}.}$

2° Pour tout nombre complexe z différent de -1, l'équation $f(z) = \mathrm{i}$ équivaut successivement à :

$z = \mathrm{i}z + \mathrm{i}$, $\quad (1-\mathrm{i})\,z = \mathrm{i}$, $\quad z = \dfrac{\mathrm{i}}{1-\mathrm{i}}$.

Sous forme algébrique :

$$\frac{\mathrm{i}}{1-\mathrm{i}} = \frac{\mathrm{i}(1+\mathrm{i})}{(1-\mathrm{i})(1+\mathrm{i})} = \frac{-1+\mathrm{i}}{2}.$$

L'équation $f(z) = \mathrm{i}$ admet une unique solution : $-\frac{1}{2} + \frac{1}{2}\mathrm{i}$.

3 1° Le discriminant est $\Delta = -8$.

L'équation $Z^2 + 2Z + 3 = 0$ admet deux solutions complexes conjuguées :

$$Z_1 = \frac{-2 - \mathrm{i}\,2\sqrt{2}}{2}; \quad Z_2 = \frac{-2 + \mathrm{i}\,2\sqrt{2}}{2}.$$

L'ensemble des solutions dans $\mathbb{C}$ est :

$$\mathcal{S}_{\mathbb{C}} = \{-1 - \mathrm{i}\sqrt{2}\,;\ -1 + \mathrm{i}\sqrt{2}\}.$$

2° Le discriminant est $\Delta = -7$.

L'équation $2Z^2 + Z + 1 = 0$ admet deux solutions complexes conjuguées :

$$Z_1 = \frac{-1 - i\sqrt{7}}{4}; \quad Z_2 = \frac{-1 + i\sqrt{7}}{4}.$$

L'ensemble des solutions dans $\mathbb{C}$ est :

$$\mathcal{S}_{\mathbb{C}} = \left\{ -\frac{1}{4} - i\frac{\sqrt{7}}{4};\ -\frac{1}{4} + i\frac{\sqrt{7}}{4} \right\}.$$

3° On peut factoriser, dans $\mathbb{C}$, $Z^2 + 4$:

$$Z^2 + 4 = Z^2 - (-4) = Z^2 - (2i)^2,$$

$$Z^2 + 4 = (Z - 2i)(Z + 2i).$$

L'équation $Z^2 + 4 = 0$ admet dans $\mathbb{C}$ deux solutions :

$$Z_1 = -2i; \quad Z_2 = 2i.$$

L'ensemble des solutions dans $\mathbb{C}$ est : $\mathcal{S}_{\mathbb{C}} = \{-2i ; 2i\}$.

4° Le discriminant est $\Delta = 1$.
L'équation $Z^2 + 5Z + 6 = 0$ admet deux solutions, qui sont les nombres réels :

$$Z_1 = -3; \quad Z_2 = -2.$$

L'ensemble des solutions dans $\mathbb{C}$ est : $\mathcal{S}_{\mathbb{C}} = \{-3 ; -2\}$.

4 **1°** On développe :

$$(Z+1)(2Z-1)(4Z^2+2Z+1) = (2Z^2+Z-1)(4Z^2+2Z+1),$$

$$(Z+1)(2Z-1)(4Z^2+2Z+1) = 8Z^4+4Z^3+2Z^2+4Z^3 + 2Z^2+Z-4Z^2-2Z-1,$$

$$\mathbf{(Z+1)(2Z-1)(4Z^2+2Z+1) = 8Z^4+8Z^3-Z-1.}$$

2° Pour tout nombre complexe z, l'équation $8Z^4 + 8Z^3 - Z - 1 = 0$ est successivement équivalente à :

$$(Z+1)(2Z-1)(4Z^2+2Z+1) = 0,$$

soit $Z + 1 = 0$, ou $2Z - 1 = 0$, ou $4Z^2 + 2Z + 1 = 0$.
Le discriminant de l'équation $4Z^2 + 2Z + 1 = 0$ est $\Delta = -12$; cette équation admet deux solutions :

$$Z_1 = \frac{-1 - i\sqrt{3}}{4}; \quad Z_2 = \frac{-1 + i\sqrt{3}}{4}.$$

L'ensemble des solutions de l'équation $8Z^4 + 8Z^3 - Z - 1 = 0$ est :

$$\mathcal{S}_{\mathbb{C}} = \left\{ -1 ; \frac{1}{2};\ -\frac{1}{4} - i\frac{\sqrt{3}}{4};\ -\frac{1}{4} + i\frac{\sqrt{3}}{4} \right\}.$$

5 1° *a*) Soit $z_1 = \text{i}$.

$$Z_1 = \text{i}\left(\frac{z_1 - 2\text{i}}{z_1 + \text{i}}\right) = i\,\frac{-i}{2i} = -\frac{1}{2}\,i.$$

$f(M_1)$ est le point d'affixe $-\frac{1}{2}$ i.

Soit $z_2 = \frac{3}{2} + \frac{1}{2}\text{i}$.

$$Z_2 = \text{i}\left(\frac{z_2 - 2\text{i}}{z_2 + \text{i}}\right) = \text{i}\,\frac{\frac{3}{2} - \frac{3}{2}\text{i}}{\frac{3}{2} + \frac{3}{2}\text{i}} = \text{i}\,\frac{1 - \text{i}}{1 + \text{i}},$$

$$Z_2 = \text{i}\,\frac{(1 - \text{i})^2}{2} = \text{i}\,\frac{-2\text{i}}{2} = 1.$$

$f(M_2)$ est le point d'affixe 1.

b) Soit z l'affixe d'un point M.
$f(M) = 0$ se traduit par :

$$\text{i}\left(\frac{z - 2\text{i}}{z + \text{i}}\right) = 0, \quad \text{avec} \quad z \neq -\text{i}.$$

Donc : $z = 2\text{i}$.

Le point M d'affixe 2i est tel que $f(M) = 0$.

$f(M) = N$ se traduit par :

$$\text{i}\left(\frac{z - 2\text{i}}{z + \text{i}}\right) = 2 - \text{i}, \quad \text{avec} \quad z \neq -i,$$

ce qui équivaut successivement à :

$$\text{i}(z - 2\text{i}) = (2 - \text{i})(z + \text{i}),$$
$$2(1 + \text{i})z = -1 + 2\text{i},$$
$$z = \frac{-1 + 2\text{i}}{2(1 + \text{i})},$$

ou, sous forme algébrique :

$$z = \frac{-1 + 2\text{i}}{2(1 + \text{i})} = \frac{(-1 + 2\text{i})(1 - \text{i})}{2 \times 2} = \frac{1 + 3\text{i}}{4}.$$

Le point M d'affixe $\frac{1}{4} + \frac{3}{4}$ i est tel que $f(M) = N$.

2° Soit $z = x + \text{i}y$, x et y étant des nombres réels et $z \neq -\text{i}$.

Écrivons Z sous forme algébrique :

$$Z = \mathrm{i}\,\frac{x + \mathrm{i}(y-2)}{x + \mathrm{i}(y+1)} = \frac{[-(y-2) + \mathrm{i}x][x - \mathrm{i}(y+1)]}{x^2 + (y+1)^2},$$

$$Z = \frac{-x(y-2) + x(y+1) + \mathrm{i}[(y-2)(y+1) + x^2]}{x^2 + (y+1)^2},$$

$$Z = \frac{3x}{x^2 + (y+1)^2} + \mathrm{i}\,\frac{x^2 + y^2 - y - 2}{x^2 + (y+1)^2}.$$

a) Le point M d'affixe z appartient à $\mathcal{E}$ si, et seulement si, $z \neq -\mathrm{i}$ et $\dfrac{3x}{x^2 + (y+1)^2} = 0$, ce qui équivaut à $x = 0$ et $z \neq -\mathrm{i}$.

$\mathcal{E}$ est la droite $(O, \vec{v})$ privée du point A.

b) Le point M d'affixe z appartient à $\mathcal{F}$ si, et seulement si, $z \neq -\mathrm{i}$ et $\dfrac{x^2 + y^2 - y - 2}{x^2 + (y+1)^2} = 0$, ce qui équivaut à $x^2 + y^2 - y - 2 = 0$ et $z \neq -\mathrm{i}$.

$x^2 + y^2 - y - 2 = 0$ s'écrit aussi $x^2 + \left(y - \dfrac{1}{2}\right)^2 - \dfrac{1}{4} - 2 = 0,$

$$x^2 + \left(y - \frac{1}{2}\right)^2 = \frac{9}{4}.$$

On reconnaît là l'équation du cercle $\mathcal{C}$ de centre Ω, d'affixe $+\dfrac{1}{2}\mathrm{i}$, et de rayon $\dfrac{3}{2}$. Notons que A appartient à $\mathcal{C}$.

$\mathcal{F}$ est le cercle $\mathcal{C}$ de centre Ω, d'affixe $\dfrac{1}{2}$ i, et de rayon $\dfrac{3}{2}$, privé du point A.

c) Le point M d'affixe z appartient à $\mathcal{G}$ si, et seulement si, $z \neq -\mathrm{i}$ et $|Z| = 1$.

La forme algébrique donne ici des calculs compliqués. Il est préférable d'utiliser les propriétés du module, et son interprétation géométrique.

Pour $z \neq -\mathrm{i}$, $|Z| = 1$ s'écrit :

$$\left|\mathrm{i}\left(\frac{z - 2\mathrm{i}}{z + \mathrm{i}}\right)\right| = 1,$$

ou encore : $$|\mathrm{i}|\,\frac{|z - 2\mathrm{i}|}{|z + \mathrm{i}|} = 1\,;$$

$$|z - 2\mathrm{i}| = |z + \mathrm{i}| \quad (\text{car } |\mathrm{i}| = 1).$$

$|z - 2i|$ représente la distance BM.
$|z + i| = |z - (-i)|$ représente la distance AM.
$|z - 2i| = |z + i|$ se traduit donc par l'égalité $BM = AM$.
On sait que l'ensemble des points M tels que $BM = AM$ est la médiatrice du segment $[AB]$ (qui, bien sûr, ne contient pas le point A).
$\mathcal{G}$ est la médiatrice du segment $[AB]$.

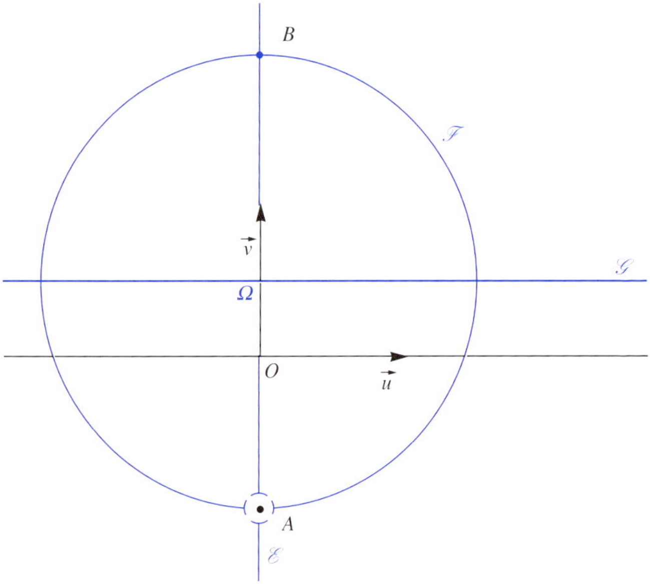

6 **1°** Pour $z = 1$, on obtient $z' = \dfrac{i - 1}{i + 2}$. Sous forme algébrique :

$$z' = \frac{(-1 + i)(2 - i)}{(2 + i)(2 - i)} = \frac{-1 + 3i}{5}.$$

E' est le point d'affixe $\mathbf{\dfrac{-1}{5} + \dfrac{3}{5}\,i}$.

2° Soit M un point d'affixe $z\,(z \neq -2)$.

L'affixe de M' est i signifie $\dfrac{z - 1}{z + 2} = i$, d'où :

$$z - 1 = iz + 2i,$$
$$z(1 - i) = 1 + 2i,$$
$$z = \frac{1 + 2i}{1 - i}.$$

Sous forme algébrique : $z = \dfrac{(1+2i)(1+i)}{(1-i)(1+i)}$,

$$z = \frac{-1+3i}{2}.$$

Il existe un unique point M d'affixe $-\frac{1}{2}+\frac{3}{2}i$ pour lequel M' a pour affixe i.

3° Soit M un point d'affixe $z\,(z \neq -2)$.

$M' = M$ se traduit par : $\dfrac{z-1}{z+2} = z$,

ce qui équivaut à : $z - 1 = z(z+2)$,

ou encore à : $0 = z^2 + z + 1$.

$z^2 + z + 1 = 0$ est une équation du second degré à coefficients réels ($a = 1$; $b = 1$; $c = 1$).

Son discriminant est $\Delta = -3$.

L'équation $z^2 + z + 1 = 0$ admet, dans $\mathbb{C}$, deux solutions complexes conjuguées :

$$z_1 = \frac{-1 - i\sqrt{3}}{2} \; ; \quad z_2 = \frac{-1 + i\sqrt{3}}{2}.$$

Il existe deux points B et C tels que $B' = B$ et $C' = C$:

— le point B d'affixe $\dfrac{-1 - i\sqrt{3}}{2}$;

— le point C d'affixe $\dfrac{-1 + i\sqrt{3}}{2}$.

Calculons les distances AB, BC, CA.

$$AB = \left|\frac{-1 - i\sqrt{3}}{2} - 1\right| = \left|-\frac{3}{2} - i\frac{\sqrt{3}}{2}\right| = \sqrt{\left(-\frac{3}{2}\right)^2 + \left(-\frac{\sqrt{3}}{2}\right)^2} = \sqrt{3}.$$

$$BC = \left|\frac{-1 + i\sqrt{3}}{2} - \frac{-1 - i\sqrt{3}}{2}\right| = |i\sqrt{3}| = \sqrt{3}.$$

$$CA = \left|1 - \frac{-1 + i\sqrt{3}}{2}\right| = \left|\frac{3}{2} - i\frac{\sqrt{3}}{2}\right| = \sqrt{\left(\frac{3}{2}\right)^2 + \left(-\frac{\sqrt{3}}{2}\right)^2} = \sqrt{3}.$$

Puisque $AB = BC = CA$, le triangle ABC est équilatéral.

4° $z' = \dfrac{(x+\mathrm{i}y)-1}{(x+\mathrm{i}y)+2} = \dfrac{(x-1)+\mathrm{i}y}{(x+2)+\mathrm{i}y}$,

$z' = \dfrac{[(x-1)+\mathrm{i}y][(x+2)-\mathrm{i}y]}{(x+2)^2+y^2}$,

$z' = \dfrac{(x-1)(x+2)+y^2+\mathrm{i}\,[y(x+2)-y(x-1)]}{(x+2)^2+y^2}$.

Finalement :

$$\mathbf{z' = \frac{(x-1)(x+2)+y^2}{(x+2)^2+y^2} + i\,\frac{3y}{(x+2)^2+y^2}}.$$

• M' appartient à l'axe $(O, \vec{u})$ se traduit par :

$$z \neq -2 \quad \text{et} \quad \frac{3y}{(x+2)^2+y^2} = 0.$$

D'où : $\quad y = 0 \quad (z \neq -2)$.

$\mathcal{S}$ est donc l'axe réel $(O, \vec{u})$ privé du point K.

• M' appartient à l'axe $(O, \vec{v})$ se traduit par :

$$z \neq -2 \quad \text{et} \quad \frac{(x-1)(x+2)+y^2}{(x+2)^2+y^2} = 0,$$

soit : $\quad (x-1)(x+2)+y^2 = 0 \quad (z \neq -2)$.

On transforme l'expression :

$$x^2+x-2+y^2=0,$$

$$\left(x+\frac{1}{2}\right)^2 - \frac{1}{4} - 2 + y^2 = 0,$$

$$\left(x+\frac{1}{2}\right)^2 + y^2 = \frac{9}{4}.$$

On reconnaît l'équation du cercle de centre Ω, d'affixe $-\dfrac{1}{2}$, et de rayon $\dfrac{3}{2}$.

Notons que K appartient à ce cercle.

$\mathcal{C}$ est le cercle de centre Ω, d'affixe $-\dfrac{1}{2}$, et de rayon $\dfrac{3}{2}$, privé du point K.

5° M' appartient au cercle $\mathcal{C}'$ de centre A et de rayon 1 signifie :

$$|z'-1| = 1,$$

ce qui équivaut à : $\quad \left|\dfrac{z-1}{z+2} - 1\right| = 1 \quad (z \neq -2)$,

$$\left|\frac{-3}{z+2}\right| = 1,$$

$$\frac{|-3|}{|z+2|} = 1,$$

$$3 = |z+2|.$$

***M* appartient donc au cercle $\mathscr{C}$ de centre *K*, d'affixe -2, et de rayon 3.**

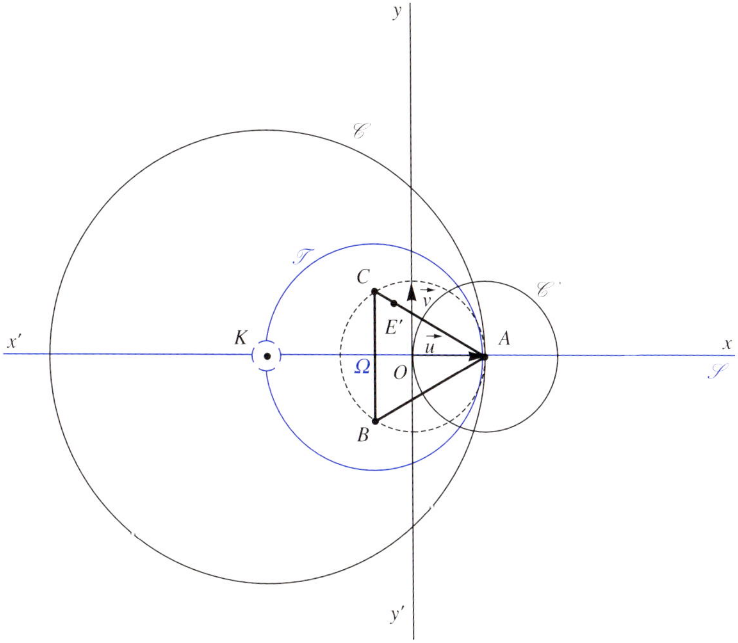

5

LES NOMBRES COMPLEXES : FORME TRIGONOMÉTRIQUE

OBJECTIFS

- *Passer de la forme trigonométrique à la forme algébrique, et réciproquement*
- *Exprimer cos nx et sin nx en fonction de cos x ou sin x*
- *Linéariser $(\cos x)^n$ et $(\sin x)^n$*
- *Utiliser la forme trigonométrique des nombres complexes en géométrie*

À RETENIR !

Dans toute la suite du chapitre, le plan complexe $\mathscr{P}$ est supposé orienté et muni d'un repère orthonormal direct $(O, \vec{u}, \vec{v})$.

ÉCRITURE TRIGONOMÉTRIQUE D'UN NOMBRE COMPLEXE NON NUL

Soit M, un point d'affixe z distinct de O.

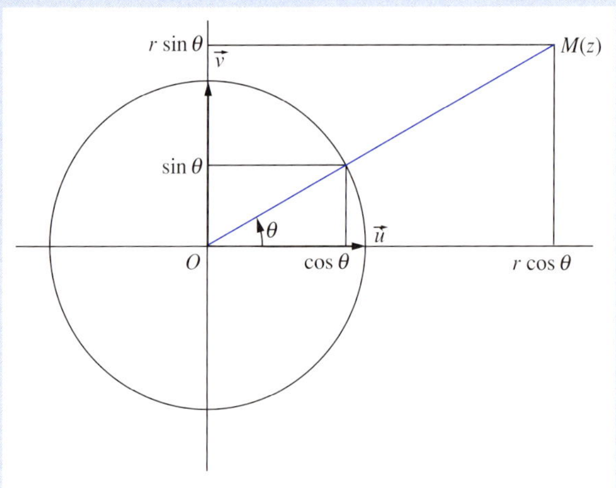

L'écriture :

$\boldsymbol{z = r(\cos \theta + \mathrm{i} \sin \theta)}$, où $r = OM = |z|$ et $\theta = \overline{(\vec{u}, \overrightarrow{OM})}$,
est appelée **écriture trigonométrique** du nombre complexe z.
$\boldsymbol{\theta}$, qui désigne l'une des mesures de l'angle orienté des vecteurs $\overline{(\vec{u}, \overrightarrow{OM})}$, est appelé **un argument du nombre complexe** z.
On notera : $\boldsymbol{\theta = \arg z}$.

Remarques :

- 0 n'a pas d'écriture trigonométrique.
- Un argument de z est défini à un multiple de 2π près. Tous les arguments de z sont de la forme $\theta + k \times 2\pi$, $k \in \mathbb{Z}$. On écrira : $\arg z = \theta (2\pi)$.
- Si z est un nombre complexe de module 1 (M appartient au cercle trigonométrique), alors $z = \cos \theta + \mathrm{i} \sin \theta$.

• z est réel si, et seulement si :

$$\begin{cases} z = 0 \\ \text{ou} \\ \arg z = 0\ (2\pi) \text{ ou } \arg z = \pi\ (2\pi) \ \big(\text{ce qui s'écrit aussi } \arg z = 0\ (\pi)\big). \end{cases}$$

• z est réel strictement positif si, et seulement si, $\arg z = 0\ (2\pi)$, et strictement négatif si, et seulement si, $\arg z = \pi\ (2\pi)$.

• z est imaginaire pur si, et seulement si :

$$\begin{cases} z = 0 \\ \text{ou} \\ \arg z = \dfrac{\pi}{2}\ (2\pi) \text{ ou } \arg z = -\dfrac{\pi}{2}\ (2\pi) \left(\text{ce qui s'écrit aussi } \arg z = \dfrac{\pi}{2}\ (\pi)\right). \end{cases}$$

• Propriété

Si $\omega = \cos\theta + \mathrm{i}\sin\theta$ et $\omega' = \cos\theta' + \mathrm{i}\sin\theta'$, alors :

$$\omega\omega' = \cos(\theta + \theta') + \mathrm{i}\sin(\theta + \theta').$$

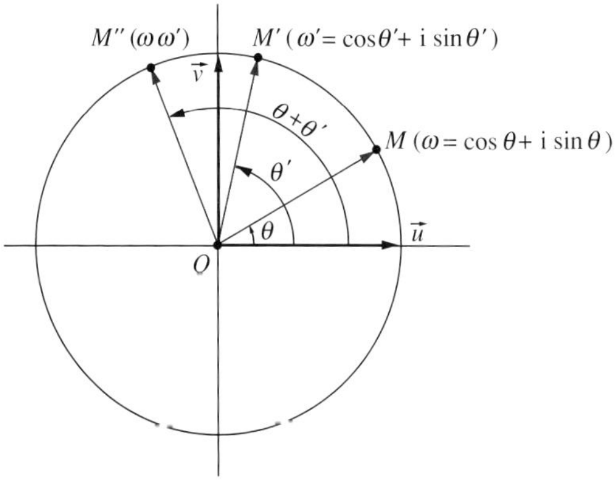

NOTATION EXPONENTIELLE

On convient de noter : $\mathbf{e^{i\theta} = \cos\theta + i\sin\theta}$.

La propriété précédente s'écrit alors $e^{i\theta} \times e^{i\theta'} = e^{i(\theta+\theta')}$.

Tout nombre complexe non nul z s'écrit sous la forme $\boldsymbol{z = r\mathrm{e}^{\mathrm{i}\theta}}$, où r est le nombre **réel positif** $r = |z|$, et où $\theta = \arg z$.

Propriétés

Soient z et z' des nombres complexes non nuls tels que :

$$z = r\mathrm{e}^{\mathrm{i}\theta} \quad \text{et} \quad z' = r'\mathrm{e}^{\mathrm{i}\theta'},$$

avec $r = |z|$ et $r' = |z'|$, $\theta = \arg z$ et $\theta' = \arg z'$.

$zz' = rr'\mathrm{e}^{\mathrm{i}(\theta+\theta')}$	$\lvert zz'\rvert = \lvert z\rvert\lvert z'\rvert$	$\arg(zz') = \arg z + \arg z'$
$\dfrac{1}{z'} = \dfrac{1}{r'}\mathrm{e}^{\mathrm{i}(-\theta')}$	$\left\lvert\dfrac{1}{z'}\right\rvert = \dfrac{1}{\lvert z'\rvert}$	$\arg\left(\dfrac{1}{z'}\right) = -\arg z'$
$\dfrac{z}{z'} = \dfrac{r}{r'}\mathrm{e}^{\mathrm{i}(\theta-\theta')}$	$\left\lvert\dfrac{z}{z'}\right\rvert = \dfrac{\lvert z\rvert}{\lvert z'\rvert}$	$\arg\left(\dfrac{z}{z'}\right) = \arg z - \arg z'$
$z^n = r^n\mathrm{e}^{\mathrm{i}n\theta}$ $(n \in \mathbb{Z})$	$\lvert z^n\rvert = \lvert z\rvert^n$ $(n \in \mathbb{Z})$	$\arg(z^n) = n \times \arg z$

$\bar{z} = r\mathrm{e}^{\mathrm{i}(-\theta)}$	$\lvert\bar{z}\rvert = \lvert z\rvert$	$\arg \bar{z} = -\arg z$

Formules d'Euler et formule de Moivre

Les **formules d'Euler** résultent immédiatement de la définition de $\mathrm{e}^{\mathrm{i}\theta}$:

$$\cos\theta = \frac{\mathrm{e}^{\mathrm{i}\theta} + \mathrm{e}^{-\mathrm{i}\theta}}{2} \quad \text{et} \quad \sin\theta = \frac{\mathrm{e}^{\mathrm{i}\theta} - \mathrm{e}^{-\mathrm{i}\theta}}{2\mathrm{i}}.$$

Pour tout $n \in \mathbb{N}$, la formule de Moivre est :

$$\cos n\theta + \mathrm{i}\sin n\theta = (\cos\theta + \mathrm{i}\sin\theta)^n,$$

ou encore : $$\mathrm{e}^{\mathrm{i}n\theta} = (\mathrm{e}^{\mathrm{i}\theta})^n.$$

Applications :

- La formule de Moivre permet, en particulier, d'exprimer cos $n\theta$ et sin $n\theta$ en fonction de puissances de cos θ ou de sin θ.
- La formule d'Euler permet, complétée par la formule de Moivre, de linéariser $(\cos\theta)^n$ et $(\sin\theta)^n$, c'est-à-dire de les exprimer en fonction de cos $k\theta$ ou de sin $k\theta$, k étant un entier naturel $0 \leqslant k \leqslant n$.

INTERPRÉTATION GÉOMÉTRIQUE DE $\frac{c-a}{b-a}$

Soient A, B et C des points deux à deux distincts d'affixes respectives a, b et c. Soit le nombre complexe $Z = \frac{c-a}{b-a}$.

On a :

$$|Z| = \frac{AC}{AB},$$

$$\arg Z = \overline{(\overrightarrow{AB}, \overrightarrow{AC})}\ (2\pi).$$

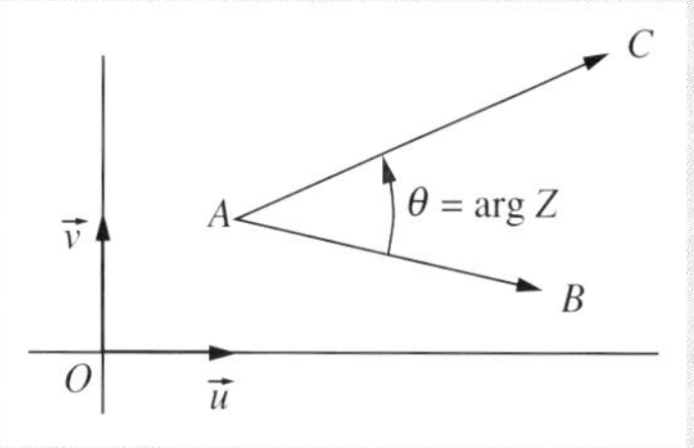

APPLICATION $z \mapsto e^{i\alpha} z$

Soit α une mesure d'angle orienté.
Soit l'application $\mathcal{R}$ du plan complexe $\mathcal{P}$ dans $\mathcal{P}$, associant à tout point M d'affixe z le point M' d'affixe $z' = e^{i\alpha} z$.
$\mathcal{R}$ est la rotation de centre O et d'angle α.

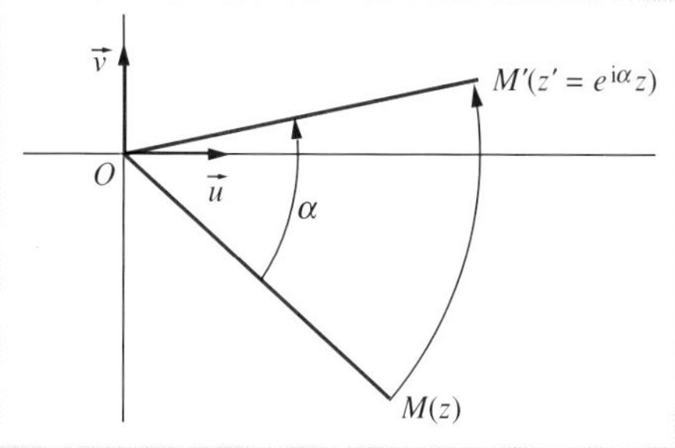

Cas particuliers :

Si $z' = \mathrm{i}z$, $\mathcal{R}$ est le quart de tour positif $\left(\mathrm{i} = \mathrm{e}^{\mathrm{i}\frac{\pi}{2}}\right)$.

Si $z' = -\mathrm{i}z$, $\mathcal{R}$ est le quart de tour négatif $\left(-\mathrm{i} = \mathrm{e}^{-\mathrm{i}\frac{\pi}{2}}\right)$.

Si $z' = -z$, $\mathcal{R}$ est la symétrie centrale de centre O $\left(-1 = \mathrm{e}^{\mathrm{i}\pi}\right)$.

COMMENT FAIRE ?

PASSER DE LA FORME TRIGONOMÉTRIQUE À LA FORME ALGÉBRIQUE, ET RÉCIPROQUEMENT

Exemple

1° Écrire sous forme algébrique le nombre complexe $z_1 = 2e^{i\frac{\pi}{3}}$.

2° Écrire sous forme trigonométrique les nombres complexes :

$$Z_1 = 1 + i \quad \text{et} \quad Z_2 = 1 + 2i.$$

(Pour Z_2, on donnera une valeur approchée d'un argument à 10^{-2} près.)

3° Écrire $Z = 2 - 2i$ sous forme trigonométrique. En déduire la forme algébrique de Z^{10}.

1° Dans cet exercice, il s'agit seulement de connaître le sens de la notation $e^{i\theta}$, à savoir $e^{i\theta} = \cos\theta + i\sin\theta$. On peut donc écrire :

$$z_1 = 2\left(\cos\frac{\pi}{3} + i\sin\frac{\pi}{3}\right),$$

ou encore : $$z_1 = 2\left(\frac{1}{2} + i\,\frac{\sqrt{3}}{2}\right),$$

et, finalement : $$z_1 = 1 + i\sqrt{3}.$$

$1 + i\sqrt{3}$ est la forme algébrique de $z_1 = 2e^{i\frac{\pi}{3}}$.

2° Pour déterminer la forme trigonométrique d'un nombre complexe à partir de sa forme algébrique, il faut se souvenir que, dans l'écriture $z = re^{i\theta}$, r est le module de z. D'où l'idée de calculer $|z|$ et de le mettre en facteur.

On rappelle que, lorsque $z = a + ib$ avec a et b réels, alors :

$$|z| = \sqrt{a^2 + b^2}.$$

• Soit $Z_1 = 1 + i$.

Alors : $$|Z_1| = \sqrt{1^2 + 1^2} = \sqrt{2}.$$

Donc, on peut écrire :

$$Z_1 = \sqrt{2}\left(\frac{1}{\sqrt{2}} + \mathrm{i}\,\frac{1}{\sqrt{2}}\right).$$

Il existe un réel θ (défini à un multiple de 2π près) tel que :

$$\cos\,\theta = \frac{1}{\sqrt{2}} \quad \text{et} \quad \sin\,\theta = \frac{1}{\sqrt{2}}\,.$$

La connaissance des valeurs trigonométriques remarquables nous indique que :

$$\cos\frac{\pi}{4} = \frac{1}{\sqrt{2}} \quad \text{et} \quad \sin\frac{\pi}{4} = \frac{1}{\sqrt{2}}.$$

Par conséquent :

$$Z_1 = \sqrt{2}\left(\cos\frac{\pi}{4} + \mathrm{i}\,\sin\frac{\pi}{4}\right) = \sqrt{2}\,\mathrm{e}^{\mathrm{i}\frac{\pi}{4}}.$$

$\boldsymbol{\sqrt{2}\,\mathrm{e}^{\mathrm{i}\frac{\pi}{4}}}$ est la forme trigonométrique de $Z_1 = 1 + \mathrm{i}$.

- Soit $Z_2 = 1 + 2\mathrm{i}$.

Procédons de même pour Z_2 :

$$|Z_2| = \sqrt{1^2 + 2^2} = \sqrt{5},$$

d'où :

$$Z_2 = \sqrt{5}\left(\frac{1}{\sqrt{5}} + \mathrm{i}\,\frac{2}{\sqrt{5}}\right).$$

Il existe un réel θ tel que $\cos\,\theta = \dfrac{1}{\sqrt{5}}$ et $\sin\,\theta = \dfrac{2}{\sqrt{5}}$.

Avant de déterminer une valeur approchée de θ, représentons géométriquement θ :

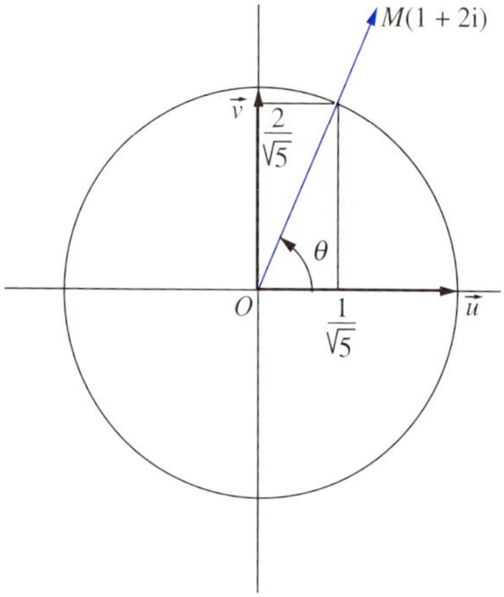

Comme $0 \leqslant \theta \leqslant \pi$, la calculatrice donnera directement une valeur approchée de θ (touche : COS^{-1} ou INV COS) : $\theta = 1{,}10$ à 10^{-2} près par défaut.

$\boldsymbol{\sqrt{5}\,e^{i\theta}}$**, avec** $\boldsymbol{\theta = 1{,}10}$ à 10^{-2} près par défaut, est la forme trigonométrique de $Z_2 = 1 + 2i$.

3° Soit $Z = 2 - 2i$.

Alors : $$|Z| = \sqrt{2^2 + (-2)^2} = \sqrt{8} = 2\sqrt{2},$$

d'où : $$Z = 2\sqrt{2}\left(\frac{1}{\sqrt{2}} - i\,\frac{1}{\sqrt{2}}\right).$$

On reconnaît :

$$\cos\left(-\frac{\pi}{4}\right) = \frac{1}{\sqrt{2}} \quad \text{et} \quad \sin\left(-\frac{\pi}{4}\right) = -\frac{1}{\sqrt{2}}.$$

D'où $\boldsymbol{Z = 2\sqrt{2}\,e^{-i\frac{\pi}{4}}}$.

$$Z^{10} = \left(2\sqrt{2}\,e^{-i\frac{\pi}{4}}\right)^{10},$$
$$Z^{10} = (2\sqrt{2})^{10}\left(e^{-i\frac{\pi}{4}}\right)^{10}.$$

D'après la formule de Moivre : $(e^{i\theta})^n = e^{in\theta}$, on peut écrire :

$$\left(e^{-i\frac{\pi}{4}}\right)^{10} = e^{-i\frac{10\pi}{4}} = e^{-i\frac{5\pi}{2}}.$$

Par ailleurs, $(2\sqrt{2})^{10} = (\sqrt{8})^{2\times 5} = 8^5 = 32\,768$.

Donc $Z^{10} = 32\,768\,e^{-i\frac{5\pi}{2}}$.

Or $-\dfrac{5\pi}{2}$ n'est pas la mesure principale d'un argument de Z^{10}.

$-\dfrac{5\pi}{2} = -\dfrac{\pi}{2} - 2\pi$; $-\dfrac{\pi}{2}$ est la mesure principale. Donc :

$$e^{-i\frac{5\pi}{2}} = e^{-i\frac{\pi}{2}} = \cos\left(-\frac{\pi}{2}\right) + i\sin\left(-\frac{\pi}{2}\right) = 0 + i(-1),$$

$$e^{-i\frac{5\pi}{2}} = -i.$$

On en déduit $\boldsymbol{Z^{10} = (2 - 2i)^{10} = -32\,768\,i}$.

EN BREF !

• Pour écrire **sous forme algébrique** un nombre complexe donné sous forme trigonométrique, il faut écrire :

$$e^{i\theta} = \cos\theta + i\sin\theta.$$

• Pour écrire **sous forme trigonométrique** un nombre complexe donné sous forme algébrique, il faut calculer son module et le mettre en facteur, ce qui fait apparaître un nombre complexe de module 1 s'écrivant $\cos\theta + i\sin\theta$. On reconnaîtra alors en général une valeur remarquable de θ, sinon on en donnera une valeur approchée.

• La forme trigonométrique est simple d'usage lorsque l'on a à multiplier, diviser, ou élever à l'exposant n des nombres complexes.

APPLICATIONS

1 Écrire sous forme algébrique les nombres complexes :

$$Z_1 = 3e^{i\frac{5\pi}{6}}\,; \quad Z_2 = 2e^{i\pi}\,; \quad Z_3 = 5e^{-i\frac{\pi}{2}}\,; \quad Z_4 = \sqrt{2}e^{i\frac{5\pi}{4}}.$$

2 Écrire sous forme trigonométrique les nombres complexes :

$$Z_5 = -1 + i\,; \quad Z_6 = 2\sqrt{3} - 6i\,; \quad Z_7 = -4\,;$$

$$Z_8 = 5i\,; \quad Z_9 = -2i\,; \quad Z_{10} = 3.$$

3 Écrire $Z = 1 + i\sqrt{3}$ et $Z' = -3 - 3i$ sous forme trigonométrique.
En déduire la forme trigonométrique des nombres complexes :

$$ZZ'\,; \quad \frac{Z}{Z'}\,; \quad Z^2 Z'^3\,; \quad Z^{12}\,; \quad Z'^8.$$

(On donnera la mesure principale d'un argument.)

4 Soit $Z = \dfrac{e^{i\frac{\pi}{3}}}{e^{i\frac{\pi}{4}}}$. En écrivant Z sous forme algébrique et sous forme trigonométrique, en déduire la valeur exacte de $\cos\dfrac{\pi}{12}$ et $\sin\dfrac{\pi}{12}$.

5 1° *a*) Vérifier l'égalité $Z^3 - 1 = (Z - 1)(Z^2 + Z + 1)$.
En déduire qu'il existe trois nombres complexes Z tels que $Z^3 = 1$.
b) Les écrire sous forme trigonométrique et placer les points correspondants dans le plan complexe.
2° On désigne par j celui des trois nombres complexes qui a une partie imaginaire strictement positive.
Montrer que $\bar{j} = j^2 = -j - 1$.

EXPRIMER $\cos nx$ ET $\sin nx$ EN FONCTION DE $\cos x$ OU $\sin x$

Exemple

Exprimer cos 5x et sin 5x en fonction de cos x ou de sin x.

Il s'agit d'une application directe de la formule de Moivre : $e^{inx} = (e^{ix})^n$, pour $n = 5$.
Pour la simplicité des calculs, nous utiliserons la formule du binôme de Newton dans $\mathbb{C}$ (voir chapitre 1 : « Dénombrement »).
$e^{i5x} = (e^{ix})^5$ s'écrit aussi :
$\cos 5x + i \sin 5x = (\cos x + i \sin x)^5$,

$$\cos 5x + i \sin 5x = (\cos x)^5 + C_5^1 (\cos x)^4 \, i \sin x + C_5^2 (\cos x)^3 (i \sin x)^2 + C_5^3 (\cos x)^2 (i \sin x)^3 + C_5^4 \cos x (i \sin x)^4 + (i \sin x)^5.$$

Or : $C_5^1 = C_5^4 = 5$; $C_5^2 = C_5^3 = 10$; $i^2 = -1$; $i^3 = -i$; $i^4 = 1$; $i^5 = 1$.

D'où

$$\cos 5x + i \sin 5x = \cos^5 x + 5i \cos^4 x \sin x - 10 \cos^3 x \sin^2 x - 10i \cos^2 x \sin^3 x + 5 \cos x \sin^4 x + i \sin^5 x,$$

ou encore, en faisant apparaître les parties réelle et imaginaire :

$$\cos 5x + i \sin 5x = \cos^5 x - 10 \cos^3 x \sin^2 x + 5 \cos x \sin^4 x + i(5 \cos^4 x \sin x - 10 \cos^2 x \sin^3 x + \sin^5 x).$$

Et, par identification :

$$\begin{cases} \cos 5x = \cos^5 x - 10 \cos^3 x \sin^2 x + 5 \cos x \sin^4 x \\ \sin 5x = 5 \cos^4 x \sin x - 10 \cos^2 x \sin^3 x + \sin^5 x. \end{cases}$$

On pourrait s'en tenir là ; mais, en utilisant :

$$\sin^2 x = 1 - \cos^2 x \quad \text{ou} \quad \cos^2 x = 1 - \sin^2 x,$$

on pourra écrire cos 5x en fonction de cos x seulement, et sin 5x en fonction de sin x seulement.

En effet :

$\cos 5x = \cos^5 x - 10\cos^3 x(1-\cos^2 x) + 5\cos x(1-\cos^2 x)^2,$

$\cos 5x = \cos^5 x - 10\cos^3 x + 10\cos^5 x + 5\cos x(1 - 2\cos^2 x + \cos^4 x),$

$\cos 5x = 16\cos^5 x - 20\cos^3 x + 5\cos x.$

De même :

$\sin 5x = 5(1-\sin^2 x)^2 \sin x - 10(1-\sin^2 x)\sin^3 x + \sin^5 x,$

$\sin 5x = 5(1 - 2\sin^2 x + \sin^4 x)\sin x - 10\sin^3 x + 10\sin^5 x + \sin^5 x,$

$\sin 5x = 16\sin^5 x - 20\sin^3 x + 5\sin x.$

Finalement : $\boldsymbol{\cos 5x = 16\cos^5 x - 20\cos^3 x + 5\cos x,}$

et : $\boldsymbol{\sin 5x = 16\sin^5 x - 20\sin^3 x + 5\sin x.}$

EN BREF !

Pour exprimer $\cos nx$ et $\sin nx$ en fonction de $\cos x$ ou de $\sin x$, il faut :

- écrire la formule de Moivre et développer $(e^{ix})^n = (\cos x + i\sin x)^n$ à l'aide de la formule du binôme ;
- ensuite, faire apparaître les parties réelle et imaginaire, en utilisant les puissances successives de i ($i^2 = -1$, $i^3 = -i$, $i^4 = 1$, $i^5 = i$, $i^6 = -1$, etc.) ;
- identifier respectivement les parties réelles et les parties imaginaires de e^{inx} et de $(e^{ix})^n$, pour obtenir la forme cherchée , qui peut être simplifiée par application des identités :

$\cos^2 x = 1 - \sin^2 x$ ou $\sin^2 x = 1 - \cos^2 x.$

APPLICATION

6 **1°** Exprimer $\cos 3x$ en fonction de $\cos x$, et $\sin 3x$ en fonction de $\sin x$.

2° En déduire que les réels :

$$X_1 = \cos\frac{\pi}{9}, \quad X_2 = \cos\left(\frac{\pi}{9} + \frac{2\pi}{3}\right), \quad X_3 = \cos\left(\frac{\pi}{9} - \frac{2\pi}{3}\right)$$

sont les trois racines du polynôme $P(X) = 8X^3 - 6X - 1$.

3° Justifier les égalités suivantes :

$$\cos\frac{\pi}{9} + \cos\frac{5\pi}{9} + \cos\frac{7\pi}{9} = 0,$$

$$\cos\frac{\pi}{9} \times \cos\frac{5\pi}{9} \times \cos\frac{7\pi}{9} = \frac{1}{8}.$$

(On écrira $P(X)$ sous forme factorisée, puis on procédera à une identification de coefficients.)

LINÉARISER $(\cos x)^n$ ET $(\sin x)^n$

Exemple

Linéariser $(\cos x)^5$ et $(\sin x)^5$.

Linéariser signifie écrire $(\cos x)^5$ et $(\sin x)^5$ comme une somme d'expressions de la forme $\lambda \cos kx$ ou $\mu \sin kx$, λ et μ étant des réels.
Pour cela, on fait intervenir les formules d'Euler :

$$\cos x = \frac{e^{ix} + e^{-ix}}{2} \quad \text{et} \quad \sin x = \frac{e^{ix} - e^{-ix}}{2i}.$$

- Linéarisation de $(\cos x)^5$

$$(\cos x)^5 = \frac{(e^{ix} + e^{-ix})^5}{2^5}.$$

On développe à l'aide de la formule du binôme (voir chapitre 1) :

$$(\cos x)^5 = \frac{1}{32}\left[(e^{ix})^5 + C_5^1 (e^{ix})^4 e^{-ix} + C_5^2 (e^{ix})^3 (e^{-ix})^2 + C_5^3 (e^{ix})^2 (e^{-ix})^3 + C_5^4 e^{ix} (e^{-ix})^4 + (e^{-ix})^5\right].$$

On utilise alors $C_5^1 = C_5^4 = 5$, $C_5^2 = C_5^3 = 10$, et la formule de Moivre : $(e^{ix})^n = e^{inx}$, ce qui donne :

$$(\cos x)^5 = \frac{1}{32}(e^{i5x} + 5e^{i3x} + 10e^{ix} + 10e^{-ix} + 5e^{-i3x} + e^{-i5x}),$$

ou encore :

$$(\cos x)^5 = \frac{1}{16}\left[\frac{e^{i5x} + e^{-i5x}}{2} + 5\left(\frac{e^{i3x} + e^{-i3x}}{2}\right) + 10\left(\frac{e^{ix} + e^{-ix}}{2}\right)\right],$$

et, en utilisant de nouveau les formules d'Euler :

$$(\cos x)^5 = \frac{1}{16}(\cos 5x + 5 \cos 3x + 10 \cos x),$$

ce qui est une linéarisation de $(\cos x)^5$.

- Linéarisation de $(\sin x)^5$

$$(\sin x)^5 = \frac{(e^{ix} - e^{-ix})^5}{(2i)^5},$$

$$(\sin x)^5 = \frac{1}{32i}\left[(e^{ix})^5 + C_5^1 (e^{ix})^4 (-e^{-ix}) + C_5^2 (e^{ix})^3 (-e^{-ix})^2 + C_5^3 (e^{ix})^2 (-e^{-ix})^3 + C_5^4 e^{ix} (-e^{-ix})^4 + (-e^{-ix})^5\right],$$

$$(\sin x)^5 = \frac{1}{32i}(e^{i5x} - 5e^{i3x} + 10e^{ix} - 10e^{-ix} + 5e^{-i3x} - e^{-i5x}),$$

$$(\sin x)^5 = \frac{1}{16}\left[\frac{e^{i5x} - e^{-i5x}}{2i} - 5\left(\frac{e^{i3x} - e^{-i3x}}{2i}\right) + 10\left(\frac{e^{ix} - e^{-ix}}{2i}\right)\right],$$

$(\sin x)^5 = \frac{1}{16}(\sin 5x - 5 \sin 3x + 10 \sin x)$, ce qui est une linéarisation de $(\sin x)^5$.

Finalement :

$$\mathbf{(\cos x)^5 = \frac{1}{16}(\cos 5x + 5 \cos 3x + 10 \cos x),}$$

et :

$$\mathbf{(\sin x)^5 = \frac{1}{16}(\sin 5x - 5 \sin 3x + 10 \sin x).}$$

EN BREF !

Pour linéariser $(\cos x)^n$ ou $(\sin x)^n$, il faut :

- écrire les formules d'Euler en les élevant à l'exposant n ;
- ensuite développer, en appliquant la formule du binôme, et réduire les exposants ;
- enfin, regrouper les termes ayant des exposants opposés pour faire apparaître, toujours par les formules d'Euler, des expressions de la forme $\cos kx$ ou $\sin kx$. On observera que k est en fait un entier naturel inférieur ou égal à n.

Remarque : La linéarisation trouve une application importante dans certains calculs d'intégrales (voir chapitre 9, exercice 2).

APPLICATION

7 Linéariser $(\cos x)^4$ et $(\sin x)^4$.

UTILISER LA FORME TRIGONOMÉTRIQUE DES NOMBRES COMPLEXES EN GÉOMÉTRIE

Exemple 1

Le plan complexe est muni d'un repère orthonormal direct $(O, \vec{u}, \vec{v})$. On désignera l'affixe d'un point M par Z_M.

1° Résoudre dans $\mathbb{C}$ l'équation $Z^2 - 6Z + 18 = 0$.
Placer dans le plan les points B et C dont les affixes sont les solutions de l'équation, B étant le point dont l'affixe Z_B a une partie imaginaire négative.

2° Soit $\mathscr{R}$ le quart de tour positif de centre O.
Montrer que $\mathscr{R}(B) = C$.

3° Soit A le point d'affixe $Z_A = 3(1 - \sqrt{3})$.

Calculer un argument du nombre complexe $Z = \dfrac{Z_C - Z_A}{Z_B - Z_A}$.

En déduire la nature du triangle ABC, puis construire A.

1° L'équation $Z^2 - 6Z + 18 = 0$ est une équation du second degré dans $\mathbb{C}$ à coefficients réels.
Son discriminant est :

$$\Delta = (-6)^2 - 4 \times 18,$$

soit :

$$\Delta = -36.$$

Puisque Δ est négatif, l'équation $Z^2 - 6Z + 18 = 0$ admet deux solutions complexes conjuguées :

$$Z_1 = \frac{6 + 6\mathrm{i}}{2} \quad \text{et} \quad Z_2 = \frac{6 - 6\mathrm{i}}{2},$$

$$Z_1 = 3 + 3\mathrm{i} \quad \text{et} \quad Z_2 = 3 - 3\mathrm{i}.$$

L'équation $Z^2 - 6Z + 18 = 0$ admet pour solutions dans $\mathbb{C}$: $3 - 3\mathrm{i}$ et $3 + 3\mathrm{i}$.
B est le point d'affixe $3 - 3\mathrm{i}$; C est le point d'affixe $3 + 3\mathrm{i}$.

2° Le quart de tour positif $\mathscr{R}$ de centre O est l'application du plan dans lui-même, associant à tout point M d'affixe Z_M, le point M' d'affixe $Z_{M'} = \mathrm{e}^{\mathrm{i}\frac{\pi}{2}} Z_M$.

Or $\quad \mathrm{e}^{\frac{\mathrm{i}\pi}{2}} = \cos\dfrac{\pi}{2} + \mathrm{i}\sin\dfrac{\pi}{2} = \mathrm{i}.$

$\mathcal{R}(B)$ est donc le point d'affixe :

$$e^{i\frac{\pi}{2}}(3-3i)=i(3-3i)=3+3i.$$

Or $3+3i$ est l'affixe de C.

Donc : $$e^{i\frac{\pi}{2}}Z_B=Z_C,$$

soit : $$\boldsymbol{\mathcal{R}(B)=C.}$$

3° $$Z=\frac{Z_C-Z_A}{Z_B-Z_A}=\frac{3+3i-3(1-\sqrt{3})}{3-3i-3(1-\sqrt{3})}=\frac{3\sqrt{3}+3i}{3\sqrt{3}-3i}=\frac{\sqrt{3}+i}{\sqrt{3}-i}.$$

En multipliant numérateur et dénominateur par le conjugué du dénominateur, on obtient :

$$Z=\frac{(\sqrt{3}+i)^2}{(\sqrt{3}-i)(\sqrt{3}-i)},$$

$$Z=\frac{2+i2\sqrt{3}}{4}=\frac{1}{2}+i\frac{\sqrt{3}}{2}.$$

On reconnaît $\cos\frac{\pi}{3}=\frac{1}{2}$ et $\sin\frac{\pi}{3}=\frac{\sqrt{3}}{2}$.

Ainsi :

$$Z=e^{i\frac{\pi}{3}},$$

d'où : $$\boldsymbol{\arg(Z)=\frac{\pi}{3}\ (2\pi).}$$

• Le triangle ABC est tout d'abord **isocèle :** en effet, A appartient à l'axe réel $(O,\vec{u})$; puisque $Z_c=\overline{Z_B}$, alors B et C sont symétriques par rapport à l'axe $(O,\vec{u})$, donc $AB=AC$.

• Puisque $\arg\left(\frac{Z_C-Z_A}{Z_B-Z_A}\right)=\frac{\pi}{3}$, alors $\overline{(\overrightarrow{AB},\overrightarrow{AC})}=\frac{\pi}{3}\ (2\pi)$.

L'angle géométrique $\widehat{BAC}$ a pour mesure $\frac{\pi}{3}$.

• Un triangle isocèle dont un angle a pour mesure $\frac{\pi}{3}$ est **équilatéral.**

Le triangle *ABC* est donc un triangle équilatéral.

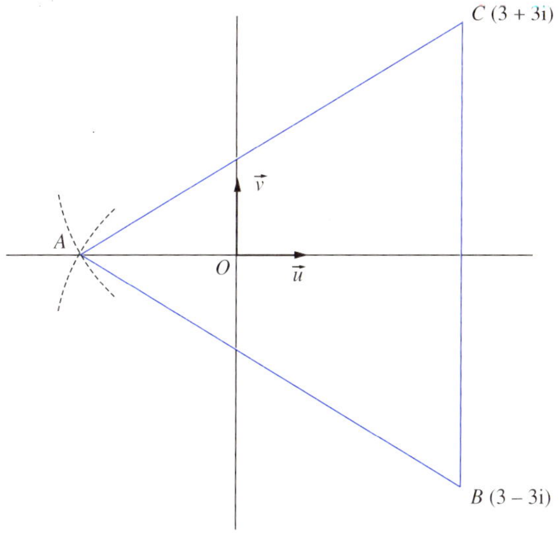

EN BREF !

Pour utiliser les nombres complexes en géométrie, il est utile de bien connaître leur forme trigonométrique et les règles de calcul qui s'y rattachent, l'interprétation géométrique de $\arg\left(\dfrac{c-a}{b-a}\right)$, et, le cas échéant, la représentation des rotations de centre O. La connaissance des propriétés des figures usuelles est, bien sûr, indispensable.

APPLICATION

8 **1°** Déterminer dans l'ensemble des nombres complexes les solutions de l'équation $Z^2 + 2\sqrt{3}Z + 4 = 0$.
Déterminer le module et un argument de chaque solution.

2° Le plan complexe est rapporté à un repère orthonormal direct $(O, \vec{u}, \vec{v})$. On considère la transformation T du plan qui, à tout point M d'affixe Z, associe le point M' d'affixe Z' telle que $Z' = e^{i\frac{2\pi}{3}} Z$.

a) Caractériser la transformation ponctuelle T.

b) Soit M_1 le point d'affixe $Z_1 = -\sqrt{3} + \text{i}$.
Déterminer les affixes respectives Z_2 et Z_3 des points M_2 et M_3 tels que $M_2 = T(M_1)$ et $M_3 = T(M_2)$.
c) Construire les points M_1, M_2, M_3.
3° Calculer $\dfrac{Z_2 - Z_3}{Z_1 - Z_3}$ et en déduire la nature du triangle $M_1M_2M_3$.

(D'après bac D, Antilles-Guyane, juin 1993.)

Exemple 2

Le plan complexe est muni d'un repère orthonormal $(O, \vec{u}, \vec{v})$.
Soit z un nombre complexe et Z le complexe défini par $Z = \dfrac{z - 2\text{i}}{z - 2 - \text{i}}$.
On appelle A et B les points d'affixes respectives $2 + \text{i}$ et 2i.
Déterminer et construire l'ensemble des points M d'affixe z, tels que :

***a*) $|Z| = 1$; *b*) Z soit réel ; *c*) Z soit imaginaire pur.**

Si $z \neq 2 + \text{i}$ et $z \neq 2\text{i}$, on a $|Z| = \dfrac{MB}{MA}$ et $\arg Z = (\overrightarrow{MA}, \overrightarrow{MB})(2\pi)$. (Il s'agit ici de l'application directe du cours.)
Utilisons alors ces relations pour déterminer les ensembles cherchés.

a) $|Z| = 1$ si, et seulement si, $\dfrac{MB}{MA} = 1$, soit $MB = MA$.

L'ensemble des points M tels que $|Z| = 1$ est donc la médiatrice du segment $[AB]$.

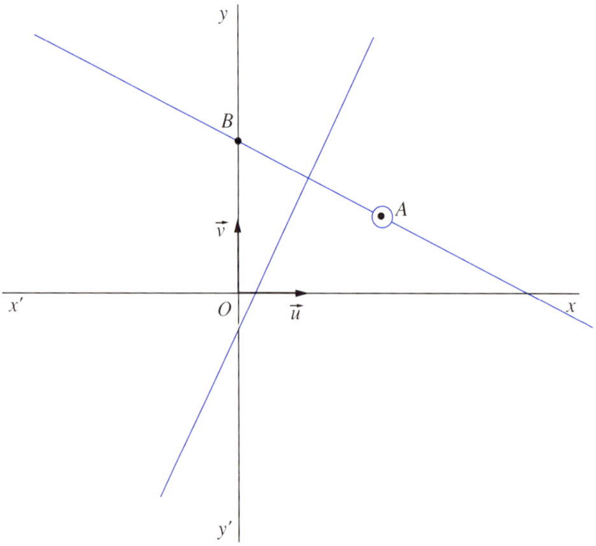

$b)$ Z est réel si, et seulement si, $\arg Z = 0\ (\pi)$ ou $Z = 0$, donc si, et seulement si :

$$\overline{(\overrightarrow{MA}, \overrightarrow{MB})} = 0\ (\pi) \text{ ou } M = B.$$

Or $\overline{(\overrightarrow{MA}, \overrightarrow{MB})} = 0\ (\pi)$ signifie que les points M, A et B sont alignés (rappelons que $(\overrightarrow{MA}, \overrightarrow{MB})$ n'est défini que si $M \neq A$ et $M \neq B$).
L'ensemble des points M tels que Z soit réel est la droite (AB) privée du point A.

$c)$ Z est imaginaire pur si, et seulement si, $Z = 0$ ou $\arg Z = \frac{\pi}{2}\ (\pi)$, donc si, et seulement si :

$$\overline{(\overrightarrow{MA}, \overrightarrow{MB})} = \frac{\pi}{2}\ (\pi) \text{ ou } M = B.$$

$\overline{(\overrightarrow{MA}, \overrightarrow{MB})} = \frac{\pi}{2}\ (\pi)$ signifie que le triangle AMB est rectangle en M ; l'ensemble des points M tels que $\overline{(\overrightarrow{MA}, \overrightarrow{MB})} = \frac{\pi}{2}\ (\pi)$ est le cercle de diamètre $[AB]$ privé de A et de B.

Ici, B appartient à l'ensemble cherché, donc **l'ensemble des points M tels que Z soit imaginaire pur est le cercle de diamètre $[AB]$ privé de A.**

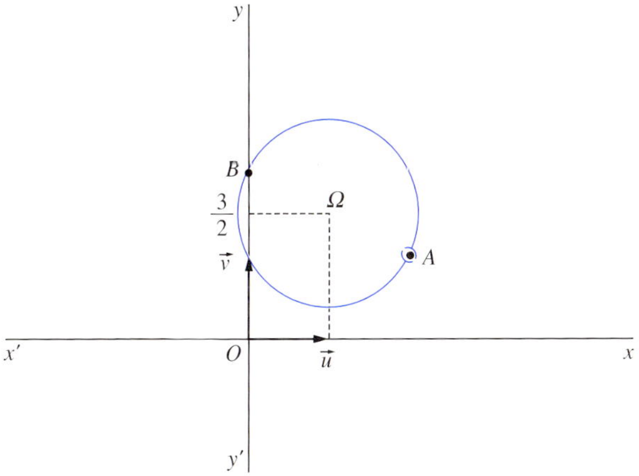

EN BREF !

Cas particuliers de l'application des complexes en géométrie, les exercices d'ensembles de points sont très fréquents à l'épreuve du baccalauréat.
Pour les résoudre de manière géométrique, il est nécessaire d'interpréter d'abord l'expression donnée (ici Z) en fonction des points du problème (M, A, B, ...).
On trouve en général les ensembles cherchés en utilisant les caractérisations suivantes :

- $MA = MB \Leftrightarrow M$ appartient à la médiatrice de $[AB]$;
- $\overline{(\overrightarrow{MA}, \overrightarrow{MB})} = 0\ (2\pi) \Leftrightarrow M \in (AB)\backslash[AB]$;
- $\overline{(\overrightarrow{MA}, \overrightarrow{MB})} = \pi\ (2\pi) \Leftrightarrow M \in\ ]AB[$;
- $\overline{(\overrightarrow{MA}, \overrightarrow{MB})} = 0\ (\pi) \Leftrightarrow M$ appartient à la droite (AB) privée de A et B ;
- $\begin{cases} \overline{(\overrightarrow{MA}, \overrightarrow{MB})} = \dfrac{\pi}{2}\ (2\pi) \\ \text{ou} \\ \overline{(\overrightarrow{MA}, \overrightarrow{MB})} = -\dfrac{\pi}{2}\ (2\pi) \end{cases} \Leftrightarrow$ M appartient à l'un des demi-cercles de diamètre $[AB]$, privé de A et de B. (On précisera lequel sur la figure.)
- $\overline{(\overrightarrow{MA}, \overrightarrow{MB})} = \dfrac{\pi}{2}\ (\pi) \Leftrightarrow M$ appartient au cercle de diamètre $[AB]$ privé de A et de B.

APPLICATION

9 Le plan complexe étant rapporté au repère orthonormal $(O, \vec{u}, \vec{v})$, on désigne par A et B les points d'affixes respectives 1 et $-\mathrm{i}$.
À tout complexe z différent de 1, on associe le complexe Z défini par $Z = \dfrac{z + \mathrm{i}}{z - 1}$.
Déterminer et construire l'ensemble des points M d'affixe z, tels que :

a) $|Z| = 1$; *b*) Z soit réel strictement positif ; *c*) $\arg Z = \dfrac{\pi}{2}\ (2\pi)$.

10 Le plan est rapporté à un repère orthonormal direct $(O, \vec{u}, \vec{v})$. À tout point M du plan, distinct de O, on associe le point M' tel que $\overrightarrow{OM'} = \frac{4}{OM^2}\overrightarrow{OM}$. On désigne respectivement par Z et Z' les affixes de M et M'. Δ désigne la droite d'équation $x = 2$. A est le point d'affixe 2.

1° Exprimer Z' à l'aide de Z.

2° Lorsque M appartient à Δ, écrire Z' sous forme algébrique en fonction de la partie imaginaire y de Z.

3° Écrire sous forme algébrique le nombre complexe $\frac{Z'-2}{Z'}$ en fonction de la partie imaginaire y de Z, lorsque M appartient à Δ.

4° Lorsque M appartient à Δ et $M \neq A$, déterminer $\arg\left(\frac{Z'-2}{Z'}\right)$.

En déduire que, pour tout point M de Δ, M' appartient à un ensemble (C) que l'on précisera. Faire une figure.

11 Dans le plan complexe $\mathcal{P}$, rapporté à un repère orthonormal direct $(O, \vec{u}, \vec{v})$, on considère les points A, B et C d'affixes respectives $3i$, $-\sqrt{3}$ et $\sqrt{3}$. À tout point M d'affixe z, distinct de B, on associe le point N d'affixe $Z = \frac{z-\sqrt{3}}{z+\sqrt{3}}$.

1° On pose $z = x + iy$ et $Z = X + iY$, avec x, y, X et Y réels.
Exprimer X et Y à l'aide de x et y.

2° *a*) Soit $U = s + it$ un nombre complexe non nul, s et t étant réels.

Montrer que $\arg U = \frac{\pi}{3}$ si, et seulement si $\begin{cases} t > 0 \\ \text{et} \\ s = \frac{t}{\sqrt{3}}. \end{cases}$

b) Déterminer les conditions auxquelles doivent satisfaire x et y pour que $\arg Z = \frac{\pi}{3}$.

3° *a*) Quelles sont les interprétations géométriques du module et de l'argument de Z ?

b) Lorsque $z = 3i$, écrire Z sous forme trigonométrique.
Que peut-on dire du triangle ABC ?

c) Caractériser l'ensemble (E) des points M distincts de B et C, tels que $\frac{\pi}{3}$ soit une mesure de l'angle orienté $\overline{(\overrightarrow{MB}, \overrightarrow{MC})}$.
Construire (E).

(D'après bac D, Espagne - Amérique du Nord, juin 1991.)

CORRIGÉS

1 $Z_1 = 3\,e^{i\frac{5\pi}{6}} = \mathbf{-\frac{3\sqrt{3}}{2} + \frac{3}{2}\,i.}$ $\quad Z_2 = 2\,e^{i\pi} = \mathbf{-2.}$

$Z_3 = 5\,e^{-i\frac{\pi}{2}} = \mathbf{-5i.}$ $\quad Z_4 = \sqrt{2}\,e^{i\frac{5\pi}{4}} = \mathbf{-1-i.}$

2 $Z_5 = \sqrt{2}\left(-\frac{1}{\sqrt{2}} + \frac{1}{\sqrt{2}}\,i\right) = \mathbf{\sqrt{2}\,e^{i\frac{3\pi}{4}}}$

$Z_6 = 4\sqrt{3}\left(\frac{1}{2} - i\,\frac{\sqrt{3}}{2}\right) = \mathbf{4\sqrt{3}\,e^{-i\frac{\pi}{3}}.}$

$Z_7 = 4 \times (-1) = \mathbf{4\,e^{i\pi}.}$ $\quad Z_9 = 2 \times (-i) = \mathbf{2\,e^{-i\frac{\pi}{2}}.}$

$Z_8 = 5i = \mathbf{5\,e^{i\frac{\pi}{2}}}$ $\quad Z_{10} = 3 \times 1 = \mathbf{3\,e^{i\times 0}.}$

3 $Z = 2\left(\frac{1}{2} + i\,\frac{\sqrt{3}}{2}\right) = \mathbf{2\,e^{i\frac{\pi}{3}}.}$

$Z' = 3\sqrt{2}\left(-\frac{1}{\sqrt{2}} - i\,\frac{1}{\sqrt{2}}\right) = \mathbf{3\sqrt{2}\,e^{-i\frac{3\pi}{4}}.}$

- $ZZ' = 2 \times 3\sqrt{2}\,e^{i\left(\frac{\pi}{3} - \frac{3\pi}{4}\right)} = \mathbf{6\sqrt{2}\,e^{-i\frac{5\pi}{12}}.}$
- $\frac{Z}{Z'} = \frac{2}{3\sqrt{2}}\,e^{i\left(\frac{\pi}{3} - \frac{-3\pi}{4}\right)} = \frac{\sqrt{2}}{3}\,e^{i\frac{13\pi}{12}} = \mathbf{\frac{\sqrt{2}}{3}\,e^{-i\frac{11\pi}{12}}.}$
- $Z^2 Z'^3 = 2^2\,e^{i\frac{2\pi}{3}} \times (3\sqrt{2})^3\,e^{-i\frac{9\pi}{4}},$

  $Z^2 Z'^3 = 216\sqrt{2}\,e^{-i\frac{19\pi}{12}},$

  $Z^2 Z'^3 = \mathbf{216\sqrt{2}\,e^{i\frac{5\pi}{12}}.}$
- $Z^{12} = 2^{12}\,e^{i\frac{12\pi}{3}} = 4\,096\;e^{i4\pi} = \mathbf{4\,096.}$
- $Z'^8 = (3\sqrt{2})^8\,e^{-i\frac{8\times 3\pi}{4}} = 104\,976\;e^{-i6\pi} = \mathbf{104\,967.}$

4 • Sous forme algébrique :

$$Z = \frac{e^{i\frac{\pi}{3}}}{e^{i\frac{\pi}{4}}} = e^{i\frac{\pi}{3}} \times e^{-i\frac{\pi}{4}} = \left(\frac{1}{2} + i\,\frac{\sqrt{3}}{2}\right)\left(\frac{\sqrt{2}}{2} - i\,\frac{\sqrt{2}}{2}\right),$$

$$Z = \frac{\sqrt{2}}{4} + \frac{\sqrt{6}}{4} + i\left(-\frac{\sqrt{2}}{4} + \frac{\sqrt{6}}{2}\right),$$

$$\mathbf{Z = \frac{\sqrt{2} + \sqrt{6}}{4} + i\,\frac{-\sqrt{2} + \sqrt{6}}{4}.}$$

• Sous forme trigonométrique :

$$Z = e^{i\frac{\pi}{3}} \times e^{-i\frac{\pi}{4}} = e^{i\left(\frac{\pi}{3} - \frac{\pi}{4}\right)} = e^{i\frac{\pi}{12}},$$

$$\mathbf{Z = e^{i\frac{\pi}{12}} = \cos\frac{\pi}{12} + i\sin\frac{\pi}{12}.}$$

• On en déduit :

$$\mathbf{\cos\frac{\pi}{12} = \frac{\sqrt{2} + \sqrt{6}}{4}} \quad \text{et} \quad \mathbf{\sin\frac{\pi}{12} = \frac{-\sqrt{2} + \sqrt{6}}{4}.}$$

5 **1°** *a*) On développe :

$$(Z - 1)(Z^2 + Z + 1) = Z^3 + Z^2 + Z - Z^2 - Z - 1 = Z^3 - 1.$$

Pour tout nombre complexe Z, $Z^3 = 1$ équivaut successivement à :

$$Z^3 - 1 = 0,$$

$$(Z - 1)(Z^2 + Z + 1) = 0,$$

$$Z - 1 = 0 \quad \text{ou} \quad Z^2 + Z + 1 = 0.$$

On résout, dans $\mathbb{C}$, l'équation $Z^2 + Z + 1 = 0$.
Le discriminant est $\Delta = 1 - 4 \times 1 \times 1 = -3$. L'équation admet, dans $\mathbb{C}$, deux racines complexes conjuguées :

$$Z_1 = \frac{-1 - i\sqrt{3}}{2} \quad \text{et} \quad Z_2 = \frac{-1 + i\sqrt{3}}{2}.$$

Finalement, $Z^3 = 1$ équivaut à :

$$\mathbf{Z = 1,} \quad \text{ou} \quad \mathbf{Z = \frac{-1 - i\sqrt{3}}{2},} \quad \text{ou} \quad \mathbf{Z = \frac{-1 + i\sqrt{3}}{2}.}$$

b) Sous forme trigonométrique :

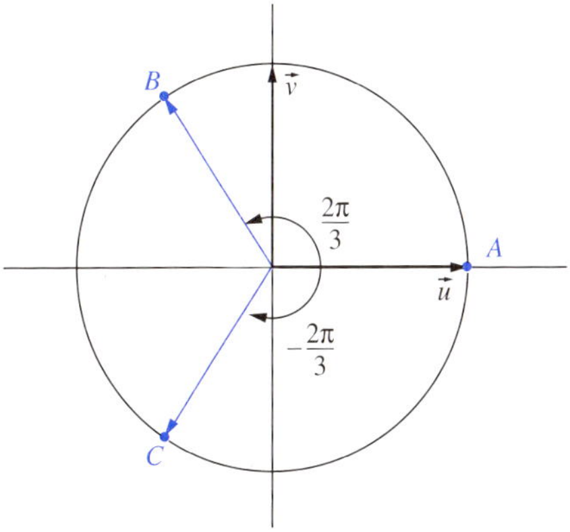

$$1 = \mathbf{1e^{i \times 0}},$$

$$\frac{\mathbf{-1 - i\sqrt{3}}}{\mathbf{2}} = \mathbf{e^{-i\frac{2\pi}{3}}},$$

$$\frac{\mathbf{-1 + i\sqrt{3}}}{\mathbf{2}} = \mathbf{e^{i\frac{2\pi}{3}}}.$$

A est le point d'affixe 1,

B est le point d'affixe $e^{i\frac{2\pi}{3}}$,

C est le point d'affixe $e^{-i\frac{2\pi}{3}}$.

2° Comme $j = \frac{-1 + i\sqrt{3}}{2} = e^{i\frac{2\pi}{3}}$, alors :

$$\bar{j} = e^{-i\frac{2\pi}{3}} \quad \text{et} \quad j^2 = \left(e^{i\frac{2\pi}{3}}\right)^2 = e^{i\frac{4\pi}{3}} = \mathbf{e^{-i\frac{2\pi}{3}}}.$$

Donc $\boldsymbol{\bar{j} = j^2}$.

Par ailleurs :

$$-j - 1 = -\frac{-1 + i\sqrt{3}}{2} - 1 = \frac{-1 - i\sqrt{3}}{2} = e^{-i\frac{2\pi}{3}} = j^2.$$

Donc $\boldsymbol{j^2 = -j - 1}$.

(On aurait pu aussi utiliser directement le fait que j est une solution dans $\mathbb{C}$ de l'équation $Z^2 + Z + 1 = 0$.)

6 **1°** $e^{i3x} = (e^{ix})^3 = (\cos x + i \sin x)^3$,

$$e^{i3x} = \cos^3 x + C_3^1 \cos^2 x \, i \sin x + C_3^2 \cos x (i \sin x)^2 + (i \sin x)^3,$$

$$e^{i3x} = \cos^3 x + 3i \cos^2 x \sin x - 3 \cos x \sin^2 x - i \sin^3 x,$$

$$e^{i3x} = (\cos^3 x - 3 \cos x \sin^2 x) + i(3 \cos^2 x \sin x - \sin^3 x).$$

D'où :

$$\cos 3x = \cos^3 x - 3 \cos x \sin^2 x,$$

$$\sin 3x = 3 \cos^2 x \sin x - \sin^3 x.$$

En écrivant $\sin^2 x = 1 - \cos^2 x$ ou $\cos^2 x = 1 - \sin^2 x$, on obtient :

$$\cos 3x = \cos^3 x - 3 \cos x (1 - \cos^2 x) = 4 \cos^3 x - 3 \cos x,$$

$$\sin 3x = 3(1 - \sin^2 x) \sin x - \sin^3 x = -4 \sin^3 x + 3 \sin x.$$

Ainsi :

$$\mathbf{\cos 3x = 4 \cos^3 x - 3 \cos x,}$$

$$\mathbf{\sin 3x = -4 \sin^3 x + 3 \sin x.}$$

2° • Remplaçons X par $\cos\frac{\pi}{9}$ dans $P(X) = 8X^3 - 6X - 1$:

$$P(X_1) = 8\cos^3\frac{\pi}{9} - 6\cos\frac{\pi}{9} - 1 = 2\left(4\cos^3\frac{\pi}{9} - 3\cos\frac{\pi}{9}\right) - 1.$$

D'après l'expression précédente de $\cos 3x$, on remarque que :

$$\cos\left(3\times\frac{\pi}{9}\right) = 4\cos^3\frac{\pi}{9} - 3\cos\frac{\pi}{9}.$$

Alors :

$$8\cos^3\frac{\pi}{9} - 6\cos\frac{\pi}{9} - 1$$
$$= 2\cos\left(3\times\frac{\pi}{9}\right) - 1 = 2\cos\frac{\pi}{3} - 1 = 2\times\frac{1}{2} - 1 = 0.$$

$X_1 = \cos\frac{\pi}{9}$ est donc une racine du polynôme $P(X)$.

On procède de même pour X_2 et X_3 :

• $P(X_2) = 8\cos^3\left(\frac{\pi}{9} + \frac{2\pi}{3}\right) - 6\cos\left(\frac{\pi}{9} + \frac{2\pi}{3}\right) - 1,$

$$P(X_2) = 2\cos\left[3\times\left(\frac{\pi}{9} + \frac{2\pi}{3}\right)\right] - 1 = 2\cos\left(\frac{\pi}{3} + 2\pi\right) - 1,$$

$$P(X_2) = 2\cos\frac{\pi}{3} - 1 = 2\times\frac{1}{2} - 1 = 0.$$

• $P(X_3) = 8\cos^3\left(\frac{\pi}{9} - \frac{2\pi}{3}\right) - 6\cos\left(\frac{\pi}{9} - \frac{2\pi}{3}\right) - 1,$

$$P(X_3) = 2\cos\left[3\times\left(\frac{\pi}{9} - \frac{2\pi}{3}\right)\right] - 1 = 2\cos\left(\frac{\pi}{3} - 2\pi\right) - 1,$$

$$P(X_3) = 2\cos\frac{\pi}{3} - 1 = 2\times\frac{1}{2} - 1 = 0.$$

$X_1 = \cos\frac{\pi}{9}$, $X_2 = \cos\left(\frac{\pi}{9} + \frac{2\pi}{3}\right) = \cos\frac{7\pi}{9}$, $X_3 = \cos\left(\frac{\pi}{9} - \frac{2\pi}{3}\right) = \cos\left(\frac{-5\pi}{9}\right)$
sont donc des **racines du polynôme $P(X)$;** puisque $P(X)$ est de degré 3, **il n'admet pas d'autre racine que X_1, X_2, X_3.**

3° $P(X) = 8\left(X - \cos\frac{\pi}{9}\right)\left(X - \cos\frac{5\pi}{9}\right)\left(X - \cos\frac{7\pi}{9}\right)$.

En développant, on obtient :

$$P(X) = 8X^3 - 8\left(\cos\frac{\pi}{9} + \cos\frac{5\pi}{9} + \cos\frac{7\pi}{9}\right)X^2$$
$$+ 8\left(\cos\frac{\pi}{9}\cos\frac{5\pi}{9} + \cos\frac{5\pi}{9}\cos\frac{7\pi}{9} + \cos\frac{7\pi}{9}\cos\frac{\pi}{9}\right)X$$
$$- 8\cos\frac{\pi}{9}\cos\frac{5\pi}{9}\cos\frac{7\pi}{9}.$$

Or $\quad P(X) = 8X^3 - 6X + 1$.

En identifiant le coefficient de X^2, on obtient :

$$-8\left(\cos\frac{\pi}{9} + \cos\frac{5\pi}{9} + \cos\frac{7\pi}{9}\right) = 0,$$

d'où : $$\boldsymbol{\cos\frac{\pi}{9} + \cos\frac{5\pi}{9} + \cos\frac{7\pi}{9} = 0\,;}$$

et en identifiant le coefficient constant :

$$-8\cos\frac{\pi}{9}\cos\frac{5\pi}{9}\cos\frac{7\pi}{9} = -1,$$

d'où : $$\boldsymbol{\cos\frac{\pi}{9} \times \cos\frac{5\pi}{9} \times \cos\frac{7\pi}{9} = \frac{1}{8}.}$$

7 • $\cos^4 x = \left(\dfrac{e^{ix} + e^{-ix}}{2}\right)^4$,

$$\cos^4 x = \frac{1}{16}\left(e^{i4x} + C_4^1 e^{i3x} e^{-ix} + C_4^2 e^{i2x} e^{-i2x} + C_4^3 e^{ix} e^{-i3x} + e^{-i4x}\right),$$

$$\cos^4 x = \frac{1}{16}\left(e^{i4x} + 4e^{i2x} + 6 + 4e^{-i2x} + e^{-i4x}\right),$$

$$\cos^4 x = \frac{1}{8}\left[\frac{e^{i4x} + e^{-i4x}}{2} + 4\left(\frac{e^{i2x} + e^{-i2x}}{2}\right) + 3\right],$$

$$\boldsymbol{\cos^4 x = \frac{1}{8}(\cos 4x + 4\cos 2x + 3).}$$

- $\sin^4 x = \left(\dfrac{e^{ix} - e^{-ix}}{2i}\right)^4,$

$$\sin^4 x = \frac{1}{16}(e^{i4x} - C_4^1 e^{i3x} e^{-ix} + C_4^2 e^{i2x} e^{-i2x} - C_4^3 e^{ix} e^{-i3x} + e^{-i4x}),$$

$$\sin^4 x = \frac{1}{16}(e^{i4x} - 4e^{i2x} + 6 - 4e^{-i2x} + e^{-i4x}),$$

$$\sin^4 x = \frac{1}{8}\left[\frac{e^{i4x} + e^{-i4x}}{2} - 4\left(\frac{e^{i2x} + e^{-i2x}}{2}\right) + 3\right],$$

$$\mathbf{\sin^4 x = \frac{1}{8}(\cos 4x - 4 \cos 2x + 3).}$$

Noter que $\sin^4 x$ ne s'exprime qu'en fonction de cosinus ; on retrouvera ce cas chaque fois que l'exposant sera pair.

8 **1°** Il s'agit d'une équation du second degré dans $\mathbb{C}$, à coefficients réels, dont le discriminant est :

$$\Delta = (2\sqrt{3})^2 - 4 \times 1 \times 4 = 12 - 16 = -4.$$

L'équation $Z^2 + 2\sqrt{3}Z + 4 = 0$ admet deux racines complexes conjuguées :

$$Z_a = \frac{-2\sqrt{3} + 2i}{2} = -\sqrt{3} + i \quad \text{et} \quad Z_b = \frac{-2\sqrt{3} - 2i}{2} = -\sqrt{3} - i.$$

Sous forme trigonométrique :

$$Z_a = 2\left(-\frac{\sqrt{3}}{2} + \frac{1}{2}i\right) = 2e^{i\frac{5\pi}{6}}, \qquad Z_b = 2\left(-\frac{\sqrt{3}}{2} - \frac{1}{2}i\right) = 2e^{-i\frac{5\pi}{6}}.$$

Ainsi : $\mathbf{|Z_a| = 2, \quad \arg Z_a = +\frac{5\pi}{6}\ (2\pi)}$;

$\mathbf{|Z_b| = 2, \quad \arg Z_b = -\frac{5\pi}{6}\ (2\pi)}$.

2° *a*) On reconnaît en T la **rotation de centre O et d'angle $\frac{2\pi}{3}$.**

b) • $Z_2 = e^{i\frac{2\pi}{3}} Z_1$,

$$Z_2 = e^{i\frac{2\pi}{3}} \times 2e^{i\frac{5\pi}{6}} = 2e^{i\left(\frac{2\pi}{3}+\frac{5\pi}{6}\right)} = 2e^{i\frac{3\pi}{2}} = 2e^{-i\frac{\pi}{2}} = -2i.$$

• $Z_3 = e^{i\frac{2\pi}{3}} Z_2$,

$$Z_3 = e^{i\frac{2\pi}{3}} \times 2e^{-i\frac{\pi}{2}} = 2e^{i\left(\frac{2\pi}{3}-\frac{\pi}{2}\right)} = 2e^{i\frac{\pi}{6}}.$$

$\boldsymbol{Z_2 = 2e^{-i\frac{\pi}{2}} = -2i}$ et $\boldsymbol{Z_3 = 2e^{i\frac{\pi}{6}} = \sqrt{3} + i}$.

c)

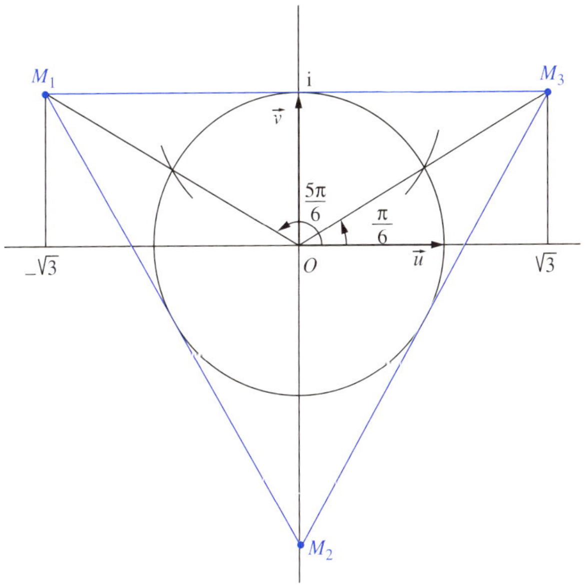

3° $\dfrac{Z_2 - Z_3}{Z_1 - Z_3} = \dfrac{(-2i) - (\sqrt{3} + i)}{(-\sqrt{3} + i) - (\sqrt{3} + i)} = \dfrac{-\sqrt{3} - 3i}{-2\sqrt{3}} = \dfrac{1}{2} + i\,\dfrac{\sqrt{3}}{2} = \boldsymbol{e^{i\frac{\pi}{3}}}$**.**

M_1 et M_3 sont symétriques par rapport à la droite $(O, \vec{v})$; en effet, Z_1 et Z_3 ont des parties réelles opposées et des parties imaginaires égale. Et, puisque M_2 appartient à la droite $(O, \vec{v})$, le triangle $M_1 M_2 M_3$ est **isocèle.**

Par ailleurs, $\arg\left(\dfrac{Z_2 - Z_3}{Z_1 - Z_3}\right) = (\overrightarrow{M_1M_3}, \overrightarrow{M_2M_3}) = \dfrac{\pi}{3}\ (2\pi)$. L'angle géométrique $\widehat{M_1M_3M_2}$ a donc pour mesure $\dfrac{\pi}{3}$; le triangle $M_1M_2M_3$ est, par conséquent, **équilatéral.**

9 Donnons tout d'abord une interprétation géométrique de $|Z|$ et arg Z.

D'après le cours, $|Z| = \dfrac{MB}{MA}$ et $\arg Z = (\overrightarrow{MA}, \overrightarrow{MB})\ (2\pi)$.

a) $|Z| = 1$ si, et seulement si, $\dfrac{MB}{MA} = 1$, soit $MA = MB$.

L'ensemble cherché est la médiatrice du segment [*AB*].

b) Z est un réel strictement positif si, et seulement si, $\arg Z = 0\ (2\pi)$; donc, si et seulement si, $(\overrightarrow{\mathrm{MA}}, \overrightarrow{\mathrm{MB}}) = 0\ (2\pi)$.

L'ensemble cherché est la droite (*AB*) privée du segment [*AB*].

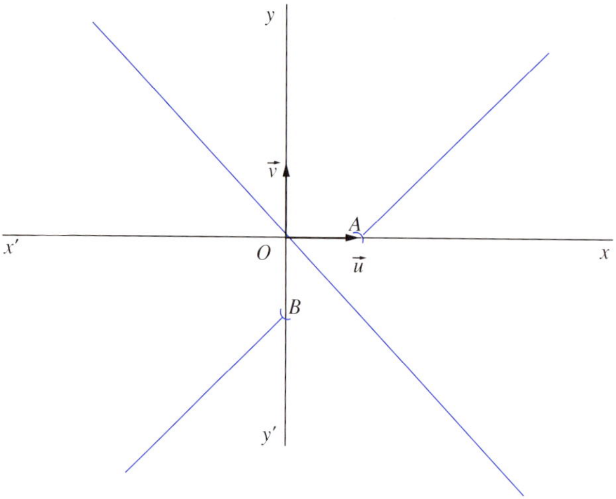

c) $\arg Z = 0\ (2\pi)$ s'écrit $(\overrightarrow{MA}, \overrightarrow{MB}) = \dfrac{\pi}{2}\ (2\pi)$.

L'ensemble cherché est l'un des demi-cercles de diamètre [*AB*] privé de *A* et de *B*. (On le détermine sur la figure après avoir choisi l'orientation du plan.)

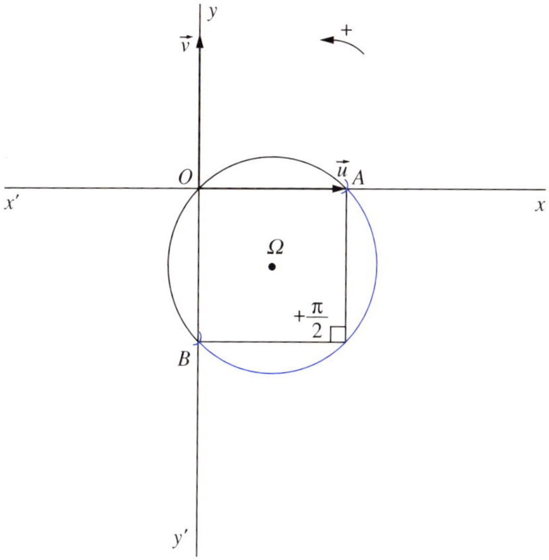

10 **1°** L'affixe du vecteur $\overrightarrow{OM}$ est Z ; l'affixe du vecteur $\overrightarrow{OM}'$ est Z'.

$OM = |Z|$, donc $OM^2 = |Z|^2$.

L'égalité $\overrightarrow{OM}' = \dfrac{4}{OM^2}\,\overrightarrow{OM}$ se traduit par $\mathbf{Z' = \dfrac{4}{|Z|^2} \times Z}$.

2° Si M appartient à Δ, alors Z s'écrit $Z = 2 + \mathrm{i}y$, avec $y \in \mathbb{R}$.

$$Z' = \frac{4}{|Z|^2} \times Z = \frac{4}{4 + y^2}\,(2 + \mathrm{i}y),$$

$$\mathbf{Z' = \frac{8}{4 + y^2} + i\,\frac{4y}{4 + y^2}}.$$

3° $Z' - 2 = \dfrac{8}{4 + y^2} - 2 + \mathrm{i}\,\dfrac{4y}{4 + y^2} = \dfrac{-2y^2}{4 + y^2} + \mathrm{i}\,\dfrac{4y}{4 + y^2}.$

On calcule :

$$\frac{Z' - 2}{Z'} = \frac{\dfrac{-2y^2}{4 + y^2} + \mathrm{i}\,\dfrac{4y}{4 + y^2}}{\dfrac{8}{4 + y^2} + \mathrm{i}\,\dfrac{4y}{4 + y^2}} = \frac{-2y^2 + \mathrm{i}\,4y}{8 + \mathrm{i}\,4y},$$

$$\frac{Z'-2}{Z'}=\frac{2y(-y+2\mathrm{i})}{4(2+\mathrm{i}y)}=\frac{y}{2}\,\frac{(-y+2\mathrm{i})(2-\mathrm{i}y)}{4+y^2},$$

$$\frac{Z'-2}{Z'}=\frac{y}{2}\,\frac{\mathrm{i}(4+y^2)}{4+y^2}=\frac{\mathrm{i}y}{2},$$

$$\boldsymbol{\frac{Z'-2}{Z'}=\mathrm{i}\,\frac{y}{2}.}$$

4° Lorsque $Z \neq 2$, alors $y \neq 0$.

Ainsi, $\dfrac{Z'-2}{Z'} \neq 0$ et $\left|\dfrac{Z'-2}{Z'}\right| = \dfrac{|y|}{2}$.

Si $y > 0$, alors $\dfrac{Z'-2}{Z'}=\dfrac{|y|}{2}\,\mathrm{i}=\dfrac{|y|}{2}\,\mathrm{e}^{\mathrm{i}\frac{\pi}{2}}$.

Si $y < 0$, alors $\dfrac{Z'-2}{Z}=\dfrac{|y|}{2}\,(-\mathrm{i})=\dfrac{|y|}{2}\,\mathrm{e}^{-\mathrm{i}\frac{\pi}{2}}$.

$$\boldsymbol{\arg\left(\frac{Z'-2}{Z'}\right)=\frac{\pi}{2}, \quad \text{si } y>0,}$$

$$\boldsymbol{\arg\left(\frac{Z'-2}{Z'}\right)=-\frac{\pi}{2}, \quad \text{si } y<0.}$$

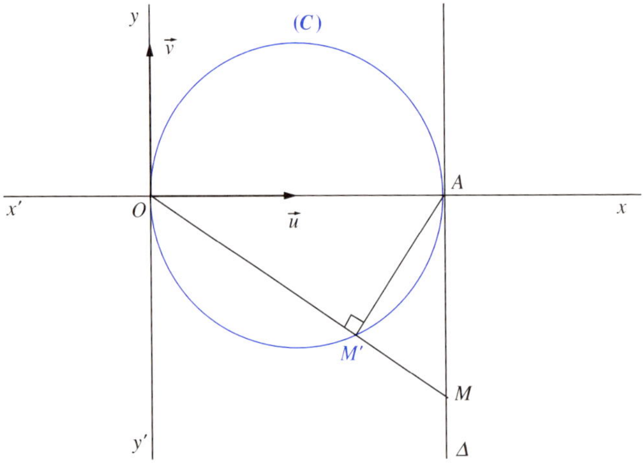

Comme $\arg\left(\dfrac{Z'-2}{Z'}\right) = (\overrightarrow{OM'}, \overrightarrow{AM'})\ (2\pi)$, deux cas sont possibles :

• Lorsque $M \neq A$, alors $M' \neq A$ et l'angle géométrique $\widehat{OM'A}$ est droit. Donc, M' appartient au cercle de diamètre $[OA]$.

• Lorsque $M = A$, alors $M' = A$, donc M' appartient encore au cercle de diamètre $[OA]$.
(C) est le cercle de diamètre $[OA]$.

11 1° M étant distinct de B, z est alors distinct de $-\sqrt{3}$ et donc Z est bien défini.

$$Z = \frac{(x-\sqrt{3})+\mathrm{i}y}{(x+\sqrt{3})+\mathrm{i}y} = \frac{[(x-\sqrt{3})+\mathrm{i}y][(x+\sqrt{3})-\mathrm{i}y]}{(x+\sqrt{3})^2+y^2},$$

ainsi : $$\boldsymbol{X = \frac{x^2+y^2-3}{(x+\sqrt{3})^2+y^2} \quad \text{et} \quad Y = \frac{2\sqrt{3}y}{(x+\sqrt{3})^2+y^2}}.$$

2° *a)*

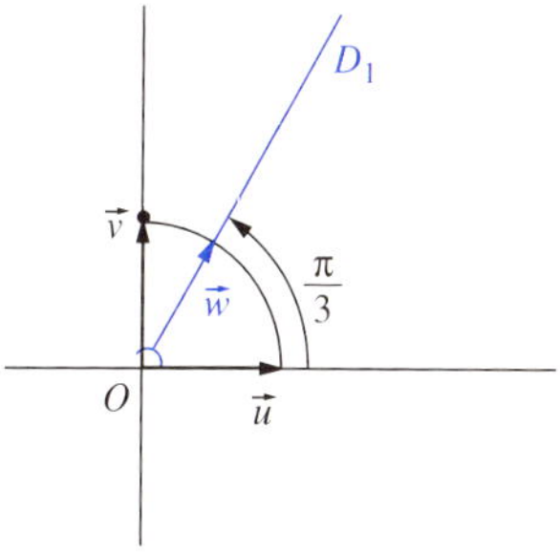

Les nombres complexes U, non nuls, tels que $\arg U = \dfrac{\pi}{3}\ (2\pi)$ sont les affixes des points de la demi-droite D_1 ouverte, d'origine O, dont un vecteur directeur est le vecteur $\vec{w}$ d'affixe $e^{i\frac{\pi}{3}}$.

• Si $\arg U = \dfrac{\pi}{3}\ (2\pi)$, alors il existe un réel k strictement positif tel que :

$$U = ke^{i\frac{\pi}{3}}.$$

U s'écrit donc : $$U = k\cos\frac{\pi}{3} + \mathrm{i}k\sin\frac{\pi}{3},$$

$$U = \frac{k}{2} + \mathrm{i}\,\frac{k\sqrt{3}}{2}.$$

En conséquence $\begin{cases} t = \dfrac{k\sqrt{3}}{2} \text{ est strictement positif} \\ \text{et} \\ s = \dfrac{k}{2} = \dfrac{t}{\sqrt{3}}. \end{cases}$

• Réciproquement, si $U = s + \mathrm{i}t$ avec $t > 0$ et $s = \dfrac{t}{\sqrt{3}}$, alors :

$$U = 2s\left(\frac{1}{2} + \mathrm{i}\,\frac{t}{2s}\right) = 2s\left(\frac{1}{2} + \mathrm{i}\,\frac{\sqrt{3}}{2}\right) = 2s\mathrm{e}^{\mathrm{i}\frac{\pi}{3}}.$$

Comme $s > 0$, alors $\arg U = \dfrac{\pi}{3}\ (2\pi)$.

b) Notons tout d'abord que $Z = 0$ lorsque $z = \sqrt{3}$.
Supposons $z \neq \sqrt{3}$.

$\arg Z = \dfrac{\pi}{3}\ (2\pi)$ si, et seulement si, $Y > 0$ et $X = \dfrac{Y}{\sqrt{3}}$.

$Y = \dfrac{2\sqrt{3}y}{(x+\sqrt{3})^2 + y^2}$; puisque $2\sqrt{3} > 0$ et $(x+\sqrt{3})^2 + y^2 > 0$, $Y > 0$ signifie $y > 0$.

La condition $X = \dfrac{Y}{\sqrt{3}}$ s'écrit alors :

$$\frac{x^2 + y^2 - 3}{(x+\sqrt{3})^2 + y^2} = \frac{2y}{(x+\sqrt{3})^2 + y^2},$$

soit encore : $x^2 + y^2 - 3 = 2y.$

Finalement, $\arg Z = \dfrac{\pi}{3}$ si, et seulement si $\begin{cases} \boldsymbol{y > 0} \\ \textbf{et} \\ \boldsymbol{x^2 + y^2 - 2y - 3 = 0.} \end{cases}$

3° *a*) $|Z| = \dfrac{CM}{BM}$ et $\arg Z = \overline{(\overrightarrow{BM}, \overrightarrow{CM})} = \overline{(\overrightarrow{MB}, \overrightarrow{MC})}\ (2\pi)$.

b) Si $z = 3\mathrm{i}$, alors $Z = \dfrac{-\sqrt{3} + 3\mathrm{i}}{\sqrt{3} + 3\mathrm{i}}$.

Or $\quad |-\sqrt{3}+3\mathrm{i}| = 2\sqrt{3} = |\sqrt{3}+3\mathrm{i}|$, alors :

$$Z = \frac{2\sqrt{3}\left(-\frac{1}{2}+\frac{\sqrt{3}}{2}\mathrm{i}\right)}{2\sqrt{3}\left(\frac{1}{2}+\frac{\sqrt{3}}{2}\mathrm{i}\right)},$$

$$Z = \frac{\mathrm{e}^{\mathrm{i}\frac{2\pi}{3}}}{\mathrm{e}^{\mathrm{i}\frac{\pi}{3}}} = \mathrm{e}^{\mathrm{i}\left(\frac{2\pi}{3}-\frac{\pi}{3}\right)} = \mathrm{e}^{\mathrm{i}\frac{\pi}{3}}.$$

Lorsque $z = 3\mathrm{i}$, $M = A$. D'où $\arg Z = \overline{(\overrightarrow{BA}, \overrightarrow{CA})} = \frac{\pi}{3}\ (2\pi)$.

Le triangle ABC est isocèle, puisque A appartient à l'axe $(O, \vec{v})$, et puisque B et C sont symétriques par rapport à l'axe $(O, \vec{v})$; de plus, il est **équilatéral,** car l'angle géométrique $\widehat{BAC}$ a pour mesure $\frac{\pi}{3}$.

c) On suppose $z \neq -\sqrt{3}$ et $z \neq \sqrt{3}$ ($M \neq B$ et $M \neq C$).

$\overline{(\overrightarrow{MB}, \overrightarrow{MC})} = \frac{\pi}{3}\ (2\pi)$ signifie : $\quad \arg Z = \frac{\pi}{3}\ (2\pi)$,

ou encore : $\quad y > 0 \quad$ et $\quad x^2 + y^2 - 2y - 3 = 0 \quad$ (d'après **2°** *b*)).

- $x^2 + y^2 - 2y - 3 = 0$ équivaut à $x^2 + (y-1)^2 = 4$.

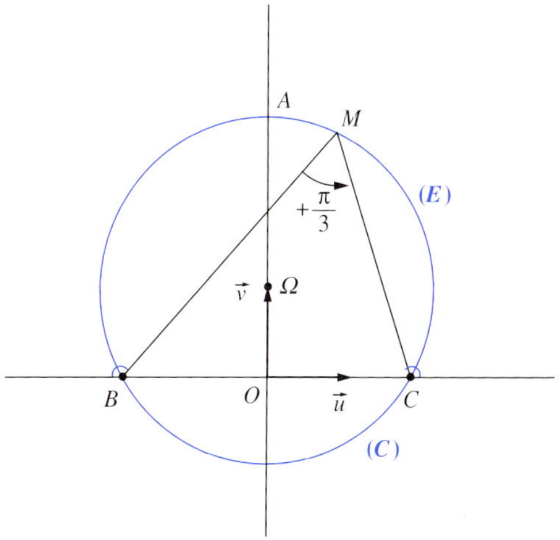

On reconnaît l'équation du cercle (C) de centre $\Omega(0\,;1)$ et de rayon 2.

• La condition $y>0$ signifie qu'on se limite à la partie du cercle située strictement au-dessus de l'axe $(O, \vec{u})$.

Notons que B et C appartiennent au cercle (C).

(E) est l'arc $\widehat{BC}$ du cercle (C) de centre Ω, d'affixe i et de rayon 2, situé strictement au-dessus de l'axe $(O, \vec{u})$.

6

COMPLÉMENTS SUR LES FONCTIONS

OBJECTIFS

- *Déterminer une limite d'une fonction composée*
- *Utiliser les théorèmes de comparaison*
- *Montrer qu'une équation admet une solution unique*
- *Déterminer la primitive d'une fonction prenant une valeur donnée en un réel donné*

À RETENIR !

LIMITES

• Limites et opérations sur les fonctions

Les notions de limite finie en un réel, de limite infinie, de limite à l'infini, ont été vues en classe de première scientifique. On rappellera, dans les tableaux suivants, les cas où l'on peut conclure et les cas d'indétermination pour la somme, le produit, l'inverse et le quotient de fonctions.

- α désigne un nombre réel, ou $+\infty$, ou $-\infty$.
- l et l' désignent des nombres réels.
- 0^* désigne soit 0^+, soit 0^-.
- ∞ désigne soit $+\infty$, soit $-\infty$.

Limite d'une somme de fonctions

Si $\lim_{x \to \alpha} f(x)$	l	l	l	$+\infty$	$-\infty$	$+\infty$
et $\lim_{x \to \alpha} g(x)$	l'	$+\infty$	$-\infty$	$+\infty$	$-\infty$	$-\infty$
alors $\lim_{x \to \alpha} (f+g)(x)$	$l+l'$	$+\infty$	$-\infty$	$+\infty$	$-\infty$	?

Limite d'un produit de fonctions

Si $\lim_{x \to \alpha} f(x)$	l	$l (l \neq 0)$	0	$+\infty$	$-\infty$	$+\infty$
et $\lim_{x \to \alpha} g(x)$	l'	∞	∞	$+\infty$	$-\infty$	$-\infty$
alors $\lim_{x \to \alpha} (fg)(x)$	ll'	∞	?	$+\infty$	$+\infty$	$-\infty$

Limite de l'inverse d'une fonction

Si $\lim_{x \to \alpha} g(x)$	$l' (l' \neq 0)$	0^*	∞
alors $\lim_{x \to \alpha} \left(\frac{1}{g}\right)(x)$	$\frac{1}{l'}$	∞	0

Limite d'un quotient de fonctions

Si $\lim_{x \to \alpha} f(x)$	l	l ($l \neq 0$)	l	0	∞	∞
et $\lim_{x \to \alpha} g(x)$	l' ($l' \neq 0$)	0*	∞	0	l' ($l' \neq 0$) ou 0*	∞
alors $\lim_{x \to \alpha} \left(\frac{f}{g}\right)(x)$	$\frac{l}{l'}$	∞	0	?	∞	?

- ? désigne un cas d'indétermination (aucun théorème général ne permet de conclure à l'existence d'une limite, ou à la détermination de la limite).
- Dans la conclusion, le signe précédant ∞ est déterminé par *la règle des signes*.

• Continuité

Soit f une fonction définie sur un intervalle I.
Si, en tout réel a de I, f admet une limite réelle (égale à $f(a)$), on dit que f **est continue sur** I.

Remarque : Si f est définie sur un ensemble D, D étant une réunion de plusieurs intervalles, et si f est continue sur chaque intervalle de D, on dit que f est continue sur D.

Les fonctions suivantes sont continues sur leur ensemble de définition : fonctions polynômes ; fonctions rationnelles ; $x \mapsto \sqrt{x}$; $x \mapsto |x|$; $x \mapsto \cos x$; $x \mapsto \sin x$; et toute somme, produit, quotient et composée des fonctions précédentes.

• Théorèmes de comparaison

α désigne un réel, ou $+\infty$, ou $-\infty$; L et L' des nombres réels ; f, g, u, v désignent des fonctions.

- Si $f \geqslant u$ et $\lim_{x \to \alpha} u(x) = +\infty$, alors $\lim_{x \to \alpha} f(x) = +\infty$.
- Si $f \leqslant v$ et $\lim_{x \to \alpha} v(x) = -\infty$, alors $\lim_{x \to \alpha} f(x) = -\infty$.
- Si $|f(x) - L| \leqslant u(x)$ et $\lim_{x \to \alpha} u(x) = 0$, alors $\lim_{x \to \alpha} f(x) = L$.

- Si $u \leqslant f \leqslant v$, $\lim\limits_{x \to \alpha} u(x) = L$ et $\lim\limits_{x \to \alpha} v(x) = L$, alors $\lim\limits_{x \to \alpha} f(x) = L$.
- Si $f \leqslant g$, $\lim\limits_{x \to \alpha} f(x) = L$ et $\lim\limits_{x \to \alpha} g(x) = L'$, alors $L \leqslant L'$.

Limite d'une composée

α et β désignent des nombres réels, ou $+\infty$, ou $-\infty$.
λ désigne un nombre réel, ou $+\infty$, ou $-\infty$.
Si $\lim\limits_{x \to \alpha} f(x) = \beta$ et $\lim\limits_{y \to \beta} g(y) = \lambda$, alors $\lim\limits_{x \to \alpha} (g \circ f)(x) = \lambda$.

DÉRIVÉES

Définitions et propriété

Soit f une fonction définie sur un intervalle I ; a un réel de l'intervalle I. Les deux propositions (i) et (ii) sont équivalentes :

(i) la fonction $h \mapsto \dfrac{f(a+h) - f(a)}{h}$ admet une limite réelle L quand h tend vers 0.

(ii) $f(a+h) = f(a) + Lh + h\varepsilon(h)$, avec $\lim\limits_{h \to 0} \varepsilon(h) = 0$.

Si l'une (ou l'autre) des conditions est vérifiée, on dit que **f est dérivable en a.**
Le réel L se nomme **le nombre dérivé** de f en a et se note $f'(a)$.

Soit f une fonction définie sur un intervalle I, dérivable en un réel a de I. Soit (C) la courbe représentative de f dans un repère du plan.
On appelle **tangente à la courbe (C) au point $A(a, f(a))$,** la droite passant par A et dont le coefficient directeur est $f'(a)$.
Une équation de cette tangente est donnée par :

$$y = f'(a)(x-a) + f(a).$$

Bien qu'il existe d'autres cas que ceux mentionnés ci-dessous, on rencontrera le plus fréquemment l'un de ceux-ci :

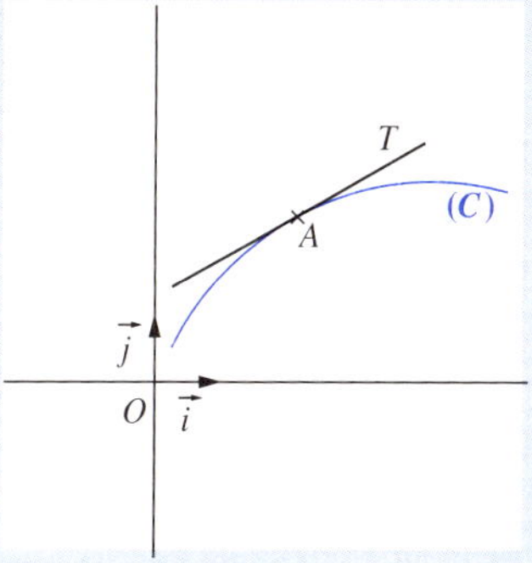

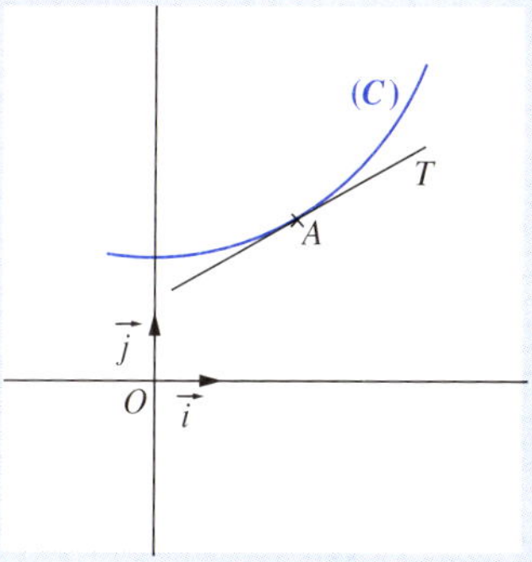

La tangente T est localement située d'un côté de la courbe.

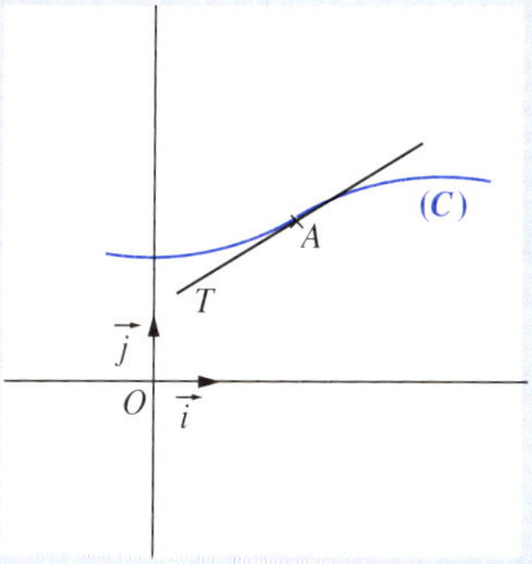

La tangente T traverse la courbe.

On dit que f **est dérivable sur un intervalle I,** si f est dérivable en tout réel a de I. On peut alors définir la fonction dérivée de f, notée f', par :

$$f' : I \to \mathbb{R}$$
$$a \mapsto f'(a).$$

Propriété

Si f est une fonction **dérivable** sur un intervalle I, alors f est **continue** sur I.

Attention : La réciproque est fausse.

Exemples montrant que la réciproque est fausse :

- la fonction $x \mapsto |x|$ est continue dans $\mathbb{R}$, mais non dérivable en 0 ;
- la fonction $x \mapsto \sqrt{x}$ est continue sur $[0\,;+\infty[$, mais non dérivable en 0.

• Théorèmes de dérivation

u et v désignent des fonctions dérivables sur un intervalle I ; λ est un réel. Les fonctions suivantes sont dérivables sur I, et le tableau donne l'expression des dérivées.

Fonction	**Fonction dérivée**
$u + v$	$u' + v'$
λu	$\lambda u'$
uv	$u'v + uv'$
u^n ($n \in \mathbb{N}$)	$nu'u^{n-1}$
$\frac{1}{v}$ (v ne s'annulant pas sur I)	$\frac{-v'}{v^2}$
$\frac{u}{v}$ (v ne s'annulant pas sur I)	$\frac{u'v - uv'}{v^2}$

Dérivée d'une composée

Soit u une fonction définie, dérivable sur un intervalle I.
Soit v une fonction définie, dérivable sur un intervalle J.
Si la fonction composée $v \circ u$ est définie sur I, alors $v \circ u$ est dérivable sur I et :

$$(v \circ u)' = u' \times (v' \circ u)$$

(c'est-à-dire, pour tout x de I, $(v \circ u)'(x) = u'(x) \times v'[u(x)]$).

Cas particulier : Si u est la fonction affine $x \mapsto ax + b$, alors $f : x \mapsto v(ax + b)$ est dérivable et $f'(x) = av'(ax + b)$.

Dérivée des fonctions usuelles

Fonction	Ensemble de définition	Dérivée	Ensemble de dérivabilité
$x \mapsto ax + b$	$\mathbb{R}$	$x \mapsto a$	$\mathbb{R}$
Cas particuliers :			
$x \mapsto x$	$\mathbb{R}$	$x \mapsto 1$	$\mathbb{R}$
$x \mapsto b$	$\mathbb{R}$	$x \mapsto 0$	$\mathbb{R}$
$x \mapsto x^n$ ($n \in \mathbb{N}$ et $n \geqslant 1$)	$\mathbb{R}$	$x \mapsto nx^{n-1}$	$\mathbb{R}$
$x \mapsto \frac{1}{x}$	$R - \{0\}$	$x \mapsto \frac{-1}{x^2}$	$\mathbb{R} - \{0\}$
$x \mapsto \frac{1}{x^n}$ ($n \in \mathbb{N}$ et $n \geqslant 1$)	$\mathbb{R} - \{0\}$	$x \mapsto \frac{-n}{x^{n+1}}$	$\mathbb{R} - \{0\}$
$x \mapsto \sqrt{x}$	$[0\,;+\infty[$	$x \mapsto \frac{1}{2\sqrt{x}}$	$]0\,;+\infty[$
$x \mapsto \cos x$	$\mathbb{R}$	$x \mapsto -\sin x$	$\mathbb{R}$
$x \mapsto \sin x$	$\mathbb{R}$	$x \mapsto \cos x$	$\mathbb{R}$

Cas particuliers résultant des théorèmes précédents :

- Soit u une fonction dérivable, $u > 0$.

$f = \sqrt{u}$ est dérivable et $f' = \frac{u'}{2\sqrt{u}}$.

- Soit u une fonction dérivable, ne s'annulant pas.

$f = \frac{1}{u^n}$ ($n \in \mathbb{N}$, $n \geqslant 1$) est dérivable et $f' = \frac{-nu'}{u^{n+1}}$.

Inégalité des accroissements finis

Théorème 1 : Soit f une fonction définie sur un intervalle I, dérivable et telle que la fonction dérivée f' est bornée.
m et M sont des réels tels que, pour tout x de I, $m \leqslant f'(x) \leqslant M$.
a et b sont des réels de l'intervalle I, tels que $\boldsymbol{a \leqslant b}$.
Alors : $m(b-a) \leqslant f(b) - f(a) \leqslant M(b-a)$.

Théorème 2 : On reprend les hypothèses précédentes.
K est un réel positif tel que, pour tout x de I, $|f'(x)| \leqslant K$.
Alors, pour tous réels a et b de l'intervalle I :

$$|f(b) - f(a)| \leqslant K|b - a|.$$

Dérivée et sens de variation

Soit f une fonction définie sur un intervalle $[a ; b]$, dérivable.
Si, pour tout réel x de l'intervalle $]a ; b[$ (ouvert) :

- $f'(x) > 0$, alors f est strictement croissante sur $[a ; b]$;
- $f'(x) < 0$, alors f est strictement décroissante sur $[a ; b]$;
- $f'(x) = 0$, alors f est constante.

Conséquence : Si f est une fonction définie et dérivable sur un intervalle I, et si f' est de signe constant, sauf peut-être en un nombre fini de valeurs où f' s'annule, alors f est strictement monotone sur I.

PRIMITIVES

Soit f une fonction définie sur un intervalle I.
On dit qu'une fonction F, définie sur I, est **une primitive** de f, si F est dérivable et si $F' = f$.

Propriétés

- Soit f une fonction définie sur un intervalle I admettant une primitive F_0. Alors, toutes les primitives de f sur I sont les fonctions F s'écrivant sous la forme $F(x) = F_0(x) + C$ pour tout x de I (C désigne une constante réelle quelconque).
- Soit f une fonction définie sur un intervalle I, admettant des primitives. Soit x_0 un réel de l'intervalle I. Soit y_0 un réel quelconque.
Il existe une, et une seule, primitive F de f telle que $F(x_0) = y_0$.
- Toute fonction f, continue sur un intervalle I, admet des primitives.

Remarques :

- Cette dernière propriété affirme **l'existence** de primitives, mais ces primitives ne sont pas nécessairement exprimables à partir de fonctions connues.
- La recherche de primitives s'effectue par *lecture inverse* des formules de dérivation.

Tableau de primitives usuelles (C désigne une constante réelle)

Fonction	**Primitives**	**Intervalles de validité**
$f(x) = 0$	$F(x) = \mathrm{C}$	$\mathbb{R}$
$f(x) = a$	$F(x) = ax + \mathrm{C}$	$\mathbb{R}$
$f(x) = x^n$ $(n \in \mathbb{N}, n \geqslant 1)$	$F(x) = \dfrac{x^{n+1}}{n+1} + \mathrm{C}$	$\mathbb{R}$
$f(x) = \dfrac{1}{x^2}$	$F(x) = -\dfrac{1}{x} + \mathrm{C}$	$]0 \,;\, +\infty[$ $[-\infty \,;\, 0[$
$f(x) = \dfrac{1}{x^n}$ $(n \in \mathbb{N}, \boldsymbol{n \geqslant 2})$	$F(x) = \dfrac{-1}{(n-1)x^{n-1}} + \mathrm{C}$	$]0 \,;\, +\infty[$ $]-\infty \,;\, 0[$
$f(x) = \dfrac{1}{\sqrt{x}}$	$F(x) = 2\sqrt{x} + \mathrm{C}$	$]0 \,;\, +\infty[$
$f(x) = \cos x$	$F(x) = \sin x + \mathrm{C}$	$\mathbb{R}$
$f(x) = \sin x$	$F(x) = -\cos x + \mathrm{C}$	$\mathbb{R}$

$f_1, f_2, ..., f_n$ sont des fonctions définies sur un intervalle I, admettant des primitives respectives $F_1, F_2, ..., F_n$.
Soient $\lambda_1, \lambda_2, ..., \lambda_n$ des nombres réels.
Alors la fonction $f = \lambda_1 f_1 + \lambda_2 f_2 + ... + \lambda_n f_n$, définie sur I, admet pour primitives les fonctions de la forme :

$$F = \lambda_1 F_1 + \lambda_2 F_2 + ... + \lambda_n F_n + \mathrm{C}$$

(C constante réelle).

Soit u une fonction dérivable sur un intervalle I ;

si f est de la forme :	alors les primitives de f sont :
$f = u'u^n$ $(n \in \mathbb{N}, n \geqslant 1)$	$F = \dfrac{u^{n+1}}{n+1} + C$
$f = \dfrac{u'}{u^n}$ $(n \in \mathbb{N}, n \geqslant 2)$	$F = \dfrac{-1}{(n-1)u^{n-1}} + C$
$f = \dfrac{u'}{\sqrt{u}}$	$F = 2\sqrt{u} + C$

BIJECTION D'UN INTERVALLE SUR UN INTERVALLE

a et b désignent des nombres réels, ou $+\infty$, ou $-\infty$.
f est une fonction définie sur l'intervalle $I =]a\,;\,b[$.
On note I' l'image par f de l'intervalle I, c'est-à-dire l'ensemble des réels $f(x)$, où $x \in I$.
Si la fonction f est :

- continue,
- strictement monotone,

et si $\lim\limits_{x \to a} f(x) = \alpha$ et $\lim\limits_{x \to b} f(x) = \beta$

(α et β étant des réels, ou $+\infty$, ou $-\infty$),
alors I' est un intervalle et f réalise une bijection de I dans I'.
De plus, lorsque f est strictement croissante : $I' =]\alpha\,;\,\beta[$, et lorsque f est strictement décroissante : $I' =]\beta\,;\,\alpha[$.

Compléments :

- Si $I = [a\,;\,b[$, avec les mêmes hypothèses, alors :
$$\alpha = f(a) \text{ et } I' = [f(a)\,;\,\beta[\ (\text{ou }]\beta\,;\,f(a)]).$$
- Si $I =]a\,;\,b]$, avec les mêmes hypothèses, alors :
$$\beta = f(b) \text{ et } I' =]\alpha\,;\,f(b)] \ (\text{ou } [f(b)\,;\,\alpha[).$$
- Si f réalise une bijection de I dans I', alors l'équation $f(x) = \lambda$, où λ est un réel de I', admet une solution unique dans I.

COMMENT FAIRE ?

DÉTERMINER UNE LIMITE D'UNE FONCTION COMPOSÉE

Exemple

Déterminer $\lim\limits_{x \to +\infty} \sqrt{\dfrac{x+1}{x-1}}$.

Soit $h(x) = \sqrt{\dfrac{x+1}{x-1}}$.

Pour $x > 1$, $h(x)$ est défini. L'étude de la limite éventuelle en $+\infty$ peut être envisagée.

Soit $f : x \mapsto \dfrac{x+1}{x-1}$ et $g : y \mapsto \sqrt{y}$. On note alors que $h = g \circ f$

$$f(x) = \frac{x\left(1+\frac{1}{x}\right)}{x\left(1-\frac{1}{x}\right)} = \frac{1+\frac{1}{x}}{1-\frac{1}{x}}.$$

Comme $\lim\limits_{x \to +\infty} \dfrac{1}{x} = 0$, alors $\lim\limits_{x \to +\infty} f(x) = 1$;

$y = \dfrac{x+1}{x-1}$ tend vers 1 lorsque x tend vers $+\infty$.

Comme $\lim\limits_{y \to 1} \sqrt{y} = 1$, alors $\mathbf{\lim\limits_{x \to +\infty} \sqrt{\dfrac{x+1}{x-1}} = 1.}$

EN BREF !

Lorsqu'une fonction h apparaît comme une composée : $h(x) = g[f(x)]$, on pourra étudier la limite de h en α, en déterminant $\lim_{x \to \alpha} f(x) = \beta$, puis en posant $y = f(x)$. On déterminera $\lim_{y \to \beta} g(y) = \lambda$, et on concluera que $\lim_{x \to \alpha} h(x) = \lambda$.

APPLICATIONS

1 Déterminer $\lim_{x \to -\infty} \sqrt{\dfrac{1 + 4x}{1 + x}}$.

2 Déterminer $\lim_{x \to +\infty} \cos\left[\pi\left(1 - \dfrac{1}{x}\right)\right]$.

3 **1°** En écrivant $\sin 0 = 0$ et en utilisant la définition du nombre dérivé, prouver que $\lim_{x \to 0} \dfrac{\sin x}{x} = 1$.

2° En déduire :

a) $\lim_{\substack{x \to 0 \\ x > 0}} \dfrac{\sin \sqrt{x}}{\sqrt{x}}$;

b) $\lim_{x \to 0} \dfrac{\sin(x^2)}{x}$ $\left(\text{faire apparaître } \dfrac{\sin(x^2)}{x^2}\right)$.

Indication : S'aider des chapitres 7 et 8.

UTILISER LES THÉORÈMES DE COMPARAISON

Exemple

1° Démontrer que $|\sqrt{x+1} - \sqrt{x}| \leqslant \dfrac{1}{2\sqrt{x}}$ **(**$x > 0$**).**

2° En déduire $\lim_{x \to +\infty} (\sqrt{x+1} - \sqrt{x})$**.**

3° Déterminer un réel positif A **tel que, pour tout réel** x**, si** $x \geqslant A$ **alors** $|\sqrt{x+1} - \sqrt{x}| \leqslant 10^{-3}$**.**

1° Pour $x \geqslant 0$, transformons $\sqrt{x+1} - \sqrt{x}$ à l'aide de l'expression conjuguée :

$$\sqrt{x+1} - \sqrt{x} = \frac{(\sqrt{x+1} - \sqrt{x})(\sqrt{x+1} + \sqrt{x})}{\sqrt{x+1} + \sqrt{x}},$$

$$= \frac{(x+1) - x}{\sqrt{x+1} + \sqrt{x}} = \frac{1}{\sqrt{x+1} + \sqrt{x}}.$$

Pour $x > 0$, $x + 1 \geqslant x$, donc $\sqrt{x+1} \geqslant \sqrt{x} > 0$, puis :

$\sqrt{x+1} + \sqrt{x} \geqslant 2\sqrt{x} > 0$, enfin $\dfrac{1}{\sqrt{x+1} + \sqrt{x}} \leqslant \dfrac{1}{2\sqrt{x}}$.

$\sqrt{x+1} - \sqrt{x} \geqslant 0$, donc $|\sqrt{x+1} - \sqrt{x}| = \sqrt{x+1} - \sqrt{x}$.

On a donc prouvé que $\boldsymbol{|\sqrt{x+1} - \sqrt{x}| \leqslant \dfrac{1}{2\sqrt{x}}}$.

2° Puisque $\lim\limits_{x \to +\infty} \sqrt{x} = +\infty$, alors $\lim\limits_{x \to +\infty} \dfrac{1}{2\sqrt{x}} = 0$.

On applique maintenant la propriété suivante :
« si $|f(x) - L| \leqslant u(x)$ et $\lim\limits_{x \to \alpha} u(x) = 0$, alors $\lim\limits_{x \to \alpha} f(x) = L$ »,

avec $f(x) = \sqrt{x+1} - \sqrt{x}$, $L = 0$ et $u(x) = \dfrac{1}{2\sqrt{x}}$.

On en conclut que $\boldsymbol{\lim\limits_{x \to +\infty} (\sqrt{x+1} - \sqrt{x})} = 0$.

3° Pour que $|\sqrt{x+1} - \sqrt{x}| \leqslant 10^{-3}$, il **suffit** que $\dfrac{1}{2\sqrt{x}} \leqslant 10^{-3}$.

Pour tout réel x, $x > 0$, $\dfrac{1}{2\sqrt{x}} \leqslant 10^{-3}$ équivaut à $500 \leqslant \sqrt{x}$, ou encore à $25\,000 \leqslant x$.

Si $x \geqslant 25\,000$, alors $|\sqrt{x+1} - \sqrt{x}| \leqslant 10^{-3}$.

EN BREF !

Les théorèmes de comparaison nécessitent de faire apparaître des inégalités entre une fonction f et des fonctions, en général plus simples, dont on peut déterminer facilement la limite.

4 **1°** Montrer que, pour tout réel x, $|\cos x + \sin x| \leqslant 2$.
2° À l'aide d'un théorème de comparaison, en déduire que :

$$\lim_{x \to +\infty} \frac{\cos x + \sin x}{x^2}.$$

5 **1°** Montrer que, pour tout réel x, si $x \geqslant 1$, alors :

$$\frac{1}{2} \leqslant \frac{x}{x+1} \leqslant 1.$$

2° En utilisant les théorèmes de comparaison, en déduire que :

a) $\displaystyle\lim_{x \to +\infty} \frac{x\sqrt{x}}{x+1}$; *b*) $\displaystyle\lim_{x \to +\infty} \frac{x}{\sqrt{x}(x+1)}$.

MONTRER QU'UNE ÉQUATION ADMET UNE SOLUTION UNIQUE

Exemple

Montrer que l'équation $x^3 + x + 1 = 0$ admet une unique solution α dans $\mathbb{R}$, et déterminer une valeur approchée de α à 10^{-1} près par défaut.

Soit la fonction polynôme $f : x \mapsto x^3 + x + 1$. f est définie sur $\mathbb{R}$ et dérivable : $f'(x) = 3x^2 + 1$.
$f'(x)$ est strictement positive, donc f est strictement croissante.

$\lim_{x \to +\infty} x^3 = +\infty$, donc $\lim_{x \to +\infty} (x^3 + x + 1) = +\infty$.

$\lim_{x \to -\infty} x^3 = -\infty$, donc $\lim_{x \to -\infty} (x^3 + x + 1) = -\infty$.

f est continue (en tant que fonction polynôme), strictement croissante, $\lim_{x \to -\infty} f(x) = -\infty$ et $\lim_{x \to +\infty} f(x) = +\infty$.

f réalise donc une bijection de $\mathbb{R} =]-\infty\,;\,+\infty[$ dans $\mathbb{R} =]-\infty\,;\,+\infty[$.

Le nombre réel 0 admet en particulier un antécédent unique α par f.
Autrement dit, il existe un réel α unique tel que $f(\alpha) = 0$.

L'équation $x^3 + x + 1 = 0$ admet α pour unique solution.

Pour obtenir une valeur approchée de α à 10^{-1} près, il suffit de déterminer des réels x_1 et x_2 tels que $f(x_1) < 0 < f(x_2)$ et $|x_2 - x_1| \leqslant 10^{-1}$.

La visualisation de la courbe (écran de la calculatrice), ou le calcul de valeurs simples $\left(f(-1) = -1\,; f(0) = 1\right)$, permettent de limiter la recherche à l'intervalle $[-1\,;\,0]$.

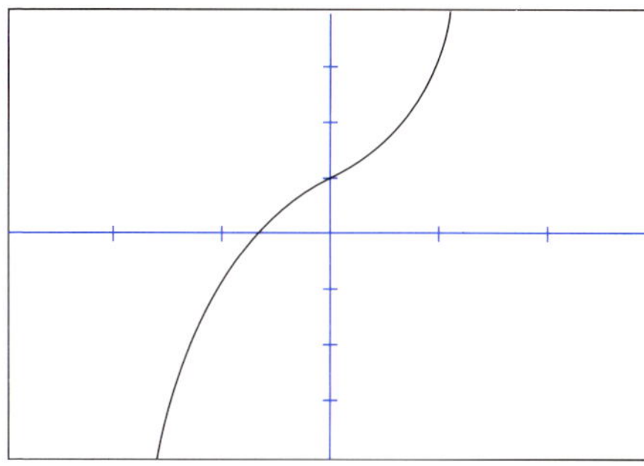

Quelques « essais » à la calculatrice nous permettront de déterminer un encadrement d'amplitude 10^{-1}.

Remarque : La programmation de la calculatrice par la méthode dite de dichotomie le permet également.
$f(-0{,}6) = 0{,}184$ (réel positif),
$f(-0{,}7) = -0{,}043$ (réel négatif),
donc $-0{,}7 < \alpha < -0{,}6$.
$-$ 0,7 est une valeur approchée de α à 10^{-1} près par défaut.

EN BREF !

Pour prouver qu'une équation de la forme $f(x) = \lambda$ admet une solution unique dans un intervalle I, il suffit de prouver que f réalise une bijection de I dans un intervalle J tel que $\lambda \in J$. On pourra, le plus souvent, appliquer le théorème de bijection, en justifiant soigneusement les hypothèses : continuité, stricte monotonie de f, limites (ou valeurs) aux bornes de I.

APPLICATION

6 Montrer que l'équation $-x^3 + x^2 - x + 2 = 0$ admet une unique solution β dans $\mathbb{R}$, dont on donnera une valeur approchée à 10^{-1} près par excès.

DÉTERMINER LA PRIMITIVE D'UNE FONCTION PRENANT UNE VALEUR DONNÉE EN UN RÉEL DONNÉ

Exemple

Déterminer la primitive F de la fonction $f : x \mapsto (x+1)(x^2+2x+3)$ dans $\mathbb{R}$ telle que $F(0) = 1$.

Cherchons la forme générale de toutes les primitives de f dans $\mathbb{R}$.
On pourrait développer et ordonner le polynôme $f(x)$, mais il est plus simple pour les calculs de remarquer que, en posant $u(x) = x^2 + 2x + 3$, on obtient $u'(x) = 2x + 2 = 2(x+1)$.
f s'écrit alors :

$$f(x) = \frac{1}{2}\, u'(x)\, u(x).$$

On sait qu'une primitive de $u'u$ est de la forme $\frac{u^2}{2}$; par conséquent, une primitive de f est de la forme $\frac{1}{2} \times \frac{u^2}{2} = \frac{u^2}{4}$.

Donc, **toutes les primitives de f dans $\mathbb{R}$ sont les fonctions F s'écrivant $F(x) = \frac{(x^2+2x+3)^2}{4} + C$, C désignant une constante réelle.**

Pour déterminer la primitive F telle que $F(0) = 1$, on traduit cette condition et on détermine C. $F(0) = 1$ se traduit par $\frac{9}{4} + C = 1$, donc $\mathbf{C = -\frac{5}{4}}$.

Par conséquent, $\mathbf{F(x) = \frac{(x^2+2x+3)^2}{4} - \frac{5}{4}}$.

EN BREF !

Pour déterminer la primitive F d'une fonction f sur un intervalle I, prenant la valeur y_0 en un réel x_0 de I, on détermine tout d'abord toutes les primitives de f **en reconnaissant en f l'écriture d'une dérivée.** On traduit la condition $F(x_0) = y_0$, ce qui fixe la valeur de la constante C.

7 Pour les exercices suivants, déterminer la primitive F de f sur I telle que $F(x_0) = y_0$.

1° $f(x) = \dfrac{1}{(2x-1)^2}$; $I = \left]\dfrac{1}{2} ; +\infty\right[$; $x_0 = 1$; $y_0 = 1$.

2° $f(x) = \dfrac{1}{\sqrt{x-3}}$; $I =]3 ; +\infty[$; $x_0 = 7$; $y_0 = 4$.

3° $f(x) = \cos(3x)$; $I = \mathbb{R}$; $x_0 = \dfrac{\pi}{12}$; $y_0 = 0$.

8 **1°** Soit $f(x) = \dfrac{x^3 + x^2 - x}{(x+1)^2}$ défini pour $x \in \mathbb{R} - \{-1\}$.

Déterminer des nombres réels a, b et c tels que, pour tout réel x, $x \in \mathbb{R} - \{-1\}$, $f(x) = ax + b + \dfrac{c}{(x+1)^2}$.

2° Déterminer la primitive F de f sur $]-1 ; +\infty[$ telle que $F(0) = -2$.

FAIRE LE POINT

9 Utilisation de l'inégalité des accroissements finis.

1° Soit la fonction f définie sur l'intervalle $\left[0 ; \dfrac{\pi}{2}\right]$ par $f(x) = \sin x$.

a) Déterminer $f'(x)$. Quel est le sens de variation de f' ?

b) Soit $u \in \left[0 ; \dfrac{\pi}{2}\right]$.

Déterminer un encadrement de $f'(x)$ sur l'intervalle $[0 ; u]$.

c) En appliquant l'inégalité des accroissements finis, montrer que $u \cos u \leqslant \sin u \leqslant u$. (1)

2° Soit la fonction g définie sur l'intervalle $\left[0 ; \dfrac{\pi}{2}\right]$ par $g(x) = \cos x$.

a) Déterminer $g'(x)$. Quel est le sens de variation de g' ?

b) Soit $u \in \left[0 ; \dfrac{\pi}{2}\right]$.

Déterminer un encadrement de $g'(x)$ sur l'intervalle $[0 ; u]$.

c) En appliquant l'inégalité des accroissements finis, montrer que $1 - u^2 \leqslant \cos u \leqslant 1$. (2).

3° *a*) Déduire de (1) et (2) que $u - u^3 \leqslant \sin u \leqslant u$. (3).

b) En déduire un encadrement, par des nombres décimaux, de sin 1°.

1 $\dfrac{1+4x}{1+x} = \dfrac{x\left(\frac{1}{x}+4\right)}{x\left(\frac{1}{x}+1\right)} = \dfrac{\frac{1}{x}+4}{\frac{1}{x}+1}$ pour $x \neq -1$ et $x \neq 0$; d'où :

$$\lim_{x \to -\infty} \frac{1+4x}{1+x} = 4.$$

Comme $\lim\limits_{X \to 4} \sqrt{X} = \sqrt{4} = 2$, alors $\boldsymbol{\lim\limits_{x \to -\infty} \sqrt{\dfrac{1+4x}{1+x}} = 2.}$

2 $\cos\left[\pi\left(1 - \dfrac{1}{x}\right)\right]$ est défini pour $x \neq 0$.

Comme $\lim\limits_{x \to +\infty} \dfrac{1}{x} = 0$, alors $\lim\limits_{x \to +\infty} \pi\left(1 - \dfrac{1}{x}\right) = \pi$.

Comme $\lim\limits_{X \to \pi} \cos X = \cos \pi = -1$ (continuité de la fonction cosinus), alors $\boldsymbol{\lim\limits_{x \to +\infty} \cos\left[\pi\left(1 - \dfrac{1}{x}\right)\right] = -1.}$

3 **1°** $\dfrac{\sin x}{x} = \dfrac{\sin(0+x) - \sin 0}{x}$.

Puisque la fonction sinus est dérivable dans $\mathbb{R}$, et $\sin' x = \cos x$ pour tout réel x, on en déduit, par définition du nombre dérivé, que :

$\lim\limits_{x \to 0} \dfrac{\sin(0+x) - \sin 0}{x} = \sin'(0) = \cos 0 = 1$,

$\boldsymbol{\lim\limits_{x \to 0} \dfrac{\sin x}{x} = 1.}$

2° *a)* $\lim\limits_{\substack{x \to 0 \\ x > 0}} \sqrt{x} = 0$. En posant $X = \sqrt{x}$ et en utilisant $\lim\limits_{X \to 0} \dfrac{\sin X}{X} = 1$, on en déduit que $\boldsymbol{\lim\limits_{\substack{x \to 0 \\ x > 0}} \dfrac{\sin \sqrt{x}}{\sqrt{x}} = 1.}$

b) $\dfrac{\sin(x^2)}{x} = x\,\dfrac{\sin(x^2)}{x^2}$. $\lim\limits_{x \to 0} x^2 = 0$. En utilisant $\lim\limits_{X \to 0} \dfrac{\sin X}{X} = 1$ avec $X = x^2$, on en déduit que $\lim\limits_{x \to 0} \dfrac{\sin(x^2)}{x^2} = 1$.

D'où $\boldsymbol{\lim\limits_{x \to 0} \left[x\,\dfrac{\sin(x^2)}{x^2}\right] = 0.}$

4 **1°** On utilise l'inégalité triangulaire $(|a+b| \leqslant |a| + |b|)$ et les inégalités $|\cos x| \leqslant 1$ et $|\sin x| \leqslant 1$.

Pour tout réel x, $\boldsymbol{|\cos x + \sin x|} \leqslant |\cos x| + |\sin x| \leqslant \mathbf{2}$.

2° $\left|\dfrac{\cos x + \sin x}{x^2}\right| = \dfrac{|\cos x + \sin x|}{|x^2|} = \dfrac{|\cos x + \sin x|}{x^2}$ $(x \neq 0)$.

Puisque $|\cos x + \sin x| \leqslant 2$ et $x^2 > 0$ (pour $x \neq 0$), on en déduit :

$$\frac{|\cos x + \sin x|}{x^2} \leqslant \frac{2}{x^2}.$$

Or $\lim\limits_{x \to +\infty} \dfrac{2}{x^2} = 0$, donc $\boldsymbol{\lim\limits_{x \to +\infty} \dfrac{\cos x + \sin x}{x^2} = 0.}$

5 **1°** Il suffit de calculer :

$$\frac{x}{x+1} - 1 = \frac{-1}{x+1} \text{ et } \frac{x}{x+1} - \frac{1}{2} = \frac{x-1}{2(x+1)}.$$

- Si $x \geqslant 1$, alors $x + 1 > 0$, donc $\dfrac{-1}{x+1} < 0$.

On en déduit que $\boldsymbol{\dfrac{x}{x+1} \leqslant 1.}$

- Si $x \geqslant 1$, alors $x - 1 \geqslant 0$ et $x + 1 > 0$, donc $\dfrac{x-1}{2(x+1)} \geqslant 0$.

On en déduit que $\boldsymbol{\dfrac{1}{2} \leqslant \dfrac{x}{x+1}.}$

Remarque : On pourrait aussi étudier le sens de variation de $f : x \mapsto \dfrac{x}{x+1}$ sur l'intervalle $[1\,;\,+\infty[$.

2° Soit $x \geqslant 1$.

a) Puisque $\dfrac{1}{2} \leqslant \dfrac{x}{x+1} \leqslant 1$ et $\sqrt{x} > 0$, alors $\dfrac{\sqrt{x}}{2} \leqslant \dfrac{x\sqrt{x}}{x+1} \leqslant \sqrt{x}$.

À l'aide de l'inégalité $\frac{\sqrt{x}}{2} \leqslant \frac{x\sqrt{x}}{x+1}$ et de $\lim_{x \to +\infty} \sqrt{x} = +\infty$, on en déduit que $\mathbf{\lim_{x \to +\infty} \frac{x\sqrt{x}}{x+1} = +\infty}$.

b) Puisque $\frac{1}{2} \leqslant \frac{x}{x+1} \leqslant 1$ et $\sqrt{x} > 0$, alors $\frac{1}{2\sqrt{x}} \leqslant \frac{x}{\sqrt{x}(x+1)} \leqslant \frac{1}{\sqrt{x}}$.

Puisque $\lim_{x \to +\infty} \frac{1}{\sqrt{x}} = \lim_{x \to +\infty} \frac{1}{2\sqrt{x}} = 0$, alors $\mathbf{\lim_{x \to +\infty} \frac{x}{\sqrt{x}(x+1)} = 0}$.

6 Soit $f(x) = -x^3 + x^2 - x + 2$. f est une fonction polynôme, dont la fonction dérivée est $f'(x) = -3x^2 + 2x - 1$.

Le discriminant du polynôme $-3x^2 + 2x - 1$ est $\Delta = -8$.
Comme Δ est négatif, alors, pour tout réel x, $f'(x)$ est du signe de (-3), c'est-à-dire négatif. f est donc strictement décroissante sur $\mathbb{R}$.

- $\lim_{x \to -\infty} (-x^3) = +\infty$, donc $\lim_{x \to -\infty} f(x) = +\infty$.
- $\lim_{x \to +\infty} (-x^3) = -\infty$, donc $\lim_{x \to +\infty} f(x) = -\infty$.

f est continue, strictement décroissante sur $\mathbb{R}$, et $\lim_{x \to -\infty} f(x) = +\infty$ et $\lim_{x \to +\infty} f(x) = -\infty$.

f réalise donc une bijection de $\mathbb{R}$ dans $\mathbb{R}$.
L'équation **$f(x) = 0$ admet donc une unique solution dans $\mathbb{R}$.**
Le tracé de la courbe permet, par exemple, d'observer que $1 \leqslant \beta \leqslant 2$.
$f(1{,}3) = 0{,}193$ est positif.
$f(1{,}4) = -0{,}183$ est négatif.
Donc $1{,}3 < \beta < 1{,}4$.
Une valeur approchée de β à 10^{-1} près par excès est 1,4.

7 **1°** Soit $u(x) = 2x - 1$; alors $u'(x) = 2$.

On peut écrire $f(x) = \frac{1}{(2x-1)^2} = \frac{1}{2}\frac{u'(x)}{u^2(x)}$.

Une primitive de $\frac{u'}{u^2}$ est de la forme $\frac{-1}{u}$.

Par conséquent, toutes les primitives de f sur l'intervalle $I = \left]\frac{1}{2} ; +\infty\right[$ sont de la forme :

$F(x) = \frac{-1}{2(2x-1)} + C$, C étant une constante réelle.

$F(1) = 1$ se traduit par $-\frac{1}{2} + C = 1$; d'où $C = \frac{3}{2}$.

Par conséquent, $\boldsymbol{F(x) = \frac{-1}{2(2x-1)} + \frac{3}{2}}$.

2° Soit $u(x) = x - 3$; alors $u'(x) = 1$.

On peut écrire $f(x) = \frac{1}{\sqrt{x-3}} = \frac{u'(x)}{u(x)}$.

Une primitive de $\frac{u'}{\sqrt{u}}$ est de la forme $2\sqrt{u}$.

Par conséquent, toutes les primitives de f sur l'intervalle $I =]3\,;\,+\infty[$ sont de la forme $F(x) = 2\sqrt{x-3} + C$, C étant une constante réelle.

$F(7) = 4$ se traduit par $2\sqrt{4} + C = 4$; d'où $C = 0$.

Par conséquent, $\boldsymbol{F(x) = 2\sqrt{x-3}}$.

3° Les primitives de $f : x \mapsto \cos(3x)$ sur $\mathbb{R}$ sont de la forme :

$F(x) = \frac{1}{3}\sin(3x) + C$, C étant une constante réelle.

$F\left(\frac{\pi}{12}\right) = 0$ se traduit par $\frac{1}{3}\sin\frac{\pi}{4} + C = 0$; d'où $C = -\frac{\sqrt{2}}{6}$.

Par conséquent, $\boldsymbol{F(x) = \frac{1}{3}\sin(3x) - \frac{\sqrt{2}}{6}}$.

8 **1°** Pour tout réel x, $x \in \mathbb{R} - \{-1\}$:

$$ax + b + \frac{c}{(x+1)^2} = \frac{(ax+b)(x+1)^2 + c}{(x+1)^2}$$

$$= \frac{ax^3 + (2a+b)x^2 + (a+2b)x + b + c}{(x+1)^2}.$$

Par identification des coefficients du numérateur, on obtient le système « $a = 1$, $2a + b = 1$, $a + 2b = -1$, $b + c = 0$ ».

D'où $a = 1$, $b = -1$, $c = 1$.

Par conséquent, $\boldsymbol{f(x) = x - 1 + \frac{1}{(x+1)^2}}$.

2° Les primitives de f sur l'intervalle $]-1\,;\,+\infty[$ sont de la forme :

$F(x) = \frac{x^2}{2} - x - \frac{1}{x+1} + C$, C étant une constante réelle.

$F(0) = -2$ se traduit par $-1 + C = -2$; d'où $C = -1$.

Par conséquent, $\boldsymbol{F(x) = \frac{x^2}{2} - x - 1 - \frac{1}{x+1}}$.

9 1° *a*) $\boldsymbol{f'(x) = \cos x}$. La fonction cosinus est **strictement décroissante** sur l'intervalle $\left[0\,;\frac{\pi}{2}\right]$.

b) Si $0 \leqslant x \leqslant u$, alors $\cos 0 \geqslant \cos x \geqslant \cos u$.
Donc $\boldsymbol{\cos u \leqslant f'(x) \leqslant 1}$ pour tout x de l'intervalle $[0\,;u]$.

c) Comme f' est bornée sur l'intervalle $[0\,;u]$, on peut appliquer l'inégalité des accroissements finis :
$\cos u \times (u - 0) \leqslant \sin u - \sin 0 \leqslant 1 \times (u - 0)$.
D'où $\boldsymbol{u \cos u \leqslant \sin u \leqslant u}$. (1)

2° *a*) $\boldsymbol{g'(x) = -\sin x}$. La fonction sinus est strictement croissante sur $\left[0\,;\frac{\pi}{2}\right]$, donc g' est **strictement décroissante** sur $\left[0\,;\frac{\pi}{2}\right]$.

b) Si $0 \leqslant x \leqslant u$, alors $g'(0) \geqslant g'(x) \geqslant g'(u)$.
Donc $\boldsymbol{-\sin u \leqslant g'(x) \leqslant 0}$.

c) Comme g' est bornée sur l'intervalle $[0\,;u]$, on peut appliquer l'inégalité des accroissements finis :
$-\sin u \times (u - 0) \leqslant \cos u - \cos 0 \leqslant 0 \times (u - 0)$.
D'où $1 - u \sin u \leqslant \cos u \leqslant 1$.
Or $\sin u \leqslant u$, donc $-\sin u \geqslant -u$;
et comme $u \geqslant 0$, alors $-u \sin u \geqslant -u^2$.
D'où $1 - u^2 \leqslant 1 - u \sin u$.
Finalement $\boldsymbol{1 - u^2 \leqslant \cos u \leqslant 1}$. (2)

3° *a*) Comme $u \geqslant 0$ et $1 - u^2 \leqslant \cos u$ (2), alors $u(1 - u^2) \leqslant u \cos u$.
Or $u \cos u \leqslant \sin u \leqslant u$ (1).
Donc $u(1 - u^2) \leqslant u \cos u \leqslant \sin u \leqslant u$.
Finalement $\boldsymbol{u - u^3 \leqslant \sin u \leqslant u}$. (3)

b) $1° = \frac{\pi}{180}$ rad.

$$\frac{\pi}{180} \in \left[0\,;\frac{\pi}{2}\right], \text{ donc } \frac{\pi}{180} - \left(\frac{\pi}{180}\right)^2 \leqslant \sin \frac{\pi}{180} \leqslant \frac{\pi}{180}.$$

La calculatrice donne :

$$\frac{\pi}{180} = 0{,}017\,453\ldots\,; \qquad \frac{\pi}{180} - \left(\frac{\pi}{180}\right)^3 = 0{,}017\,447\ldots$$

On trouve, par exemple, $\boldsymbol{0{,}017\,44 \leqslant \sin 1° \leqslant 0{,}017\,46}$.

7

LA FONCTION LOGARITHME

OBJECTIFS

- *Résoudre une équation comprenant des logarithmes*
- *Résoudre une inéquation comprenant des logarithmes*
- *Calculer une dérivée ou une primitive faisant intervenir* ln
- *Déterminer la limite d'une fonction comprenant des logarithmes*

À RETENIR !

DÉFINITION

La fonction **logarithme néperien,** notée **ln,** est la primitive de la fonction $x \mapsto \frac{1}{x}$ sur $]0\,;\,+\infty[$ qui s'annule en 1.

Conséquences :

- ln est définie, continue et dérivable sur $]0\,;+\infty[$, et, pour tout $x \in]0, +\infty[$:

$$\ln'(x) = \frac{1}{x}.$$

- $\ln 1 = 0$.

PROPRIÉTÉS ALGÉBRIQUES

Pour tous réels a et b strictement positifs, on a :

- $\ln(ab) = \ln a + \ln b$
- $\ln\left(\frac{a}{b}\right) = \ln a - \ln b$
- $\ln\left(\frac{1}{b}\right) = -\ln b$
- $\ln(\sqrt{a}) = \frac{1}{2}\ln a$
- $\ln(a^n) = n \ln a \ (n \in \mathbb{Z})$

ÉTUDE DE LA FONCTION ln

• Limites

- $\lim\limits_{x \to +\infty} \ln x = +\infty$
- $\lim\limits_{x \to +\infty} \frac{\ln x}{x} = 0$
- $\lim\limits_{\substack{x \to 0 \\ x > 0}} \ln x = -\infty$
- $\lim\limits_{\substack{x \to 0 \\ x > 0}} x \ln x = 0$
- $\lim\limits_{x \to 0} \frac{\ln(1+x)}{x} = 1$

• Sens de variation

La fonction ln est une bijection strictement croissante de $]0\,;+\infty[$ dans $\mathbb{R}$.

On en déduit :

- Pour tous réels x et x' strictement positifs :

$$\ln x = \ln x' \Leftrightarrow x = x' ;$$
$$\ln x < \ln x' \Leftrightarrow x < x'.$$

En particulier :
$$\ln x < 0 \Leftrightarrow 0 < x < 1 ;$$
$$\ln x > 0 \Leftrightarrow x > 1.$$

- Tout réel y admet un unique antécédent par la fonction ln. En particulier, on appelle e l'unique antécédent de 1 :

$$\ln \mathrm{e} = 1 \quad \text{et} \quad 2{,}718 < \mathrm{e} < 2{,}719.$$

● Courbe représentative

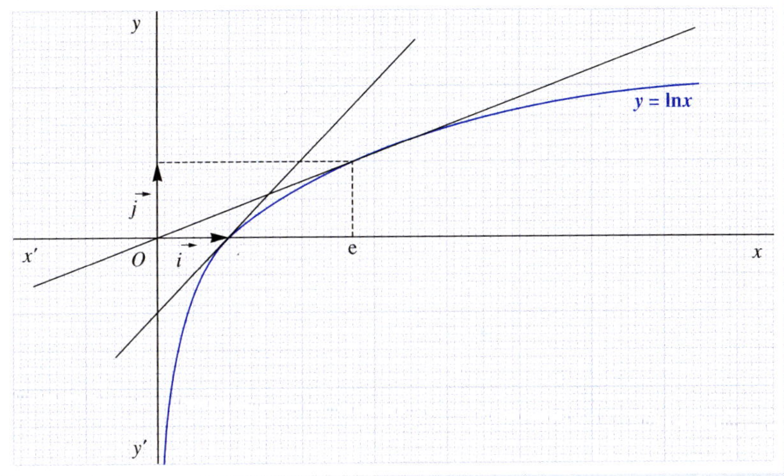

- La tangente au point d'abscisse 1 a pour coefficient directeur 1.
- La tangente au point d'abscisse e passe par l'origine.

APPLICATIONS

● Dérivée de $\ln \circ u$

La fonction $\ln \circ u$ est définie sur tout intervalle I sur lequel $u > 0$.
Si de plus u est dérivable sur I, alors la fonction $\ln \circ u$ est dérivable sur I et :

$$(\ln \circ u)' = \frac{u'}{u}.$$

• Primitives de $\frac{u'}{u}$

Si u est une fonction dérivable ne s'annulant pas sur un intervalle I, alors la fonction $\frac{u'}{u}$ admet sur I des primitives de la forme :

$$\ln|u| + C \quad \text{(C constante réelle).}$$

COMMENT FAIRE ?

RÉSOUDRE UNE ÉQUATION COMPRENANT DES LOGARITHMES

Exemple

Résoudre, dans $\mathbb{R}$, les équations suivantes :

1° $\ln(x-1)+\ln(x+6)=\ln(10-x)$;

2° $\ln(x+2)=1+\ln(x-3)$;

3° $(\ln x)^2-6\ln x+5=0$.

(Équations extraites d'un sujet du bac.)

La fonction ln n'étant définie que sur $]0\,;+\infty[$, il convient, avant toute chose, de déterminer l'ensemble des réels x pour lesquels l'équation a un sens. Nous l'appellerons « ensemble de définition de l'équation ».

1° Pour que l'équation ait un sens, il faut que toutes les expressions « à l'intérieur » des logarithmes soient strictement positives, c'est-à-dire :

$$x-1>0, \text{ qui équivaut à } x>1\,;$$
$$x+6>0, \text{ qui équivaut à } x>-6\,;$$
$$10-x>0, \text{ qui équivaut à } x<10.$$

Ces trois inégalités sont vérifiées si, et seulement si, $1<x<10$.
L'équation est donc définie sur $\boldsymbol{D=]1\,;10[}$.

L'étape suivante consiste à transformer l'équation afin d'utiliser la propriété « $\ln x=\ln x' \Leftrightarrow x=x'$ » due à la bijectivité de la fonction ln de $]0\,;+\infty[$ dans $\mathbb{R}$.
Pour cela, utilisons les propriétés algébriques :
Pour tout $x\in D$, $\ln(x-1)+\ln(x+6)=\ln(10-x)$
équivaut à : $\ln[(x-1)(x+6)]=\ln(10-x)$,
c'est-à-dire : $\ln(x^2+5x-6)=\ln(10-x)$.
Cette égalité entre logarithmes équivaut à :
$x^2+5x-6=10-x$, car ln est bijective de $]0\,;+\infty[$ dans $\mathbb{R}$, c'est-à-dire :

$$x^2+6x-16=0.$$

Il ne reste plus qu'à résoudre cette équation du second degré, en utilisant, par exemple, son discriminant :
$\Delta=100$, l'équation a deux solutions : $x=-8$ ou $x=2$.

-8 et 2 sont deux solutions possibles. Mais -8 ne convient pas, car $-8 \notin D$.
Comme $2 \in D$, 2 est la seule solution de l'équation proposée.
Ainsi, on a $\boldsymbol{S} = \{\mathbf{2}\}$.

2° La démarche est analogue à celle de l'équation précédente.
Pour que l'équation ait un sens il faut que :

$$x + 2 > 0, \quad \text{soit} \quad x > -2$$

et :

$$x - 3 > 0, \quad \text{soit} \quad x > 3.$$

Ainsi $\boldsymbol{D} =]\mathbf{3}\,;\,+\infty[$.

Pour obtenir une égalité entre logarithmes, il faut remarquer que $1 = \ln \mathrm{e}$.
Ainsi, $\ln(x+2) = 1 + \ln(x-3)$ équivaut successivement à :

$$\ln(x+2) = \ln \mathrm{e} + \ln(x-3),$$
$$\ln(x+2) = \ln\big(\mathrm{e}(x-3)\big).$$

D'où $x + 2 = \mathrm{e}(x-3)$, car ln est bijective de $]0\,;\,+\infty[$ dans $\mathbb{R}$, puis :

$$x - \mathrm{e}x = -3\mathrm{e} - 2,$$

c'est-à-dire :

$$x = \frac{-3\mathrm{e}-2}{1-\mathrm{e}} = \frac{3\mathrm{e}+2}{\mathrm{e}-1}.$$

La calculatrice nous donne $\dfrac{3\mathrm{e}+2}{\mathrm{e}-1} \approx 5{,}9$, par conséquent $\dfrac{3\mathrm{e}+2}{\mathrm{e}-1} \in D$.

Donc $\boldsymbol{S} = \left\{\dfrac{\mathbf{3e+2}}{\mathbf{e-1}}\right\}$.

3° Cette équation, qui ne comporte que des « $\ln x$ » est définie sur $]0\,;\,+\infty[$.
Donc $\boldsymbol{D} =]\mathbf{0}\,;\,+\infty[$.

Il s'agit cette fois d'une équation « du second degré en ln ».
Pour la résoudre, nous allons procéder par changement de variable.
En effet, si on pose $X = \ln x$, l'équation est équivalente à :

$$\begin{cases} X = \ln x \\ X^2 - 6X + 5 = 0. \end{cases}$$

L'équation $X^2 - 6X + 5 = 0$ a pour solutions $X = 1$ ou $X = 5$. L'équation proposée est donc équivalente à :

$$\begin{cases} \ln x = 1 \\ \text{ou} \\ \ln x = 5, \end{cases} \quad \text{soit} \quad \begin{cases} \ln x = \ln \mathrm{e} \\ \text{ou} \\ \ln x = \ln \mathrm{e}^5, \end{cases} \quad \text{d'où} \quad \begin{cases} x = \mathrm{e} \\ \text{ou} \\ x = \mathrm{e}^5. \end{cases}$$

Donc $\boldsymbol{S} = \{\mathbf{e}\,;\,\mathbf{e}^5\}$.

EN BREF !

Lorsque l'on résout une équation comportant des logarithmes, on doit, avant toute chose, en déterminer les conditions d'existence (ensemble de définition).
La suite dépend de la nature de l'équation proposée :
- Soit on utilise les propriétés algébriques pour se ramener à une égalité entre logarithmes ($\ln x = \ln x'$).
- Soit, lorsque l'équation est polynômiale, on procède par changement de variable en posant $X = \ln x$ ($x > 0$).

Dans tous les cas, on utilisera la bijectivité de la fonction ln, pour « enlever les logarithmes » et pouvoir conclure (sans oublier les conditions d'existence trouvées au début).

APPLICATIONS

1 Résoudre, dans $\mathbb{R}$, l'équation $2 \ln x + \ln(x - 1) = \ln(-2x^2 + 5x - 3)$.

2 Résoudre, dans $\mathbb{R}$, l'équation $1 + \ln(x + 3) = \ln(x^2 + 2x - 3)$.

3 Résoudre, dans $\mathbb{R}$, l'équation $(\ln x)^3 + 3(\ln x)^2 - 4(\ln x) = 0$.

4 1° Résoudre, dans $\mathbb{R}$, l'équation :
$x^4 - 10x^2 + 9 = 0$. (On pourra poser $X = x^2$.)

2° En déduire la résolution, dans $\mathbb{R}$, des équations :

a) $(\ln x)^4 - 10(\ln x)^2 + 9 = 0$;

b) $\ln(10 - x^2) = 2 \ln 3 - \ln x^2$.

(D'après bac B, Amérique du Nord, 1989.)

RÉSOUDRE UNE INÉQUATION COMPRENANT DES LOGARITHMES

Exemple

Résoudre, dans $\mathbb{R}$, les inéquations suivantes :

1° $\ln(x + 2) + \ln(x + 4) \geqslant \ln(x + 8)$;

2° $\ln(2x^2 + 3x + 1) < 0$;

3° $(\ln x)^2 + 3(\ln x) + 2 > 0$.

La démarche pour les inéquations est strictement identique à celle suivie pour la résolution des équations ; seule la conclusion diffère.

1° L'inéquation a un sens si $x + 2 > 0$, $x + 4 > 0$ et $x + 8 > 0$.
Elle est donc définie sur $\boldsymbol{D =]-2\,;\,+\infty[}$.
Dans ces conditions :

$$\ln(x+2) + \ln(x+4) \geqslant \ln(x+8)$$

équivaut à : $\ln[(x+2)(x+4)] \geqslant \ln(x+8)$,

soit : $\ln(x^2 + 6x + 8) \geqslant \ln(x+8)$,

et donc : $x^2 + 6x + 8 \geqslant x + 8$, car ln est strictement croissante,

c'est-à-dire : $x^2 + 5x \geqslant 0$,

ou encore : $x(x+5) \geqslant 0$.

$x(x+5) \geqslant 0$ si, et seulement si, $x \leqslant -5$ ou $x \geqslant 0$.
Compte tenu des conditions $(x \in]-2\,;\,+\infty[)$, $x \leqslant -5$ ne peut être vérifiée.
Finalement $\boldsymbol{S = [0\,;\,+\infty[}$.

2° Il faut que $2x^2 + 3x + 1 > 0$.
$2x^2 + 3x + 1$ admet pour racines -1 et $-\dfrac{1}{2}$. L'expression est strictement positive « à l'extérieur » des racines. Donc $D =]-\infty\,;\,-1[\cup \left]\dfrac{-1}{2}\,;\,+\infty\right[$.

Pour obtenir une inégalité entre logarithmes, il faut remarquer que $0 = \ln 1$.
L'inéquation est donc équivalente à :

$$\ln(2x^2 + 3x + 1) < \ln 1,$$

et donc : $2x^2 + 3x + 1 < 1$, car ln est strictement croissante,

c'est-à-dire : $2x^2 + 3x < 0$,

ou encore : $x(2x+3) < 0$.

$x(2x+3) < 0$ si, et seulement si, $\dfrac{-3}{2} < x < 0$, ou encore $x \in \left]\dfrac{-3}{2}\,;\,0\right[$.

(x est dans l'intervalle des racines de $2x^2 + 3x = x(2x+3)$.)

L'ensemble S des solutions sera alors $S = D \cap \left]\dfrac{-3}{2}\,;\,0\right[$,

c'est-à-dire $\boldsymbol{S = \left]\dfrac{-3}{2}\,;\,-1\right[\cup \left]\dfrac{-1}{2}\,;\,0\right[}$.

3° Ici $D =]0\,;\,+\infty[$, car l'inéquation ne comporte que des « $\ln x$ ». Comme pour les équations de ce type, nous allons procéder par changement de variable, en posant $X = \ln x$.
Donc :

$$(\ln x)^2 + 3(\ln x) + 2 > 0 \quad \text{équivaut à} \quad \begin{cases} x > 0 \\ X = \ln x \\ X^2 + 3X + 2 > 0. \end{cases}$$

$X^2 + 3X + 2$ admet deux racines : -2 et -1. Alors $X^2 + 3X + 2 > 0$ si, et seulement si, $X < -2$ ou $X > -1$.

L'inéquation équivaut alors à $\begin{cases} x > 0 \\ \ln x < -2 \text{ ou } \ln x > -1, \end{cases}$

ou encore $\begin{cases} x > 0 \\ \ln x < \ln(e^{-2}) \text{ ou } \ln x > \ln(e^{-1}), \end{cases}$

c'est-à-dire $\begin{cases} x > 0 \\ x < e^{-2} \text{ ou } x > e^{-1}. \end{cases}$

Finalement $\boldsymbol{S =]0\,;\, e^{-2}[\cup]e^{-1}\,;\, +\infty[}$.

Remarque :

Une autre méthode consiste à factoriser $(\ln x)^2 + 3(\ln x) + 2$, puis à faire un tableau de signes.

En effet : $$X^2 + 3X + 2 = (X+1)(X+2),$$

donc : $$(\ln x)^2 + 3(\ln x) + 2 = (\ln x + 1)(\ln x + 2).$$

D'où le tableau suivant :

x	0		e^{-2}		e^{-1}		$+\infty$
$\ln x + 1$		$-$		$-$	0	$+$	
$\ln x + 2$		$-$	0	$+$		$+$	
$(\ln x)^2 + 3\ln x + 2$		$+$	0	$-$	0	$+$	

Et donc $\boldsymbol{S =]0\,;\, e^{-2}[\cup]e^{-1}\,;\, +\infty[}$.

(Les signes de $\ln x + 1$ et de $\ln x + 2$ se justifient à l'aide de la stricte croissance de la fonction ln.)

EN BREF !

Pour résoudre une inéquation comprenant des logarithmes on doit :

- déterminer les conditions d'existence ;
- utiliser les propriétés algébriques pour se ramener à une inéquation entre logarithmes ($\ln x < \ln x'$ par exemple) ou, selon les cas, faire un changement de variable en posant $X = \ln x$;
- déterminer l'ensemble des solutions en tenant compte des conditions trouvées au début.

Il est quelquefois possible de factoriser l'expression proposée (s'il s'agit par exemple d'un polynôme en $\ln x$), puis d'en déterminer le signe à l'aide d'un tableau.

Dans tous les cas, on utilise la stricte croissance de la fonction ln pour « enlever » les logarithmes et conclure.

5 Résoudre, dans $\mathbb{R}$, l'inéquation $\ln(x+3)+\ln(x-4)<2\ln(x-1)$.

6 Résoudre, dans $\mathbb{R}$, l'inéquation $\ln(x^2-4e^2)<1+\ln(3x)$.

7 Résoudre, dans $\mathbb{R}$, l'inéquation $(\ln x)^2+2\ln x-15\leqslant 0$.

CALCULER UNE DÉRIVÉE OU UNE PRIMITIVE FAISANT INTERVENIR ln

Exemple

1° Calculer les dérivées de chacune des fonctions suivantes :

a) $f(x)=\dfrac{x+\ln x}{x^2}$;

b) $f(x)=2x+\ln\left(\dfrac{x+1}{x}\right)$;

c) $f(x)=(\ln x)^2-6\ln x+5$.

2° Déterminer la forme générale des primitives de chacune des fonctions suivantes sur l'intervalle proposé :

a) $f(x)=\dfrac{x}{x^2-1}$ sur $]1\,;+\infty[$;

b) $f(x)=x-1+\dfrac{\ln x}{x}$ sur $[1\,;+\infty[$;

c) $f(x)=\dfrac{1}{x+2}-\dfrac{1}{x}$ sur $]0\,;+\infty[$.

(Fonctions extraites de sujets du bac.)

1° *a*) f est définie et dérivable sur $]0\,;+\infty[$ par opérations sur les fonctions dérivables (somme et quotients).
On utilise ici la formule de calcul de la dérivée d'un quotient :

$$\left(\frac{u}{v}\right)'=\frac{u'v-uv'}{v^2},$$

alors $$f'(x)=\frac{\left(1+\dfrac{1}{x}\right)x^2-(x+\ln x)(2x)}{x^4}=\frac{x^2+x-2x^2-2x\ln x}{x^4},$$

c'est-à-dire : $$f'(x) = \frac{-x^2 + x - 2x \ln x}{x^4},$$

ou encore, après simplification : $$\boldsymbol{f'(x) = \frac{-x + 1 - 2 \ln x}{x^3}}.$$

b) f est définie et dérivable sur $]-\infty\,;\,-1[\,\cup\,]0\,;\,+\infty[$ par opérations sur les fonctions dérivables.

On utilise ici la formule $(\ln u)' = \frac{u'}{u}$, où u est une fonction strictement positive :

$$f'(x) = 2 + \frac{\frac{-1}{x^2}}{\frac{x+1}{x}} \left(\text{car la dérivée de } x \mapsto \frac{x+1}{x} \text{ est } x \mapsto \frac{-1}{x^2}\right), \text{ donc :}$$

$$f'(x) = 2 - \frac{1}{x^2} \times \frac{x}{x+1}, \text{ soit } \boldsymbol{f'(x) = 2 - \frac{1}{x(x+1)}}.$$

c) f est définie et dérivable sur $]0\,;\,+\infty[$ par opérations sur les fonctions dérivables et :

$$f'(x) = 2 \times \frac{1}{x} \times \ln x - \frac{6}{x} \left(\text{car la dérivée de } x \mapsto (\ln x)^2 \text{ est } x \mapsto 2 \times \frac{1}{x} \times \ln x\right),$$

d'où $\boldsymbol{f'(x) = \frac{2 \ln x - 6}{x}}$.

2° *a*) La dérivée de $x \mapsto x^2 - 1$ est $x \mapsto 2x$.

En écrivant $f(x) = \frac{1}{2} \times \frac{2x}{x^2 - 1}$, on fait apparaître une expression de la forme $\frac{u'(x)}{u(x)}$ (ici $u(x) = x^2 - 1$).

Les primitives de f sont les fonctions F définies par :

$$F(x) = \frac{1}{2} \ln |x^2 - 1| + C, \quad \text{C constante réelle.}$$

Sur $]1\,;\,+\infty[$, $x^2 - 1 > 0$, on peut « enlever » la valeur absolue, ainsi :

$$\boldsymbol{F(x) = \frac{1}{2} \ln (x^2 - 1) + C}, \quad \text{C constante réelle.}$$

b) En écrivant $\frac{\ln x}{x}$ sous la forme $\left(\frac{1}{x}\right) \times \ln x$, on reconnaît une expression de la forme $u'(x)\,u(x)$ qui admet la fonction $\frac{1}{2}[u(x)]^2 + \mathrm{k}$ (k constante) pour primitive.

Dans ce cas, les primitives de f sont les fonctions F définies par :

$$\boldsymbol{F(x) = \frac{x^2}{2} - x + \frac{1}{2}(\ln x)^2 + C}, \quad \text{C constante réelle.}$$

c) $\frac{1}{x+2}$ est de la forme $\frac{u'(x)}{u(x)}$ avec $u(x) = x + 2$. La fonction $x \mapsto \frac{1}{x+2}$ admet donc pour primitives les fonctions de la forme $x \mapsto \ln|x+2| + C$.

Dans ce cas, les primitives F de f sont définies par :

$$F(x) = \ln|x+2| - \ln x + C, \quad \text{C constante réelle.}$$

Sur $]0, +\infty[$, $x + 2 > 0$, donc :

$$F(x) = \ln(x+2) - \ln x + C,$$

ou encore :

$$\boldsymbol{F(x) = \ln\left(\frac{x+2}{x}\right) + C}, \quad \text{C constante réelle.}$$

EN BREF !

Pour calculer la dérivée d'une fonction faisant intervenir ln, on utilisera la formule $(\ln \circ u)'(x) = \frac{u'(x)}{u(x)}$, ainsi que les règles usuelles de dérivation.

Si une fonction est de la forme $\frac{u'(x)}{u(x)}$, ses primitives seront de la forme $\ln|u(x)| + \mathrm{k}$ (k constante). Selon l'intervalle considéré, on étudiera le signe de $u(x)$ afin d'écrire la primitive sans valeur absolue. Il est quelquefois nécessaire de transformer légèrement l'écriture de $f(x)$ pour faire apparaître une expression de la forme $\frac{u'(x)}{u(x)}$, en particulier en multipliant numérateur et dénominateur par une même constante réelle.

APPLICATIONS

8 Déterminer la dérivée de chacune des fonctions suivantes :

a) $f(x) = \frac{2\ln x + 1}{2x}$; *b)* $f(x) = \frac{x}{x - \ln x}$;

c) $f(x) = \ln\left(\dfrac{5x+9}{x+5}\right)$; d) $f(x) = x[\ln(x+1) - \ln x]$;

e) $f(x) = x(\ln x)^2$; f) $f(x) = 100\left(\dfrac{\ln x}{x}\right)^4$.

(Fonctions extraites de sujets du bac.)

9 Déterminer une primitive de chacune des fonctions suivantes sur l'intervalle proposé :

a) $f(x) = \dfrac{2}{3x-5}$ sur $\left]-\infty\,;\dfrac{5}{3}\right[$; c) $f(x) = \dfrac{1}{(3x-1)}$ sur $\left]\dfrac{1}{3}\,;+\infty\right[$;

b) $f(x) = \dfrac{x}{2x^2-1}$ sur $]1\,;+\infty[$; d) $f(x) = \dfrac{1}{x\ln x}$ sur $]1\,;+\infty[$;

e) $f(x) = \dfrac{\cos x}{\sin x}$ sur $]0\,;\pi[$.

10 **1°** Déterminer les réels a, b, c tels que, pour tout réel x différent de $\dfrac{1}{2}$:

$$\frac{x^2-1}{2x-1} = ax + b + \frac{c}{2x-1}.$$

2° En déduire une primitive de la fonction f définie par :

$$f(x) = \frac{x^2-1}{2x-1} \quad \text{sur l'intervalle }]-\infty\,;0[.$$

(Questions extraites d'un sujet du bac C.)

DÉTERMINER LA LIMITE D'UNE FONCTION COMPRENANT DES LOGARITHMES

Exemple

Déterminer les limites des fonctions f suivantes :

a) $f(x) = \ln\left(\dfrac{2x-1}{x+2}\right)$ **en $+\infty$, puis en $\dfrac{1}{2}$;**

b) $f(x) = \ln x - x^2$ **en $+\infty$;**

c) $f(x) = x\ln\left(1+\dfrac{1}{x}\right)$ **en $+\infty$. (On pourra poser $X = \dfrac{1}{x}$.)**

a) • Étude en $+\infty$

$$\lim_{x \to +\infty} \frac{2x-1}{x+2} = \lim_{x \to +\infty} \frac{2x}{x} = 2 \text{ (limite d'une fonction rationnelle),}$$

donc $\lim\limits_{x \to +\infty} \ln\left(\frac{2x-1}{x+2}\right) = \ln 2$ (limite d'une fonction composée).

• Étude en $\frac{1}{2}$

f est définie sur $]-\infty\,;\,-2[\,\cup\,\left]\frac{1}{2}\,;\,+\infty\right[$.

$\lim\limits_{\substack{x \to \frac{1}{2} \\ x > \frac{1}{2}}} \frac{2x-1}{x+2} = 0^+$, d'où $\lim\limits_{\substack{x \to \frac{1}{2} \\ x > \frac{1}{2}}} f(x) = -\infty$ (limite d'une fonction composée).

b) On trouve une indétermination du type « $\infty - \infty$ ». On transforme donc l'écriture de $f(x)$:

$$f(x) = x^2\left(\frac{\ln x}{x} - 1\right).$$

Or $\lim\limits_{x \to +\infty} \frac{\ln x}{x} = 0$ (limite démontrée en cours et faisant partie des limites à connaître), donc : $\lim\limits_{x \to +\infty} \frac{\ln x}{x} - 1 = -1$,

et $\lim\limits_{x \to +\infty} f(x) = -\infty$ (par opérations sur les limites).

c) On trouve une indétermination du type « $\infty \times 0$ », car :

$$\lim_{x \to +\infty} \ln\left(1 + \frac{1}{x}\right) = \ln 1 = 0.$$

Posons $X = \frac{1}{x}$. Il suffit alors de chercher la limite quand X tend vers 0 ($X > 0$) de $\frac{1}{X}\ln(1+X)$.

Or $\lim\limits_{X \to 0} \frac{\ln(1+X)}{X} = 1$ (limite à connaître), d'où $\lim\limits_{x \to +\infty} f(x) = 1$.

EN BREF !

Pour déterminer la limite d'une fonction comprenant des logarithmes, on utilisera, dans de nombreux cas, le théorème relatif aux limites des fonctions composées.
Dans les cas d'indétermination, on sera amené à utiliser les limites du cours, soit directement, soit après avoir transformé l'écriture de $f(x)$ (en mettant par exemple x ou $\frac{1}{x}$ en facteur).
Il est également possible d'utiliser un changement de variable, mais dans ce cas, l'énoncé apporte toutes les indications nécessaires.
Dans tous les cas, une parfaite connaissance des limites apprises dans le cours, est indispensable.

APPLICATION

11 Déterminer les limites de chacune des fonctions f suivantes :

a) $f(x) = 2x - 1 + \ln\left(\frac{x}{x+1}\right)$ en $+\infty$;

b) $f(x) = \frac{2\ln x + 1}{2x}$ en $+\infty$;

c) $f(x) = x\ln\left(\frac{x+1}{x}\right)$ en 0 $(x > 0)$;

d) $f(x) = \frac{\ln x}{\sqrt{x}}$ en $+\infty$. (On pourra poser $X = \sqrt{x}$.)

FAIRE LE POINT . . . . .

12 Soit f la fonction numérique définie sur $]0\,;\,+\infty[$ par $f(x) = \frac{(\ln x)^2}{x}$.

1° Étudier, en fonction de x, le signe de $2\ln x - (\ln x)^2$.

2° Montrer que $\lim\limits_{x \to +\infty} \frac{(\ln x)^2}{x} = 0$. (On pourra poser $X = \sqrt{x}$.)

3° En utilisant les résultats des questions précédentes, étudier la fonction f (limites aux bornes, variations, ...), et construire sa courbe représentative (C) dans un repère orthonormal $(O, \vec{i}, \vec{j})$.

13 **I.** La fonction numérique g est définie sur $]0\,;\,+\infty[$ par :

$$g(x) = 2x\sqrt{x} - 3\ln x + 6.$$

En utilisant le sens de variation de g, déterminer, suivant les valeurs de x, le signe de $g(x)$.

II. La fonction numérique f est définie sur $]0\,;\,+\infty[$ par :

$$f(x) = \frac{3\ln x}{\sqrt{x}} + x - 1.$$

1° Déterminer les limites de f en 0 et en $+\infty$.

2° Utiliser la réponse à la question I pour déterminer le sens de variation de f.

3° *a*) Soit Δ la droite d'équation $y = x - 1$, et (C) la représentation graphique de f dans un repère orthonormal du plan.
Montrer que Δ est asymptote à (C), et étudier la position relative de (C) et Δ.

b) Construire (C) et Δ.

(D'après bac C, Étranger, 1992.)

CORRIGÉS

1 L'équation est définie si $x > 0$, $x - 1 > 0$ et $-2x^2 + 5x - 3 > 0$, c'est-à-dire $x > 0$, $x > 1$ et $1 < x < \frac{3}{2}$.

$\left(-2x^2 + 5x - 3\right.$ admet 1 et $\frac{3}{2}$ pour racines et est donc positif pour tout x dans l'intervalle des racines.$\left.\right)$

Finalement $\boldsymbol{D} = \left]\mathbf{1}\ ;\ \frac{\mathbf{3}}{\mathbf{2}}\right[$.

L'équation est successivement équivalente à :

$$\ln[x^2(x-1)] = \ln(-2x^2 + 5x - 3),$$
$$\ln(x^3 - x^2) = \ln(-2x^2 + 5x - 3),$$

d'où : $$x^3 - x^2 = -2x^2 + 5x - 3,$$

car ln est bijective sur $]0\ ;\ +\infty[$,

soit : $$x^3 + x^2 - 5x + 3 = 0.$$

Cette équation admet 1 pour solution évidente. Une factorisation prouve qu'elle n'a que deux solutions : 1 et -3.

$-3 \notin D$; $1 \notin D$ donc **l'équation n'a pas de solution : $\boldsymbol{S} = \varnothing$.**

2 L'équation est définie si :

$x > -3$ et $x^2 + 2x - 3 = (x-1)(x+3)$, qui est positif.

On trouve $D =]1\ ;\ +\infty[$.

L'équation est successivement équivalente à :

$$\ln \mathrm{e} + \ln(x+3) = \ln(x^2 + 2x - 3),$$
$$\ln\big(\mathrm{e}(x+3)\big) = \ln(x^2 + 2x - 3),$$

soit : $$\mathrm{e}(x+3) = x^2 + 2x - 3,$$

car ln est bijective, et donc :

$$x^2 + x(2 + \mathrm{e}) - 3 - 3\mathrm{e} = 0.$$

Cette équation du second degré a deux solutions : -3 et $\mathrm{e} + 2$.

Seul $\mathrm{e} + 2$ appartient à D, donc $\boldsymbol{S} = \{\mathbf{e} + \mathbf{2}\}$.

3 $D =]0\ ;\ +\infty[$.

En posant $X = \ln x$, l'équation est équivalente à :

$$\begin{cases} X = \ln x \\ X^3 + 3X^2 - 4X = 0. \end{cases}$$

$X^3 + 3X^2 - 4X = 0$ a pour solutions -4, 0 et 1. Ainsi, on trouve :

$$\begin{cases} & \ln x = -4 \\ \text{ou} & \ln x = 0 \\ \text{ou} & \ln x = 1, \end{cases} \quad \text{soit} \quad \begin{cases} & \ln x = \ln(\mathrm{e}^{-4}) \\ \text{ou} & \ln x = \ln 1 \\ \text{ou} & \ln x = \ln \mathrm{e}, \end{cases}$$

et donc $\begin{cases} x = e^{-4} \\ \text{ou} \quad x = 1 \\ \text{ou} \quad x = e. \end{cases}$ $\boldsymbol{S = \{e^{-4} ; 1 ; e\}}$.

4 **1°** En posant $X = x^2$, l'équation $x^4 - 10x^2 + 9 = 0$ est équivalente

à $\begin{cases} X = x^2 \\ X^2 - 10X + 9 = 0, \end{cases}$ soit $\begin{cases} X = x^2 \\ X = 1 \text{ ou } X = 9, \end{cases}$ donc $\begin{cases} x^2 = 1 \\ \text{ou} \\ x^2 = 9, \end{cases}$

c'est-à-dire : $\begin{cases} x = -1 \text{ ou } x = 1 \\ \text{ou} \\ x = -3 \text{ ou } x = 3, \end{cases}$

donc $\boldsymbol{S_1 = \{-3 ; -1 ; 1 ; 3\}}$.

2° *a*) En posant $X = \ln x$, on retrouve l'équation précédente.
Alors $X \in S_1$, l'ensemble des solutions est donc :

$$\boldsymbol{S_2 = \{e^{-3} ; e^{-1} ; e ; e^3\}}.$$

b) L'équation a un sens si $10 - x^2 > 0$ et $x^2 > 0$.
On trouve alors $D =]-\sqrt{10} ; 0[\cup]0 ; \sqrt{10}[$.
Dans ces conditions :

$$\ln(10 - x^2) = 2 \ln 3 - \ln x^2$$

équivaut à : $\ln(10 - x^2) + \ln x^2 = \ln 9$,
soit : $\ln\left(x^2(10 - x^2)\right) = \ln 9$,
ou bien : $\ln(10x^2 - x^4) = \ln 9$,
alors : $10x^2 - x^4 = 9$,
car ln est bijective sur $]0 ; +\infty[$,
donc : $x^4 - 10x^2 + 9 = 0$.

D'après la réponse à la question **1°**, cette équation a pour solutions : -3, -1 ; 1 ; 3.
Comme elles appartiennent toutes à D, on trouve :

$$\boldsymbol{S_3 = S_1 = \{-3 ; -1 ; 1 ; 3\}}.$$

5 L'inéquation est définie sur $x > -3$, $x > 4$ et $x > 1$.
D'où $D =]4 ; +\infty[$.
$\ln(x + 3) + \ln(x - 4) < 2 \ln(x - 1)$ équivaut successivement à :

$$\ln[(x + 3)(x - 4)] < \ln(x - 1)^2,$$

soit : $(x + 3)(x - 4) < (x - 1)^2$,
car ln est strictement croissante et bijective sur $]0 ; +\infty[$.
D'où, après calculs, $x - 13 < 0$, soit $x < 13$.
On en déduit que $\boldsymbol{S =]4 ; 13[}$.

6 Il faut que $x > 0$ et $x^2 > 4e^2$, ce qui revient à $x > 2e$.
L'inéquation est donc définie sur $D =]2e\ ;\ +\infty[$.

Dans ce cas, on a :

$$\ln(x^2 - 4e^2) < \ln(3ex), \text{ car } \ln e + \ln 3x = \ln(3ex),$$

qui équivaut à : $x^2 - 4e^2 < 3ex$,

car ln est strictement croissante et bijective sur $]0\ ;\ +\infty[$,

soit : $x^2 - 3ex - 4e^2 < 0$.

Les racines de $x^2 - 3ex - 4e^2$ étant $4e$ et $-e$, il faut donc que $x \in]-e\ ;\ 4e[$.

Compte tenu des conditions, l'ensemble des solutions est $\boldsymbol{S =]2e\ ;\ 4e[}$.

7 Ici $D =]0\ ;\ +\infty[$.
Posons $X = \ln x$.

Alors $(\ln x)^2 + 2\ln x - 15 \leqslant 0 \Leftrightarrow \begin{cases} x > 0 \text{ et } X = \ln x \\ X^2 + 2X - 15 \leqslant 0. \end{cases}$

$X^2 + 2X - 15 \leqslant 0$ si, et seulement si, $-5 \leqslant X \leqslant 3$.

L'inéquation est équivalente à :

$\begin{cases} x > 0 \text{ et } X = \ln x \\ -5 \leqslant X \leqslant 3, \end{cases}$ d'où $\begin{cases} x > 0 \\ -5 \leqslant \ln x \leqslant 3, \end{cases}$ soit $\begin{cases} x > 0 \\ e^{-5} \leqslant x \leqslant e^3. \end{cases}$

On trouve alors $\boldsymbol{S = [e^{-5}\ ;\ e^3]}$.

8 Toutes les fonctions proposées sont dérivables sur leur ensemble de définition D_f par opérations sur les fonctions dérivables.

a) $D_f =]0\ ;\ +\infty[\qquad f'(x) = \dfrac{1 - 2\ln x}{2x^2}$;

b) $D_f =]0\ ;\ +\infty[\qquad f'(x) = \dfrac{1 - \ln x}{(\ln x - x)^2}$;

c)

$$D_f =]-\infty\ ;\ -5[\cup \left]-\frac{9}{5}\ ;\ +\infty\right[\qquad f'(x) = \frac{\dfrac{16}{(x+5)^2}}{\dfrac{5x+9}{x+5}} = \frac{16}{(5x+9)(x+5)}\ ;$$

d) $D_f =]0\ ;\ +\infty[\qquad f'(x) = \ln(x+1) - \ln(x) - \dfrac{1}{x+1}$;

e) $D_f =]0\ ;\ +\infty[\qquad f'(x) = (\ln x)^2 + 2\ln x$;

f) $D_f =]0\ ;\ +\infty[\qquad f'(x) = 100\,\dfrac{(\ln x)^3}{x^5}(1 - \ln x)$.

9 a) $f(x) = \frac{2}{3}\left(\frac{3}{3x-5}\right)$, d'où $F(x) = \frac{2}{3}\ln(5-3x) + C \quad (C \in \mathbb{R})$.

$\left(3x - 5 < 0 \text{ sur } \left]-\infty\,;\frac{5}{3}\right[, \text{ donc } |3x-5| = 5-3x.\right)$

b) $f(x) = \frac{1}{4}\left(\frac{4x}{2x^2-1}\right)$, d'où $F(x) = \frac{1}{4}\ln(2x^2-1) + C \quad (C \in \mathbb{R})$.

$(2x^2 - 1 > 0$ sur $]1\,;+\infty[$.)

c) $f(x) = \frac{1}{3}\left(\frac{3}{3x-1}\right)$, d'où $F(x) = \frac{1}{3}\ln(3x-1) + C \quad (C \in \mathbb{R})$.

d) $f(x) = \left(\dfrac{\frac{1}{x}}{\ln x}\right)$ de la forme $\dfrac{u'(x)}{u(x)}$,

d'où $F(x) = \ln(\ln x) + C \quad (C \in \mathbb{R}) \quad (\ln x > 0$ sur $]1\,;+\infty[$).

e) $f(x)$ est de la forme $\dfrac{u'(x)}{u(x)}$ avec $u(x) = \sin x$,

d'où $F(x) = \ln(\sin x) + C \quad (C \in \mathbb{R}) \quad (\sin x > 0$ sur $]0\,;\pi[$).

10 1° Par identification des polynômes, on trouve :

$$a = \frac{1}{2}, \quad b = \frac{1}{4} \quad \text{et} \quad c = \frac{-3}{4},$$

soit $\dfrac{x^2-1}{2x-1} = \dfrac{1}{2}x + \dfrac{1}{4} - \dfrac{3}{4(2x-1)}$.

2° $F(x) = \dfrac{x^2}{4} + \dfrac{x}{4} - \dfrac{3}{8}\ln(1-2x) + C \quad (C \in \mathbb{R})$

$(2x - 1 < 0$ sur $]-\infty\,;0[$, donc $|2x-1| = 1-2x)$.

11 a) $\lim\limits_{x \to +\infty} \dfrac{x}{x+1} = \lim\limits_{x \to +\infty} \dfrac{x}{x} = 1$ (limite à l'infini d'une fonction rationnelle),

alors $\lim\limits_{x \to +\infty} \ln\left(\dfrac{x}{x+1}\right) = \ln 1 = 0$ par composition.

Comme $\lim\limits_{x \to +\infty} 2x - 1 = +\infty$, on en déduit $\boldsymbol{\lim\limits_{x \to +\infty} f(x) = +\infty}$.

b) $f(x) = \dfrac{2\ln x + 1}{2x} = \dfrac{\ln x}{x} + \dfrac{1}{2x}$.

Or $\lim_{x \to +\infty} \frac{\ln x}{x} = 0$ (voir le cours) et $\lim_{x \to +\infty} \frac{1}{2x} = 0$,

donc $\mathbf{\lim_{x \to +\infty} f(x) = 0}$.

c) Ici, il faut écrire $f(x) = x(\ln(x+1) - \ln x) = x \ln(x+1) - x \ln x$.

$\lim_{x \to 0} \ln(x+1) = \ln 1 = 0$, donc $\lim_{x \to 0} x \ln(x+1) = 0$,

et $\lim_{x \to 0} x \ln x = 0$ (voir le cours), donc $\mathbf{\lim_{x \to 0} f(x) = 0}$.

d) En posant $X = \sqrt{x}$, il suffit de chercher la limite en $+\infty$ de $\frac{\ln(X^2)}{X}$;

or, comme $X > 0$, on a $\ln(X^2) = 2 \ln X$.

Donc $\lim_{X \to +\infty} \frac{\ln(X^2)}{X} = \lim_{X \to +\infty} \frac{2 \ln X}{X} = 0$, car $\lim_{0 \to +\infty} \frac{\ln X}{X} = 0$ (voir le cours),

et donc $\mathbf{\lim_{x \to +\infty} f(x) = 0}$.

12 **1°** $2 \ln x - (\ln x)^2 = \ln x(2 - \ln x)$.

Un tableau de signes donne le résultat demandé :

x	0		1		e^2		$+\infty$
$\ln x$	‖	$-$	0	$+$		$+$	
$2 - \ln x$	‖	$+$		$+$	0	$-$	
$2 \ln x - (\ln x)^2$	‖	$-$	0	$+$	0	$-$	

$$\ln x = 0 \Leftrightarrow x = 1,$$
$$2 - \ln x = 0 \Leftrightarrow x = e^2;$$
$$\ln x > 0 \Leftrightarrow x > 1;$$
$$2 - \ln x > 0 \Leftrightarrow \ln x < 2 \Leftrightarrow x < e^2.$$

2° $\lim_{x \to +\infty} \frac{(\ln x)^2}{x} = \lim_{X \to +\infty} \frac{(\ln X^2)^2}{X^2}$ (en posant $X = \sqrt{x}$)

$$= \lim_{X \to +\infty} \left(\frac{2 \ln X}{X}\right)^2 = \lim_{X \to +\infty} 4\left(\frac{\ln X}{X}\right)^2 = 0,$$

d'où $\mathbf{\lim_{x \to +\infty} f(x) = 0}$.

3° $\lim\limits_{x \to 0} f(x) = +\infty$ (pas d'indétermination).

f est définie et dérivable sur $]0\,;\,+\infty[$ et $f'(x) = \dfrac{2\ln x - (\ln x)^2}{x^2}$ est du signe de $2\ln x - (\ln x)^2$ étudié à la question **1°.**
D'où le tableau de variation :

x	0		1		e^2		$+\infty$
$f'(x)$	‖	$-$	0	$+$	0	$-$	
f	‖ $+\infty$	↘	0	↗	$\dfrac{4}{e^2}$	↘	0

On peut alors construire (C) :

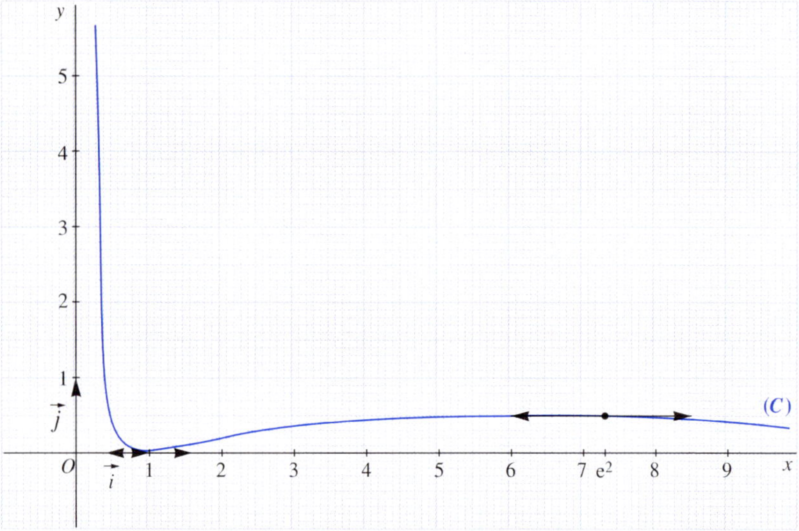

13 **I.** g est dérivable sur $]0,\,+\infty[$ et :

$$g'(x) = 2\sqrt{x} + \frac{2x}{2\sqrt{x}} - \frac{3}{x} = \frac{3\left(x\sqrt{x} - 1\right)}{x}.$$

Sur $]0,\,+\infty[$, $g'(x)$ est du signe de $x\sqrt{x} - 1$, c'est-à-dire :
$g'(x) < 0$ sur $]0\,;\,1[$ et $g'(x) > 0$ sur $]1\,;\,+\infty[$.

g est donc décroissante sur $]0\,;\,1[$ et croissante sur $]1\,;\,+\infty[$, elle admet donc un minimum en 1 qui vaut $g(1) = 8$.
Donc, pour tout $x \in \,]0\,;\,+\infty[$, $g(x) \geqslant 8$,
ce qui signifie $g(x) > 0$.

II. 1° $\lim\limits_{\substack{x \to 0 \\ x > 0}} \dfrac{\ln x}{\sqrt{x}} = -\infty$, car $\lim\limits_{\substack{x \to 0 \\ x > 0}} \ln x = -\infty$ et $\lim\limits_{\substack{x \to 0 \\ x > 0}} \sqrt{x} = 0^+$.

Donc, par opérations sur les limites, $\boldsymbol{\lim\limits_{\substack{x \to 0 \\ x > 0}} f(x) = -\infty}$.

$\lim\limits_{x \to +\infty} \dfrac{\ln x}{\sqrt{x}} = 0$ (voir exercice 11 *d*)),
donc, par opérations sur les limites, $\boldsymbol{\lim\limits_{x \to +\infty} f(x) = +\infty}$.

2° f est dérivable sur $]0\,;\,+\infty[$ et :

$$f'(x) = \frac{\dfrac{3}{x}\sqrt{x} - \dfrac{3\ln x}{2\sqrt{x}}}{x} + 1,$$

$$f'(x) = \frac{6 - 3\ln x}{2x\sqrt{x}} + 1,$$

$$f'(x) = \frac{6 - 3\ln x + 2x\sqrt{x}}{2x\sqrt{x}},$$

$f'(x) > 0$ est donc du signe de $g(x)$, car $2x\sqrt{x} > 0$ sur $]0\,;\,+\infty[$.
f est donc strictement croissante sur $]0\,;\,+\infty[$.

3° *a*) $\lim\limits_{x \to +\infty} [f(x) - (x-1)] = \lim\limits_{x \to +\infty} \dfrac{3\ln x}{\sqrt{x}} = 0$

(voir questions précédentes).
Cela prouve que Δ est asymptote à (C) au voisinage de $+\infty$.
$f(x) - (x-1) = \dfrac{3\ln x}{\sqrt{x}}$ est du signe de $\ln x$ sur $]0\,;\,+\infty[$,
donc :
— sur $]0\,;\,1[$, C est en dessous de D ;
— sur $]1\,;\,+\infty[$ C est au-dessus de D.

b) **Courbe représentative**

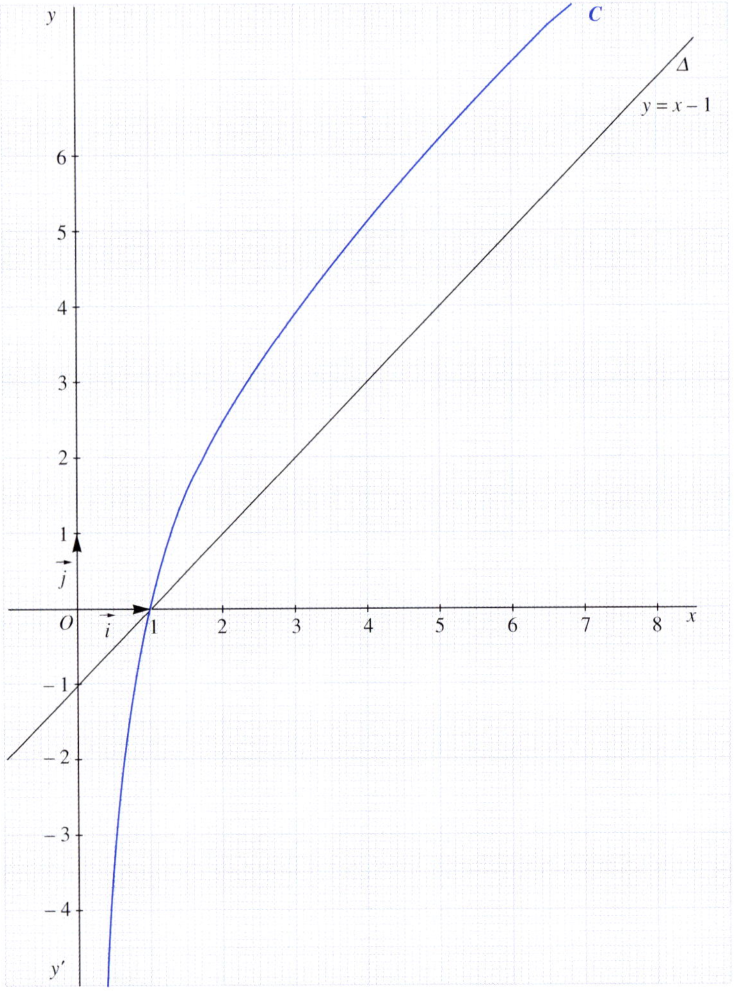

8

LES FONCTIONS EXPONENTIELLES ET PUISSANCES

OBJECTIFS

- *Résoudre des équations comportant des exponentielles*
- *Résoudre des inéquations comportant des exponentielles*
- *Déterminer la dérivée et les primitives de fonctions s'exprimant à l'aide d'une exponentielle*
- *Étudier des fonctions s'exprimant avec une exponentielle*
- *Étudier des fonctions s'écrivant avec des puissances ou des exponentielles de base a*

LA FONCTION EXPONENTIELLE

• Définition et conséquences

La fonction exponentielle définie dans $\mathbb{R}$, à valeurs dans $]0\,;+\infty[$, est la bijection réciproque de la fonction logarithme népérien.

Notation :

$$\exp : \begin{array}{l} \mathbb{R} \to]0\,;+\infty[\\ x \mapsto e^x \end{array}$$

Conséquences :

- $\exp(0) = e^0 = 1$; $\exp(1) = e^1 = e$.
- Pour tout réel x, $e^x > 0$.
- Pour tout nombre réel x, pour tout nombre réel x' **strictement positif :**

$$x' = e^x \text{ équivaut à } \ln x' = x.$$

- Pour tout nombre réel x :

$$\ln(e^x) = x.$$

- Pour tout nombre réel x strictement positif :

$$e^{\ln x} = x.$$

- Pour tous nombres réels x et x' :

$$e^x = e^{x'} \text{ équivaut à } x = x' \text{ ;}$$

$$e^x > e^{x'} \text{ équivaut à } x > x'.$$

Cette dernière propriété résulte de la stricte croissance de la fonction exponentielle dans $\mathbb{R}$.

- Dans un repère orthonormal, la courbe représentative de la fonction exponentielle est la symétrique de celle de la fonction logarithme népérien, par rapport à la droite d'équation $y = x$.

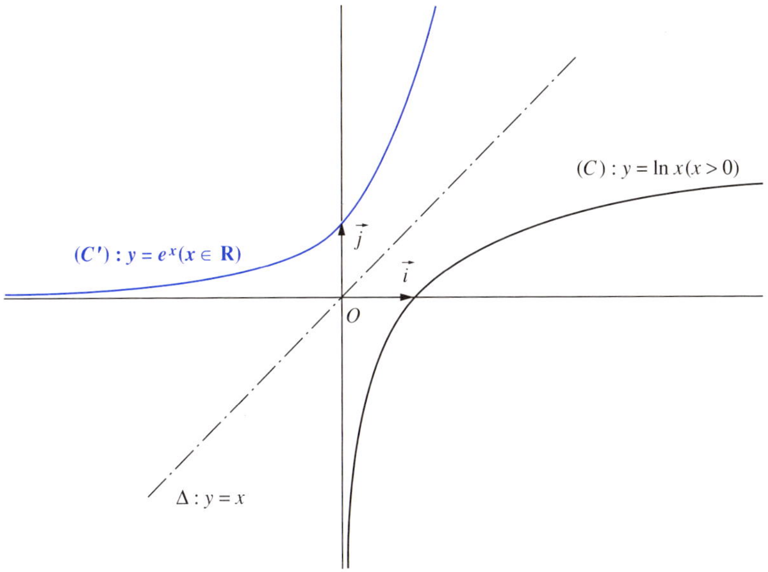

• Limites

$$\lim_{x \to +\infty} e^x = +\infty$$
$$\lim_{x \to -\infty} e^x = 0$$

(L'axe des abscisses est asymptote à la courbe de l'exponentielle, lorsque x tend vers $-\infty$.)

Autres limites à connaître :

$$\lim_{x \to -\infty} x^n e^x = 0 \, ; \qquad \lim_{x \to +\infty} \frac{e^x}{x^n} = +\infty \text{ (pour } n \in \mathbb{N}\text{).}$$

• Dérivée

La fonction exponentielle est dérivable sur $\mathbb{R}$ et admet elle-même pour fonction dérivée. Pour tout réel x :

$$\mathbf{exp'(x) = exp(x).}$$

Conséquence :

$$\lim_{x \to 0} \frac{e^x - 1}{x} = 1.$$

• Sens de variation

La fonction exponentielle est **strictement croissante** sur $\mathbb{R}$.

• Propriétés algébriques

a, a' sont des nombres réels ; n un entier relatif.

$$e^{a+a'} = e^{a}\,e^{a'}$$
$$e^{-a} = \frac{1}{e^{a}}$$
$$e^{a-a'} = \frac{e^{a}}{e^{a'}}$$
$$e^{na} = (e^{a})^{n}$$
$$\sqrt{e^{a}} = e^{\frac{a}{2}}$$

• Dérivée de $F : x \mapsto e^{u(x)}$

Si u est une fonction définie et dérivable sur un intervalle I, alors la fonction $F = \exp \circ u$, définie sur I par $F(x) = e^{u(x)}$, est dérivable sur I, et $F'(x) = u'(x)\,e^{u(x)}$.

Applications :

Soient a et b des nombres réels ($a \neq 0$).

- La fonction $f : x \mapsto e^{ax+b}$ est dérivable sur $\mathbb{R}$, et :

$$f'(x) = a\,e^{ax+b}.$$

- Les primitives de la fonction f sur $\mathbb{R}$ sont les fonctions de la forme :

$$F : x \mapsto \frac{1}{a}\,e^{ax+b} + C \quad \text{(C constante réelle).}$$

PUISSANCES D'EXPOSANT b RÉEL

• Définition

Soient a un réel strictement positif, et b un réel quelconque.
On appelle **puissance de a d'exposant b,** le nombre réel noté a^b défini par :

$$a^b = e^{b \ln a}.$$

La notation a^b trouve sa justification dans les propriétés suivantes, analogues à celles que l'on connaît lorsque l'exposant est entier.

• Propriétés

a, a' sont des réels strictement positifs.
b, b' sont des réels quelconques.

$$a^{b+b'} = a^b a^{b'}$$

$$a^{-b'} = \frac{1}{a^{b'}}$$

$$a^{b-b'} = \frac{a^b}{a^{b'}}$$

$$(a^b)^{b'} = a^{bb'}$$

$$(a\,a')^b = a^b a'^b$$

$$\left(\frac{a}{a'}\right)^b = \frac{a^b}{a'^b}$$

• Définition

Soit un réel strictement positif. La fonction $\mathbf{exp}_a : x \mapsto a^x$, définie sur $\mathbb{R}$, est appelée **fonction exponentielle de base a.**

La fonction $\exp_a$ est dérivable sur $\mathbb{R}$ et $\exp_a'(x) = (\ln a) \times a^x$.

x	$-\infty$		$+\infty$
$\exp_a$	0	↗	$+\infty$

$(a > 1)$

x	$-\infty$		$+\infty$
$\exp_a$	$+\infty$	↘	0

$(a < 1)$

FONCTIONS PUISSANCES

• Définition

> Soit α un nombre réel quelconque.
> On appelle **fonction puissance d'exposant α,** la fonction :
> $$]0\,;\,+\infty[\;\to\;]0\,;\,+\infty[.$$
> $$p_\alpha : x \mapsto x^\alpha$$

Conséquences :

• $p_\alpha(x) = x^\alpha = e^{\alpha \ln x}$.
• Si $\alpha = n$ (entier naturel), on retrouve la fonction $x \mapsto x^n$ dont la définition peut s'étendre à $\mathbb{R}$.
• Si $\alpha = -n$ (n entier naturel non nul), on retrouve la fonction $x \mapsto \dfrac{1}{x^n}$, dont la définition peut s'étendre à $\mathbb{R}\backslash\{0\}$.

• Propriétés

• p_α est dérivable sur $]0\,;\,+\infty[$, et $p'_\alpha(x) = \alpha\, x^{\alpha-1}$.
• Tableaux de variation et limites :

x	0		$+\infty$
p_α	‖ 0	↗	$+\infty$

($\alpha > 0$)

x	0		$+\infty$
p_α	‖ $+\infty$	↘	0

($\alpha < 0$)

Allure des courbes C_α :
$y = x^\alpha$ pour $\alpha > 1$;
$0 < \alpha < 1$;
$\alpha < 0$.

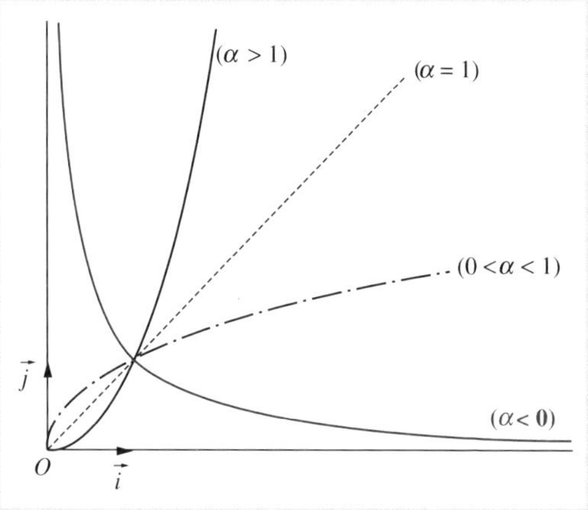

• Définition de la racine *n*-ième

Soient n un entier naturel, a et b des réels strictement positifs :

$$a^n = b \text{ équivaut à } a = b^{\frac{1}{n}}.$$

$b^{\frac{1}{n}}$ se note $\sqrt[n]{b}$ et est appelé **racine *n*-ième de *b*.**

- Pour $n = 2$, $\quad b^{\frac{1}{2}} = \sqrt{b}$ (racine carrée).
- Pour $n = 3$, $\quad b^{\frac{1}{3}} = \sqrt[3]{b}$ (racine cubique).

• Propriétés de la racine *n*-ième

b, b' sont des réels strictement positifs.

$$\sqrt[n]{bb'} = \sqrt[n]{b} \times \sqrt[n]{b'}.$$

CROISSANCES COMPARÉES DE $\ln x$, x^α $(\alpha > 0)$ ET e^x

$$\lim_{x \to +\infty} \frac{\ln x}{x^\alpha} = 0 \quad (\text{pour } \alpha > 0).$$

$$\lim_{x \to +\infty} \frac{e^x}{x^\alpha} = +\infty \quad (\text{pour } \alpha > 0).$$

$$\lim_{\substack{x \to 0 \\ x > 0}} x^\alpha \ln x = 0 \quad (\text{pour } \alpha > 0).$$

$$\lim_{x \to +\infty} x^\alpha e^{-x} = 0 \quad (\text{pour } \alpha > 0).$$

Cas particuliers :

- $\lim\limits_{x \to +\infty} \dfrac{\ln x}{\sqrt{x}} = 0, \quad \lim\limits_{x \to +\infty} \dfrac{\ln x}{x} = 0, \quad \lim\limits_{x \to +\infty} \dfrac{\ln x}{x^2} = 0, ...$

- $\lim\limits_{\substack{x \to 0 \\ x > 0}} \sqrt{x} \ln x = 0, \quad \lim\limits_{\substack{x \to 0 \\ x > 0}} x \ln x = 0, \quad \lim\limits_{\substack{x \to 0 \\ x > 0}} x^2 \ln x = 0, ...$

- $\lim\limits_{x \to +\infty} \dfrac{e^x}{\sqrt{x}} = +\infty, \quad \lim\limits_{x \to +\infty} \dfrac{e^x}{x} = +\infty, \quad \lim\limits_{x \to +\infty} \dfrac{e^x}{x^2} = +\infty, ...$

- $\lim\limits_{x \to +\infty} \sqrt{x}\, e^{-x} = 0, \quad \lim\limits_{x \to +\infty} x\, e^{-x} = 0, \quad \lim\limits_{x \to +\infty} x^2 e^{-x} = 0, ...$

COMMENT FAIRE ?

RÉSOUDRE DES ÉQUATIONS COMPORTANT DES EXPONENTIELLES

Exemple

Résoudre, dans $\mathbb{R}$, les équations suivantes :

1° $\mathbf{e^{2x+3} = e^{-x+5}}$; **4°** $\mathbf{e^{3x-1} = 2}$

2° $\mathbf{e^{x^2+x-2} = 1}$; **5°** $\mathbf{2(e^x)^3 = 3\,e^2\,e^{-x}}$;

3° $\mathbf{e^{-x} = -1}$; **6°** $\mathbf{e^{4x} + 3\,e^{2x} - 4 = 0}$.

La fonction exponentielle est définie sur $\mathbb{R}$, donc toutes les expressions écrites ci-dessus sont définies sur $\mathbb{R}$.

1° Pour cet exemple, on utilise directement l'équivalence :

$$e^{x} = e^{x'} \text{ équivaut à } x = x'.$$

Ce qui donne :
$e^{2x+3} = e^{-x+5}$ équivaut successivement à :

$$2x + 3 = -x + 5,$$

$$3x = 2,$$

$$x = \frac{3}{2}.$$

L'ensemble des solutions est $S_1 = \left\{\frac{3}{2}\right\}$.

2° Ici, on utilise l'équivalence précédente, en remarquant que $e^0 = 1$.
Ce qui donne :
$e^{x^2+x-2} = 1$ équivaut successivement à :

$$e^{x^2+x-2} = e^0,$$

$$x^2 + x - 2 = 0.$$

On est ramené à une équation du second degré dans $\mathbb{R}$. 1 est une racine évidente ; l'autre est -2.
L'ensemble des solutions est donc $\mathbf{S_2 = \{-2\ ;\ 1\}}$.

3° Pour cette équation, aucun calcul n'est nécessaire.
Il suffit de se rappeler que l'exponentielle *est à valeurs strictement positives.*
Autrement dit, $e^{-x} > 0$ pour tout réel x.
Donc, l'équation $e^{-x} = -1$ n'a **pas de solution.**

4° Dans cet exemple, on se ramènera à l'égalité entre exponentielles, en écrivant $2 = e^{\ln 2}$.

Donc $e^{3x-1} = 2$ équivaut successivement à :

$$e^{3x-1} = e^{\ln 2},$$

$$3x - 1 = \ln 2,$$

$$x = \frac{\ln 2 + 1}{3}.$$

L'ensemble des solutions est $\boldsymbol{S_4 = \left\{\frac{\ln 2 + 1}{3}\right\}}$.

5° Pour se ramener, à l'égalité entre exponentielles, on devra tout d'abord transformer chaque expression en utilisant les propriétés algébriques.

$(e^x)^3 = e^{3x}$ (voir rubrique « À RETENIR ! » : $e^{na} = (e^a)^n$),

$e^2 e^{-x} = e^{2-x}$ (voir rubrique « À RETENIR ! » : $e^{a+b} = e^a e^b$),

et aussi $2 = e^{\ln 2}$, $3 = e^{\ln 3}$.

On a donc :

$2(e^x)^3 = 3e^2 e^{-x}$ équivaut successivement à :

$$e^{\ln 2} e^{3x} = e^{\ln 3} e^{2-x},$$

$$e^{\ln 2 + 3x} = e^{\ln 3 + 2 - x},$$

$$\ln 2 + 3x = \ln 3 + 2 - x,$$

$$4x = \ln 3 - \ln 2 + 2,$$

$$x = \frac{\ln 3 - \ln 2 + 2}{4}.$$

L'ensemble des solutions est $\boldsymbol{S_5 = \left\{\frac{\ln 3 - \ln 2 + 2}{4}\right\}}$.

6° Pour résoudre cette équation, on effectuera un changement d'inconnue.

Posons $X = e^{2x}$.

Alors $X^2 = (e^{2x})^2 = e^{2 \times 2x} = e^{4x}$.

L'équation $e^{4x} + 3e^{2x} - 4 = 0$ équivaut alors à :

$$\begin{cases} X = e^{2x} \\ X^2 + 3X - 4 = 0. \end{cases}$$

L'équation $X^2 + 3X - 4 = 0$ se résout immédiatement dans $\mathbb{R}$: $X_1 = 1$ est une racine évidente ; l'autre est $X_2 = -4$.

La résolution se poursuit ainsi :

$$\begin{cases} X = e^{2x} \\ X = 1 \text{ ou } X = -4, \end{cases}$$

ou encore :

$$e^{2x} = 1 \text{ ou } e^{2x} = -4.$$

• L'équation $e^{2x} = 1$ s'écrit $e^{2x} = e^0$,

soit : $2x = 0$,

d'où : $x = 0$.

• L'équation $e^{2x} = -4$ n'a pas de solution, car $e^{2x} > 0$ pour tout réel x.

L'ensemble des solutions de l'équation $e^{4x} + 3e^{2x} - 4 = 0$ est $\mathbf{S_6 = \{0\}}$.

EN BREF !

Pour résoudre des équations comportant des exponentielles, on essaie de se ramener à une égalité de la forme $e^{x} = e^{x'}$, en utilisant les propriétés de l'exponentielle ; on pourra parfois être amené à effectuer un changement d'inconnue. On peut aussi noter que le fait que l'exponentielle soit à valeurs strictement positives, permet de conclure immédiatement à l'absence de solution dans certains cas.

APPLICATION

1 Résoudre, dans $\mathbb{R}$, les équations suivantes :

1° $e^{x^2+1} = e^{-2x}$; **2°** $e^{x^2+x+1} = 1$;

3° $e^{2x-1} = -e^{-x+1}$; **4°** $2(e^{x})^3 = e^{x+1}\,e^{x-1}$;

5° $e^{2x} - e^{x} - 6 = 0$;

6° $4e^{x} - 12 = -5e^{-x}$ (multiplier par e^{x}) ;

7° $e^{3x+3} - 7e^{2x+2} + 14e^{x+1} - 8 = 0$ (poser $X = e^{x+1}$) ;

8° $\dfrac{e^{x} + e^{-x}}{e^{x} - e^{-x}} = 2$ (déterminer l'ensemble de définition).

RÉSOUDRE DES INÉQUATIONS COMPORTANT DES EXPONENTIELLES

Exemple

Résoudre, dans $\mathbb{R}$, les inéquations suivantes :

1° $e^{x^2-3} > e^{2x}$; **2°** $e^{x(x^2-1)}$ **1 ;** **3°** $e^{3x} + e^{2x} - 2e^{x} \leqslant 0$.

1° Dans cet exemple, on utilise l'équivalence suivante :

$$e^{x} > e^{x'} \text{ équivaut à } x > x',$$

qui traduit la stricte croissance de l'exponentielle sur $\mathbb{R}$.

On obtient donc :

$e^{x^2-3} > e^{2x}$ équivaut à $x^2 - 3 > 2x$,

ou encore à : $x^2 - 2x - 3 > 0$.

On est ramené à la résolution d'une inéquation du second degré dans $\mathbb{R}$; le polynôme $x^2 - 2x - 3$ admet -1 pour racine évidente ; l'autre racine est 3.

Il est positif à l'extérieur de l'intervalle des racines.

Il est négatif dans l'intervalle des racines.

Par conséquent, l'ensemble des solutions de l'inéquation $e^{x^2-3} > e^{2x}$ est $\boldsymbol{S_1 =]-\infty\,;\,-1[\cup]3\,;\,+\infty[}$.

2° On fera apparaître une inégalité de la forme $e^a \geqslant e^{a'}$, en écrivant $1 = e^0$.
$e^{x(x^2-1)} \geqslant 1$ équivaut à $e^{x(x^2-1)} \geqslant e^0$,
ou encore à : $\quad x(x^2-1) \geqslant 0$.
Étudions le signe de $x(x^2-1)$ dans un tableau :

x	$-\infty$		-1		0		1		$+\infty$
signe de x		$-$		$-$	0	$+$		$+$	
signe de x^2-1		$+$	0	$-$		$-$	0	$+$	
signe de $x(x^2-1)$		$-$	0	$+$	0	$-$	0	$+$	

Le signe de x^2-1 est celui d'un polynôme du second degré admettant 1 et -1 pour racines (cas où le coefficient de x^2 est positif).
La dernière ligne du tableau nous prouve que :
$x(x^2-1) \geqslant 0$ si, et seulement si, $x \in [-1\,;\,0]\cup[1\,;\,+\infty[$.
L'ensemble des solutions de l'inéquation $e^{x(x^2-1)} \geqslant 1$ est donc $\boldsymbol{S_2 = [-1\,;\,0]\cup[1\,;\,+\infty[}$.

3° Dans ce cas, procédons à un changement d'inconnue ; soit $X = e^x$.
Alors $X^2 = (e^x)^2 = e^{2x}$; $X^3 = (e^x)^3 = e^{3x}$.
$e^{3x} + e^{2x} - 2e^x \leqslant 0$ équivaut à :

$$X = e^x \quad \text{et} \quad X^3 + X^2 - 2X \leqslant 0.$$

Étudions le signe du polynôme $P(X) = X^3 + X^2 - 2X$ dans $\mathbb{R}$.
On factorise : $P(X) = X(X^2 + X - 2)$.
$X^2 + X - 2$ admet 1 et -2 pour racines.
$X^2 + X - 2$ est de signe négatif entre les racines, positif en dehors.

X	$-\infty$		-2		0		1		$+\infty$
signe de X		$-$		$-$	0	$+$		$+$	
signe de X^2+X-2		$+$	0	$-$		$-$	0	$+$	
signe de $P(X)$		$-$	0	$+$	0	$-$	0	$+$	

La dernière ligne du tableau nous prouve que :
$X^3 + X^2 - 2X \leqslant 0$ si, et seulement si, $X \in]-\infty\,;\,-2] \cup [0\,;\,1]$.
Traduisons l'appartenance aux intervalles par des inégalités :

$X \in]-\infty\,;\,-2] \cup [0\,;\,1]$ se traduit par $X \leqslant -2$ ou $0 \leqslant X \leqslant 1$.

Comme $X = e^x$, $e^{3x} + e^{2x} - 2e^x \leqslant 0$ équivaut à :

$$e^x \leqslant -2 \quad \text{ou} \quad 0 \leqslant e^x \leqslant 1.$$

- L'inéquation $e^x \leqslant -2$ n'a pas de solution, car, pour tout réel x, e^x est strictement positif.
- L'inégalité $0 \leqslant e^x$ est vérifiée pour tout réel x.
- $e^x \leqslant 1$ équivaut à $e^x \leqslant e^0$, ou encore à $x \leqslant 0$.

Par conséquent, l'ensemble des solutions de l'inéquation $e^{3x} + e^{2x} - 2\,e^x \leqslant 0$ est $\boldsymbol{S_3 =]-\infty\,;\,0]}$.

EN BREF !

Pour résoudre une inéquation comportant des exponentielles, après avoir déterminé l'ensemble de définition, on essaie de se ramener à une inégalité de la forme $e^x > e^{x'}$; on utilisera pour cela les propriétés algébriques de l'exponentielle, ou un changement d'inconnue, ou un tableau de signes.

APPLICATION

2 Résoudre, dans $\mathbb{R}$, les inéquations suivantes :

1° $e^2\, e^{x(x^2-4)} \geqslant e^{x^2-2}$; **2°** $e^{\frac{1}{x+1}} > 1$;
3° $e^{3x-3} - e^{2x-2} + 3\,e^{x-1} < 0$ (poser $X = e^{x-1}$).

DÉTERMINER LA DÉRIVÉE ET LES PRIMITIVES DE FONCTIONS S'EXPRIMANT À L'AIDE D'UNE EXPONENTIELLE

Exemple

1° Déterminer une expression de la dérivée de chacune des fonctions suivantes :
a) $f(x) = e^{-x}$; **b)** $f(x) = e^{2x-3}$; **c)** $f(x) = e^{-x^2}$;
d) $f(x) = x^2\, e^{3x}$.
2° Déterminer les primitives, dans $\mathbb{R}$, des fonctions suivantes :
a) $f(x) = e^{-x}$; **b)** $f(x) = e^{2x-3}$; **c)** $f(x) = x e^{x^2}$;
d) $f(x) = \dfrac{e^x}{e^x + 1}$.

1° Toutes les fonctions suivantes sont définies sur $\mathbb{R}$.

a) $f(x) = \mathrm{e}^{-x}$. Ici $u(x) = -x$; d'où $u'(x) = -1$.
Donc $\boldsymbol{f'(x) = -\mathrm{e}^{-x}}$.

b) $f(x) = \mathrm{e}^{2x-3}$. Ici $u(x) = 2x - 3$; $u'(x) = 2$.
Donc $\boldsymbol{f'(x) = 2\,\mathrm{e}^{2x-3}}$.

c) $f(x) = \mathrm{e}^{-x^2}$. Ici $u(x) = -x^2$; $u'(x) = -2x$.
Donc $\boldsymbol{f'(x) = -2x\,\mathrm{e}^{-x^2}}$.

d) $f(x) = x^2\,\mathrm{e}^{3x}$. On dérive f comme un produit :
$f'(x) = 2x\,\mathrm{e}^{3x} + x^2 \times 3\,\mathrm{e}^{3x}$, $\boldsymbol{f'(x) = x(2 + 3x)\,\mathrm{e}^{3x}}$.

2° Les fonctions suivantes sont définies sur $\mathbb{R}$.
On essaie de reconnaître la dérivée d'une fonction connue.

a) $f(x) = \mathrm{e}^{-x}$. Soit $u(x) = -x$; $u'(x) = -1$.
D'après le cours, les primitives de f dans $\mathbb{R}$ sont les fonctions de la forme :

$$\boldsymbol{F(x) = -\mathrm{e}^{-x} + \mathrm{C}} \quad \text{(C constante réelle).}$$

b) $f(x) = \mathrm{e}^{2x-3}$. Ici $u(x) = 2x - 3$; u est une fonction affine.
Les primitives de f dans $\mathbb{R}$ sont les fonctions de la forme :

$$\boldsymbol{F(x) = \frac{1}{2}\,\mathrm{e}^{2x-3} + \mathrm{C}} \quad \text{(C constante réelle).}$$

c) $f(x) = x\mathrm{e}^{x^2}$. Soit $u(x) = x^2$; alors $u'(x) = 2x$.

On écrit $f(x) = \frac{1}{2}(2x)\,\mathrm{e}^{x^2}$.

$x \mapsto 2\,x\,\mathrm{e}^{x^2}$ est la fonction dérivée de $x \mapsto \mathrm{e}^{x^2}$.
Les primitives de f dans $\mathbb{R}$ sont les fonctions de la forme :

$$\boldsymbol{F(x) = \frac{1}{2}\,\mathrm{e}^{x^2} + \mathrm{C}} \quad \text{(C constante réelle).}$$

d) $f(x) = \dfrac{\mathrm{e}^x}{\mathrm{e}^x + 1}$. On note tout d'abord que $u(x) = \mathrm{e}^x + 1$ est strictement positive ; d'autre part, $u'(x) = \mathrm{e}^x$.

Par conséquent, f est de la forme $\dfrac{u'}{u}$.

Comme $u > 0$, les primitives de f dans $\mathbb{R}$ sont de la forme $\ln u + \mathrm{C}$.
Les primitives de f dans $\mathbb{R}$ sont les fonctions de la forme :
$\boldsymbol{F(x) = \ln(\mathrm{e}^x + 1) + \mathrm{C}}$ (C constante réelle).

EN BREF !

Pour dériver une fonction comportant des exponentielles, il faut appliquer les formules générales de dérivation et connaître la dérivée de e^u. Pour déterminer les primitives, on doit en général reconnaître, à un facteur constant près, une dérivée, d'où la nécessité de bien maîtriser au préalable les formules de dérivation.

APPLICATIONS

3 Calculer la dérivée des fonctions suivantes :

1° $f(x) = e^{x^2 - x + 1}$, dans $\mathbb{R}$;

2° $f(x) = (2 - x)\, e^{1 - x}$, dans $\mathbb{R}$;

3° $f(x) = \dfrac{e^x}{1 + e^x}$, dans $\mathbb{R}$;

4° $f(x) = x\, e^{\frac{1}{x}}$, dans $\mathbb{R}\setminus\{0\}$.

4 Déterminer les primitives des fonctions suivantes :

1° $f(x) = 2e^{3 - x}$, dans $\mathbb{R}$;

2° $f(x) = (x + 1)\, e^{x^2 + 2x - 3}$, dans $\mathbb{R}$;

3° $f(x) = \dfrac{e^{\frac{1}{x}}}{x^2}$, dans $]0\,;\,+\infty[$ (ou $]-\infty\,;\,0[$) ;

4° $f(x) = \dfrac{xe^{x^2}}{1 - e^{x^2}}$, dans $]0\,;\,+\infty[$ (ou $]-\infty\,;\,0[$).

ÉTUDIER DES FONCTIONS S'EXPRIMANT AVEC UNE EXPONENTIELLE

Exemple

Étudier la fonction f définie sur $\mathbb{R}$ par $f(x) = xe^x$ (limites aux bornes, sens de variation, courbe).

- Limites aux bornes

On connaît $\lim\limits_{x \to +\infty} e^x = +\infty$; par conséquent $\mathbf{\lim\limits_{x \to +\infty} xe^x = +\infty}$.

Pour la limite en $-\infty$, on applique directement ce résultat connu : $\mathbf{\lim\limits_{x \to -\infty} xe^x = 0}$.

On en déduit que l'axe des abscisses est asymptote à la courbe (C) de f en $-\infty$.

- Sens de variation

On dérive f en appliquant la formule du produit de fonctions dérivables avec $u : x \mapsto x$ et $v : x \mapsto e^x$.

$f'(x) = 1 \times e^x + x \times e^x = \mathbf{(1 + x)\, e^x}$.

Signe de la dérivée :

Comme e^x est strictement positive, alors $f'(x)$ est du même signe que $x + 1$, c'est-à-dire : $f'(x)$ positif si $x > -1$,

$f'(x)$ négatif si $x < -1$,

$f'(-1) = 0$.

Tableau de variation :

x	$-\infty$		-1		$+\infty$
$f'(x)$		$-$	0	$+$	
f	0	↘	$-e^{-1}$	↗	$+\infty$

• Courbe représentative

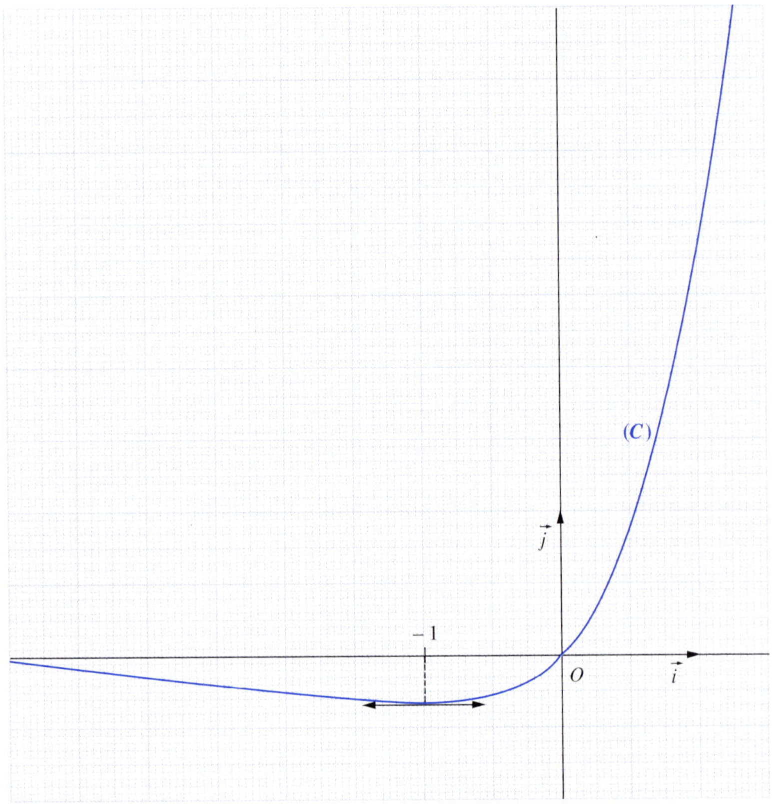

EN BREF !

Pour étudier une fonction s'exprimant avec une exponentielle, on applique les méthodes générales d'étude de fonctions, en tenant compte des spécificités de l'exponentielle : limites ; dérivée.

APPLICATION

5 Étudier la fonction f définie dans $\mathbb{R}$ par $f(x) = (x+1)\,e^{-x}$ (limites, variations, courbe).

ÉTUDIER DES FONCTIONS S'ÉCRIVANT AVEC DES PUISSANCES OU DES EXPONENTIELLES DE BASE *a*

Exemple

Étudier la fonction suivante (limites aux bornes, sens de variation, courbe) :

$$f : x \mapsto x^{\frac{5}{2}} - x^{\frac{3}{2}}, \quad \text{pour} \quad x \in \,]0\,;\,+\infty[.$$

• Limites aux bornes

On peut revenir à la définition $x^{\frac{5}{2}} = e^{\frac{5}{2}\ln x}$, ou appliquer directement les propriétés vues dans la rubrique « À RETENIR ! » sur les fonctions puissances :

Quand α est positif, on sait que $\lim\limits_{\substack{x \to 0 \\ x > 0}} x^{\alpha} = 0$.

Donc $\lim\limits_{\substack{x \to 0 \\ x > 0}} x^{\frac{5}{2}} = 0$ et $\lim\limits_{\substack{x \to 0 \\ x > 0}} x^{\frac{3}{2}} = 0$. D'où $\mathbf{\lim\limits_{\substack{x \to 0 \\ x > 0}} f(x) = 0}$.

Quand α est positif, on sait que $\lim\limits_{x \to +\infty} x^{\alpha} = +\infty$.

Donc $\lim\limits_{x \to +\infty} x^{\frac{5}{2}} = +\infty$ et $\lim\limits_{x \to +\infty} x^{\frac{3}{2}} = +\infty$.

Mais on ne peut rien conclure sur $f(x)$, puisqu'il s'agit d'une forme indéterminée de type « $+\infty - \infty$ ».
Alors, transformons l'expression de $f(x)$:

$$f(x) = x^{\frac{3}{2}+1} - x^{\frac{3}{2}} = x^{\frac{3}{2}}x - x^{\frac{3}{2}} = x^{\frac{3}{2}}(x-1).$$

Or $\lim\limits_{x \to +\infty} x^{\frac{3}{2}} = +\infty$ et $\lim\limits_{x \to +\infty} (x-1) = +\infty$.

D'où $\boldsymbol{\lim\limits_{x \to +\infty} f(x) = +\infty}$.

• Sens de variation

f est dérivable sur $]0\,;\,+\infty[$, puisqu'elle est une différence de fonctions puissances dérivables. On peut donc écrire :

$$f'(x) = \frac{5}{2}x^{\frac{5}{2}-1} - \frac{3}{2}x^{\frac{3}{2}-1},$$

$$f'(x) = \frac{5}{2}x^{\frac{3}{2}} - \frac{3}{2}x^{\frac{1}{2}},$$

$$f'(x) = \frac{x^{\frac{1}{2}}}{2}(5x-3).$$

Comme $x^{\frac{1}{2}} > 0$, $f'(x)$ est du même signe que $5x - 3$, c'est-à-dire :

- positif si $x > \frac{3}{5}$,
- nul pour $x = \frac{3}{5}$,
- négatif si $0 < x < \frac{3}{5}$.

On en déduit le tableau de variation :

x	0		$\frac{3}{5}$		$+\infty$
$f'(x)$		$-$	0	$+$	
f	0	$\searrow$	$f\left(\frac{3}{5}\right)$	$\nearrow$	$+\infty$

$$f\left(\frac{3}{5}\right) = \left(\frac{3}{5}\right)^{\frac{5}{2}} - \left(\frac{3}{5}\right)^{\frac{3}{2}} ; f\left(\frac{3}{5}\right) \approx -0{,}18.$$

• Courbe représentative

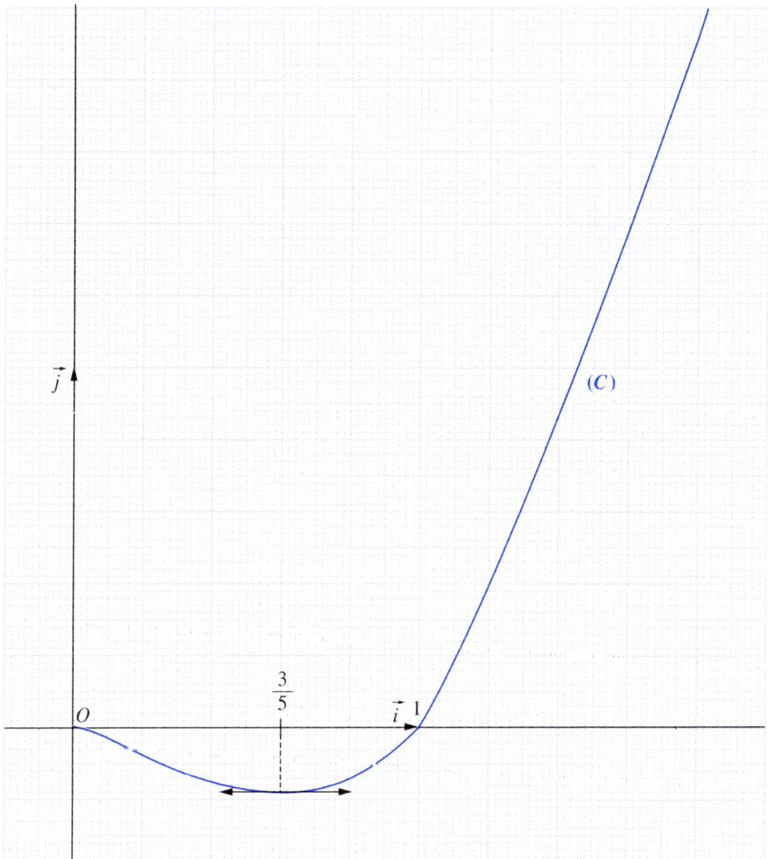

APPLICATION

6 Étudier la fonction suivante (limites aux bornes, sens de variation, courbe) :

$$g : x \mapsto 3^x - 2^x, \text{ définie sur } \mathbb{R}.$$

7 Le problème suivant propose l'étude de la fonction numérique f définie pour tout réel x par :

$$f(x) = (2x - 4)\,e^{\frac{x}{2}} + 2 - x.$$

On note (C) la courbe représentative de f dans un repère orthonormal du plan $(O, \vec{i}, \vec{j})$.

1° Étude d'une fonction auxiliaire

Soit g la fonction numérique définie pour tout réel x par $g(x) = x - e^{-\frac{x}{2}}$.

a) Étudier le sens de variation de g. (Préciser les limites de g en $+\infty$ et $-\infty$.)
b) Démontrer que l'équation $g(x) = 0$ admet une unique solution α. Justifier le fait que $0{,}70 \leqslant \alpha \leqslant 0{,}71$.
c) En déduire le signe de $g(x)$.

2° Étude de la fonction f

a) Exprimer $f'(x)$ à l'aide de $g(x)$. En déduire les variations de f.

b) Démontrer que $f(\alpha) = 4 - \alpha - \dfrac{4}{\alpha}$. En déduire un encadrement de $f(\alpha)$ d'amplitude 0,1.

3° *a*) Déterminer $\lim\limits_{x \to +\infty} f(x)$ et $\lim\limits_{x \to -\infty} f(x)$.

Indication : en $+\infty$, factoriser $e^{\frac{x}{2}}$; en $-\infty$, faire apparaître $\dfrac{x}{2}\,e^{\frac{x}{2}}$ et poser $X = \dfrac{x}{2}$.

b) Démontrer que la droite D d'équation $y = 2 - x$ est asymptote à (C) quand x tend vers $-\infty$.

4° Dresser le tableau de variation de f.

5° Tracer (C) et D sur le même graphique.

a) Calculer les coordonnées des points A et B d'intersection de (C) et de l'axe des abscisses.
b) Soit E le point d'intersection de (C) et de l'axe des ordonnées. Établir une équation de la tangente T à (C) en E et tracer T.

(D'après bac C et E, Groupement II, 1990.)

CORRIGÉS

1 1° On obtient $x^2 + 1 = -2x$, soit $(x+1)^2 = 0$.
L'ensemble des solutions est $\boldsymbol{S = \{-1\}}$.

2° On obtient $x^2 + x + 1 = 0$.

Pas de solution, car le discriminant est négatif.

3° **Pas de solution, car, pour tout réel x, $e^{2x-1} > 0$ et $-e^{-x+1} < 0$.**

4° On transforme $e^{3x + \ln 2} = e^{2x}$ en $3x + \ln 2 = 2x$.
L'ensemble des solutions est $\boldsymbol{S = \{-\ln 2\}}$.

5° En posant $X = e^{2x}$, on se ramène à $X^2 - X - 6 = 0$, qui admet $X_1 = -2$ et $X_2 = 3$ pour solutions.

- $e^{2x} = -2$ n'a pas de solution, car pour tout réel x, $e^{2x} > 0$;
- $e^{2x} = 3$ équivaut à $2x = \ln 3$, d'où $x = \dfrac{\ln 3}{2}$.

L'ensemble des solutions est $\boldsymbol{S = \left\{\dfrac{\ln 3}{2}\right\}}$.

6° En multipliant par e^x, on obtient $4e^{2x} - 12e^x = -5$, soit $4e^{2x} - 12e^x + 5 = 0$, et, en posant $X = e^x$, on se ramène à $4X^2 - 12X + 5 = 0$, qui admet pour solutions $X_1 = \dfrac{1}{2}$ et $X_2 = \dfrac{5}{2}$.

- $e^x = \dfrac{1}{2}$ équivaut à $x = \ln\left(\dfrac{1}{2}\right)$, soit $x = -\ln 2$;
- $e^x = \dfrac{5}{2}$ équivaut à $x = \ln\left(\dfrac{5}{2}\right)$, soit $x = \ln 5 - \ln 2$.

L'ensemble des solutions est $\boldsymbol{S = \{-\ln 2\ ;\ \ln 5 - \ln 2\}}$.

7° Avec $X = e^{x+1}$, on se ramène à $X^3 - 7X^2 + 14X - 8 = 0$.
1 est une racine du polynôme $X^3 - 7X^2 + 14X - 8$ qui se factorise en $(X-1)(X^2 - 6X + 8)$.
$X^2 - 6X + 8$ admet pour racines $X_1 = 2$ et $X_2 = 4$.
L'équation $X^3 - 7X^2 + 14X - 8 = 0$ admet pour solutions : 1 ; 2 ; 4.

- $e^{x+1} = 1$ équivaut à $x + 1 = 0$, soit $x = -1$;
- $e^{x+1} = 2$ équivaut à $x + 1 = \ln 2$, soit $x = -1 + \ln 2$;
- $e^{x+1} = 4$ équivaut à $x + 1 = \ln 4$, soit $x = -1 + 2\ln 2$.

L'ensemble des solutions est $\boldsymbol{S = \{-1\ ;\ -1 + \ln 2\ ;\ -1 + 2\ln 2\}}$.

8° Le quotient est défini si, et seulement si, $e^x - e^{-x} \neq 0$.
$e^x - e^{-x} = 0$ équivaut à $e^x = e^{-x}$, ou encore $e^{2x} = 1$.
$e^{2x} = 1$ si, et seulement si, $2x = 0$, soit $x = 0$.
L'équation est définie dans $\mathbb{R}\setminus\{0\}$.

Pour tout réel x non nul, $\dfrac{e^{x} + e^{-x}}{e^{x} - e^{-x}} = 2$ équivaut à :

$$e^{x} + e^{-x} = 2e^{x} - 2e^{-x},$$

ou encore à :

$$3e^{-x} = e^{x},$$
$$3 = e^{2x},$$
$$\ln 3 = 2x,$$
$$\frac{\ln 3}{2} = x.$$

$\dfrac{\ln 3}{2}$ est non nul, donc ce réel est solution.

L'ensemble des solutions est $\boldsymbol{S} = \left\{\dfrac{\ln 3}{2}\right\}$.

2 1° L'inéquation équivaut à $e^{x^3 - 4x + 2} \geqslant e^{x^2 - 2}$,

ou encore à : $x^3 - 4x + 2 \geqslant x^2 - 2$,

soit : $x^3 - x^2 - 4x + 4 \geqslant 0$.

On factorise :

$$x^3 - x^2 - 4x + 4 = x^2(x - 1) - 4(x - 1),$$
$$x^3 - x^2 - 4x + 4 = (x - 1)(x^2 - 4).$$

Faisons un tableau de signes :

$x^2 - 4$ est négatif dans l'intervalle $]-2\,;\,2[$, positif en dehors des racines.

x	$-\infty$		-2		1		2		$+\infty$
signe de $x - 1$		$-$		$-$	0	$+$		$+$	
signe de $x^2 - 4$		$+$	0	$-$		$-$	0	$+$	
signe de $(x-1)(x^2-4)$		$-$	0	$+$	0	$-$	0	$+$	

$x^3 - x^2 - 4x + 4 \geqslant 0$ si, et seulement si, $x \in [-2\,;\,1] \cup [2\,;\,+\infty[$.

L'ensemble des solutions est $\boldsymbol{S} = [-2\,;\,1] \cup [2\,;\,+\infty[$.

2° L'inéquation est définie lorsque $x + 1 \neq 0$, c'est-à-dire dans $\mathbb{R} \setminus \{-1\}$.

Pour tout $x \in \mathbb{R} \setminus \{-1\}$, $e^{\frac{1}{x+1}} > 1$ équivaut à :

$$\frac{1}{x+1} > 0,$$

ou encore à : $x + 1 > 0$, soit $x > -1$.

L'ensemble des solutions est $\boldsymbol{S} =]-1\,;\,+\infty[$.

3° Avec $X = e^{x-1}$, l'inéquation devient $X^3 - X^2 + 3X < 0$.
Factorisons : $X^3 - X^2 + 3X = X(X^2 - X + 3)$.
Pour tout réel X, $X^2 - X + 3 > 0$ (le discriminant est négatif).
Donc $X^3 - X^2 + 3X < 0$ si, et seulement si, $X < 0$.
L'inéquation $e^{x-1} < 0$ n'a pas de solution, car pour tout réel x, $e^{x-1} > 0$.
L'inéquation n'admet donc **pas de solution.**

3 1° $\boldsymbol{f'(x) = (2x-1)\,e^{x^2-x+1}}$.

2° $f'(x) = (-1)e^{1-x} + (2-x) \times (-1)e^{1-x}$,

$\boldsymbol{f'(x) = (x-3)\,e^{1-x}}$.

3° $f'(x) = \dfrac{e^x(1+e^x) - e^x \times e^x}{(1+e^x)^2}$,

$\boldsymbol{f'(x) = \dfrac{e^x}{(1+e^x)^2}}$.

4° $f'(x) = e^{\frac{1}{x}} + x \times \dfrac{-1}{x^2} \times e^{\frac{1}{x}}$,

$\boldsymbol{f'(x) = \dfrac{x-1}{x}\,e^{\frac{1}{x}}}$.

4 1° $\boldsymbol{F(x) = -2e^{3-x} + C}$, C constante réelle.

2° $f(x) = \dfrac{1}{2}(2x+2)\,e^{x^2+2x-3}$. On remarque que $x \mapsto 2x+2$ est la fonction dérivée de $x \mapsto x^2 + 2x - 3$.

$\boldsymbol{F(x) = \dfrac{1}{2}\,e^{x^2+2x-3} + C}$, C constante réelle.

3° $f(x) = -\dfrac{-1}{x^2}\,e^{\frac{1}{x}}$

$\boldsymbol{F(x) = -e^{\frac{1}{x}} + C}$, C constante réelle.

4° $f(x) = \dfrac{1}{2} \times \dfrac{2x\,e^{x^2}}{1 - e^{x^2}}$.

$x \mapsto 2x\,e^{x^2}$ est la dérivée de $x \mapsto 1 - e^{x^2}$.

$\boldsymbol{F(x) = \dfrac{1}{2}\ln\left|1 - e^{x^2}\right| + C}$, C constante réelle.

5 • Limites aux bornes

On connaît $\lim\limits_{X \to +\infty} e^{X} = +\infty$, d'où $\lim\limits_{x \to -\infty} e^{-x} = +\infty$.

Comme $\lim\limits_{x \to -\infty} (x+1) = -\infty$, alors $\mathbf{\lim\limits_{x \to -\infty} f(x) = -\infty}$.

Pour le cas de $+\infty$, on a une forme indéterminée.

On lève cette indétermination, en écrivant $f(x) = x e^{-x} + e^{-x}$.

On connaît $\lim\limits_{x \to +\infty} \dfrac{e^{x}}{x} = +\infty$, d'où $\lim\limits_{x \to +\infty} x e^{-x} = 0$.

Comme $\lim\limits_{X \to -\infty} e^{X} = 0$, alors $\lim\limits_{x \to +\infty} e^{-x} = 0$.

Donc $\mathbf{\lim\limits_{x \to +\infty} f(x) = 0}$.

• Sens de variation

Calcul de la dérivée :

$f'(x) = 1 \times e^{-x} + (x+1) \times (-e^{-x})$,

$f'(x) = -x e^{-x}$.

Signe de la dérivée :

Comme e^{-x} est strictement positive, alors $f(x)$ est du même signe que $-x$.

Tableau de variation :

x	$-\infty$		0		$+\infty$
$f'(x)$		$+$	0	$-$	
f	$-\infty$	↗	1	↘	0

• Courbe représentative

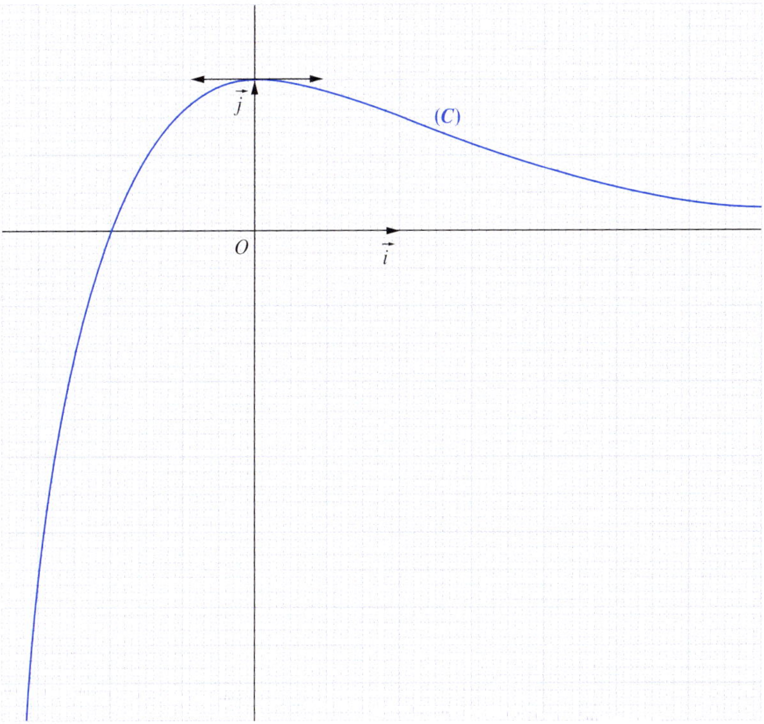

6 • Limites aux bornes

On peut revenir à la définition : $3^x = e^{x \ln 3}$ et $2^x = e^{x \ln 2}$, ou appliquer $\lim\limits_{x \to -\infty} a^x = 0$ (lorsque $a > 1$).

On en déduit $\lim\limits_{x \to -\infty} 3^x = 0$ et $\lim\limits_{x \to -\infty} 2^x = 0$.

D'où $\mathbf{\lim\limits_{x \to -\infty} g(x) = 0}$.

De même, $\lim\limits_{x \to +\infty} 3^x = +\infty$ et $\lim\limits_{x \to +\infty} 2^x = +\infty$, mais on ne peut rien conclure pour $g(x)$.

On transforme l'expression de $g(x)$:

$$g(x) = 2^x\left(\frac{3^x}{2^x} - 1\right) = 2^x\left(\left(\frac{3}{2}\right)^x - 1\right).$$

$$\lim_{x \to +\infty} \left(\frac{3}{2}\right)^x = +\infty \text{, donc } \lim_{x \to +\infty} \left[\left(\frac{3}{2}\right)^x - 1\right] = +\infty.$$

Comme $\lim_{x \to +\infty} 2^x = +\infty$, alors $\boldsymbol{\lim_{x \to +\infty} g(x) = +\infty}$**.**

• Sens de variation

Les fonctions $x \mapsto 2^x$ et $x \mapsto 3^x$ sont dérivables sur $\mathbb{R}$, donc g est dérivable sur $\mathbb{R}$:

$$g'(x) = (\ln 3)\, 3^x - (\ln 2)\, 2^x.$$

Résolvons tout d'abord l'équation $g'(x) = 0$.
$g'(x) = 0$ équivaut successivement à :

$$(\ln 3)\, 3^x = (\ln 2)\, 2^x,$$

$$\frac{3^x}{2^x} = \frac{\ln 2}{\ln 3},$$

$$\left(\frac{3}{2}\right)^x = \frac{\ln 2}{\ln 3},$$

$$e^{x \ln\left(\frac{3}{2}\right)} = \frac{\ln 2}{\ln 3},$$

$$x \ln\left(\frac{3}{2}\right) = \ln\left(\frac{\ln 2}{\ln 3}\right),$$

$$x = \frac{\ln\left(\frac{\ln 3}{\ln 2}\right)}{\ln\left(\frac{3}{2}\right)},$$ nombre que nous désignerons par α.

Résolvons l'inéquation $g'(x) > 0$.

$g'(x) > 0$ équivaut successivement à :

$$(\ln 3)\, 3^x > (\ln 2)\, 2^x,$$

$$\left(\frac{3}{2}\right)^x > \frac{\ln 2}{\ln 3},$$ car $\ln 3$ et 2^x sont positifs,

$$e^{x \ln\left(\frac{3}{2}\right)} > \frac{\ln 2}{\ln 3},$$

$$x \ln\left(\frac{3}{2}\right) > \ln\left(\frac{\ln 2}{\ln 3}\right),$$ par croissance de l'exponentielle,

puis : $$x > \frac{\ln\left(\frac{\ln 2}{\ln 3}\right)}{\ln\left(\frac{3}{2}\right)},$$ car $\ln\left(\frac{3}{2}\right)$ est positif.

De même, $g'(x) < 0$ si, et seulement si, $x < \alpha$.

On en déduit le tableau de variation :

x	$-\infty$		α		$+\infty$
$g'(x)$		$-$	0	$+$	
g	0	$\searrow$	$g(\alpha)$	$\nearrow$	$+\infty$

$\alpha \approx -1{,}13$;

$g(\alpha) \approx -0{,}16$.

• Courbe représentative

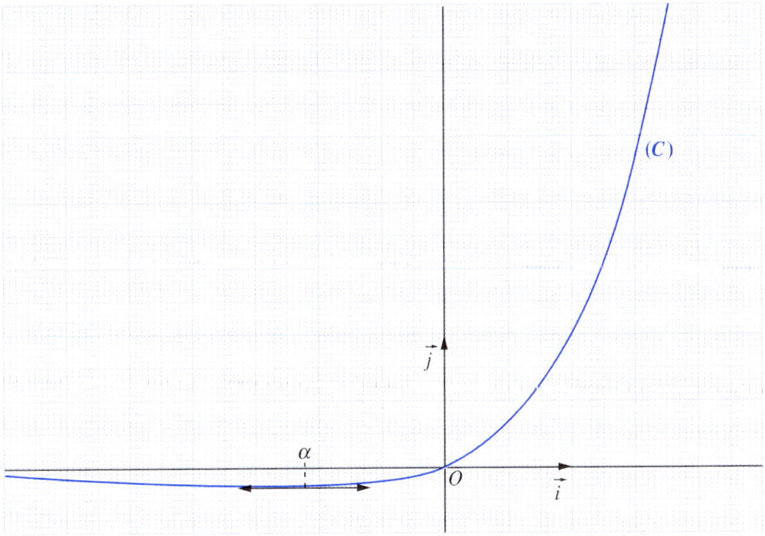

7 **1°** $g'(x) = 1 + \frac{1}{2}\,e^{-\frac{x}{2}}$.

a) Comme l'exponentielle est à valeurs strictement positives, on a, pour tout réel x, $1 + \frac{1}{2}\,e^{-\frac{x}{2}} > 0$.

• $\lim_{X \to -\infty} e^X = 0$, d'où $\lim_{x \to +\infty} e^{-\frac{x}{2}} = 0$.

On en déduit $\mathbf{\lim_{x \to +\infty} g(x) = +\infty}$.

• $\lim_{X \to +\infty} e^X = +\infty$, d'où $\lim_{x \to -\infty} e^{-\frac{x}{2}} = +\infty$.

On en déduit $\mathbf{\lim_{x \to -\infty} g(x) = -\infty}$.

D'où le tableau de variation de g :

x	$-\infty$	$+\infty$
$g'(x)$	+	
g	$-\infty$ ↗	$+\infty$

b) g est dérivable sur $\mathbb{R}$, donc continue, et strictement croissante. Comme $\lim_{x \to +\infty} g(x) = +\infty$ et $\lim_{x \to -\infty} g(x) = -\infty$, g réalise une bijection de $\mathbb{R}$ dans $\mathbb{R}$.

Le réel 0 admet donc un unique antécédent α par g. Cela revient à dire que l'équation $g(x) = 0$ admet α pour unique solution.

À l'aide de la calculatrice, on obtient :

$f(0,70) \approx -4{,}6 \times 10^{-3}$ (négatif) ;

$f(0,71) \approx +8{,}8 \times 10^{-3}$ (positif).

Donc $\mathbf{0{,}70 < \alpha < 0{,}71}$.

c) En raison de la stricte croissance de g :

• si $x < \alpha$, alors $g(x) < g(\alpha)$, c'est-à-dire $g(x) < 0$;

• si $x > \alpha$, alors $g(x) > g(\alpha)$, c'est-à-dire $g(x) > 0$.

2° *a*) $f'(x) = 2\,e^{\frac{x}{2}} + (2x - 4) \times \frac{1}{2}\,e^{\frac{x}{2}} - 1$,

$f'(x) = x\,e^{\frac{x}{2}} - 1$,

$f'(x) = e^{\frac{x}{2}}\left(x - e^{-\frac{x}{2}}\right)$,

d'où $\mathbf{f'(x) = e^{\frac{x}{2}} g(x)}$.

Comme pour tout réel x, $e^{\frac{x}{2}} > 0$, alors $f'(x)$ est du même signe que $g(x)$.

On en déduit que :

- **sur $]-\infty\,;\,\alpha]$, f est strictement décroissante ;**
- **sur $[\alpha\,;\,+\infty[$, f est strictement croissante.**

b) α vérifie $g(\alpha) = 0$, c'est-à-dire :

$\alpha - e^{-\frac{\alpha}{2}} = 0$, soit $\alpha = e^{-\frac{\alpha}{2}}$, ou encore $\frac{1}{\alpha} = e^{\frac{\alpha}{2}}$.

$$f(\alpha) = (2\alpha - 4)e^{\frac{\alpha}{2}} + 2 - \alpha,$$

$$f(\alpha) = (2\alpha - 4) \times \frac{1}{\alpha} + 2 - \alpha,$$

$$f(\alpha) = 2 - \frac{4}{\alpha} + 2 - \alpha,$$

$$\boldsymbol{f(\alpha) = 4 - \alpha - \frac{4}{\alpha}}.$$

Comme $0{,}70 < \alpha < 0{,}71$, alors :

$$\frac{1}{0{,}71} < \frac{1}{\alpha} < \frac{1}{0{,}70},$$

$$\frac{-4}{0{,}70} < \frac{-4}{\alpha} < \frac{-4}{0{,}71}.$$

D'autre part :

$$-0{,}71 < -\alpha < -0{,}70,$$

$$4 - 0{,}71 < 4 - \alpha < 4 - 0{,}70.$$

Finalement :

$$4 - 0{,}71 - \frac{4}{0{,}70} < 4 - \alpha - \frac{4}{\alpha} < 4 - 0{,}70 - \frac{1}{0{,}71}.$$

$4 - 0{,}70 - \frac{4}{0{,}71} \approx -2{,}33$, à 10^{-2} près par *excès** ;

$4 - 0{,}71 - \frac{4}{0{,}70} \approx -2{,}43$, à 10^{-2} près par *défaut**.

On en déduit que **$-2{,}43 < f(\alpha) < -2{,}33$.**

3° *a*) • Pour lever l'indétermination en $+\infty$, on écrit :

$$f(x) = \left(2x - 4 - xe^{-\frac{x}{2}}\right)e^{\frac{x}{2}} + 2.$$

* *N. B. : le contraire serait incorrect.*

$x\,e^{-\frac{x}{2}} = 2\dfrac{\frac{x}{2}}{e^{\frac{x}{2}}}$. En posant $X = \dfrac{x}{2}$, et sachant que $\lim\limits_{X \to +\infty} \dfrac{e^X}{X} = +\infty$, on en déduit : $\lim\limits_{x \to +\infty} \dfrac{\frac{x}{2}}{e^{\frac{x}{2}}} = 0$.

D'où $\lim\limits_{x \to +\infty} \left(2x - 4 - x\,e^{\frac{x}{2}}\right) = +\infty$, puis, comme $\lim\limits_{x \to +\infty} e^{\frac{x}{2}} = +\infty$,

$\lim\limits_{x \to +\infty} \boldsymbol{f(x) = +\infty}$.

- Pour lever l'indétermination en $-\infty$, on écrit :

$f(x) = 2x\,e^{\frac{x}{2}} - 4e^{\frac{x}{2}} + 2 - x$ et on utilise $\lim\limits_{X \to -\infty} Xe^X = 0$.

$x\,e^{\frac{x}{2}} = 2\dfrac{x}{2}e^{\frac{x}{2}}$, d'où, en posant $X = \dfrac{x}{2}$, $\lim\limits_{x \to -\infty} x\,e^{\frac{x}{2}} = 0$.

D'autre part, $\lim\limits_{x \to -\infty} e^{\frac{x}{2}} = 0$ et $\lim\limits_{x \to -\infty} 2 - x = +\infty$.

On en déduit : $\lim\limits_{x \to -\infty} \boldsymbol{f(x) = +\infty}$.

b) $f(x) - (2 - x) = (2x - 4)\,e^{\frac{x}{2}}$,

$f(x) - (2 - x) = 2x\,e^{\frac{x}{2}} - 4\,e^{\frac{x}{2}}$.

On a vu à la question précédente que $\lim\limits_{x \to -\infty} x\,e^{\frac{x}{2}} = 0$.

Or $\lim\limits_{x \to -\infty} e^{\frac{x}{2}} = 0$, donc $\lim\limits_{x \to -\infty} [f(x) - (2 - x)] = 0$.

La droite D est donc asymptote à (C).

4°

x	$-\infty$		α		$+\infty$
$f'(x)$		$-$	0	$+$	
f	$+\infty$	↘	$f(\alpha)$	↗	$+\infty$

5°

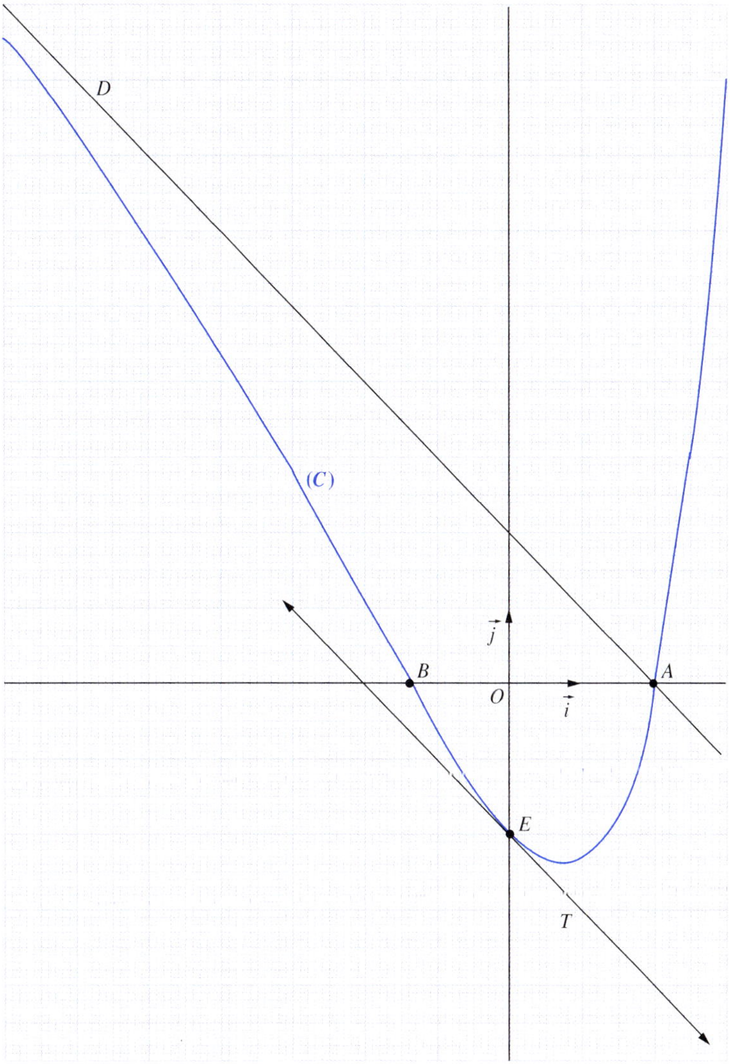

a) Les abscisses de *A* et *B* vérifient $f(x) = 0$,

c'est-à-dire : $$(2x - 4)\,e^{\frac{x}{2}} + 2 - x = 0,$$

$$(x - 2)\left[2e^{\frac{x}{2}} - 1\right] = 0,$$

$$x = 2 \quad \text{ou} \quad e^{\frac{x}{2}} = \frac{1}{2},$$

$$x = 2 \quad \text{ou} \quad x = -2 \ln 2.$$

Donc **A(2 ; 0) et B(– 2 ln 2 ; 0).**

b) Équation de T : $y = f'(0)x + f(0)$,
$y = -x - 2.$

9

LE CALCUL INTÉGRAL

OBJECTIFS

- *Calculer directement une intégrale*
- *Calculer une intégrale par la méthode d'intégration par parties*
- *Déterminer une aire par le calcul intégral*
- *Calculer le volume d'un solide de l'espace*

À RETENIR !

Dans toute la suite, f et g désignent des fonctions définies sur un intervalle I, continues. Sauf précision supplémentaire, a, b et c désignent des nombres réels quelconques de l'intervalle I.

DÉFINITIONS

F désigne une primitive quelconque de f sur I.
On appelle **intégrale de a à b de f,** le nombre réel noté :

$$\int_a^b f(x)\,\mathrm{d}x = F(b) - F(a).$$

Remarques :

- L'intégrale est indépendante de la primitive F choisie.
- x est une variable dite muette, que l'on peut remplacer par n'importe quel autre symbole, distinct de a et b.
- a et b sont les bornes.
- Pour la commodité des calculs, on peut noter :

$$[F(x)]_a^b = F(b) - F(a).$$

- La fonction $\mathcal{F} : x \mapsto \displaystyle\int_a^x f(t)\,\mathrm{d}t$ est la primitive de f définie sur I, s'annulant en a.

On appelle **valeur moyenne de f sur l'intervalle $[a, b]$,** le nombre réel :

$$\mu = \frac{1}{b-a}\int_a^b f(x)\,\mathrm{d}x.$$

RELATION DE CHASLES

$$\int_a^b f(x)\,\mathrm{d}x + \int_b^c f(x)\,\mathrm{d}x = \int_a^c f(x)\,\mathrm{d}x.$$

Cette relation est connue sous le nom de **relation de Chasles.**
En intervertissant les bornes, on change le signe de l'intégrale :

$$\int_b^a f(x)\,\mathrm{d}x = -\int_a^b f(x)\,\mathrm{d}x.$$

LINÉARITÉ DE L'INTÉGRALE

- $\int_a^b (f+g)(x)\, \mathrm{d}x = \int_a^b f(x)\, \mathrm{d}x + \int_a^b g(x)\, \mathrm{d}x.$
- k désignant un nombre réel quelconque :

$$\int_a^b (kf)(x)\, \mathrm{d}x = k \int_a^b f(x)\, \mathrm{d}x.$$

Ces deux identités définissent ce que l'on nomme **la propriété de linéarité de l'intégrale.**

Conséquences :

- La première propriété se généralise à une somme de plusieurs fonctions.
- k et l désignant des réels quelconques :

$$\int_a^b (kf + lg)(x)\, \mathrm{d}x = k \int_a^b f(x)\, \mathrm{d}x + l \int_a^b g(x)\, \mathrm{d}x.$$

- $\int_a^b (f-g)(x)\, \mathrm{d}x = \int_a^b f(x)\, \mathrm{d}x - \int_a^b g(x)\, \mathrm{d}x.$

Attention : Il n'existe aucun moyen général d'écrire autrement et plus simplement $\int_a^b (fg)(x)\, \mathrm{d}x$ et $\int_a^b \left(\frac{f}{g}\right)(x)\, \mathrm{d}x.$

INÉGALITÉS ENTRE INTÉGRALES

Si $\boldsymbol{a < b}$ et $\boldsymbol{f \geqslant 0}$, alors $\int_a^b f(x)\, \mathrm{d}x \geqslant 0.$

Attention : La réciproque est fausse.

Conséquences :

Comparaison d'intégrales

Si $\boldsymbol{a} < \boldsymbol{b}$ et $\boldsymbol{f} \leqslant \boldsymbol{g}$, alors $\displaystyle\int_a^b f(x)\,\mathrm{d}x \leqslant \int_a^b g(x)\,\mathrm{d}x$.

Attention : La réciproque est fausse.

Inégalités de la moyenne

Propriété 1 : Soient m et M des nombres réels.
Supposons que f soit bornée sur $[a, b]$, et que, pour tout réel x de $[a, b]$, $m \leqslant f(x) \leqslant M$.

Si $\boldsymbol{a} < \boldsymbol{b}$, alors $\displaystyle m(b-a) \leqslant \int_a^b f(x)\,\mathrm{d}x \leqslant M(b-a)$.

Propriété 2 : Soit K un nombre réel positif. Supposons que f soit bornée sur $[a, b]$, et que, pour tout réel x de $[a, b]$, $|f(x)| \leqslant K$.

Alors $\displaystyle\left|\int_a^b f(x)\,\mathrm{d}x\right| \leqslant K\,|b-a|$.

INTÉGRATION PAR PARTIES

Soient u et v des fonctions dérivables telles que u' et v' sont continues sur l'intervalle I :

$$\int_a^b u(x)\,v'(x)\,\mathrm{d}x = [u(x)\,v(x)]_a^b - \int_a^b u'(x)\,v(x)\,\mathrm{d}x.$$

Intérêt de la méthode : Si l'on reconnaît des fonctions u et v telles qu'on puisse écrire la fonction f sous la forme $f(x) = u(x)\,v'(x)$ et si l'on peut calculer $\displaystyle\int_a^b u'(x)\,v(x)\,\mathrm{d}x$, alors $\displaystyle\int_a^b f(x)\,\mathrm{d}x$ pourra être déterminée.
Cette méthode permet aussi parfois d'établir des relations de récurrence.

APPLICATION AUX CALCULS D'AIRES ET DE VOLUMES

• Calculs d'aires

• Supposons $f \geqslant 0$.

(C) désigne la courbe représentative de f dans un repère orthogonal du plan.

L'ensemble des points $M(x\,;y)$ tels que $\begin{cases} a \leqslant x \leqslant b \\ \text{et} \\ 0 \leqslant y \leqslant f(x), \end{cases}$ est le domaine $\mathcal{E}$ du plan limité par les droites D et D', d'équations respectives $x = a$ et $x = b$ $(a < b)$, l'axe des abscisses et la courbe (C).

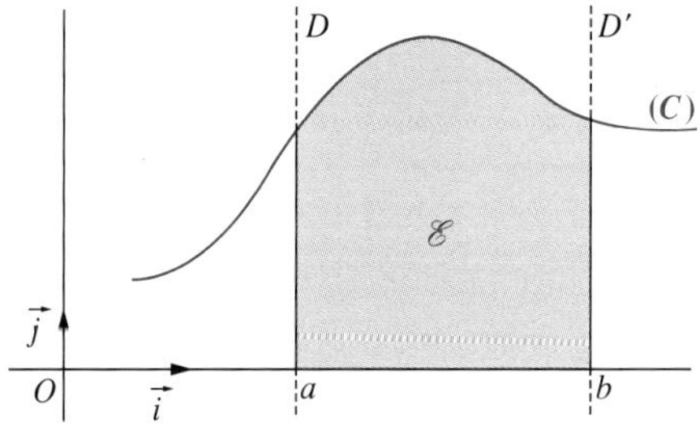

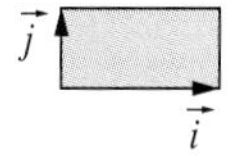

Rectangle d'aire 1 (unité d'aire)

> L'aire du domaine $\mathcal{E}$, exprimée en unité d'aire, est égal au nombre réel positif :
>
> $$\mathcal{A} = \int_a^b f(x)\,\mathrm{d}x \quad (\text{lorsque } f \geqslant 0 \text{ et } a < b).$$

Remarques :

• Dans certains exercices, si l'énoncé le demande, l'unité d'aire pourra être convertie dans les unités usuelles (cm^2, mm^2, etc.).

• Si $f \leqslant 0$ et $a < b$, l'aire du domaine $\mathcal{E}$ défini par les inéquations $\begin{cases} a \leqslant x \leqslant b \\ \text{et} \\ f(x) \leqslant y \leqslant 0 \end{cases}$ est $\mathcal{A} = - \int_a^b f(x)\, \mathrm{d}x.$

Supposons $f \leqslant g$ et $a < b$.

L'aire du domaine $\mathcal{E}$ défini par $\begin{cases} a \leqslant x \leqslant b \\ \text{et} \\ f\, x) \leqslant y \leqslant g(x), \end{cases}$ est :

$$\mathcal{A} = \int_a^b [g(x) - f(x)]\, \mathrm{d}x.$$

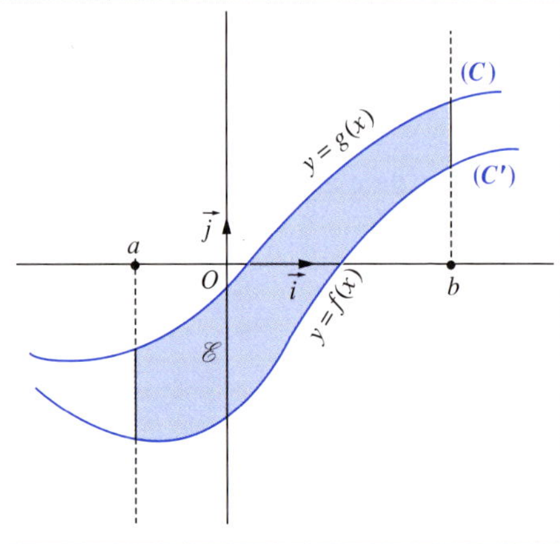

• Calculs de volumes

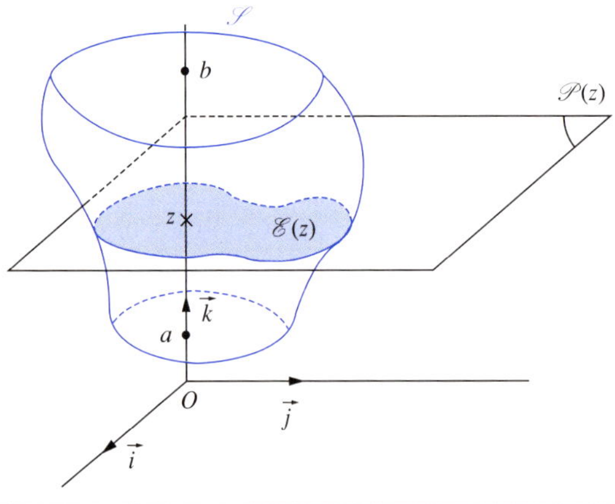

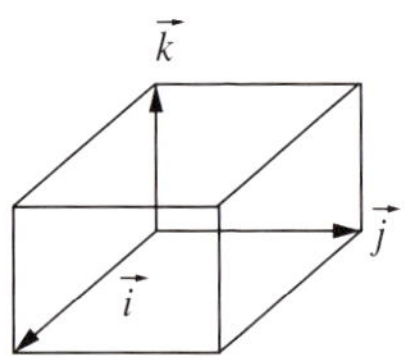

Parallélépipède rectangle
de volume 1
(unité de volume)

Soit $\mathcal{S}$ un solide de l'espace limité par les deux plans d'équations $z = a$ et $z = b$ $(a < b)$.

Le plan $\mathcal{P}(z)$, de cote z, parallèle au plan $(O, \vec{i}, \vec{j})$, coupe le solide suivant une surface $\mathcal{E}(z)$ d'aire $s(z)$.

> Le volume du solide $\mathcal{S}$, exprimé en unité de volume, est égal au nombre réel positif :
>
> $$V = \int_a^b s(z)\, \mathrm{d}z.$$

COMMENT FAIRE ?

CALCULER DIRECTEMENT UNE INTÉGRALE

Exemple

Justifier l'existence des intégrales suivantes et les calculer :

1° $A = \displaystyle\int_{-1}^{+1} (2x^3 - 4x^2 + x - 1)\,\mathrm{d}x$;

2° $B = \displaystyle\int_{0}^{2} (2x + 1)(x^2 + x - 1)^2\,\mathrm{d}x$;

3° $C = \displaystyle\int_{0}^{1} \frac{1}{(x+1)^2}\,\mathrm{d}x$; **4°** $D = \displaystyle\int_{-1}^{0} \frac{1}{\sqrt{x+3}}\,\mathrm{d}x$;

5° $E = \displaystyle\int_{-3}^{-\frac{5}{2}} \frac{1}{x+2}\,\mathrm{d}x$; **6°** $F = \displaystyle\int_{-2}^{0} \mathrm{e}^{2x-1}\,\mathrm{d}x$;

7° $G = \displaystyle\int_{0}^{\frac{\pi}{4}} \sin 3x\,\mathrm{d}x$.

Pour que l'intégrale $\displaystyle\int_{a}^{b} f(x)\,\mathrm{d}x$ existe, il suffit que f soit **définie** et **continue** sur l'intervalle $[a\,;\,b]$ si $a < b$ (ou $[b\,;\,a]$ si $b < a$).

Dans tous ces exemples-ci, la fonction f à intégrer apparaît directement comme la dérivée d'une fonction F, qu'il s'agit de reconnaître.

1° La fonction $f : x \mapsto 2x^3 - 4x^2 + x - 1$ est une fonction polynôme ; elle est donc définie et continue sur $\mathbb{R}$; l'intégrale A existe donc bien.
Pour la détermination d'une primitive de f, il convient d'utiliser le résultat du cours :

« une primitive de $u : x \mapsto x^n$ ($n \in \mathbb{N}$), sur $\mathbb{R}$, est $U : x \mapsto \dfrac{x^{n+1}}{n+1}$ ».

$$A = \int_{-1}^{1} (2x^3 - 4x^2 + x - 1)\,\mathrm{d}x = \left[2\,\frac{x^4}{4} - 4\,\frac{x^3}{3} + \frac{x^2}{2} - x\right]_{-1}^{1},$$

$$A = \left(\frac{1}{2} - \frac{4}{3} + \frac{1}{2} - 1\right) - \left(\frac{1}{2} + \frac{4}{3} + \frac{1}{2} + 1\right),$$

$$A = -\frac{8}{3} - 2 = -\frac{14}{3},$$

$$\mathbf{A = -\frac{14}{3}.}$$

2° La fonction $f : x \mapsto (2x + 1)(x^2 + x - 1)^2$ est une fonction polynôme, donnée sous forme factorisée ; elle est définie et continue sur $\mathbb{R}$; l'intégrale B existe donc bien.

Il serait maladroit de développer $f(x)$; on doit ici reconnaître que f est de la forme $u' \, u^n$ (avec $n = 2$ et $u(x) = x^2 + x - 1$) ; une primitive de f est donc de la forme $\dfrac{u^{n+1}}{n+1}$, c'est-à-dire $F(x) = \dfrac{(x^2 + x - 1)^3}{3}$.

$$B = \int_0^2 (2x + 1)(x^2 + x - 1)^2 \, dx = \left[\frac{(x^2 + x - 1)^3}{3}\right]_0^2,$$

$$B = \frac{(2^2 + 2 - 1)^3}{3} - \frac{(-1)^3}{3} = \frac{126}{3} = 42,$$

$$\mathbf{B = 42.}$$

3° La fonction rationnelle $f : x \mapsto \dfrac{1}{(x + 1)^2}$ est définie et continue sur les intervalles $]-\infty\,;\,-1[$ et $]-1\,;\,+\infty[$; comme l'intervalle $[0\,;\,1]$ est inclus dans l'intervalle $]-1\,;\,+\infty[$, alors l'intégrale C existe bien.

f est de la forme $\dfrac{u'}{u^n}$ $(n \geqslant 2)$ (avec $n = 2$ et $u(x) = x + 1$) ; une primitive de f est de la forme $F = \dfrac{-(n-1)}{u^{n-1}}$, c'est-à-dire $F(x) = \dfrac{-1}{x + 1}$.

$$C - \int_0^1 \frac{1}{(x + 1)^2} \, dx = \left[\frac{-1}{x + 1}\right]_0^1,$$

$$C = \frac{-1}{1 + 1} - \frac{-1}{0 + 1} = -\frac{1}{2} + 1 = \frac{1}{2},$$

$$\mathbf{C = \frac{1}{2}.}$$

4° La fonction $f : x \mapsto \dfrac{1}{\sqrt{x + 3}}$ est définie sur l'intervalle $]-3\,;\,+\infty[$; f est dérivable donc continue ; comme $[-1\,;\,0] \subset\,]-3\,;\,+\infty[$, alors D existe bien.

f est de la forme $\dfrac{u'}{\sqrt{u}}$ (avec $u(x) = x + 3$) ; une primitive de f est de la forme $F = 2\sqrt{u}$; c'est-à-dire $F(x) = 2\sqrt{x + 3}$.

$$D = \int_{-1}^{0} \frac{1}{\sqrt{x+3}}\,dx = [2\sqrt{x+3}]_{-1}^{0},$$
$$D = 2\sqrt{3} - 2\sqrt{2},$$
$$\boldsymbol{D = 2(\sqrt{3} - \sqrt{2}).}$$

5° La fonction rationnelle $f : x \mapsto \dfrac{1}{x+2}$ est définie sur les intervalles $]-\infty\,;\,-2[$ est $]-2\,;\,+\infty[$ et elle est continue ; comme l'intervalle $\left[-3\,;\,-\dfrac{5}{2}\right]$ est inclus dans l'intervalle $]-\infty\,;\,-2[$, alors l'intégrale E existe bien.

f est de la forme $\dfrac{u'}{u}$ (avec $u(x) = x + 2$) ; une primitive de f est de la forme $F = \ln|u|$, c'est-à-dire $F(x) = \ln|x+2|$.

$$E = \int_{-3}^{-\frac{5}{2}} \frac{1}{x+2}\,dx = [\ln|x+2|]_{-3}^{-\frac{5}{2}},$$
$$E = \ln\left|-\frac{5}{2}+2\right| - \ln|-3+2| = \ln\left|\frac{-1}{2}\right| - \ln|-1|,$$
$$E = \ln\frac{1}{2} - \ln 1 = -\ln 2,$$
$$\boldsymbol{E = -\ln 2.}$$

6° La fonction $f : x \mapsto e^{2x-1}$ est définie sur $\mathbb{R}$, dérivable donc continue ; l'intégrale F existe donc bien.
f est de la forme e^{ax+b} $(a \neq 0)$; une primitive de f est de la forme $F(x) = \dfrac{1}{a}e^{ax+b}$, c'est-à-dire $F(x) = \dfrac{1}{2}e^{2x-1}$.

$$F = \int_{-2}^{0} e^{2x-1}\,dx = \left[\frac{1}{2}e^{2x-1}\right]_{-2}^{0},$$
$$F = \frac{1}{2}e^{-1} - \frac{1}{2}e^{-5} = \frac{e^{-1} - e^{-5}}{2},$$
$$\boldsymbol{F = \frac{e^{-1} - e^{-5}}{2}.}$$

7° La fonction $f : x \mapsto \sin 3x$ est définie sur $\mathbb{R}$, dérivable, donc continue ; l'intégrale G existe donc bien.
f est de la forme $\sin(ax+b)$ $(a \neq 0)$; une primitive de f est de la forme :

$F(x) = -\dfrac{1}{a}\cos(ax+b)$, c'est-à-dire $F(x) = -\dfrac{1}{3}\cos 3x$.

$$G = \int_0^{\frac{\pi}{4}} \sin 3x \, \mathrm{d}x = \left[-\frac{1}{3}\cos 3x\right]_0^{\frac{\pi}{4}},$$

$$G = \left(-\frac{1}{3}\cos 3 \times \frac{\pi}{4}\right) - \left(-\frac{1}{3}\cos(3 \times 0)\right),$$

$$\mathrm{G} = -\frac{1}{3} \times \frac{-\sqrt{2}}{2} + \frac{1}{3} = \frac{2+\sqrt{2}}{6},$$

$$\boldsymbol{G = \frac{2+\sqrt{2}}{6}}.$$

EN BREF !

Si la question de l'existence d'une intégrale est en général implicitement admise, et n'est souvent pas exigée dans les problèmes, elle est néanmoins essentielle et mérite d'être bien comprise. Le calcul direct d'une intégrale est possible chaque fois que la fonction f à intégrer apparaît comme la dérivée d'une fonction F. Il est donc essentiel de bien connaître les formules de dérivation et de savoir les lire « à l'envers », pour retrouver les primitives.

Remarque : Pour le calcul des primitives, se reporter au chapitre « compléments sur les fonctions numériques ».

APPLICATIONS

1 Calculer les intégrales suivantes :

1° $A = \int_0^1 (x+1)(x^2+2x-3)^2 \, \mathrm{d}x$;

2° $B = \int_{-1}^0 \frac{1}{(2x-1)^3} \, \mathrm{d}x$; **3°** $C = \int_{-\frac{1}{2}}^{\frac{1}{2}} \frac{1}{\sqrt{1-x}} \, \mathrm{d}x$;

4° $D = \int_2^3 \frac{x}{1-x^2} \, \mathrm{d}x$; **5°** $E = \int_{-1}^1 \mathrm{e}^{-\frac{1}{2}x} \, \mathrm{d}x$;

6° $F = \int_{\frac{\pi}{6}}^{\frac{\pi}{4}} \cos 2x \, \mathrm{d}x$.

2 *Ne traiter cette application qu'après avoir étudié les chapitres sur les nombres complexes.*

1° Linéariser $\sin^3 x$ sous la forme :

$$\sin^3 x = a \sin x + b \sin 3x.$$

2° Utiliser le résultat précédent pour calculer l'intégrale :

$$I = \int_0^{\frac{\pi}{2}} \sin x (1 + \sin x)^2 \, dx.$$

(D'après bac D', 1991.)

CALCULER UNE INTÉGRALE PAR LA MÉTHODE D'INTÉGRATION PAR PARTIES

Exemple

En utilisant la méthode d'intégration par parties, calculer l'intégrale :

$$A = \int_0^1 (x + 1) \, e^{-x} \, dx.$$

La méthode d'intégration par parties peut s'appliquer lorsque la fonction f à intégrer s'écrit sous la forme $f = u v'$.
La difficulté est d'identifier la fonction u et la fonction v qui permettront le calcul.

Une première condition pour poursuivre le calcul est de connaître une primitive v de la fonction identifiée comme étant v'. Cela impose parfois un choix unique.

Dans l'exemple ci-dessus, on pourrait, *a priori* :
— faire le choix **1** : $v'(x) = e^{-x}$ (et alors $v(x) = - e^{-x}$) ;
— ou le choix **2** : $v'(x) = x + 1$ $\left(\text{et alors } v(x) = \frac{x^2}{2} + x\right)$.

Nous allons montrer que le choix **1** aboutit, et constater que le choix **2** n'aboutit à aucune forme simple.

$u(x) = x + 1$	$u'(x) = 1$
$v(x) = - e^{-x}$	$v'(x) = e^{-x}$

$f(x) = (x + 1) \, e^{-x}$,

$f(x) = u(x) \, v'(x)$.

La formule d'intégration par parties (voir rubrique « À RETENIR ! ») nous permet donc d'écrire :

$$A = \left[(x+1)(-\mathrm{e}^{-x})\right]_0^1 - \int_0^1 1 \times (-\mathrm{e}^{-x})\,\mathrm{d}x,$$

d'où, par calcul :

$$A = -2\,\mathrm{e}^{-1} + 1 + \int_0^1 \mathrm{e}^{-x}\,\mathrm{d}x.$$

Le calcul peut être achevé, car une primitive de $x \mapsto \mathrm{e}^{-x}$ est $x \mapsto -\mathrm{e}^{-x}$, d'où :

$$A = -2\,\mathrm{e}^{-1} + 1 + \left[-\mathrm{e}^{-x}\right]_0^1,$$

$$A = -2\,\mathrm{e}^{-1} + 1 - \mathrm{e}^{-1} + 1,$$

$$\mathbf{A = 2 - 3\,e^{-1}}.$$

Remarque : Le choix **2** aurait conduit au calcul suivant :

$$A = \left[\left(\frac{x^2}{2} + x\right)\mathrm{e}^{-x}\right]_0^1 - \int_0^1 \left(\frac{x^2}{2} + x\right) \times (-\mathrm{e}^{-x})\,\mathrm{d}x,$$

mais l'intégrale obtenue ne se calcule pas directement.

EN BREF !

On ne doit appliquer la méthode d'intégration par parties que lorsqu'on ne connaît pas directement de primitives de la fonction à intégrer. En principe, si la méthode d'intégration par parties s'impose, l'énoncé le signalera.

Il convient de faire ensuite le bon choix de u et v' pour pouvoir appliquer la formule.

Remarques :

- Parfois, plusieurs intégrations par parties successives sont nécessaires.
- Dans certains exercices portant sur des suites définies par des intégrales, l'intégrale obtenue permet d'établir une relation de récurrence. (Voir le chapitre sur les suites numériques.)

APPLICATIONS

En utilisant la méthode d'intégration par parties, calculer les intégrales suivantes.

3 $B = \displaystyle\int_{-1}^{1} x\,\mathrm{e}^{1-x}\,\mathrm{d}x.$

4 $C = \int_{-1}^{0} (x+1)^2 \, e^{-x} \, dx.$

Indication : Procéder à deux intégrations par parties successives.

(Question extraite du sujet du bac D, groupe III, 1993.)

5 $D = \int_{1}^{e} \ln x \, dx.$

Indication : Écrire $\ln x = 1 \times \ln x$.

(Question extraite du sujet du bac D, groupe I, 1993.)

DÉTERMINER UNE AIRE PAR LE CALCUL INTÉGRAL

Exemple

Sur la figure ci-dessous, on a représenté la parabole $\mathscr{P}$ d'équation :

$$y = (1 - x)(x - 3).$$

1° Calculer, en unité d'aire, l'aire du domaine situé au-dessous de la parabole et au-dessus de l'axe des abscisses.

2° La droite D d'équation $y = 2x - 3$ coupe la parabole $\mathscr{P}$ aux points $A(0\,;\,-3)$ et $B(2\,;\,1)$.
Calculer, en unité d'aire, l'aire du domaine situé au-dessous de la parabole $\mathscr{P}$ et au-dessus de la droite D.

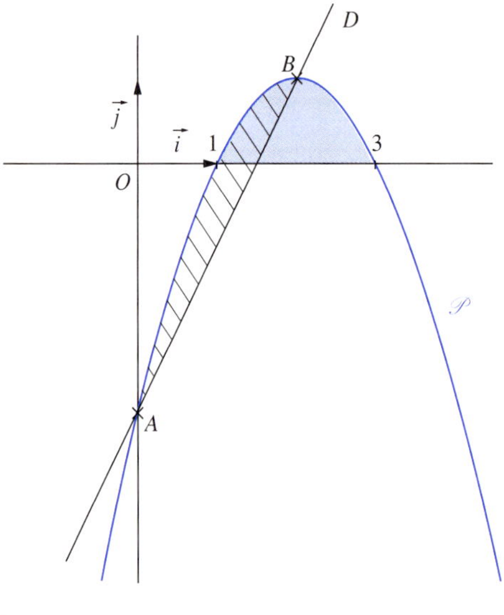

1° Soit $f(x) = (1 - x)(x - 3)$.
$f(x) \geqslant 0$ lorsque $1 \leqslant x \leqslant 3$.

L'aire du domaine est donnée par l'intégrale :

$$\mathcal{A} = \int_1^3 (1 - x)(x - 3)\,\mathrm{d}x,$$

$$\mathcal{A} = \int_1^3 (-x^2 + 4x - 3)\,\mathrm{d}x,$$

$$\mathcal{A} = \left[-\frac{x^3}{3} + 2x^2 - 3x\right]_1^3,$$

$$\mathcal{A} = (-9 + 18 - 9) - \left(-\frac{1}{3} + 2 - 3\right),$$

$$\boldsymbol{\mathcal{A} = \frac{4}{3}}.$$

2° Sur l'intervalle [0 ; 2], la parabole $\mathcal{P}$ est située au-dessus de la droite D. L'aire $\mathcal{A}'$ du domaine proposé se calcule donc par l'intégrale :

$$\mathcal{A}' = \int_0^2 [(1 - x)(x - 3) - (2x - 3)]\,\mathrm{d}x,$$

$$\mathcal{A}' = \int_0^2 (-x^2 + 2x)\,\mathrm{d}x,$$

$$\mathcal{A}' = \left[-\frac{x^3}{3} + x^2\right]_0^2,$$

$$\mathcal{A}' - \frac{8}{3} + 4 = \frac{4}{3},$$

$$\boldsymbol{\mathcal{A}' = \frac{4}{3}}.$$

EN BREF !

Pour calculer une aire à l'aide d'une intégrale, vous devez bien observer le domaine afin de déterminer les bornes d'intégration et le signe de la fonction.

Attention : Une aire est, par définition, positive. Si le calcul de l'intégrale vous donne un résultat négatif, l'intégrale ne peut représenter une aire.

Il peut vous être demandé aussi de convertir l'aire, exprimée en unité d'aire, dans les unités usuelles : cm^2, mm^2, etc.

APPLICATIONS

6 Sur la figure suivante, sont représentées les deux paraboles $\mathscr{P}$ et $\mathscr{P}'$ d'équations respectives :

$$\mathscr{P} : y = -x(x-4) ; \qquad \mathscr{P}' : y = (x-4)^2.$$

Elles se coupent aux points $A(2 ; 4)$ et $B(4 ; 0)$.

Calculer l'aire du domaine situé en dessous de $\mathscr{P}$ et au-dessus de $\mathscr{P}'$.

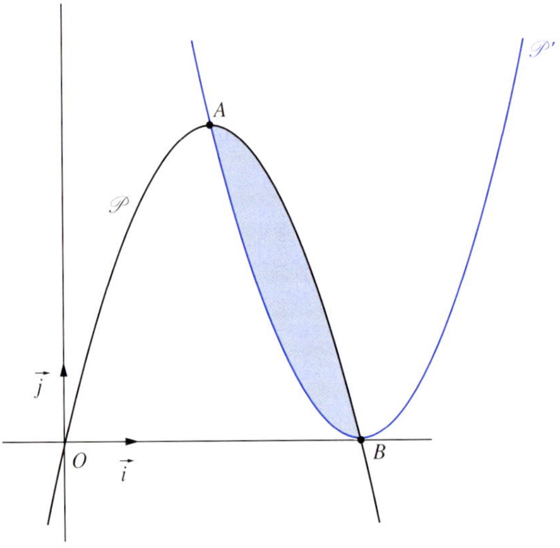

7 Sur la figure suivante, on a représenté la droite Δ d'équation $y = x - 1$ et la courbe (C) d'équation $y = x - 1 + \dfrac{\ln x}{x}$.

1° Étudier la position de Δ et (C) sur l'intervalle $[1 ; \mathrm{e}]$.
2° Calculer l'aire du domaine limité par (C), Δ et les droites d'équations $x = 1$ et $x = \mathrm{e}$.

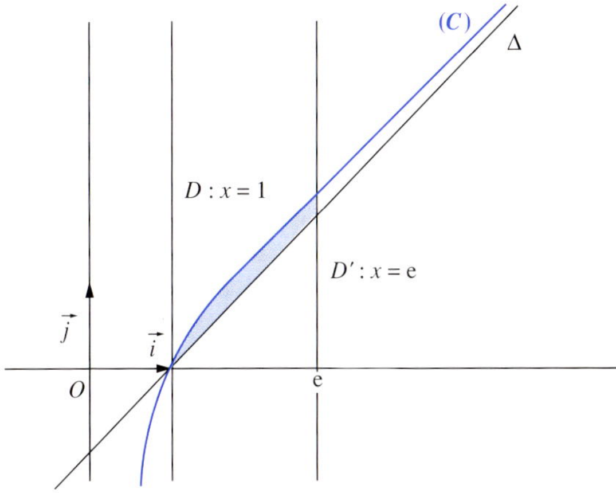

(Extrait du bac D, Amérique du Nord, 1993.)

8 Sur la figure suivante, on a représenté la courbe (C) d'équation $y = (x + 1)^2 \mathrm{e}^{-x}$. L'unité graphique est : 2 cm.

1° Calculer l'intégrale $I = \displaystyle\int_{-1}^{0} (x + 1)^2 \mathrm{e}^{-x}\,\mathrm{d}x$, à l'aide de deux intégrations par parties successives.
2° Soit $\mathcal{A}$ l'aire, **exprimée en cm²,** du domaine hachuré sur la figure. Donner la valeur exacte de $\mathcal{A}$, puis une approximation décimale à 10^{-2} près par défaut.

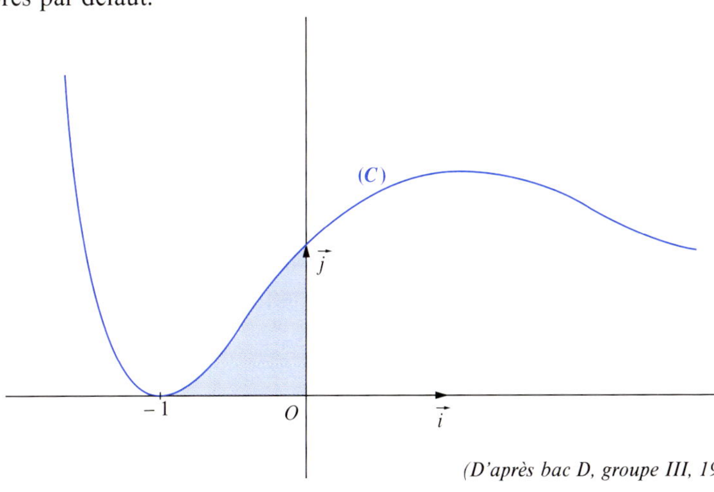

(D'après bac D, groupe III, 1993.)

9 On a représenté la courbe (C) de la fonction $f : x \mapsto e^x - e^{-\frac{x}{2}}$ dans un repère orthonormal $(O, \vec{i}, \vec{j})$.
f est strictement croissante et (C) coupe l'axe des abscisses en O.
Calculer, en unité d'aire, l'aire du domaine limité par (C), l'axe des abscisses, et les droites d'équations $x = -1$ et $x = 1$.

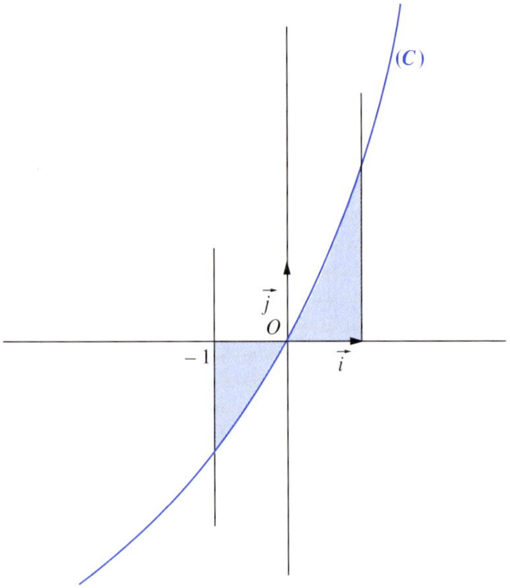

CALCULER LE VOLUME D'UN SOLIDE DE L'ESPACE

Exemple

Dans un repère orthonormal $(O, \vec{i}, \vec{j}, \vec{k})$ de l'espace, on a représenté la demi-boule de centre O et de rayon R (voir schéma ci-après).

1° Le plan $\mathscr{P}(z)$ de cote z $(0 \leqslant z \leqslant R)$ coupe la demi-boule suivant un disque de rayon $r(z)$.
Exprimer $r(z)$ en fonction de z.

2° En déduire le volume de la demi-boule.
En déduire le volume d'une boule de rayon R.

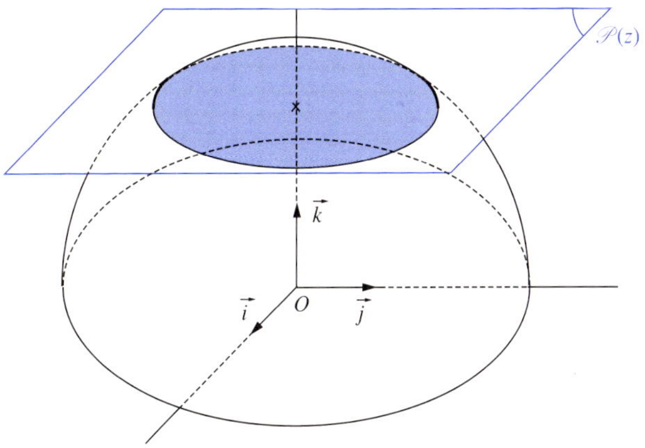

1° Pour déterminer $r(z)$, représentons une vue en coupe selon le plan $(O, \vec{j}, \vec{k})$.

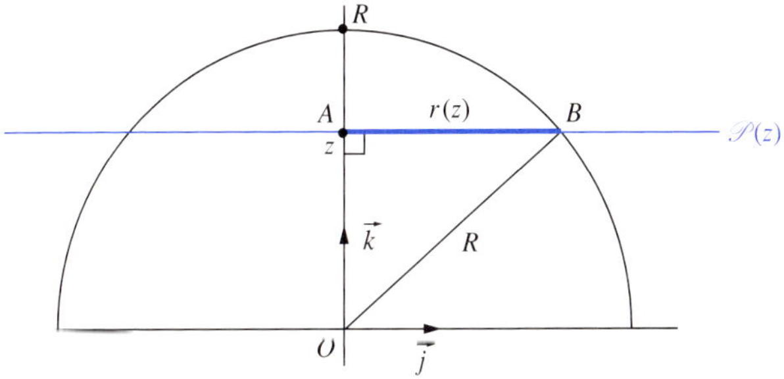

En appliquant la propriété de Pythagore au triangle rectangle OAB, on obtient :

$$R^2 = z^2 + r^2(z).$$

D'où :

$$r^2(z) = R^2 - z^2,$$

$$r(z) = \sqrt{R^2 - z^2}, \quad \text{puisque } 0 \leqslant z \leqslant R \text{ et } r(z) \geqslant 0.$$

2° Désignons par $s(z)$ l'aire du disque d'intersection du plan $\mathscr{P}(z)$ et de la demi-boule :

$$s(z) = \pi r^2(z) = \pi(R^2 - z^2).$$

Le volume V de la demi-boule se calcule par application de la formule :

$$V = \int_0^R s(z)\, \mathrm{d}z,$$

soit :
$$V=\int_0^R \pi(R^2-z^2)\,\mathrm{d}z=\pi\int_0^R (R^2-z^2)\,\mathrm{d}z,$$
$$V=\pi\left[R^2z-\frac{z^3}{3}\right]_0^R,$$
$$V=\pi\left(R^3-\frac{R^3}{3}\right),$$
$$\boldsymbol{V=\pi\times\frac{2}{3}R^3.}$$

Le volume d'une boule de rayon R est donc égal à $2V$, soit $\boldsymbol{\frac{4}{3}\pi R^3}$.

EN BREF !

Pour le calcul du volume d'un solide, il vous sera demandé d'appliquer la formule du cours ; pour cela, vous devrez calculer l'aire $s(z)$ de la section du solide par le plan de cote z.

APPLICATION

10 Soit (C) la courbe de la fonction $f : x \mapsto x+\frac{\ln x}{x}$, pour $x \in [1\,;\,\mathrm{e}]$, dans un repère orthonormal $(O,\vec{i},\vec{j})$ d'un plan $\mathscr{P}$ de l'espace, muni du repère $(O,\vec{i},\vec{j},\vec{k})$.
On considère le solide S engendré par la rotation autour de l'axe $(O,\vec{i})$ de la surface du plan, délimitée par les droites d'équations $x=1$ et $x=\mathrm{e}$, l'axe $(O,\vec{i})$ et la courbe (C).
Calculer le volume V du solide S.

Indication : Couper le solide par un plan $\mathscr{P}(x)$ parallèle à $(O,\vec{j},\vec{k})$; la section est un disque dont on calculera l'aire $s(x)$; on calculera $\int_1^{\mathrm{e}} \ln x\,\mathrm{d}x$ à l'aide d'une intégration par parties, et on vérifiera que la fonction $H : x \mapsto -\frac{1}{2}\ln^2 x-\frac{2}{x}\ln x-\frac{2}{x}$ est une primitive de $h : x \mapsto \frac{\ln^2 x}{x^2}$.

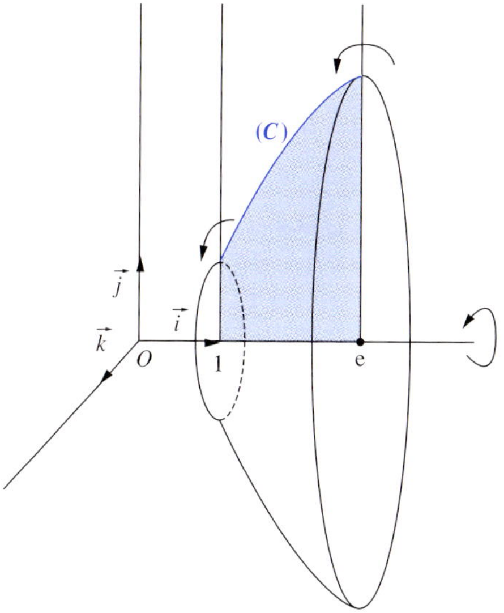

(Extrait du bac D, groupe I, 1993.)

FAIRE LE POINT . . . . .

11 Soit f la fonction définie sur $[0\,;\,+\infty[$ par $f(x) = \ln(e^{2x} + 2\,e^{-x})$.
On désigne par (C) sa courbe représentative dans un repère orthonormal $(O, \vec{i}, \vec{j})$ (unité graphique : 2 cm).

1° Montrer que pour tout réel x positif :

$$f(x) = 2x + \ln(1 + 2\,e^{-3x}).$$

2° *a*) Étudier la limite de f en $+\infty$.

b) Montrer que la droite D d'équation $y = 2x$ est asymptote à (C), quand x tend vers $+\infty$.

c) Étudier la position de (C) et D.

3° Étudier les variations de f. Tracer (C) et D.

4° Montrer que pour tout réel α, $\alpha > 0$:

$$\int_0^{\alpha} e^{-3x}\,dx \leqslant \frac{1}{3}.$$

5° Établir que, pour tout nombre réel u, $u \geqslant 0$:

$$\ln(1 + u) \leqslant u.$$

(On pourra étudier la fonction $g : u \mapsto u - \ln(1 + u)$ sur $[0 ; +\infty[$.)

6° En déduire que, pour tout réel α, $\alpha > 0$:

$$\int_0^{\alpha} \ln(1 + 2\,\mathrm{e}^{-3x}) \leqslant \frac{2}{3}.$$

7° Soit $\mathcal{A}(\alpha)$ l'aire, exprimée en cm^2, du domaine limité par les droites d'équations $x = 0$ et $x = \alpha$, D et $\mathcal{C}$. Déduire des questions précédentes, une majoration de $\mathcal{A}(\alpha)$ par un nombre indépendant de α.

(Extrait du bac D, Algérie, 1993.)

CORRIGÉS

1 **1°** Soit $u(x) = x^2 + 2x - 3$; alors $u'(x) = 2x + 2 = 2(x+1)$.

Donc $(x+1)(x^2+2x-3)^3 = \frac{1}{2} u'(x) u^3(x)$; on utilise le résultat :

« une primitive de $u' u^3$ est de la forme $\frac{u^4}{4}$ ».

$$A = \int_0^1 (x+1)(x^2+2x-3)^3 \, \mathrm{d}x = \left[\frac{1}{2} \frac{(x^2+2x-3)^4}{4}\right]_0^1,$$

$$A = 0 - \frac{(-3)^4}{8} = -\frac{81}{8},$$

$$\boldsymbol{A = -\frac{81}{8}.}$$

2° Soit $u(x) = 2x - 1$; alors $u'(x) = 2$.

Donc $\frac{1}{(2x-1)^3} = \frac{1}{2} \times \frac{2}{(2x-1)^3} = \frac{1}{2} \frac{u'(x)}{u^3(x)}$.

On utilise le résultat : « une primitive de $\frac{u'}{u^3}$ est de la forme $-\frac{1}{2u^2}$ ».

$$B = \int_{-1}^0 \frac{1}{(2x-1)^3} \, \mathrm{d}x = \left[\frac{1}{2} \times \frac{-1}{2(2x-1)^2}\right]_{-1}^0,$$

$$B = \frac{-1}{4} - \frac{-1}{36} = -\frac{2}{9},$$

$$B = -\frac{2}{9}.$$

3° $x \mapsto \frac{1}{\sqrt{1-x}}$ est définie, continue sur $]-\infty, 1[$, donc l'intégrale a bien un sens.

Soit $u(x) = 1 - x$; alors $u'(x) = -1$.

Donc $\frac{1}{\sqrt{1-x}} = -\frac{u'(x)}{\sqrt{u(x)}}$. On utilise ici le résultat : « une primitive de $\frac{u'}{\sqrt{u}}$ est de la forme $2\sqrt{u}$ ».

$$C = \int_{-\frac{1}{2}}^{\frac{1}{2}} \frac{1}{\sqrt{1-x}}\,\mathrm{d}x = \Big[-2\sqrt{1-x}\Big]_{-\frac{1}{2}}^{\frac{1}{2}},$$

$$C = -2\sqrt{\frac{1}{2}} + 2\sqrt{\frac{3}{2}} = \frac{2(\sqrt{3}-1)}{\sqrt{2}},$$

$$\boldsymbol{C = \sqrt{2}(\sqrt{3} - 1).}$$

4° La fonction $x \mapsto \dfrac{x}{1-x^2}$ est définie sur $\mathbb{R}\backslash\{-1\ ;\ 1\}$, donc en particulier sur l'intervalle $[2\ ;\ 3]$ et elle y est continue. L'intégrale D a donc bien un sens.
Soit $u(x) = 1 - x^2$; alors $u'(x) = -2x$.

Donc $\dfrac{x}{1-x^2} = -\dfrac{1}{2} \times \dfrac{-2x}{1-x^2} = -\dfrac{1}{2}\,\dfrac{u'(x)}{u(x)}$.

On utilise le résultat : « une primitive de $\dfrac{u'}{u}$ est de la forme $\ln|u|$ ».

$$D = \int_2^3 \frac{x}{1-x^2}\,\mathrm{d}x = \Big[-\frac{1}{2}\ln|1-x^2|\Big]_2^3,$$

$$D = -\frac{1}{2}\ln|-8| + \frac{1}{2}\ln|-3|,$$

$$D = \frac{1}{2}(\ln 3 - \ln 8),$$

ou encore : $\boldsymbol{D = \dfrac{1}{2}(\ln 3 - 3\ln 2).}$

5° $x \mapsto \mathrm{e}^{-\frac{1}{2}x}$ est définie, continue sur $\mathbb{R}$.
L'intégrale E a donc bien un sens.

$$E = \int_{-1}^{1} \mathrm{e}^{-\frac{1}{2}x}\,\mathrm{d}x = \left[\frac{1}{-\frac{1}{2}}\,\mathrm{e}^{-\frac{1}{2}x}\right]_{-1}^{1} = \Big[-2\mathrm{e}^{-\frac{1}{2}x}\Big]_{-1}^{1}$$

$$E = -2\mathrm{e}^{-\frac{1}{2}} + 2\mathrm{e}^{\frac{1}{2}},$$

ou encore :

$$\boldsymbol{E = 2\sqrt{e} - \frac{2}{\sqrt{e}}}.$$

6° La fonction $x \mapsto \cos 2x$ est définie, continue dans $\mathbb{R}$; donc l'intégrale F a bien un sens.

$$F = \int_{\frac{\pi}{6}}^{\frac{\pi}{4}} \cos 2x \, dx = \left[\frac{1}{2}\sin 2x\right]_{\frac{\pi}{6}}^{\frac{\pi}{5}},$$

$$F = \frac{1}{2}\sin\frac{\pi}{2} - \frac{1}{2}\sin\frac{\pi}{3},$$

$$\boldsymbol{F = \frac{1}{2} - \frac{\sqrt{3}}{4}}.$$

2 1° *Cette première question ne peut être traitée qu'après avoir étudié la forme trigonométrique d'un nombre complexe* (*voir les chapitres 4 et 5*).

On utilise la formule d'Euler :

$$\sin x = \frac{1}{2i}(e^{ix} - e^{-ix}),$$

$$\sin^3 x = \frac{1}{(2i)^3}(ei^x - e^{-ix})^3,$$

$$\sin^3 x = \frac{-1}{8i}(e^{i3x} - 3e^{i2x} \times e^{-ix} + 3e^{ix} \times e^{-i2x} - e^{-i3x}),$$

$$\sin^3 x = \frac{-1}{8i}(e^{i3x} - e^{-i3x} - 3e^{ix} + 3e^{-ix}),$$

$$\sin^3 x = -\frac{1}{4}\left(\frac{e^{i3x} - e^{-i3x}}{2i} - 3\,\frac{e^{ix} - e^{-ix}}{2i}\right),$$

$$\sin^3 x = -\frac{1}{4}(\sin 3x - 3\sin x),$$

$$\boldsymbol{\sin^3 x = -\frac{1}{4}\sin 3x + \frac{3}{4}\sin x}.$$

2° Cette linéarisation permet le calcul de l'intégrale I.

$$\sin x\,(1 + \sin x)^2 = \sin x\,(1 + 2\sin x + \sin^2 x),$$

$$\sin x\,(1 + \sin x)^2 = \sin x + 2\sin^2 x + \sin^3 x.$$

Or on sait que $\cos 2x = 1 - 2\sin^2 x$, d'où $2\sin^2 x = 1 - \cos 2x$.

D'où :

$$\sin x(1+\sin x)^2 = \sin x + 1 - \cos 2x - \frac{1}{4}\sin 3x + \frac{3}{4}\sin x,$$

$$\sin x(1+\sin x)^2 = 1 + \frac{7}{4}\sin x - \frac{1}{4}\sin 3x - \cos 2x.$$

On en déduit :

$$I = \int_0^{\frac{\pi}{2}} \left(1 + \frac{7}{4}\sin x - \frac{1}{4}\sin 3x - \cos 2x\right) \mathrm{d}x,$$

$$I = \left[x - \frac{7}{4}\cos x + \frac{1}{4}\,\frac{\cos 3x}{3} - \frac{\sin 2x}{2}\right]_0^{\frac{\pi}{2}},$$

$$I = \left(\frac{\pi}{2} - \frac{7}{4}\cos\frac{\pi}{2} + \frac{1}{12}\cos\frac{3\pi}{2} - \frac{1}{2}\sin\pi\right) - \left(0 - \frac{7}{4}\cos 0 + \frac{1}{12}\cos 0 - \frac{1}{2}\sin 0\right),$$

$$I = \frac{\pi}{2} + \frac{7}{4} - \frac{1}{12} = \frac{3\pi + 10}{6},$$

$$\boldsymbol{I = \frac{3\pi + 10}{6}}.$$

3 L'intégrale B a bien un sens, car la fonction $x \mapsto x\mathrm{e}^{1-x}$ est définie, continue dans $\mathbb{R}$.

$u(x) = x$	$u'(x) = 1$
$v(x) = -\mathrm{e}^{1-x}$	$v'(x) = \mathrm{e}^{1-x}$

$$B = [x \times (-\mathrm{e}^{1-x})]_{-1}^{1} - \int_{-1}^{1} 1 \times (-\mathrm{e}^{1-x})\,\mathrm{d}x,$$

$$B = (-1) - \mathrm{e}^2 + \int_{-1}^{1} \mathrm{e}^{1-x}\,\mathrm{d}x,$$

$B = -1 - e^2 + [-e^{1-x}]_{-1}^{1}$,

$B = -1 - e^2 + (-1) - (-e^2)$,

$\mathbf{B = -2.}$

4 L'intégrale C a bien un sens, car la fonction $x \mapsto (x+1)^2 e^{-x}$ est définie, continue sur $\mathbb{R}$.

$u(x) = (x+1)^2$	$u'(x) = 2(x+1)$
$v(x) = -e^{-x}$	$v'(x) = e^{-x}$

$$C = [(x+1)^2 \times (-e^{-x})]_{-1}^{0} - \int_{-1}^{0} 2(x+1) \times (-e^{-x})\,dx,$$

$$C = -1 - 0 + 2\int_{-1}^{0} (x+1)e^{-x}\,dx.$$

Calculons l'intégrale $C' = \int_{-1}^{0} (x+1)e^{-x}\,dx$, à l'aide d'une nouvelle intégration par parties, en posant :

$u_1(x) = x + 1$	$u_1'(x) = 1$
$v_1(x) = -e^{-x}$	$v_1'(x) = e^{-x}$

$$C' = [(x+1) \times (-e^{-x})]_{-1}^{0} - \int_{-1}^{0} 1 \times (-e^{-x})\,dx,$$

$$C' = -1 - 0 + \int_{-1}^{0} e^{-x}\,dx,$$

$C' = -1 + [-e^{-x}]_{-1}^{0}$,

$C' = -1 + (-1) - (-e)$,

$C' = e - 2$.

Avec $C = -1 + 2C'$, on obtient :

$C = -1 + 2(e - 2)$,

$\mathbf{C = -5 + 2e.}$

5 L'intégrale D a bien un sens, car la fonction $x \mapsto \ln x$ est définie, continue sur $]0\,;\,+\infty[$.

$u(x) = \ln x$	$u'(x) = \frac{1}{x}$
$v(x) = x$	$v'(x) = 1$

$$D = [x \ln x]_1^e - \int_1^e \frac{1}{x} \times x \, dx,$$

$$D = e \times \ln e - 1 \times \ln 1 - \int_1^e 1 \cdot dx,$$

$$D = e - [x]_1^e,$$

$$D = e - (e - 1),$$

$$\boldsymbol{D = 1.}$$

6 Comme $\mathcal{P}$ est située au-dessus de $\mathcal{P}'$ sur l'intervalle $[2\,;\,4]$ (ce qui signifie que pour tout réel x tel que $2 \leqslant x \leqslant 4$, on a $(x-4)^2 \leqslant -x(x-4)$), l'aire $\mathcal{A}$ du domaine se calcule par l'intégrale :

$$\mathcal{A} = \int_2^4 [-x(x-4) - (x-4)^2]\, dx,$$

$$\mathcal{A} = \int_2^4 (-2x^2 + 12x - 16)\, dx,$$

$$\mathcal{A} = \left[-\frac{2x^3}{3} + 6x^2 - 16x\right]_2^4,$$

$$\mathcal{A} = \left(-\frac{128}{3} + 96 - 64\right) - \left(-\frac{16}{3} + 24 - 32\right),$$

$$\boldsymbol{\mathcal{A} = \frac{8}{3}.}$$

7 **1°** Soit $f(x) = x - 1 + \frac{\ln x}{x}$ et $g(x) = x - 1$.

Alors $f(x) - g(x) = \dfrac{\ln x}{x}$.

Pour tout réel x de l'intervalle $[1 ; \mathrm{e}]$, $x > 0$ et $\ln x \geqslant 0$.

Donc $\quad f(x) - g(x) \geqslant 0$.

(*C*) est donc au-dessus de Δ sur l'intervalle [1 ; e].

2° L'aire $\mathcal{A}$ du domaine se calcule donc par l'intégrale :

$$\mathcal{A} = \int_1^{\mathrm{e}} \left(f(x) - g(x)\right) \mathrm{d}x,$$

$$\mathcal{A} = \int_1^{\mathrm{e}} \frac{\ln x}{x} \mathrm{d}x.$$

Avec $u(x) = \ln x$, on obtient $u'(x) = \dfrac{1}{x}$.

Alors $\dfrac{\ln x}{x} = u'(x)\, u(x)$; une primitive est de la forme $\dfrac{u^2}{2}$.

$$\mathcal{A} = \left[\frac{(\ln x)^2}{2}\right]_1^{\mathrm{e}},$$

$$\mathcal{A} = \frac{(\ln \mathrm{e})^2}{2} - \frac{(\ln 1)^2}{2},$$

$$\boldsymbol{\mathcal{A} = \frac{1}{2}.}$$

8 1° Pour le calcul de l'intégrale I, se reporter à l'application 4 de ce chapitre.

$$I = -5 + 2\mathrm{e}.$$

2° Pour tout réel x, $(x+1)^2 \geqslant 0$ et $\mathrm{e}^{-x} > 0$, donc $(x+1)^2\, \mathrm{e}^{-x} \geqslant 0$.
L'unité d'aire est 4 cm^2.
L'aire $\mathcal{A}$, exprimée en cm^2, s'exprime par l'intégrale :

$$\mathcal{A} = 4 \times \int_{-1}^{0} (x+1)\, \mathrm{e}^{-x}\, \mathrm{d}x,$$

$$\mathcal{A} = 4(-5 + 2\mathrm{e}),$$

$\boldsymbol{\mathcal{A} = -20 + 8\mathrm{e},}$ soit 1,74 à 10^{-2} près par défaut.

9 Lorsque $-1 \leqslant x \leqslant 0$, alors $f(x) \leqslant 0$, et lorsque $0 \leqslant x \leqslant 1$, alors $f(x) \geqslant 0$. L'aire cherchée se calcule donc ainsi :

$$\mathcal{A} = -\int_{-1}^{0} f(x)\,\mathrm{d}x + \int_{0}^{1} f(x)\,\mathrm{d}x,$$

$$\mathcal{A} = -\left[\mathrm{e}^{x} + 2\,\mathrm{e}^{-\frac{x}{2}}\right]_{-1}^{0} + \left[\mathrm{e}^{x} + 2\,\mathrm{e}^{-\frac{x}{2}}\right]_{0}^{1},$$

$$\mathcal{A} = -\left(3 - \mathrm{e}^{-1} + 2\,\mathrm{e}^{\frac{1}{2}}\right) + \left(\mathrm{e} + 2\mathrm{e}^{-\frac{1}{2}} - 3\right),$$

$$\boldsymbol{\mathcal{A} = \mathrm{e} + \mathrm{e}^{-1} + 2\left(\mathrm{e}^{\frac{1}{2}} + \mathrm{e}^{-\frac{1}{2}}\right) - 6.}$$

10 Comme S est un solide de révolution d'axe $(O\,;\,\vec{i}\,)$, la section de S et d'un plan parallèle à $(O, \vec{j}, \vec{k}\,)$ est un disque.

Vue en coupe dans le plan $(O, \vec{j}, \vec{j}\,)$:

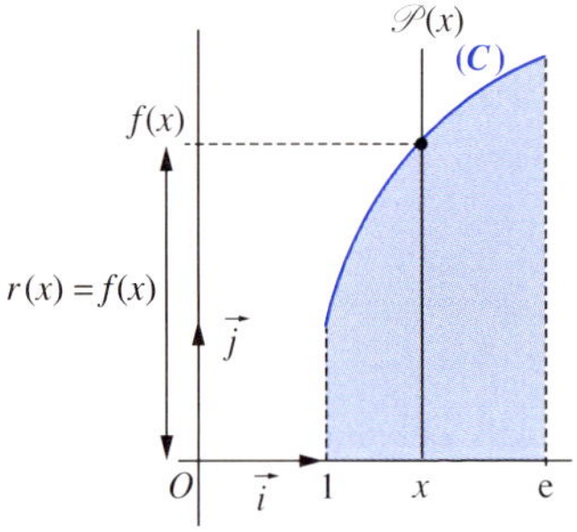

Pour un plan contenant les points d'abscisse x, le rayon du disque est $r(x) = f(x) = x + \dfrac{\ln x}{x}$, et l'aire du disque est :

$$s(x) = \pi\, r^2(x) = \pi\left(x + \frac{\ln x}{x}\right)^2.$$

D'où : $\quad V = \displaystyle\int_{1}^{\mathrm{e}} \pi\left(x + \frac{\ln x}{x}\right)^2 \mathrm{d}x.$

$$V = \pi \int_{1}^{\mathrm{e}} \left(x^2 + 2\ln x + \frac{\ln^2 x}{x^2}\right) \mathrm{d}x,$$

$$V = \pi \int_{1}^{\mathrm{e}} x^2\,\mathrm{d}x + 2\pi \int_{1}^{\mathrm{e}} \ln x\,\mathrm{d}x + \pi \int_{1}^{\mathrm{e}} \frac{\ln^2 x}{x^2}\,\mathrm{d}x.$$

• $\displaystyle\int_1^{\mathrm{e}} \ln x \, \mathrm{d}x = 1$ (voir application 5 de ce chapitre).

• Soit $H(x) = -\dfrac{1}{x}\ln^2 x - \dfrac{2}{x}\ln x - \dfrac{2}{x}$, avec $x \in \,]0\,;\,+\infty[$.

$$H'(x) = \frac{1}{x^2}\ln^2 x - \frac{1}{x} \times \frac{2}{x}\ln x + \frac{2}{x^2}\ln x - \frac{2}{x} \times \frac{1}{x} + \frac{2}{x^2},$$

$$H'(x) = \frac{\ln^2 x}{x^2}.$$

H est donc bien une primitive de $h : x \mapsto \dfrac{\ln^2 x}{x^2}$, sur $]0\,;\,+\infty[$.

D'où :
$$\int_1^{\mathrm{e}} \frac{\ln^2 x}{x^2}\,\mathrm{d}x = [H(x)]_1^{\mathrm{e}} = H(\mathrm{e}) - H(1),$$

$$\int_1^{\mathrm{e}} \frac{\ln^2 x}{x^2}\,\mathrm{d}x = \left(-\frac{1}{\mathrm{e}} - \frac{2}{\mathrm{e}} - \frac{2}{\mathrm{e}}\right) - (-2) = -\frac{5}{\mathrm{e}} + 2.$$

• Finalement :

$$V = \pi\left[\frac{x^3}{3}\right]_1^{\mathrm{e}} + 2\pi \times 1 + \pi\left(-\frac{5}{\mathrm{e}} + 2\right),$$

$$V = \frac{\pi(\mathrm{e}^3 - 1)}{3} + 4\pi - \frac{5\pi}{\mathrm{e}},$$

$$\boldsymbol{V = \frac{\pi}{3\mathrm{e}}(\mathrm{e}^4 + 11\mathrm{e} \quad 15).}$$

11 1° Pour tout réel x positif :

$$f(x) = \ln\left[\mathrm{e}^{2x}(1 + 2\mathrm{e}^{-x} \times \mathrm{e}^{-2x})\right],$$

$$f(x) = \ln(\mathrm{e}^{2x}) + \ln(1 + 2\mathrm{e}^{-3x}),$$

$$\boldsymbol{f(x) = 2x + \ln(1 + 2\mathrm{e}^{-3x}).}$$

2° *a*) Comme $\lim\limits_{X \to -\infty} \mathrm{e}^X = 0$, alors $\lim\limits_{x \to +\infty} (1 + 2\mathrm{e}^{-3x}) = 1$.

D'où $\lim\limits_{x \to +\infty} \ln(1 + 2\mathrm{e}^{-3x}) = 0$.

Or $\lim\limits_{x \to +\infty} 2x = +\infty$, donc $\boldsymbol{\lim\limits_{x \to +\infty} f(x) = +\infty}$.

b) $f(x) - 2x = \ln(1 + 2\mathrm{e}^{-3x})$.

D'après ce qui précède, $\lim_{x \to +\infty} [f(x) - 2x] = 0$.

Ceci signifie que **la droite D d'équation $y = 2x$ est asymptote à (C) quand x tend vers $+\infty$.**

c) Pour étudier la position de (C) de D, on cherche à connaître le signe de $f(x) - 2x$.

L'exponentielle est à valeurs positives, donc $1 + 2e^{-3x} > 1$; et, par croissance du logarithme, $\ln(1 + 2e^{-3x}) > 0$. Donc $f(x) - 2x > 0$.

La courbe (C) est donc située au-dessus de D.

3° f est dérivable sur $[0\,;\,+\infty[$, car la fonction $u : x \mapsto 1 + 2e^{-3x}$ est dérivable, ainsi que $x \mapsto 2x$.

$$f'(x) = 2 + \frac{2 \times (-3) \times e^{-3x}}{1 + 2e^{-3x}},$$

$$f'(x) = \frac{2(1 - e^{-3x})}{1 + 2e^{-3x}}.$$

Comme $1 + 2e^{-3x}$ est strictement positif, $f'(x)$ est du même signe que $1 - e^{-3x}$.

Pour $x \geqslant 0$, on a : $\quad -3x \leqslant 0$,

d'où : $\quad e^{-3x} \leqslant e^0$.

Puisque $e^0 = 1$: $\quad 0 \leqslant 1 - e^{-3x}$.

Donc $f'(x) \geqslant 0$ $\big(f'(x) = 0$ si, et seulement si, $x = 0\big)$.

***f* est donc strictement croissante sur $[0\,;\,+\infty[$.**

4° $$\int_0^{\alpha} e^{-3x}\,dx = \left[\frac{e^{-3x}}{-3}\right]_0^{\alpha} = -\frac{e^{-3\alpha}}{3} + \frac{1}{3}.$$

Comme $e^{-3\alpha} > 0$, alors : $\quad -\dfrac{e^{-3\alpha}}{3} < 0$,

donc : $\quad -\dfrac{e^{-3\alpha}}{3} + \dfrac{1}{3} < \dfrac{1}{3}$.

D'où le résultat : $\quad \boldsymbol{\displaystyle\int_0^{\alpha} e^{-3x}\,dx \leqslant \frac{1}{3}}$.

5° Soit $g(u) = u - \ln(1 + u)$ définie sur $[0\,;\,+\infty[$.

$$g'(u) = 1 - \frac{1}{1+u},$$

$$g'(u) = \frac{u}{1+u}.$$

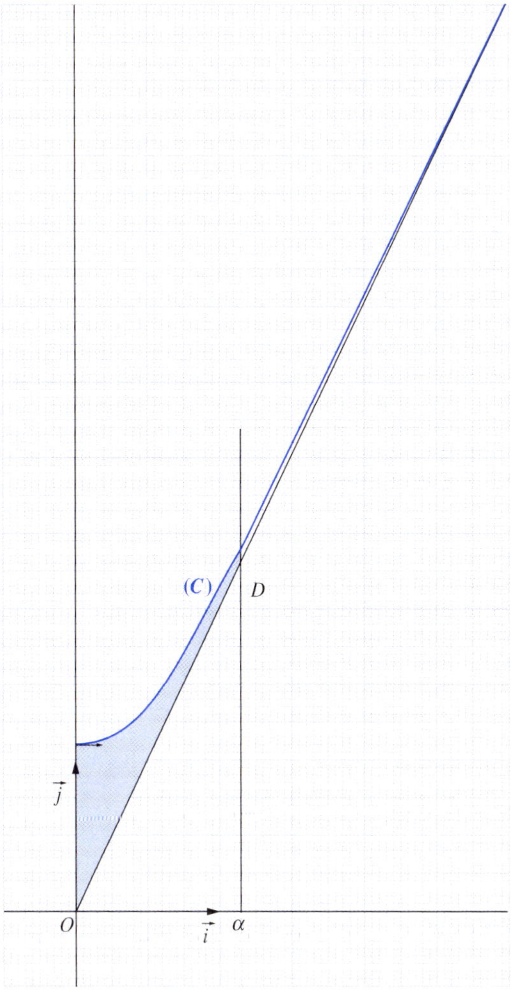

Comme $u \geqslant 0$, alors $g'(u) \geqslant 0$; $g'(u) = 0$ si, et seulement si, $u = 0$.
g est donc strictement croissante sur $[0\,;\, +\infty[$.
Donc $g(u) \geqslant g(0)$, pour tout u positif ou nul.
Comme $g(0) = 0 - \ln 1 = 0$, alors $g(u) \geqslant 0$.

Donc $\mathbf{\ln(1 + u) \leqslant u}$.

6° Soit $u = 2\mathrm{e}^{-3x}$; u est positif.
D'après l'inégalité précédente, $\ln(1 + 2\mathrm{e}^{-3x}) \leqslant 2\mathrm{e}^{-3x}$.

Puisque $0 < \alpha$, on en déduit :

$$\int_0^{\alpha} \ln(1 + 2e^{-3x})\,dx \leqslant \int_0^{\alpha} 2e^{-3x}\,dx.$$

Par ailleurs :

$$\int_0^{\alpha} 2e^{-3x}\,dx = 2\int_0^{\alpha} e^{-3x}\,dx, \quad \text{et} \quad \int_0^{\alpha} e^{-3x}\,dx \leqslant \frac{1}{3}.$$

D'où : $$\boldsymbol{\int_0^{\alpha} \ln(1 + 2e^{-3x})\,dx \leqslant 2\int_0^{\alpha} e^{-3x}\,dx \leqslant \frac{2}{3}.}$$

7° Comme (C) est au-dessus de D et $0 < \alpha$, alors :

$$\mathcal{A}(\alpha) = 4\int_0^{\alpha} [f(x) - 2x]\,dx, \qquad (1 \text{ unité d'aire} : 4 \text{ cm}^2)$$

$$\mathcal{A}(\alpha) = 4\int_0^{\alpha} \ln(1 + 2e^{-3x})\,dx.$$

D'après l'inégalité précédente :

$$\mathcal{A}(\alpha) \leqslant 4 \times \frac{2}{3},$$

$$\boldsymbol{\mathcal{A}(\alpha) \leqslant \frac{8}{3}.}$$

10

ÉQUATIONS DIFFÉRENTIELLES

OBJECTIFS

- ***Résoudre une équation du premier ordre***
- ***Résoudre une équation du second ordre***

À RETENIR !

DÉFINITIONS

Une **équation différentielle** est une relation entre une fonction f inconnue et ses dérivées successives.

Une équation différentielle est dite **d'ordre *n*** si toutes les dérivées intervenant sont d'ordre inférieur ou égal à n.
On note en général y au lieu de $f(x)$, y' au lieu de $f'(x)$, y'' au lieu de $f''(x)$, etc.
Résoudre (ou intégrer) une équation différentielle, c'est trouver **toutes** les fonctions f, définies sur un intervalle I, qui vérifient l'équation.

ÉQUATIONS DIFFÉRENTIELLES LINÉAIRES DU 1er ORDRE

On appelle **équation différentielle linéaire du 1er ordre à coefficients constants et sans second membre,** toute équation différentielle du type :

$$ay' + by = 0, \quad \text{avec } a \neq 0 \text{ et } b \text{ un réel quelconque.}$$

Remarque :

Puisque $a \neq 0$, l'équation se ramène à $y' = -\frac{b}{a}y$.

Les solutions générales de l'équation différentielle $ay' + by = 0$ sont les fonctions f définies sur $\mathbb{R}$ par :

$$f(x) = ke^{-\frac{b}{a}x}, \quad \text{où } k \text{ est une constante réelle.}$$

Pour tout réel x_0 donné, il existe une solution particulière unique prenant en x_0 une valeur y_0 donnée. Cette solution est donnée par :

$$f(x) = y_0 e^{-\frac{b}{a}(x - x_0)}.$$

ÉQUATIONS DIFFÉRENTIELLES LINÉAIRES DU 2nd ORDRE

On appelle **équation différentielle linéaire du 2nd ordre à coefficients constants et sans second membre,** toute équation différentielle du type :

$$ay'' + by' + cy = 0, \quad \text{avec } a \neq 0, b \text{ et } c \text{ des réels quelconques.}$$

Remarques :

- Si les fonctions f et g sont solutions de l'équation différentielle $ay'' + by' + cy = 0$, alors les fonctions $\alpha f + \beta g$, avec α et β réels, sont aussi solutions de l'équation. Autrement dit : **toute combinaison linéaire de deux solutions est aussi solution.**

- On appelle **équation caractéristique** de l'équation différentielle $ay'' + by' + cy = 0$, l'équation d'inconnue r réelle ou complexe : $ar^2 + br + c = 0$.

Les solutions de l'équation différentielle $ay'' + by' + cy = 0$ s'expriment à l'aide des racines r_1 et r_2 de son équation caractéristique $ar^2 + br + c = 0$.

- Si $\Delta = b^2 - 4ac > 0$, alors r_1 et r_2 sont réelles.
Les solutions sont les fonctions f définies sur $\mathbb{R}$ par :

$$f(x) = \lambda e^{r_1 x} + \mu e^{r_2 x} \quad (\lambda \text{ et } \mu \text{ constantes réelles}).$$

- Si $\Delta = b^2 - 4ac = 0$, alors $r_1 = r_2$ réel.
Les solutions sont les fonctions f définies sur $\mathbb{R}$ par :

$$f(x) = (\lambda x + \mu)\, e^{r_1 x} \quad (\lambda \text{ et } \mu \text{ constantes réelles}).$$

- Si $\Delta = b^2 - 4ac < 0$, alors r_1 et r_2 sont complexes conjuguées :

$$r_1 = \alpha + i\beta \quad \text{et} \quad r_2 = \alpha - i\beta.$$

Les solutions sont les fonctions f définies sur $\mathbb{R}$ par :

$$f(x) = e^{\alpha x}(\lambda \cos \beta x + \mu \sin \beta x) \quad (\lambda \text{ et } \mu \text{ constantes réelles}).$$

Dans tous les cas, il existe une, et une seule solution, vérifiant les deux conditions initiales : $f(x_0) = y_0$ et $f'(x_1) = y_1$, x_0, y_0, x_1 et y_1 étant quatre réels .

COMMENT FAIRE ?

RÉSOUDRE UNE ÉQUATION DU PREMIER ORDRE

Exemple

1° Résoudre l'équation différentielle $2y' - 5y = 0$.

2° Soit l'équation différentielle $2y' - y = 0$.
Déterminer la solution f vérifiant $f(-2) = 3$.

1° L'équation s'écrit aussi $y' = \frac{5}{2}y$.

D'après le théorème, les solutions de cette équation sont les fonctions f définies sur $\mathbb{R}$ par $f(x) = k\mathrm{e}^{\frac{5}{2}x}$, où k est une constante réelle.

2° L'équation s'écrit aussi $y' = \frac{1}{2}y$.

D'après le théorème, les solutions de cette équation sont les fonctions f définies sur $\mathbb{R}$ par $f(x) = k\mathrm{e}^{\frac{1}{2}x}$, où k est une constante réelle.

$f(-2) = 3$, donc $k\mathrm{e}^{-1} = 3$, d'où $k = 3\mathrm{e}$. On trouve alors $\boldsymbol{f(x) = 3\mathrm{e}^{\frac{1}{2}x+1}}$.

EN BREF !

Pour résoudre une équation différentielle du type $ay' + by = 0$, avec a et b constantes, il suffit d'appliquer les résultats du cours (aucune démonstration n'est exigée). La détermination de la constante k, lorsqu'on impose une condition initiale, se fait en général en résolvant l'équation $f(x_0) = y_0$.

APPLICATIONS

1 Déterminer la solution f de chacune des équations différentielles suivantes, vérifiant la condition donnée :

a) $-3y' + 2y = 0$, avec $f(3) = -2$;

b) $2y - 5y' = 0$, avec $f(1) = -3$;

c) $y' - \frac{1}{2}y = 0$, avec $f(1) = \frac{1}{e}$;

d) $y' + y = 0$, avec $f(-1) = e$.

2 **1°** Soit f une fonction dont la dérivée première f' et la dérivée seconde f'' vérifient l'équation différentielle du premier ordre $f'' + 2f' = 0$. Donner l'expression générale de f.

2° Parmi les fonctions f, déterminer la fonction f_1 vérifiant les conditions :

$$f_1(0) = -\frac{1}{2} \quad \text{et} \quad f_1(-0{,}5) = \frac{1-2e}{2}.$$

RÉSOUDRE UNE ÉQUATION DU SECOND ORDRE

Exemple

Déterminer la solution des équations suivantes vérifiant la condition donnée :

1° $4y'' - 4y' + y = 0$, **avec** $f(0) = -3$ **et** $f'(0) = 2$.

2° $y'' - 5y' + 6y = 0$, **avec** $f(0) = 0$ **et** $f'(0) = 6$.

3° $y'' - 4y' + 5y = 0$, **avec** $f(0) = -1$ **et** $f'(0) = 3$.

1° L'équation caractéristique associée est $4r^2 - 4r + 1 = 0$. Elle admet une solution double réelle $\frac{1}{2}$. Les solutions générales de l'équation différentielle sont les fonctions f définies sur $\mathbb{R}$ par :

$$f(x) = (\lambda x + \mu)\,e^{\frac{1}{2}x}.$$

$f(0) = -3$ donne $\mu = -3$.

f est dérivable sur $\mathbb{R}$ et, pour tout x de $\mathbb{R}$:

$$f'(x) = \lambda e^{\frac{1}{2}x} + \frac{1}{2}(\lambda x + \mu)\,e^{\frac{1}{2}x} = \left(\frac{\lambda}{2}x + \frac{\mu}{2} + \lambda\right)e^{\frac{1}{2}x}.$$

$f'(0) = 2$ donne $\frac{\mu}{2} + \lambda = 2$. On trouve alors $\lambda = \frac{7}{2}$.

La solution de l'équation proposée est donc la fonction f définie par :

$$\boldsymbol{f(x) = \left(\frac{7}{2}x - 3\right)e^{\frac{1}{2}x}.}$$

2° L'équation caractéristique associée est $r^2 - 5r + 6 = 0$. Elle admet deux solutions réelles 2 et 3. Les solutions générales de l'équation différentielle sont les fonctions f définies sur $\mathbb{R}$ par :

$$f(x) = \lambda e^{2x} + \mu e^{3x}.$$

$f(0) = 0$ donne $\lambda + \mu = 0$.
f est dérivable sur $\mathbb{R}$ et, pour tout x de $\mathbb{R}$, $f'(x) = 2\lambda e^{2x} + 3\mu e^{3x}$.
$f'(0) = 6$ donne $2\lambda + 3\mu = 6$. On trouve alors $\lambda = -6$ et $\mu = 6$.
La solution de l'équation proposée est donc la fonction f définie par :

$$\boldsymbol{f(x) = -6e^{2x} + 6e^{3x}.}$$

3° L'équation caractéristique associée est $r^2 - 4r + 5 = 0$. Elle admet deux solutions complexes $2 + i$ et $2 - i$. Les solutions générales de l'équation différentielle sont les fonctions f définies sur $\mathbb{R}$ par :

$$f(x) = e^{2x}(\lambda \cos x + \mu \sin x).$$

$f(0) = -1$ donne $\lambda = -1$.
f est dérivable sur $\mathbb{R}$ et, pour tout x de $\mathbb{R}$:

$$f'(x) = 2e^{2x}(\lambda \cos x + \mu \sin x) + e^{2x}(-\lambda \sin x + \mu \cos x),$$
$$f'(x) = e^{2x}[(2\lambda + \mu)\cos x + (2\mu - \lambda)\sin x].$$

$f'(0) = 3$ donne $2\lambda + \mu = 3$. On trouve alors $\mu = 5$.
La solution de l'équation proposée est donc la fonction f définie par :

$$\boldsymbol{f(x) = e^{2x}(-\cos x + 5 \sin x).}$$

EN BREF !

Pour résoudre une équation différentielle du type $ay'' + by' + cy = 0$, avec a, b et c constantes, il suffit d'appliquer les résultats du cours. La détermination des constantes nécessite deux conditions initiales, en général du type $f(x_0) = y_0$ et $f'(x_0) = y_0'$. Il est alors nécessaire de calculer la dérivée de f.

APPLICATIONS

3 Déterminer la solution f de chacune des équations différentielles suivantes vérifiant les conditions données :

a) $y'' - 3y' + 2y = 0$, avec $f(0) = 4$ et $f'(0) = 0$;

b) $y'' + 2y' + y = 0$, avec $f(1) = 0$ et $f'(1) = \dfrac{1}{e}$;

c) $9y'' + y = 0$, avec $f(0) = 0$ et $f'(0) = 3$.

4 On considère l'équation différentielle $y'' - y' + \frac{1}{4} y = 0$.

1° Résoudre cette équation.

2° Déterminer la solution particulière de cette équation qui vérifie les deux conditions suivantes :
— sa courbe représentative passe par le point $A(0\,;\,4)$;
— la tangente à cette courbe au point d'abscisse 2 a pour coefficient directeur 0.

FAIRE LE POINT . . . . .

5 Dans une culture de microbes, le nombre de microbes à un instant t, exprimé en heures, peut être considéré comme une fonction y à valeurs réelles de la variable t. La vitesse de prolifération à l'instant t du nombre des microbes est la dérivée y' de cette fonction.
On a constaté que $y'(t) = ky(t)$, où k est un coefficient réel strictement positif. On désigne par N le nombre de microbes à l'instant $t = 0$.

1° Déterminer l'unique solution de l'équation différentielle $y' = ky$ telle que $y(0) = N$.

2° Sachant qu'au bout de deux heures le nombre de microbes a quadruplé, calculer en fonction de N le nombre de microbes au bout de trois heures.

3° Quelle est la valeur de N sachant que la culture contient 6 400 microbes au bout de cinq heures ?

(D'après bac D, Amérique du Nord, 1988.)

6 On se propose de déterminer l'ensemble des solutions S de l'équation différentielle (1) :

$$y'' - 3y' + 2y = x^2 - 1,$$

c'est-à-dire l'ensemble des fonctions f deux fois dérivables telles que, pour tout réel x, on a :

$$f''(x) - 3f'(x) - 2f(x) = x^2 - 1.$$

1° Déterminer une fonction polynôme p de degré inférieur ou égal à deux, appartenant à S.

2° Montrer qu'une fonction f appartient à S si, et seulement si, la fonction $q = f - p$ est solution de l'équation différentielle (2) :

$$y'' - 3y' + 2y = 0.$$

3° Déterminer l'ensemble S' des solutions de l'équation (2) et en déduire S.

4° Déterminer la solution de l'équation différentielle (1) dont la représentation graphique dans le plan rapporté à un repère passe par le point A de coordonnées $(0\,;\,1)$ et admet en ce point l'axe des abscisses comme tangente.

(D'après bac D, Antilles, 1989.)

1 *a*) L'équation s'écrit $y' = \frac{2}{3}y$.

Les solutions de cette équation sont les fonctions f définies par :

$$f(x) = ke^{\frac{2}{3}x}.$$

$f(3) = -2$ donne $ke^2 = -2$, d'où $k = -2e^{-2}$. Ainsi $\boldsymbol{f(x) = -2e^{\frac{2}{3}x-2}}$.

b) L'équation s'écrit $y' = \frac{2}{5}y$.

Les solutions de cette équation sont les fonctions f définies par

$f(x) = ke^{\frac{2}{5}x}$.

$f(1) = -3$ donne $ke^{\frac{2}{5}} = -3$, d'où $k = -3e^{-\frac{2}{5}}$. Ainsi $\boldsymbol{f(x) = -3e^{\frac{2}{5}x-\frac{2}{5}}}$.

c) On trouve, par une méthode identique, $\boldsymbol{f(x) = e^{\frac{1}{2}x-\frac{3}{2}}}$.

d) La solution est la fonction f définie par $\boldsymbol{f(x) = e^{-x}}$.

2 **1°** f vérifie l'équation $f'' = -2f'$. Ainsi on a $f'(x) = ke^{-2x}$ (k constante réelle).

f étant une primitive de f' sur $\mathbb{R}$, on trouve $\boldsymbol{f(x) = -\frac{1}{2}ke^{-2x} + l}$ (k et l, constantes réelles).

2° $f_1(0) = -\frac{1}{2}$ donne $-\frac{1}{2}k + l = -\frac{1}{2}$,

et $f_1(-0{,}5) = \frac{1-2e}{2}$ donne $-\frac{1}{2}ke + l = \frac{1-2e}{2} = \frac{1}{2} - e$.

On trouve alors $k = 2$ et $l = \frac{1}{2}$, soit $\boldsymbol{f(x) = -e^{-2x} + \frac{1}{2}}$.

3 *a*) L'équation caractéristique associée est $r^2 - 3r + 2 = 0$. Elle admet deux solutions réelles : 1 et 2.
Alors $f(x)$ est de la forme $f(x) = \lambda e^x + \mu e^{2x}$.
$f(0) = 4$ donne $\lambda + \mu = 4$;
$f'(0) = 0$ donne $\lambda + 2\mu = 0$ (car $f'(x) = \lambda e^x + 2\mu e^{2x}$).
On trouve alors $\lambda = 8$ et $\mu = -4$. Ainsi $\boldsymbol{f(x) = 8e^x - 4e^{2x}}$.
b) L'équation caractéristique associée est $r^2 + 2r + 1 = 0$. Elle admet une racine double : -1.

Alors $f(x)$ est de la forme $f(x) = (\lambda x + \mu)\,\mathrm{e}^{-x}$.
$f(1) = 0$ donne $(\lambda + \mu)\,\mathrm{e}^{-1} = 0$, soit $\lambda + \mu = 0$;
$f'(1) = \frac{1}{\mathrm{e}}$ donne $-\mu \mathrm{e}^{-1} = \frac{1}{\mathrm{e}}$, soit $\mu = -1$,
car $f'(x) = (-\lambda x + \lambda - \mu)\,\mathrm{e}^{-x}$.
D'où $\lambda = 1$ et $\mu = -1$. Ainsi $\boldsymbol{f(x) = (x - 1)\,\mathrm{e}^{-x}}$.
c) L'équation caractéristique associée est $9r^2 + 1 = 0$. Elle admet deux solutions complexes : $\frac{1}{3}\,\mathrm{i}$ et $-\frac{1}{3}\,\mathrm{i}$.

Alors $f(x)$ est de la forme $f(x) = \lambda \cos\left(\frac{x}{3}\right) + \mu \sin\left(\frac{x}{3}\right)$.

$f(0) = 0$ donne $\lambda = 0$;

$f'(0) = 3$ donne $\frac{1}{3}\,\mu = 3$, soit $\mu = 9$,

car $f'(x) = -\frac{1}{3}\,\lambda \sin\left(\frac{x}{3}\right) + \frac{1}{3}\,\mu \cos\left(\frac{x}{3}\right)$.

Ainsi $\boldsymbol{f(x) = 9 \sin\left(\frac{x}{3}\right)}$.

4 **1°** L'équation caractéristique associée est $r^2 - r + \frac{1}{4} = 0$. Elle admet une solution double : $\frac{1}{2}$.

Alors $f(x)$ est de la forme $f(x) = (\lambda x + \mu)\,\mathrm{e}^{\frac{x}{2}}$.

2° La première condition s'écrit $f(0) = 4$, c'est-à-dire $\mu = 4$.
La deuxième condition s'écrit $f'(2) = 0$,
c'est-à-dire $\left(2\lambda + \frac{1}{2}\,\mu\right)\mathrm{e} = 0$, soit $2\lambda + \frac{1}{2}\,\mu = 0$,

car $f'(x) = \left(\frac{1}{2}\,\lambda x + \lambda + \frac{1}{2}\,\mu\right)\mathrm{e}^{\frac{x}{2}}$.

On trouve alors $\lambda = -1$. Ainsi $\boldsymbol{f(x) = (-x + 4)\,\mathrm{e}^{\frac{x}{2}}}$.

5 **1°** $y(t)$ est de la forme $y(t) = C\mathrm{e}^{kt}$, avec C constante réelle.
$y(0) = N$ impose $C = N$. D'où $\boldsymbol{y(t) = N\mathrm{e}^{kt}}$.

2° D'après l'énoncé, $y(2) = 4N$.
Donc $Ne^{2k} = 4N$, ce qui donne $e^{2k} = 4$, d'où $2k = \ln 4 = 2 \ln 2$.
Ainsi $k = \ln 2$, et donc $\boldsymbol{y(t) = Ne^{(\ln 2)t} = N \times 2^t}$.
Au bout de 3 heures, le nombre de microbes est $\boldsymbol{y(3) = 8N}$.

3° D'après **2°**, $y(t) = N \times 2^t$.
Si $y(5) = 6\,400$, alors $N \times 2^5 = 6\,400$, soit $32N = 6\,400$, et donc $\boldsymbol{N = 200}$.

6 **1°** Posons $p(x) = ax^2 + bx + c$.
Alors $p'(x) = 2ax + b$ et $p''(x) = 2a$.
Si p appartient à S alors :

$$2a - 3(2ax + b) + 2(ax^2 + bx + c) = x^2 - 1, \quad \text{pour tout réel } x,$$

soit :

$$2ax^2 + (2b - 6a)x + 2a - 3b + 2c = x^2 - 1, \quad \text{pour tout réel } x.$$

Par identification des coefficients :

$$\begin{cases} 2a = 1 \\ 2b - 6a = 0 \\ 2a - 3b + 2c = -1, \end{cases} \quad \text{soit} \quad \begin{cases} a = \dfrac{1}{2} \\ b = \dfrac{3}{2} \\ c = \dfrac{5}{4}. \end{cases}$$

Ainsi $p(x) = \dfrac{1}{2}x^2 + \dfrac{3}{2}x + \dfrac{5}{4}$.

2° f appartient à S si, et seulement si, $f''(x) - 3f'(x) + 2f(x) = x^2 - 1$.
Or comme $p \in S$, $x^2 - 1 = p''(x) - 3p'(x) + 2p(x)$.
Alors, f appartient à S si, et seulement si :

$$f''(x) - 3f'(x) + 2f(x) = p''(x) - 3p'(x) + 2p(x),$$
$$f''(x) - p''(x) - 3\big(f'(x) - p'(x)\big) + 2\big(f(x) - p(x)\big) = 0,$$
$$(f - p)''(x) - 3(f - p)'(x) + 2(f - p)(x) = 0,$$
$$q''(x) - 3q'(x) + 2q(x) = 0, \text{ en posant } f - p = q.$$

Donc f appartient à S si, et seulement si, $q = f - p$ est solution de l'équation $y'' - 3y' + 2y = 0$.

3° L'équation caractéristique associée à (2) est $r^2 - 3r + 2 = 0$. Elle admet deux solutions réelles : 1 et 2.
S' est l'ensemble des fonctions q définies par $q(x) = \lambda e^x + \mu e^{2x}$ (λ et μ

constantes). Et donc, d'après **2°**, S est l'ensemble des fonctions f définies par :

$$\boldsymbol{f(x) = \lambda e^x + \mu e^{2x} + \frac{1}{2}x^2 + \frac{3}{2}x + \frac{5}{4}.}$$

4° On veut :

- $f(0) = 1$, soit $\lambda + \mu + \frac{5}{4} = 1$, d'où $\lambda + \mu = -\frac{1}{4}$;
- $f'(0) = 0$, soit $\lambda + 2\mu + \frac{3}{2} = 0$, d'où $\lambda + 2\mu = -\frac{3}{2}$.

On trouve $\lambda = 1$ et $\mu = -\frac{5}{4}$. Ainsi $\boldsymbol{f(x) = e^x - \frac{5}{4}e^{2x} + \frac{1}{2}x^2 + \frac{3}{2}x + \frac{5}{4}}$.

11 SUITES NUMÉRIQUES

OBJECTIFS

- *Étudier une suite se ramenant à une suite usuelle*
- *Étudier une suite de la forme $u_n = f(n)$*
- *Étudier la convergence d'une suite de la forme $u_{n+1} = f(u_n)$*

À RETENIR !

GÉNÉRALITÉS

- **Définition**

Une **suite numérique** est une application de $\mathbb{N}$ (ou d'une partie infinie de $\mathbb{N}$) dans $\mathbb{R}$.

Une suite u peut être définie, entre autres :
— de façon explicite ($u_n = f(n)$, où f est une fonction définie sur $[0\ ;+\infty[$) ;
— par récurrence (u_0 donné et $u_{n+1} = f(u_n)$), où f est une fonction numérique).

• Monotonie

Une suite numérique u est :
- **croissante** si, pour tout $n \in \mathbb{N}$, $u_n \leqslant u_{n+1}$;
- **décroissante** si, pour tout $n \in \mathbb{N}$, $u_{n+1} \leqslant u_n$;
- **constante** si, pour tout $n \in \mathbb{N}$, $u_{n+1} = u_n$.

Remarque :
Si u est une suite à termes strictement positifs, alors u est croissante (respectivement décroissante) si, et seulement si :

$$\text{pour tout } n \in \mathbb{N}, \quad \frac{u_{n+1}}{u_n} \geqslant 1 \left(\text{resp. } \frac{u_{n+1}}{u_n} \leqslant 1\right).$$

Soient f une fonction numérique définie sur $[0\ ;+\infty[$ et u la suite définie par $u_n = f(n)$.
Si f est croissante (respectivement décroissante), alors la suite u est croissante (respectivement décroissante).

Remarque :
La réciproque de ce théorème est fausse.

• Suite bornée

Une suite u est **majorée** s'il existe un réel M, tel que, pour tout $n \in \mathbb{N}$:

$$u_n \leqslant M.$$

Une suite u est **minorée** s'il existe un réel m, tel que, pour tout $n \in \mathbb{N}$:

$$m \leqslant u_n.$$

Une suite est **bornée** si elle est à la fois majorée et minorée.

• Définition

Une suite u est **convergente** si elle admet une limite finie l.

Les suites de terme général $\frac{1}{n}, \frac{1}{n^2}, \frac{1}{n^3}, \ldots, \frac{1}{\sqrt{n}}$ et a^n, avec $|a| < 1$, convergent vers 0.

• Théorèmes de comparaison

Soient les suites u, v, et l un réel.
Si, à partir d'un certain rang, $|u_n - l| \leqslant v_n$ et si $\lim\limits_{n \to +\infty} v_n = 0$, alors :

$$\lim_{n \to +\infty} u_n = 0.$$

Soient les suites u, v, w, et l un réel.
Si, à partir d'un certain rang, $v_n \leqslant u_n \leqslant w_n$, et si :

$$\lim_{n \to +\infty} v_n = \lim_{n \to +\infty} w_n = l,$$

alors :

$$\lim_{n \to +\infty} u_n = l.$$

Soient les suites u et v telles que $\lim\limits_{n \to +\infty} u_n = l$ et $\lim\limits_{n \to +\infty} v_n = l'$.

Si, à partir d'un certain rang, $u_n \leqslant v_n$, alors $l \leqslant l'$.

• Convergence des suites monotones

(au programme de l'enseignement de spécialité, seulement)

Toute suite croissante majorée converge.
Toute suite décroissante minorée converge.

Ce théorème assure la convergence, mais ne fournit pas la valeur de la limite.

SUITES DIVERGENTES

• Définition

Une suite est divergente si elle n'est pas convergente.
Une suite est donc **divergente** si, et seulement si, elle n'admet pas de limite ou si elle admet une limite infinie.

Les suites de terme général n, n^2, n^3, ..., $\sqrt{n}$ et a^n, avec $a > 1$, divergent vers $+\infty$.

• Théorème de comparaison

Soient les suites u et v.
Si, à partir d'un certain rang, $v_n \leqslant u_n$ et si $\lim\limits_{n \to +\infty} v_n = +\infty$, alors :

$$\lim_{n \to +\infty} u_n = +\infty.$$

Si, à partir d'un certain rang, $u_n \leqslant v_n$ et si $\lim\limits_{n \to +\infty} v_n = -\infty$, alors :

$$\lim_{n \to +\infty} u_n = -\infty.$$

PROPRIÉTÉS DES LIMITES

Les théorèmes sur les limites et opérations sont les mêmes que ceux déjà énoncés sur les fonctions (voir chapitre 6).

Si f est une fonction ayant pour limite α en $+\infty$ (α pouvant être fini ou non), alors la suite de terme général $u_n = f(n)$ a pour limite α.

La réciproque de ce théorème est fausse.

Soient f une fonction définie sur un intervalle I, et u une suite à valeurs dans I.
Si $\lim\limits_{n \to +\infty} u_n = \alpha$ et si $\lim\limits_{x \to \alpha} f(x) = \beta$ (α et β étant finis ou non), alors la suite v définie par $v_n = f(u_n)$ a pour limite β.

Cas particulier :
Si $u_{n+1} = f(u_n)$, si $\lim\limits_{n \to +\infty} u_n = l$ et si f est continue en l, alors $f(l) = l$.

Ce résultat permet de déterminer la limite de certaines suites récurrentes lorsque la convergence a été établie.

SUITES ARITHMÉTIQUES ET SUITES GÉOMÉTRIQUES

	Suite arithmétique	**Suite géométrique**
Définition	$u_{n+1} = u_n + r$ $(r \in \mathbb{R})$	$u_{n+1} = u_n \cdot q$ $(q \in \mathbb{R})$
Raison	r	q
Relations entre les termes	$u_n = u_0 + nr$ $u_n = u_p + (n - p)r$	$u_n = u_0 q^n$ $u_n = u_p q^{n-p}$
Somme $u_0 + u_1 + ... + u_n$	$(n+1)\dfrac{u_0 + u_n}{2}$	$u_0 \times \dfrac{1 - q^{n+1}}{1 - q}$ $(q \neq 1)$
Limite	• si $r > 0$, alors $\lim\limits_{n \to +\infty} u_n = +\infty$ • si $r < 0$, alors $\lim\limits_{n \to +\infty} u_n = -\infty$	• si $\lvert q \rvert < 1$, alors $\lim\limits_{n \to +\infty} u_n = 0$ • si $\lvert q \rvert > 1$, alors u diverge

COMMENT FAIRE ?

ÉTUDIER UNE SUITE SE RAMENANT À UNE SUITE USUELLE

Exemple

Soient les suites numériques (v_n) et (w_n) définies pour tout $n \in \mathbb{N}$ par :

$$(v_n)\begin{cases} v_0 = -\dfrac{3}{2} \\ v_{n+1} = \dfrac{2}{3}v_n - 1, \end{cases} \quad \text{et} \quad (w_n) : w_n = 2v_n + 6.$$

1° Démontrer que la suite (w_n) est une suite géométrique dont on déterminera le premier terme et la raison.

2° Donner les expressions de w_n et v_n en fonction de n.
En déduire $\lim\limits_{n \to +\infty} v_n$.

(D'après bac D.)

1° Pour montrer que (w_n) est une suite géométrique, calculons w_{n+1} en fonction de w_n :

$$w_{n+1} = 2v_{n+1} + 6,$$

d'où : $w_{n+1} = 2\left(\dfrac{2}{3}v_n - 1\right) + 6$, en utilisant la définition de (v_n),

et : $w_{n+1} = \dfrac{4}{3}v_n + 4 = \dfrac{2}{3}(2v_n + 6)$.

On reconnaît alors l'égalité $w_{n+1} = \dfrac{2}{3}w_n$.

De plus, $w_0 = 2v_0 + 6 = 3$.

(w_n) est donc une suite géométrique de raison $\dfrac{2}{3}$ et de premier terme 3.

2° • D'après le cours, $w_n = w_0 \times \left(\dfrac{2}{3}\right)^n$, donc $\boldsymbol{w_n = 3 \times \left(\dfrac{2}{3}\right)^n}$ **pour tout $n \in \mathbb{N}$.**

De $w_n = 2v_n + 6$, on tire $v_n = \dfrac{1}{2}w_n - 3$,

alors :

$$v_n = \frac{1}{2} \times 3 \times \left(\frac{2}{3}\right)^n - 3,$$

ce qui donne :

$$\boldsymbol{v_n = \left(\frac{2}{3}\right)^{n-1} - 3} \quad \textbf{pour tout } \boldsymbol{n \in \mathbb{N}}.$$

- $\lim_{n \to +\infty} \left(\frac{2}{3}\right)^{n-1} = 0$, car $\left|\frac{2}{3}\right| < 1$.

Alors, par opérations sur les limites, on a $\boldsymbol{\lim_{n \to +\infty} v_n = -3}$.

EN BREF !

Bien qu'elles ne figurent pas explicitement au programme de terminale S, les suites arithmétiques et géométriques peuvent faire l'objet de nombreux exercices et apparaître dans toutes les parties du cours (complexes, probabilités, géométrie et, bien sûr, analyse). Il est donc important de bien connaître les formules et les caractérisations suivantes :

- pour montrer qu'une suite u est arithmétique, soit on montre que $u_{n+1} = u_n + r$, soit on vérifie que $u_{n+1} - u_n$ est constant ;
- pour montrer qu'une suite u est géométrique, soit on montre que $u_{n+1} = q \times u_n$, soit on vérifie que $\frac{u_{n+1}}{u_n}$ est constant (si $u_n \neq 0$).

APPLICATIONS

1 On considère la suite u définie par :

$$\begin{cases} u_0 = 1 \\ u_{n+1} = \frac{1}{3} u_n + n - 1 \quad \text{pour tout } n \in \mathbb{N}. \end{cases}$$

Soit v la suite définie par $v_n = 4u_n - 6n + 15$.

1° Montrer que v est une suite géométrique.

2° Calculer v_0 puis v_n en fonction de n.
En déduire que, pour tout entier naturel n :

$$u_n = \frac{19}{4} \times \frac{1}{3^n} + \frac{6n - 15}{4}.$$

2 *Pour résoudre cet exercice, il faut connaître la fonction logarithme.*

On considère la suite $(u_n)_{n \in \mathbb{N}^*}$ définie par :

$$\begin{cases} u_1 = 1 \\ (u_{n+1})^2 = 4u_n \text{ et } u_n > 0 \text{ pour tout } n \in \mathbb{N}. \end{cases}$$

1° Calculer u_2, u_3 et u_4.

2° On considère la suite (v_n) définie par $v_n = \ln(u_n) - \ln 4$.
Montrer que (v_n) est une suite géométrique dont on donnera la raison et le premier terme.

3° Exprimer v_n en fonction de n. En déduire u_n.
Calculer $\lim\limits_{n \to +\infty} u_n$.

3 *Pour résoudre cet exercice, il faut maîtriser le calcul intégral.*

Soit la suite (u_n) définie par $u_n = \displaystyle\int_{n-1}^{n} e^{-\frac{1}{2}x}\,dx$, pour $n \in \mathbb{N}^*$.

1° Calculer u_n en fonction de n.

2° Montrer que (u_n) est une suite géométrique dont on déterminera le premier terme et la raison.

3° On appelle S_n la somme des n premiers termes de la suite (u_n).

Montrer que $S_n = \displaystyle\int_{0}^{n} e^{-\frac{1}{2}x}\,dx$.

4° Déterminer $\lim\limits_{n \to +\infty} (S_n)$.

(D'après bac D.)

4 *Pour résoudre cet exercice, il faut connaître les nombres complexes.*

On considère les suites (u_n) et (v_n) définies par $u_n = \left(\dfrac{1}{2}\right)^n$ et $v_n = n\,\dfrac{\pi}{3}$.

On désigne par M_n le point du plan complexe d'affixe z_n définie par
$z_n = u_n e^{iv_n} = u_n(\cos v_n + i \sin v_n)$.
Soit la suite (a_n) définie par $a_n = \|\overrightarrow{M_n M_{n+1}}\|$.
Montrer que la suite (a_n) est une suite géométrique dont on précisera le premier terme et la raison.
Déterminer $\lim\limits_{n \to +\infty} a_n$.

(D'après bac D.)

ÉTUDIER UNE SUITE DE LA FORME $u_n = f(n)$

Exemple

Soit la suite numérique u définie pour tout entier naturel non nul par :

$$u_n = \frac{n(n+2)}{(n+1)^2}.$$

1° Montrer que, pour tout entier n non nul, $0 < u_n \leqslant 1$.

2° Étudier le sens de variation de la suite u.

3° Calculer la limite de u_n lorsque n tend vers l'infini.

1° Pour tout $n \in \mathbb{N}^*$, on a $n(n+2) > 0$ et $(n+1)^2 > 0$, donc $u_n > 0$.
Pour montrer que u_n est majorée par 1, on peut étudier le signe de la différence $u_n - 1$:

$$u_n - 1 = \frac{n(n+2)}{(n+1)^2} - 1,$$

$$u_n - 1 = \frac{n^2 + 2n - (n+1)^2}{(n+1)^2},$$

$$u_n - 1 = \frac{n^2 + 2n - n^2 - 2n - 1}{(n+1)^2},$$

et donc :

$$u_n - 1 = \frac{-1}{(n+1)^2}.$$

Alors, pour tout $n \in \mathbb{N}^*$, $u_n - 1 \leqslant 0$, donc $u_n \leqslant 1$.
Par suite, **$0 < u_n \leqslant 1$ pour tout $n \in \mathbb{N}^*$.**

2° Pour étudier le sens de variation de la suite u, on peut étudier le signe de la différence $u_{n+1} - u_n$:

$$u_{n+1} - u_n = \frac{(n+1)(n+3)}{(n+2)^2} - \frac{n(n+2)}{(n+1)^2},$$

$$u_{n+1} - u_n = \frac{(n+1)^3(n+3) - n(n+2)^3}{(n+2)^2(n+1)^2},$$

$$u_{n+1} - u_n = \frac{(n^3 + 3n^2 + 3n + 1)(n+3) - n(n^3 + 6n^2 + 12n + 8)}{(n+2)^2(n+1)^2},$$

$$u_{n+1} - u_n = \frac{2n+3}{(n+2)^2(n+1)^2}.$$

Pour tout $n \in \mathbb{N}^*$, $u_{n+1} - u_n > 0$, donc $u_{n+1} > u_n$.
La suite u est donc **strictement croissante.**

3° Pour tout $n \in \mathbb{N}^*$, $u_n = \dfrac{n^2 + 2n}{n^2 + 2n + 1} = \dfrac{1 + \dfrac{2}{n}}{1 + \dfrac{2}{n} + \dfrac{1}{n^2}}$.

Par opérations sur les limites, $\lim\limits_{n \to +\infty} \boldsymbol{u_n = 1}$, ou encore :

$$\lim_{n \to +\infty} u_n = \lim_{n \to +\infty} \frac{n^2}{n^2} = 1,$$

en utilisant le principe du rapport des termes de plus haut degré.

Cet exercice aurait pu être traité tout autrement, en remarquant que $u_n = f(n)$ avec $f(x) = \dfrac{x(x+2)}{(x+1)^2}$, $x \in [1\,;\,+\infty[$.

Étudions rapidement les variations de f sur $[1\,;\,+\infty[$.

f est dérivable sur $[1\,;\,+\infty[$ et $f'(x) = \dfrac{2}{(x+1)^3}$.

$f'(x)$ est strictement positif pour tout $x \in [1\,;\,+\infty[$, donc f est strictement croissante sur $[1,\,+\infty[$.

Dressons son tableau de variations :

x	1	$+\infty$
$f'(x)$	$+$	
f	$\dfrac{3}{4}$ ↗	1

$$\lim_{x \to +\infty} f(x) = \lim_{x \to +\infty} \frac{x^2}{x^2} = 1.$$

L'étude de f et les résultats du cours permettent alors de répondre rapidement aux questions posées. En effet :

- Pour tout $x \in [1\,;\,+\infty[$, $\quad \dfrac{3}{4} \leqslant f(x) \leqslant 1$,

donc : $\quad 0 < f(x) \leqslant 1$.

Alors, pour tout $n \in \mathbb{N}^*$:

$$0 < f(n) \leqslant 1, \text{ soit } 0 < u_n \leqslant 1.$$

- f est strictement croissante sur $[1\,;\,+\infty[$, donc u est strictement croissante.
- $\lim\limits_{x \to +\infty} f(x) = 1$, donc $\lim\limits_{n \to +\infty} f(n) = 1$, c'est-à-dire $\lim\limits_{n \to +\infty} u_n = 1$.

EN BREF !

Dans la plupart des cas, pour montrer qu'une suite définie explicitement en fonction de n est bornée, ou pour étudier son sens de variation, on utilisera les techniques habituelles d'encadrements (signe de la différence, inégalités usuelles et sens de variation des fonctions). Pour déterminer sa limite, on utilisera les théorèmes du cours, semblables à ceux des fonctions.
Dans le cas où $u_n = f(n)$, l'étude de la fonction f peut quelquefois fournir rapidement tous les résultats demandés (sens de variation si f est monotone, limite égale à celle de f en $+\infty$, ...).
Attention ! il est totalement interdit de « dériver » le terme général d'une suite. Il faut se ramener à une fonction de la variable réelle x.

APPLICATIONS

5 Soit la suite numérique (u_n) définie, pour tout entier naturel n, par :

$$u_n = \frac{n+2}{2(n+1)}.$$

1° Montrer que la suite (u_n) est bornée.

2° Étudier le sens de variation de la suite (u_n).

3° Déterminer la limite de u_n lorsque n tend vers $+\infty$.

6 *Pour résoudre cet exercice, il faut connaître la fonction logarithme.*

On considère la suite (u_n) de terme général $u_n = \ln\left(\dfrac{n}{n+1}\right)$, $n \in \mathbb{N}^*$.

1° Déterminer le sens de variation de la suite (u_n) et, pour tout entier n, le signe de u_n.

2° Montrer que u_n converge, et déterminer sa limite.

3° On pose $S_n = u_1 + u_2 + ... + u_n$.
Calculer S_n en fonction de n, puis sa limite quand n tend vers $+\infty$.

7 *Pour résoudre cet exercice, il faut maîtriser le calcul intégral.*

1° Montrer que $\lim\limits_{n \to +\infty} \dfrac{\ln(n + 2^{-n})}{2^n} = 0$.

2° Pour tout entier naturel n, on pose $u_n = \displaystyle\int_0^1 \frac{2^n x}{1 + n2^n x^2}\,\mathrm{d}x$.

a) Calculer u_0.

b) Calculer u_n pour tout $n \geqslant 1$.

c) Déterminer $\lim\limits_{n \to +\infty} u_n$.

(D'après bac C, 1992.)

ÉTUDIER LA CONVERGENCE D'UNE SUITE DE LA FORME $u_{n+1} = f(u_n)$*

Exemple

Soit la suite u définie par $u_0 = 2$ et par la relation de récurrence :

$$u_{n+1} = \frac{1}{u_n} + \frac{u_n}{2}.$$

1° Étudier les variations de la fonction f définie sur $]0\,;\,+\infty[$ par :

$$f(x) = \frac{1}{x} + \frac{x}{2}.$$

Représenter graphiquement f et illustrer le processus de génération des termes de la suite u.

2° Démontrer que, pour tout entier naturel n, $u_n \geqslant \sqrt{2}$.

3° Exprimer la différence $u_{n+1} - u_n$ à l'aide de u_n.
En déduire que la suite u est décroissante.

4° Justifier que la suite u est convergente, et déterminer sa limite.

1° f est dérivable sur $]0\,;\,+\infty[$ en tant que fonction rationnelle, et :

$$f'(x) = \frac{-1}{x^2} + \frac{1}{2},$$

$$f'(x) = \frac{x^2 - 2}{2x^2}.$$

Comme $2x^2 > 0$, alors $f'(x)$ est du signe de $x^2 - 2$.
D'où le tableau de variations :

x	0		$\sqrt{2}$		$+\infty$
$f'(x)$	‖	$-$	0	$+$	
f	‖ $+\infty$	↘	$\sqrt{2}$	↗	$+\infty$

(*) *Exercice comportant des questions au programme de l'enseignement de spécialité.*

$\left(\text{On pourrait montrer que } \lim\limits_{\substack{x \to 0 \\ x > 0}} f(x) = +\infty \text{ et } \lim\limits_{x \to +\infty} f(x) = +\infty.\right)$

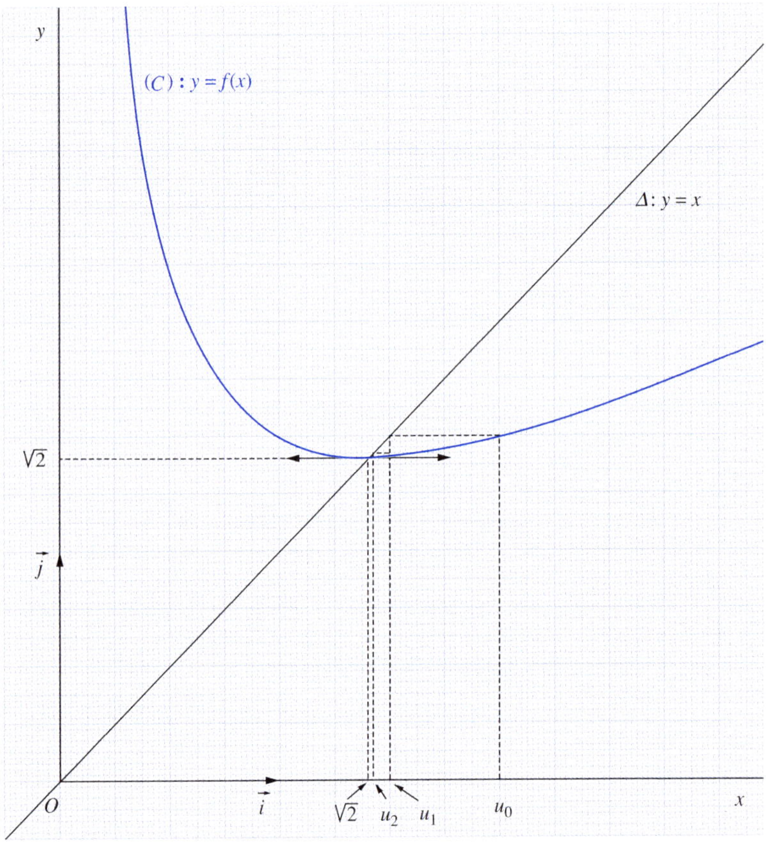

2° Démontrons la propriété P_n : « $u_n \geqslant \sqrt{2}$ », à l'aide d'un raisonnement par récurrence :

- P_0 : « $u_0 \geqslant \sqrt{2}$ » est vraie, puisque $u_0 = 2$.
- Supposons P_n vraie pour un entier naturel n quelconque.

Puisque $u_n \in \left]0\,;+\infty\right[$, alors $f(u_n)$ est défini, et $f(u_n) \geqslant \sqrt{2}$, car le tableau de variations de f indique que f admet pour minimum $\sqrt{2}$ sur $\left]0\,;+\infty\right[$.

Or $u_{n+1} = f(u_n)$. Donc P_{n+1} : « $u_{n+1} \geqslant \sqrt{2}$ » est vraie.

Par conséquent, pour tout entier naturel n, $u_n \geqslant \sqrt{2}$.

3° Soit n un entier naturel quelconque.

$$u_{n+1} - u_n = \frac{1}{u_n} + \frac{u_n}{2} - u_n = \frac{1}{u_n} - \frac{u_n}{2} = \frac{2 - u_n^2}{2u_n}.$$

Puisque $u_n \geqslant \sqrt{2}$, alors $u_n^2 \geqslant 2$, soit $2 - u_n^2 \leqslant 0$.

De plus, $2u_n > 0$.

Par conséquent, $\frac{2 - u_n^2}{2u_n} \leqslant 0$, c'est-à-dire $u_{n+1} - u_n \leqslant 0$.

La suite u est donc **décroissante.**

4° La suite u est décroissante et minorée ; elle est donc convergente. Soit $l = \lim\limits_{n \to +\infty} u_n$.

Puisque $u_n \geqslant \sqrt{2}$ pour tout entier n, alors $l \geqslant \sqrt{2}$.
D'après les théorèmes sur les limites et les opérations :

$$\lim_{n \to +\infty} \left(\frac{1}{u_n} + \frac{u_n}{2}\right) = \frac{1}{l} + \frac{l}{2} \text{ (car } l \neq 0\text{).}$$

Donc l vérifie $l = \frac{1}{l} + \frac{l}{2}$.

Résolvons, dans $]0\,;\,+\infty[$, l'équation $x = \frac{1}{x} + \frac{x}{2}$. Elle est successivement équivalente à :

$$\frac{x}{2} = \frac{1}{x},$$

$$x^2 = 2,$$

$$x = \sqrt{2} \quad (\text{dans }]0\,;\,+\infty[).$$

Ainsi, la suite u **converge vers $\sqrt{2}$.**

EN BREF !

L'étude des suites définies par récurrence se révèle souvent plus délicate que celle des autres suites.
Pour la monotonie, on étudiera en général le signe de $u_{n+1} - u_n$.
Pour la convergence, on suivra la méthode indiquée par l'énoncé. Elle est souvent prouvée à l'aide du théorème « de convergence monotone » (voir rubrique « À RETENIR ! »), et, si $u_{n+1} = f(u_n)$, la limite l est solution de l'équation $f(l) = l$.

8 Soit la suite u définie par $u_0 = 4$ et par la relation de récurrence :

$$u_{n+1} = \frac{1}{u_n} + \frac{2u_n}{3}.$$

1° Étudier les variations de la fonction f définie sur $]0\,;\,+\infty[$ par :

$$f(x) = \frac{1}{x} + \frac{2x}{3}.$$

Représenter graphiquement f et, illustrer le processus de génération des termes de la suite.

2° Démontrer que, pour tout entier naturel n, $u_n \geqslant \sqrt{3}$.

3° Exprimer la différence $u_{n+1} - u_n$ à l'aide de u_n.
En déduire que la suite u est convergente.

4° Justifier que la suite u est convergente, et déterminer sa limite.

9 Soit la suite u définie par $u_0 = 4$ et par la relation de récurrence :

$$u_{n+1} = \sqrt{2 + u_n}.$$

1° Montrer que la suite u est minorée par 2.

2° Vérifier que $u_{n+1} - u_n = \dfrac{(1 + u_n)(2 - u_n)}{u_{n+1} + u_n}$.
En déduire que la suite u est décroissante.

3° Justifier que la suite u est convergente et déterminer sa limite.

4° Démontrer que $|u_{n+1} - 2| \leqslant \dfrac{1}{4}\,|u_n - 2|$.

En déduire que $|u_n - 2| \leqslant \dfrac{2}{4^n}$.

Déterminer un entier n_0 tel que $|u_{n_0} - 2| \leqslant 10^{-10}$.

FAIRE LE POINT

10 Le plan est muni d'un repère orthonormal $(O, \vec{i}, \vec{j})$.

1° Étudier et représenter graphiquement, par la courbe (C), la fonction définie, pour $x > 0$, par $f(x) = 1 + \dfrac{1}{x}$.

Dans toute la suite du problème, la suite (u_n) est définie par $u_0 = 1$ et $u_{n+1} = 1 + \dfrac{1}{u_n}$.

2° Représenter graphiquement les premiers termes de la suite (u_n). (On pourra construire la droite d'équation $y = x$.)
D'après le schéma, que peut-on dire du sens de variation et de la convergence de la suite (u_n) ?

3° Déterminer l'abscisse α du point d'intersection de la courbe (C) et de la droite d'équation $y = x$.

Montrer que α vérifie $\begin{cases} \alpha = 1 + \dfrac{1}{\alpha} & (1) \\ \alpha > \dfrac{3}{2}. \end{cases}$

4° *a*) Montrer, par récurrence, que, pour tout nombre entier n, on a $u_n \geqslant 1$.
b) Montrer, en utilisant la relation (1), que $u_{n+1} - \alpha = \dfrac{-1}{\alpha u_n}(u_n - \alpha)$ (2).
c) En déduire que $(u_n - \alpha)$ et $(u_{n+1} - \alpha)$ sont de signes contraires.
d) En déduire que la suite (u_n) n'est pas monotone.

5° *a*) À partir de la relation (2), montrer que $|u_{n+1} - \alpha| \leqslant \dfrac{2}{3}|u_n - \alpha|$, pour tout entier n.
b) En déduire par récurrence, que, pour tout entier n, on a :

$$0 \leqslant |u_n - \alpha| \leqslant \left(\frac{2}{3}\right)^n |u_0 - \alpha|.$$

c) Que peut-on en conclure pour la convergence de la suite (u_n) ?

6° À partir de quelle valeur n_0 de n, peut-on affirmer que u_n est une valeur approchée de α à 10^{-2} près ?
Donner la valeur de u_{n_0}, obtenue par la calculatrice.

11 Soit la suite d'intégrales :

$$I_0 = \int_0^1 e^{-x}\,dx \quad \text{et, pour } n \text{ entier, } n \geqslant 1, \quad I_n = \int_0^1 x^n e^{-x}\,dx.$$

1° Calculer I_0.

2° À l'aide d'une intégration par parties, exprimer I_{n+1} en fonction de I_n.
Calculer I_1, I_2, I_3, I_4.

3° Soit $J_n = \int_0^{1-\frac{1}{\sqrt{n}}} x^n e^{-x}\, dx \quad (n \geqslant 1)$.

a) Montrer que $0 \leqslant J_n \leqslant \left(1 - \frac{1}{\sqrt{n}}\right)^n$.

b) Soit x un réel strictement positif.

Justifier que $\lim\limits_{\substack{x \to 0 \\ x > 0}} \frac{\ln(1-x)}{x} = -1$.

En déduire que $\lim\limits_{\substack{x \to 0 \\ x > 0}} \frac{\ln(1-x)}{x^2} = -\infty$.

c) Démontrer, en utilisant le résultat précédent, que

$\lim\limits_{n \to +\infty} \left(1 - \frac{1}{\sqrt{n}}\right)^n = 0$.

d) En déduire $\lim\limits_{n \to +\infty} J_n$.

4° Soit $K_n = \int_{1-\frac{1}{\sqrt{n}}}^{1} x^n e^{-x}\, dx \quad (n \geqslant 1)$.

Démontrer que $0 \leqslant K_n \leqslant \frac{1}{\sqrt{n}}$.

En déduire $\lim\limits_{n \to +\infty} K_n$.

5° Que peut-on dire de la convergence de la suite (I_n) avec $n \in \mathbb{N}$?

6° Soit $n \in \mathbb{N}$. On admettra qu'il existe un unique couple d'entiers naturels, $(a_n ; b_n)$, tel que $I_n = a_n - b_n e^{-1}$.

a) Montrer que les suites (a_n) et (b_n) vérifient les relations de récurrence :

$$a_{n+1} = (n+1)\, a_n,$$
$$b_{n+1} = (n+1)\, b_n + 1.$$

b) Montrer que $a_n = n\,!$ et $b_n = n\,!\left(1 + \frac{1}{1\,!} + \frac{1}{2\,!} + \dots + \frac{1}{n\,!}\right)$.

c) Montrer que $\lim\limits_{n \to +\infty} \frac{b_n}{a_n} = e$.

En déduire que $\lim\limits_{n \to +\infty} \left(1 + \frac{1}{1\,!} + \frac{1}{2\,!} + \dots + \frac{1}{n\,!}\right) = e$.

CORRIGÉS

1 **1°** $v_{n+1} = 4u_{n+1} - 6(n+1) + 15,$

$$v_{n+1} = 4u_{n+1} - 6n + 9,$$

$$v_{n+1} = 4\left(\frac{1}{3}u_n + n - 1\right) - 6n + 9,$$

$$v_{n+1} = \frac{4}{3}u_n - 2n + 5,$$

d'où : $v_{n+1} = \frac{1}{3}(4u_n - 6n + 15) = \frac{1}{3}v_n.$

De plus, $v_0 = 19$, d'où : **(v_n) est une suite géométrique de premier terme 19 et de raison $\frac{1}{3}$.**

2° • D'après le cours, $v_n = 19 \times \left(\frac{1}{3}\right)^n = \frac{19}{3^n}$.

$u_n = \frac{1}{4}v_n + \frac{6n - 15}{4}$, en « inversant la formule »,

d'où $u_n = \frac{19}{4} \times \frac{1}{3^n} + \frac{6n - 15}{4}$ **pour tout $n \in \mathbb{N}$.**

2 **1°** $(u_2)^2 = 4u_1 = 4$, donc $u_2 = 2$;

$(u_3)^2 = 4u_2 = 8$, donc $u_3 = \sqrt{8} = 2^{3/2}$;

$(u_4)^2 = 4u_3 = 4\sqrt{8} = 2^{7/2}$, donc $u_4 = 2^{7/4}$.

2° Pour montrer que (v_n) est une suite géométrique, calculons v_{n+1} en fonction de v_n :

$$v_{n+1} = \ln(u_{n+1}) - \ln 4,$$

$$v_{n+1} = \frac{1}{2}\ln((u_{n+1})^2) - \ln 4$$

(en utilisant les propriétés du logarithme),

d'où : $$v_{n+1} = \frac{1}{2}\ln(4u_n) - \ln 4,$$

$$v_{n+1} = \frac{1}{2}(\ln u_n + \ln 4) - \ln 4$$

(car $\ln(ab) = \ln a + \ln b$, avec $a > 0$ et $b > 0$),
soit enfin :

$$v_{n+1} = \frac{1}{2}\ln u_n - \frac{1}{2}\ln 4.$$

On reconnaît alors l'égalité $v_{n+1} = \frac{1}{2} v_n$.

De plus, $v_1 = \ln(u_1) - \ln 4 = -\ln 4$ (car $u_1 = 1$ et $\ln 1 = 0$).

(v_n) est donc une suite géométrique de raison $\frac{1}{2}$ et de premier terme $v_1 = -\ln 4$.

3° • D'après le cours, $v_n = (-\ln 4) \times \left(\frac{1}{2}\right)^n$.

Alors $\ln(u_n) = v_n + \ln 4$, soit $u_n = e^{(v_n + \ln 4)} = 4e^{v_n}$,

et donc $\boldsymbol{u_n = 4e^{(-\ln 4)\left(\frac{1}{2}\right)^n}}$ **pour tout $n \in \mathbb{N}$.**

• $\lim\limits_{n \to +\infty} \left(\frac{1}{2}\right)^n = 0$, car $\left|\frac{1}{2}\right| < 1$, d'où $\lim\limits_{n \to +\infty} (-\ln 4)\left(\frac{1}{2}\right)^n = 0$.

Par opérations sur les limites, on obtient $\lim\limits_{n \to +\infty} e^{(-\ln 4)\left(\frac{1}{2}\right)^n} = e^0 = 1$, et donc $\boldsymbol{\lim\limits_{n \to +\infty} u_n = 4}$.

3 **1°** $u_n = \left[-2e^{-\frac{1}{2}x}\right]_{n-1}^{n} = -2e^{-\frac{1}{2}n} + 2e^{-\frac{1}{2}(n-1)}$,

d'où : $u_n = 2\left(e^{\frac{-n+1}{2}} - e^{-\frac{n}{2}}\right) = 2e^{-\frac{n}{2}}\left(e^{\frac{1}{2}} - 1\right)$, car $\left(e^{\frac{-n+1}{2}} = e^{-\frac{n}{2}} \times e^{\frac{1}{2}}\right)$.

2° $u_{n+1} = 2e^{-\frac{(n+1)}{2}}\left(e^{\frac{1}{2}} - 1\right)$,

$u_{n+1} = e^{-\frac{1}{2}}\left[2e^{-\frac{n}{2}}\left(e^{\frac{1}{2}} - 1\right)\right]$,

d'où $u_{n+1} = e^{-\frac{1}{2}} \times u_n$.

De plus, $u_1 = 2 - 2e^{-\frac{1}{2}} = 2\left(1 - e^{-\frac{1}{2}}\right)$.

La suite (u_n) est une suite de premier terme $2\left(1 - e^{-\frac{1}{2}}\right)$ et de raison $e^{-\frac{1}{2}}$.

3° $S_n = \int_0^1 e^{-\frac{1}{2}x}\,dx + \int_1^2 e^{-\frac{1}{2}x}\,dx + \ldots + \int_{n-1}^{n} e^{-\frac{1}{2}x}\,dx$,

d'où $\boldsymbol{S_n = \int_0^n e^{-\frac{1}{2}x}\,dx}$, par linéarité de l'intégrale.

4° $S_n = \left[-2e^{-\frac{1}{2}x}\right]_0^n = -2e^{-\frac{1}{2}n} + 2$;

$\lim_{n \to +\infty} e^{-\frac{1}{2}n} = 0$, car $\lim_{x \to +\infty} e^{-\frac{1}{2}x} = 0$; alors $\boldsymbol{\lim_{n \to +\infty} S_n = 2}$.

4 $\quad a_n = \|\overrightarrow{M_n M_{n+1}}\| = |z_{n+1} - z_n|$,

donc : $\quad a_n = |u_{n+1} e^{iv_{n+1}} - u_n e^{iv_n}|$,

$$a_n = \left|\left(\frac{1}{2}\right)^{n+1} e^{i\frac{(n+1)\pi}{3}} - \left(\frac{1}{2}\right)^n e^{\frac{in\pi}{3}}\right|,$$

d'où : $\quad a_n = \left|\left(\frac{1}{2}\right)^n e^{i\frac{n\pi}{3}}\left(\frac{1}{2}e^{i\frac{\pi}{3}} - 1\right)\right|$, en mettant $\left(\frac{1}{2}\right)^n e^{i\frac{n\pi}{3}}$ en facteur.

On en déduit :

$$a_n = \left|\left(\frac{1}{2}\right)^n e^{i\frac{n\pi}{3}}\right| \times \left|\frac{1}{2}e^{i\frac{\pi}{3}} - 1\right|.$$

$\left|\left(\frac{1}{2}\right)^n e^{i\frac{n\pi}{3}}\right| = \left(\frac{1}{2}\right)^n$, car $\left|e^{i\frac{n\pi}{3}}\right| = 1$,

et $\quad \frac{1}{2}e^{i\frac{\pi}{3}} - 1 = \frac{1}{2}\left(\frac{1}{2} + i\frac{\sqrt{3}}{2}\right) - 1 = \frac{-3}{4} + i\frac{\sqrt{3}}{4}$.

D'où $\left|\frac{1}{2}e^{i\frac{\pi}{3}} - 1\right| = \sqrt{\left(-\frac{3}{4}\right)^2 + \left(+\frac{\sqrt{3}}{4}\right)^2} = \sqrt{\frac{12}{16}} = \sqrt{\frac{3}{4}} = \frac{\sqrt{3}}{2}$.

Dans ce cas, $a_n = \frac{\sqrt{3}}{2} \times \left(\frac{1}{2}\right)^n$.

On en déduit que $\boldsymbol{a_n}$ **est une suite géométrique de premier terme** $\boldsymbol{\frac{\sqrt{3}}{2}}$ **et de raison** $\boldsymbol{\frac{1}{2}}$**.**

- $\lim_{n \to +\infty} a_n = 0$, car $\lim_{n \to +\infty} \left(\frac{1}{2}\right)^n = 0$.

5 On pose $f(x) = \dfrac{x+2}{2(x+1)}$.

Une étude rapide de f sur $[0\,;\,+\infty[$ donne le tableau de variations suivant :

x	0	$+\infty$
$f'(x)$	$-$	
f	1 ↘	$\dfrac{1}{2}$

1° Pour tout $x \in [0\,;\,+\infty[$, on a $\dfrac{1}{2} \leqslant f(x) \leqslant 1$.

Donc, pour tout $n \in \mathbb{N}$, on a $\dfrac{1}{2} \leqslant u_n \leqslant 1$.

La suite (u_n) est donc bornée.

2° f est strictement décroissante sur $[0\,;\,+\infty[$, donc **la suite (u_n) est strictement décroissante.**

3° $\lim\limits_{x \to +\infty} f(x) = \dfrac{1}{2}$, donc $\mathbf{\lim\limits_{n \to +\infty} u_n = \dfrac{1}{2}}$.

6 **1°** Pour tout $n \in \mathbb{N}^*$:

$$u_{n+1} - u_n = \ln\left(\frac{n+1}{n+2}\right) - \ln\left(\frac{n}{n+1}\right) = \ln\left(\frac{(n+1)^2}{n(n+2)}\right).$$

Or, pour tout $n \in \mathbb{N}^*$, on a $\dfrac{(n+1)^2}{n(n+2)} > 1$ (voir p. 250).

Donc, pour tout $n \in \mathbb{N}^*$, $\ln\left(\dfrac{(n+1)^2}{n(n+2)}\right) > 0$.

$u_{n+1} - u_n > 0$ pour tout $n \in \mathbb{N}^*$, ainsi **la suite (u_n) est strictement croissante.**

Remarque : On aurait pu également étudier le sens de variation de la fonction f définie par $f(x) = \ln\left(\dfrac{x}{x+1}\right)$.

Pour tout $n \in \mathbb{N}^*$, on a $0 < \dfrac{n}{n+1} < 1$, donc, pour tout $n \in \mathbb{N}^*$, $\ln\left(\frac{n}{n+1}\right) < 0$.

En conséquence, $\boldsymbol{u_n < 0}$ **pour tout** $\boldsymbol{n \in \mathbb{N}^*}$.

2° $\lim\limits_{n \to +\infty} \frac{n}{n+1} = 1$, donc $\lim\limits_{n \to +\infty} \ln\left(\frac{n}{n+1}\right) = 0$, et $\boldsymbol{(u_n)}$ **converge vers 0.**

3° $S_n = \ln\left(\frac{1}{2}\right) + \ln\left(\frac{2}{3}\right) + ... + \ln\left(\frac{n-1}{n}\right) + \ln\left(\frac{n}{n+1}\right)$,

$= \ln 1 - \ln 2 + \ln 2 - \ln 3 + ... + \ln(n-1) - \ln n + \ln n - \ln(n+1)$,

$= \ln 1 - \ln(n+1) = -\ln(n+1)$.

D'où $\boldsymbol{S_n = -\ln(n+1)}$, et $\boldsymbol{\lim\limits_{n \to +\infty} S_n = -\infty}$.

7 **1°** Pour lever l'indétermination, on écrit :

$$\frac{\ln(n + 2^{-n})}{2n} = \frac{\ln\left[n\left(1 + \frac{1}{n2^n}\right)\right]}{2n} = \frac{\ln n}{2n} + \frac{1}{2n}\ln\left(1 + \frac{1}{n2^n}\right).$$

Or $\lim\limits_{n \to +\infty} \frac{\ln n}{n} = 0$, $\lim\limits_{n \to +\infty} \frac{1}{2n} = 0$ et $\lim\limits_{n \to +\infty} \frac{1}{n2^n} = 0$.

Donc $\lim\limits_{n \to +\infty} \frac{1}{2n}\ln\left(1 + \frac{1}{n2^n}\right) = 0$, et enfin $\boldsymbol{\lim\limits_{n \to +\infty} \frac{\ln(n + 2^{-n})}{2n} = 0}$.

2° *a)* $u_0 = \frac{1}{2}$

b) Pour tout $n \geqslant 1$, on a :

$$u_n = \int_0^1 \frac{2^n x}{1 + n2^n x^2}\,dx = \frac{1}{2n}\int_0^1 \frac{u'(x)}{u(x)}\,dx, \text{ avec } u(x) = 1 + n2^n x^2.$$

donc : $$u_n = \frac{1}{2n}\left[\ln(1 + n2^n x^2)\right]_0^1 = \frac{\ln(1 + n2^n)}{2n}.$$

Pour tout $n \geqslant 1$, on a $\boldsymbol{u_n = \frac{\ln(1 + n2^n)}{2n}}$.

c) $$\frac{\ln(1 + n2^n)}{2n} = \frac{\ln 2^n}{2n} + \frac{\ln(n + 2^{-n})}{2n} = \frac{\ln 2}{2} + \frac{\ln(n + 2^{-n})}{2n}.$$

D'après le **1°**, on peut écrire que $\boldsymbol{\lim\limits_{n \to +\infty} u_n = \frac{\ln 2}{2}}$.

8 1° $f'(x) = -\frac{1}{x^2} + \frac{2}{3} = \frac{2x^2 - 3}{3x^2}$.

$f'(x)$ est du même signe que $2x^2 - 3$. On en déduit les variations de f :

x	0		$\sqrt{\frac{3}{2}}$		$+\infty$
$f'(x)$	‖	$-$	0	$+$	
$f(x)$	‖ $+\infty$	↘	$f\left(\sqrt{\frac{3}{2}}\right)$	↗	$+\infty$

$\lim_{\substack{x \to 0 \\ x > 0}} f(x) = +\infty$

$\lim_{x \to +\infty} f(x) = +\infty$

$f\left(\sqrt{\frac{3}{2}}\right) \approx 1{,}22$

2° Pour $n \in \mathbb{N}$, soit P_n : « $u_n \geqslant \sqrt{3}$ ».

- P_0 est vraie, car $u_0 = 4$.
- Supposons P_n vraie pour un entier n quelconque.

La fonction f est strictement croissante sur l'intervalle $\left[\sqrt{\frac{3}{2}} ; +\infty\right[$.

Or $\sqrt{\frac{3}{2}} < \sqrt{3}$; donc, $u_n \geqslant \sqrt{3}$ implique $f(u_n) \geqslant f(\sqrt{3})$.

$f(u_n) = u_{n+1}$; $f(\sqrt{3}) = \frac{1}{\sqrt{3}} + \frac{2\sqrt{3}}{3} = \frac{\sqrt{3} + 2\sqrt{3}}{3} = \sqrt{3}$.

Par conséquent, P_{n+1} : « $u_{n+1} \geqslant \sqrt{3}$ » est vraie.

Conclusion : Pour tout entier naturel n, $u_n \geqslant \sqrt{3}$.

3° $u_{n+1} - u_n = \frac{1}{u_n} + \frac{2u_n}{3} - u_n = \frac{1}{u_n} - \frac{u_n}{3} = \frac{3 - u_n^2}{3u_n}$.

$u_n \geqslant \sqrt{3}$, donc $u_n^2 \geqslant 3$, soit $3 - u_n^2 \leqslant 0$.

Comme $u_n > 0$, alors $u_{n+1} - u_n \leqslant 0$.

La suite u est donc **décroissante.**

4° La suite u est décroissante minorée par $\sqrt{3}$. Elle est donc convergente.

Soit $l = \lim_{n \to +\infty} u_n$. Or $u_n \geqslant \sqrt{3}$, donc $l \geqslant \sqrt{3}$.

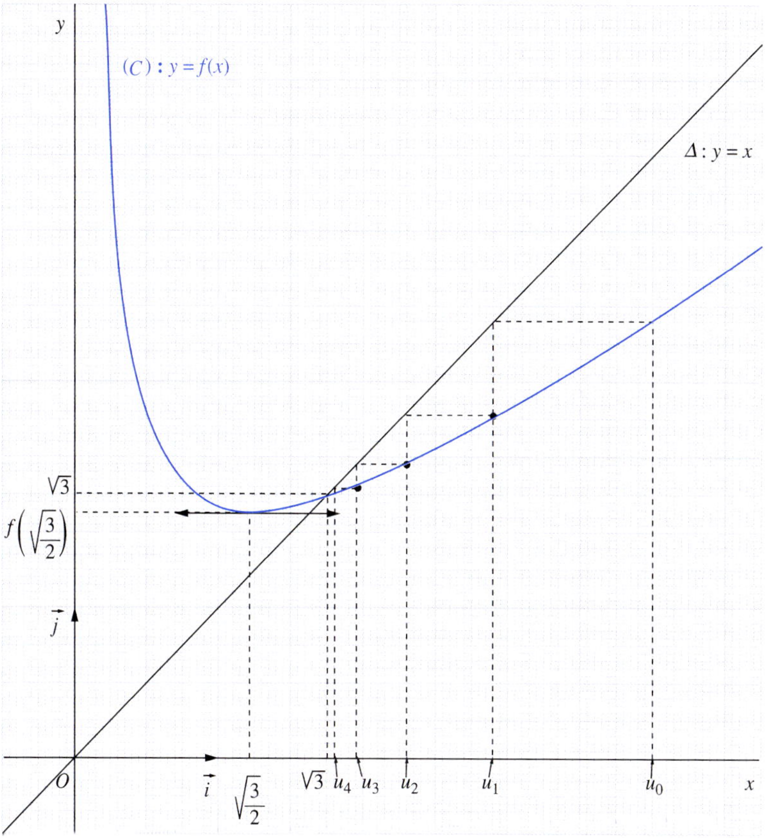

$\lim_{n \to +\infty} u_{n+1} = l$, alors $\lim\left(\frac{1}{u_n} + \frac{2u_n}{3}\right) = \frac{1}{l} + \frac{2l}{3}$, d'après les théorèmes sur les limites et les opérations ($l \neq 0$).

Donc, l vérifie $l = \frac{1}{l} + \frac{2l}{3}$.

Sur $]0\,;\,+\infty[$, l'équation $x = \frac{1}{x} + \frac{2x}{3}$ équivaut à :

$$\frac{1}{3}x = \frac{1}{x},$$

$$x^2 = 3,$$

$$x = \sqrt{3}.$$

Ainsi, la suite $\boldsymbol{u}$ **converge vers** $\boldsymbol{l = \sqrt{3}}$.

9 **1°** Pour $n \in \mathbb{N}$, soit la propriété P_n : « $u_n \geqslant 2$ ».

• $u_0 = 4$, donc P_0 est vraie.

• Supposons P_n vraie pour un entier n quelconque.

$$u_n \geqslant 2,$$

donc :
$$2 + u_n \geqslant 4,$$

d'où :
$$\sqrt{2 + u_n} \geqslant 2,$$

c'est-à-dire :
$$u_{n+1} \geqslant 2.$$

Par conséquent, P_{n+1} est vraie.

Conclusion : Pour tout entier naturel n, $u_n \geqslant 2$. La suite est donc **minorée par 2.**

2°
$$u_{n+1} - u_n = \sqrt{2 + u_n} - u_n,$$

$$u_{n+1} - u_n = \frac{(\sqrt{2 + u_n} - u_n)(\sqrt{2 + u_n} + u_n)}{\sqrt{2 + u_n} + u_n}$$

(noter que $\sqrt{2 + u_n} + u_n > 0$),

$$u_{n+1} - u_n = \frac{2 + u_n - u_n^2}{u_{n+1} + u_n},$$

$$u_{n+1} - u_n = \frac{(1 + u_n)(2 - u_n)}{u_{n+1} + u_n}.$$

Puisque $u_n \geqslant 2$ pour tout entier, alors :

$$1 + u_n > 0\,; \quad u_{n+1} + u_n > 0\,; \quad 2 - u_n \leqslant 0.$$

Donc, $u_{n+1} - u_n \leqslant 0$. La suite u est donc **décroissante.**

3° La suite est décroissante, minorée par 2. La suite u est donc convergente.

Soit $l = \lim\limits_{n \to +\infty} u_n$.

Comme $u_n \geqslant 2$ pour tout entier n, alors $l \geqslant 2$.

$l = \lim\limits_{n \to +\infty} u_{n+1}$ et, d'après les théorèmes sur les limites :

$$\lim_{n \to +\infty} \sqrt{2 + u_n} = \sqrt{2 + l}.$$

Donc l vérifie :
$$l \geqslant 2 \quad \text{et} \quad l = \sqrt{2 + l},$$
$$l^2 = 2 + l,$$
$$l^2 - l - 2 = 0,$$
$$(l + 1)(l - 2) = 0,$$
$$l = 2.$$

La suite u **converge vers le réel $l = 2$.**

4° • $u_{n+1} - 2 = \sqrt{2 + u_n} - 2,$

$$u_{n+1} - 2 = \frac{(\sqrt{2 + u_n} - 2)(\sqrt{2 + u_n} + 2)}{\sqrt{2 + u_n} + 2},$$

$$u_{n+1} - 2 = \frac{2 + u_n - 4}{\sqrt{2 + u_n} + 2},$$

$$u_{n+1} - 2 = \frac{u_n - 2}{\sqrt{2 + u_n} + 2}, \quad \text{d'où :}$$

$$|u_{n+1} - 2| = \frac{|u_n - 2|}{\sqrt{2 + u_n} + 2}.$$

Or : $u_n \geqslant 2,$

donc : $u_n + 2 \geqslant 4,$

$$\sqrt{u_n + 2} \geqslant 2,$$

$$\sqrt{u_n + 2} + 2 \geqslant 4,$$

$$\frac{1}{\sqrt{u_n + 2} + 2} \leqslant \frac{1}{4},$$

$$\frac{|u_n - 2|}{\sqrt{u_n + 2} + 2} \leqslant \frac{|u_n - 2|}{4}.$$

On en déduit que $\boldsymbol{|u_{n+1} - 2| \leqslant \frac{|u_n - 2|}{4}}$.

• Pour $n \in \mathbb{N}$, soit la propriété P_n : « $|u_n - 2| \leqslant \frac{2}{4^n}$ ».

— Pour $n = 0$, $|u_0 - 2| = |4 - 2| = 2$ et $\frac{2}{4^0} = \frac{2}{1} = 2$.

P_0 est donc vraie, car $|u_0 - 2| \leqslant \frac{2}{4^0}$.

— Supposons P_n vraie pour un entier n quelconque.
Par hypothèse :

$$|u_n - 2| \leqslant \frac{2}{4^n},$$

d'où : $$\frac{|u_n - 2|}{4} \leqslant \frac{2}{4^{n+1}},$$

et, puisque :

$$|u_{n+1} - 2| \leqslant \frac{|u_n - 2|}{4},$$

on en déduit :

$$|u_{n+1} - 2| \leqslant \frac{2}{4^{n+1}}.$$

P_{n+1} est donc vraie.

Conclusion : Pour tout entier naturel n, $\boldsymbol{|u_n - 2| \leqslant \frac{2}{4^n}}$.

• Pour que $|u_{n_0} - 2| \leqslant 10^{-10}$, il suffit que $\frac{2}{4^n} \leqslant 10^{-10}$.

Pour tout entier naturel n, $\frac{2}{4^n} \leqslant 10^{-10}$ équivaut à :

$$2 \times 10^{10} \leqslant 4^n,$$

$$\ln(2 \times 10^{10}) \leqslant \ln(4^n),$$

$$\ln 2 + 10 \ln 10 \leqslant n \ln 4,$$

$$\frac{\ln 2 + 10 \ln 10}{2 \ln 2} \leqslant n.$$

La calculatrice donne 17,2 comme valeur approchée par excès du réel $\frac{\ln 2 + 10 \ln 10}{2 \ln 2}$. On peut donc affirmer que $\boldsymbol{|u_{18} - 2| \leqslant 10^{-10}}$.

10 **1°** *a)* f est définie, continue et dérivable sur $]0\,;\,+\infty[$ (fonction rationnelle).

$$f'(x) = -\frac{1}{x^2}.$$

$f'(x) < 0$ sur $]0\,;\,+\infty[$, donc f est décroissante sur $\mathbb{R}_+^*$.

x	0	$+\infty$
$f'(x)$	$-$	
$f(x)$	$+\infty$ ↘	1

$\lim\limits_{x \to 0} f(x) = \lim\limits_{x \to 0} \frac{1}{x} = +\infty$;

$\lim\limits_{x \to +\infty} f(x) = 1.$

La courbe (C) est une branche d'hyperbole. Les asymptotes sont les droites d'équations $x = 0$ et $y = 1$.

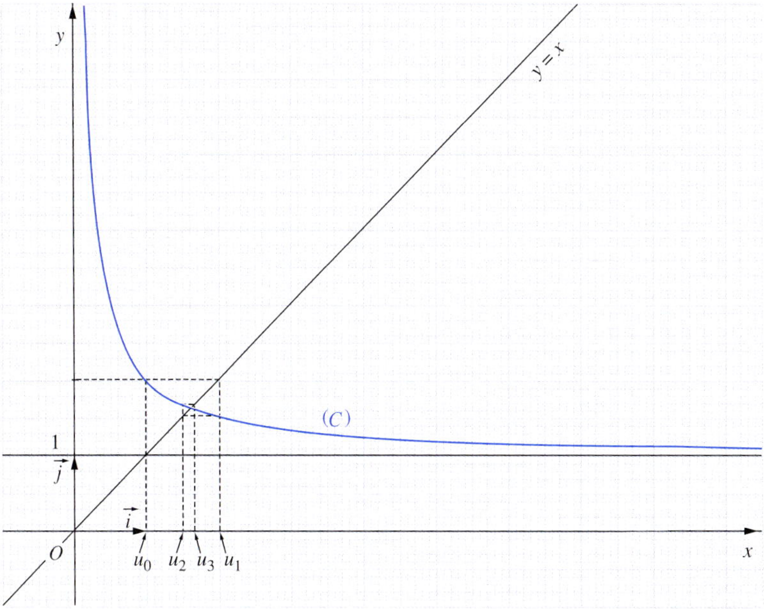

2° Pour construire les termes de la suite, nous avons besoin de la droite d'équation $y = x$.

(u_n) n'est pas monotone puisque $u_1 > u_0$, $u_2 < u_1$ et $u_3 > u_2$. Il semble que (u_n) converge vers α, abscisse du point d'intersection de Δ et de (C).

3° α appartient à Δ $(x = y)$ et à (C), donc α est solution de l'équation $1 + \dfrac{1}{x} = x$ (avec $x > 0$), soit $x^2 - x - 1 = 0$.

Cette équation a pour solutions $\dfrac{1 - \sqrt{5}}{2}$ et $\dfrac{1 + \sqrt{5}}{2}$.

Donc $\boldsymbol{\alpha = \dfrac{1 + \sqrt{5}}{2}}$.

En conséquence, $\alpha = 1 + \dfrac{1}{\alpha}$ et $\alpha > \dfrac{3}{2}$.

4° *a*) Soit P_n la propriété : « $u_n \geqslant 1$ ».
$u_0 = 1$, donc la propriété P_0 est vraie ;
$u_1 = \dfrac{3}{2}$, donc la propriété P_1 est vraie.

Supposons que $u_n \geqslant 1$ pour un entier n fixé.

Alors $\dfrac{1}{u_n} \geqslant 0$ (car $u_n \geqslant 0$), donc $1 + \dfrac{1}{u_n} \geqslant 1$, soit $u_{n+1} \geqslant 1$.

P_n vraie entraîne P_{n+1} vraie.

D'après le principe de récurrence, on peut affirmer que $u_n \geqslant 1$ pour tout $n \in \mathbb{N}$.

b) Pour tout $n \in \mathbb{N}$:

$$\begin{aligned} u_{n+1} - \alpha &= 1 + \frac{1}{u_n} - \alpha, \\ &= 1 + \frac{1}{u_n} - 1 - \frac{1}{\alpha} \quad \left(\text{car } \alpha = 1 + \frac{1}{\alpha}\right), \\ &= \frac{1}{u_n} - \frac{1}{\alpha} = \frac{\alpha - u_n}{\alpha u_n} = -\frac{1}{\alpha u_n}(u_n - \alpha). \end{aligned}$$

c) $u_n \geqslant 1$ pour tout n, donc $u_n > 0$ et $\alpha > 0$, d'où $\dfrac{-1}{\alpha u_n} < 0$.

Dans ce cas, **$(u_{n+1} - \alpha)$ est de signe opposé à celui de $(u_n - \alpha)$.**

d) Si $u_n < \alpha$, alors, d'après *c*), $u_{n+1} > \alpha$, donc $u_{n+1} > u_n$;
de plus, $u_{n+2} < \alpha$, donc $u_{n+2} < u_{n+1}$: **la suite n'est pas monotone.**

De même, si $u_n > \alpha$, alors $u_{n+1} < \alpha$ et $u_{n+1} < u_n$;
puis $u_{n+2} > \alpha$, donc $u_{n+2} > u_{n+1}$: **la suite n'est pas monotone.**

5° *a*) D'après (2), on a, pour tout $n \in \mathbb{N}$, $|u_{n+1} - \alpha| = \dfrac{1}{|\alpha u_n|}\,|u_n - \alpha|$.

Or $|\alpha| \geqslant \dfrac{3}{2}$ et $|u_n| \geqslant 1$.

Donc $|\alpha u_n| \geqslant \dfrac{3}{2}$ et $\dfrac{1}{|\alpha u_n|} \leqslant \dfrac{2}{3}$, et finalement $\boldsymbol{|u_{n+1} - \alpha| \leqslant \dfrac{2}{3}\,|u_n - \alpha|}$.

b) Soit P_n la propriété : « $0 \leqslant |u_n - \alpha| \leqslant \left(\dfrac{2}{3}\right)^n |u_0 - \alpha|$ ».

P_0 est vraie, car $0 \leqslant |u_0 - \alpha| \leqslant \left(\dfrac{2}{3}\right)^0 |u_0 - \alpha| \quad \left(\left(\dfrac{2}{3}\right)^0 = 1\right)$.

Supposons $0 \leqslant |u_n - \alpha| \leqslant \left(\dfrac{2}{3}\right)^n |u_0 - \alpha|$ pour un n fixé.

D'après **5°** *a*) :

$$|u_{n+1} - \alpha| \leqslant \frac{2}{3}\,|u_n - \alpha|,$$

donc : $|u_{n+1} - \alpha| \leqslant \frac{2}{3}\left(\frac{2}{3}\right)^n |u_0 - \alpha|$, d'après l'hypothèse de récurrence,

et enfin : $|u_{n+1} - \alpha| \leqslant \left(\frac{2}{3}\right)^{n+1} |u_0 - \alpha|$,

donc : $0 \leqslant |u_{n+1} - \alpha| \leqslant \left(\frac{2}{3}\right)^{n+1} |u_0 - \alpha|$.

D'après le principe de récurrence, $\boldsymbol{P_n}$ **est vraie pour tout** $\boldsymbol{n} \in \mathbb{N}$.

c) $\lim_{n \to +\infty} \left(\frac{2}{3}\right)^n = 0$, donc $\lim_{n \to +\infty} |u_n - \alpha| = 0$: **la suite** $(\boldsymbol{u_n})$ **converge donc vers** $\boldsymbol{\alpha}$**.**

6° On sait que $|u_0 - \alpha| \leqslant \left|1 - \frac{3}{2}\right| = \frac{1}{2}$, donc $|u_n - \alpha| \leqslant \frac{1}{2} \times \left(\frac{2}{3}\right)^n$.

On pourra affirmer que u_n sera une valeur approchée de α à 10^{-2} près, dès que $\frac{1}{2} \times \left(\frac{2}{3}\right)^n \leqslant 10^{-2}$, c'est-à-dire $\left(\frac{2}{3}\right)^n \leqslant 2 \cdot 10^{-2}$.

Pour $n = 9$, $\left(\frac{2}{3}\right)^9 \approx 2{,}6 \cdot 10^{-2} > 2 \cdot 10^{-2}$;

pour $n = 10$, $\left(\frac{2}{3}\right)^{10} \approx 1{,}7 \cdot 10^{-2} \leqslant 2 \cdot 10^{-2}$, d'où $\boldsymbol{n_0 = 10}$.

La calculatrice donne $\boldsymbol{u_{10} = 1{,}617\,977}$.

11 **1°** $I_0 = [-\mathrm{e}^{-x}]_0^1 = -\mathrm{e}^{-1} + 1 = \mathbf{1 - e^{-1}}$.

2° On pose :
$f(x) = x^{n+1}$, d'où $f'(x) = (n+1)x^n$,
et $g(x) = -\mathrm{e}^{-x}$, d'où $g'(x) = \mathrm{e}^{-x}$.

$$I_{n+1} = [-x^{n+1}\mathrm{e}^{-x}]_0^1 - \int_0^1 -\mathrm{e}^{-x} \times (n+1)x^n \, \mathrm{d}x,$$

$$\boldsymbol{I_{n+1} = -\mathrm{e}^{-1} + (n+1)I_n}.$$

$n = 0$: $I_1 = -\mathrm{e}^{-1} + I_0 = 1 - 2\mathrm{e}^{-1}$;
$n = 1$: $I_2 = -\mathrm{e}^{-1} + 2I_1 = 2 - 5\mathrm{e}^{-1}$;
$n = 2$: $I_3 = -\mathrm{e}^{-1} + 3I_2 = 6 - 16\mathrm{e}^{-1}$;
$n = 3$: $I_4 = -\mathrm{e}^{-1} + 4I_3 = 24 - 65\mathrm{e}^{-1}$.

3° *a*) Pour tout réel x de l'intervalle $\left[0\,;\,1-\dfrac{1}{\sqrt{n}}\right]$:

$0 \leqslant x^n \leqslant \left(1-\dfrac{1}{\sqrt{n}}\right)^n$ (croissance de $x \mapsto x^n$) ;

$0 < \mathrm{e}^{-x} \leqslant 1$ (décroissance de $x \mapsto \mathrm{e}^{-x}$, et $\mathrm{e}^{-x} > 0$ pour tout réel x).

D'où : $$0 \leqslant x^n \mathrm{e}^{-x} \leqslant \left(1-\frac{1}{\sqrt{n}}\right)^n,$$

et par suite :

$$0 \leqslant \int_0^{1-\frac{1}{\sqrt{n}}} x^n \mathrm{e}^{-x}\,\mathrm{d}x \leqslant \left(1-\frac{1}{\sqrt{n}}\right) \times \left(1-\frac{1}{\sqrt{n}}\right)^n,$$

et, comme $1-\dfrac{1}{\sqrt{n}} \leqslant 1$:

$$0 \leqslant J_n \leqslant \left(1-\frac{1}{\sqrt{n}}\right)^n.$$

b) • $\dfrac{\ln(1-x)}{x} = -\dfrac{\ln(1-x)-\ln 1}{-x}$

Par définition du nombre dérivé, $\lim\limits_{\substack{x \to 0 \\ x > 0}} \dfrac{\ln(1-x)-\ln 1}{-x} = \ln' 1 = 1.$

Donc $\lim\limits_{\substack{x \to 0 \\ x > 0}} \dfrac{\ln(1-x)}{x} = -1.$

• $\dfrac{\ln(1-x)}{x^2} = \dfrac{1}{x} \times \dfrac{\ln(1-x)}{x}$

$\lim\limits_{\substack{x \to 0 \\ x > 0}} \dfrac{1}{x} = +\infty$ et $\lim\limits_{\substack{x \to 0 \\ x > 0}} \dfrac{\ln(1-x)}{x} = 1$, donc $\lim\limits_{\substack{x \to 0 \\ x > 0}} \dfrac{\ln(1-x)}{x^2} = -\infty.$

c) $\left(1-\dfrac{1}{\sqrt{n}}\right)^n = \mathrm{e}^{n\ln\left(1-\frac{1}{\sqrt{n}}\right)}$,

et $n\ln\left(1-\dfrac{1}{\sqrt{n}}\right) = \dfrac{\ln\left(1-\dfrac{1}{\sqrt{n}}\right)}{\left(\dfrac{1}{\sqrt{n}}\right)^2} = \dfrac{\ln(1-u_n)}{u_n^2}$, avec $u_n = \dfrac{1}{\sqrt{n}}$.

La suite de terme général $u_n = \dfrac{1}{\sqrt{n}} (n \geqslant 1)$ converge vers 0^+. Par composition des limites $\left(\lim\limits_{n \to +\infty} u_n = 0^+ \text{ et } \lim\limits_{\substack{x \to 0 \\ x > 0}} \dfrac{\ln(1-x)}{x^2} = -\infty \right)$, on en déduit que $\lim\limits_{n \to +\infty} \dfrac{\ln(1-u_n)}{u_n^2} = -\infty$.

Puisque $\lim\limits_{n \to +\infty} n \ln\left(1 - \dfrac{1}{\sqrt{n}}\right) = -\infty$ et $\lim\limits_{X \to -\infty} e^X = 0$, on en déduit que

$$\lim_{n \to +\infty} \left(1 - \frac{1}{\sqrt{n}}\right)^n = \lim_{n \to +\infty} e^{n \ln\left(1 - \frac{1}{\sqrt{n}}\right)} = 0.$$

d) Puisque $0 \leqslant J_n \leqslant \left(1 - \dfrac{1}{\sqrt{n}}\right)^n$ et $\lim\limits_{n \to +\infty} \left(1 - \dfrac{1}{\sqrt{n}}\right)^n = 0$,

alors $\lim\limits_{n \to +\infty} J_n = 0$.

4° • Pour tout réel x de l'intervalle $[0\,;\,1]$:
$0 \leqslant x^n \leqslant 1$ et $0 < e^{-x} \leqslant 1$, d'où $0 \leqslant x^n e^{-x} \leqslant 1$.

Cette inégalité est vraie en particulier sur $\left[1 - \dfrac{1}{\sqrt{n}}\,;\, 1\right]$.

D'où : $$0 \leqslant \int_{1 - \frac{1}{\sqrt{n}}}^{1} x^n e^{-x}\,dx \leqslant 1 - \left(1 - \frac{1}{\sqrt{n}}\right),$$

soit : $$0 \leqslant K_n \leqslant \frac{1}{\sqrt{n}}.$$

• $\lim\limits_{n \to +\infty} \dfrac{1}{\sqrt{n}} = 0$, donc $\lim\limits_{n \to +\infty} K_n = 0$.

5° Par la relation de Chasles, on a $I_n = J_n + K_n$. On a vu que les suites (J_n) et (K_n) convergeaient vers 0. Par conséquent, la suite (I_n) converge vers 0.

6° *a*) Soit $I_n = a_n - b_n e^{-1}$.

$$I_{n+1} = -e^{-1} + (n+1) I_n,$$
$$I_{n+1} = -e^{-1} + (n+1)(a_n - b_n e^{-1}),$$
$$I_{n+1} = (n+1)\,a_n - [(n+1)\,b_n + 1]e^{-1},$$

d'où : $\boldsymbol{a_{n+1} = (n+1)\,a_n}$ et $\boldsymbol{b_{n+1} = (n+1)\,b_n + 1}$.

b) Démontrons ces propriétés par récurrence.

• Soit P_n : « $a_n = n\,!$ ».

P_0 : « $a_0 = 0\,! = 1$ » est vraie.

Supposons P_n vraie, à un rang n quelconque :

$$a_{n+1} = (n+1)\,a_n,$$
$$a_{n+1} = (n+1)\,n\,!,$$
$$a_{n+1} = (n+1)\,!, \quad \text{donc } P_{n+1} \text{ est vraie.}$$

On a bien $a_n = n\,!$, pour tout entier naturel n.

• Soit Q_n : « $b_n = n\,!\left(1 + \frac{1}{1\,!} + \ldots + \frac{1}{n\,!}\right)$ ».

$b_0 = 1$ et $0\,! \times (1) = 1$, donc Q_0 est vraie.
Supposons Q_n vraie à un rang n quelconque :

$$b_{n+1} = (n+1)\,b_n + 1,$$
$$b_{n+1} = (n+1) \times n\,!\left(1 + \frac{1}{1\,!} + \ldots + \frac{1}{n\,!}\right) + 1,$$
$$b_{n+1} = (n+1)\,!\left(1 + \frac{1}{1\,!} + \ldots + \frac{1}{n\,!}\right) + 1,$$
$$b_{n+1} = (n+1)\,!\left(1 + \frac{1}{1\,!} + \ldots + \frac{1}{n\,!} + \frac{1}{(n+1)\,!}\right).$$

Donc Q_{n+1} est vraie.

On a bien $b_n = n\,!\left(1 + \frac{1}{1\,!} + \ldots + \frac{1}{n\,!}\right)$ pour tout entier n.

c) $$I_n = a_n - b_n\,\mathrm{e}^{-1},$$
d'où : $$b_n\,\mathrm{e}^{-1} = a_n - I_n,$$
et comme $a_n \neq 0$: $$\frac{b_n}{a_n}\,\mathrm{e}^{-1} = 1 - \frac{I_n}{a_n},$$
$$\frac{b_n}{a_n} = \mathrm{e}\left(1 - \frac{I_n}{a_n}\right).$$

$\lim\limits_{n \to +\infty} I_n = 0$ et $\lim\limits_{n \to +\infty} a_n = +\infty$, d'où $\lim\limits_{n \to +\infty} \frac{I_n}{a_n} = 0$.

Par suite, $\lim\limits_{n \to +\infty} \frac{b_n}{a_n} = \mathrm{e}$.

Or $$\frac{b_n}{a_n} = \frac{n\,!\left(1 + \frac{1}{1\,!} + \ldots + \frac{1}{n\,!}\right)}{n\,!} = 1 + \frac{1}{1\,!} + \ldots + \frac{1}{n\,!}.$$

Par conséquent, $\lim\limits_{n \to +\infty} \left(1 + \frac{1}{1\,!} + \ldots + \frac{1}{n\,!}\right) = \mathrm{e}$.

12 LES ENCADREMENTS*

OBJECTIFS

- *Encadrer une fonction ou une intégrale*
- *Appliquer un encadrement de suite à la détermination d'une limite*

À RETENIR !

ENCADREMENT D'UNE FONCTION

On dit qu'on a un **encadrement d'une fonction** f par des fonctions g et h sur un intervalle I, si, pour tout réel x de l'intervalle I :

$$g(x) \leqslant f(x) \leqslant h(x).$$

(*) *Ce chapitre n'est étudié qu'en enseignement de spécialité.*

Applications :

On peut utiliser l'encadrement d'une fonction pour :

- approcher une fonction f par des fonctions g et h dont l'expression en fonction de x est simple (fonction polynômes par exemple) ;

- déterminer un encadrement d'une limite : si f, g, h admettent des limites réelles respectives L, L_1, L_2 en un réel a de I ou en une extrémité de l'intervalle, alors $L_1 \leqslant L \leqslant L_2$;

- déterminer la limite de f en un réel a de I ou en une extrémité de I : si g et h admettent la même limite L en a, alors f admet pour limite L en a.

Remarque :
La majoration : $|f(x) - L| \leqslant g(x)$ pour tout x de I, équivaut à l'encadrement :

$$L - g(x) \leqslant f(x) \leqslant L + g(x),$$

c'est-à-dire aussi à $f(x) - g(x) \leqslant L \leqslant f(x) + g(x)$.

ENCADREMENT D'UNE INTÉGRALE

Soit $I = [a\,;\,b]$, a et b étant des réels, avec $a < b$.
Si, pour tout réel x de I, $g(x) \leqslant f(x) \leqslant h(x)$, les fonctions f, g et h étant continues sur I, alors :

$$\int_a^b g(x)\,dx \leqslant \int_a^b f(x)\,dx \leqslant \int_a^b h(x)\,dx.$$

Citons, comme cas particulier, l'inégalité de la moyenne.
Si g et h sont des fonctions constantes : $g(x) = m$ et $h(x) = M$, alors :

$$m(b - a) \leqslant \int_a^b f(x)\,dx \leqslant M(b - a).$$

ENCADREMENT D'UNE SUITE

On dit qu'on a un encadrement d'une **suite** u par des suites v et w, si, pour tout entier naturel n :

$$v_n \leqslant u_n \leqslant w_n .$$

Applications :

On peut utiliser l'encadrement d'une suite pour :

• approcher une suite u par des suites v et w dont l'expression en fonction de n est simple (suites arithmétiques ou géométriques, par exemple) ;

• déterminer un encadrement d'une limite : si les suites u, v, w convergent respectivement vers les réels L, L_1, L_2, alors $L_1 \leqslant L \leqslant L_2$;

• déterminer la limite d'une suite u : si v et w converge vers le même réel L, alors u est une suite convergente, et u converge vers L.

Remarque :

La majoration $|u_n - L| \leqslant v_n$ équivaut à l'encadrement :

$$u_n - v_n \leqslant L \leqslant u_n + v_n .$$

Elle permet d'établir, par exemple, un encadrement de la limite d'une suite u (lorsque v converge vers 0).

COMMENT FAIRE ?

ENCADRER UNE FONCTION OU UNE INTÉGRALE

Exemple

1° Démontrer que, pour tout réel u, $u \geqslant 0$, $1 - u \leqslant \frac{1}{1+u} \leqslant 1$.

2° En déduire que, pour tout réel x, $x \geqslant 0$, $x - \frac{x^2}{2} \leqslant \ln(1 + x) \leqslant x$.

3° Utiliser l'inégalité précédente pour établir un encadrement du nombre réel $\ln 1{,}1$ et pour déterminer $\lim\limits_{\substack{x \to 0 \\ x > 0}} \frac{\ln(1+x)}{\sqrt{x}}$.

1° Pour établir la double inégalité, il suffit de calculer les différences $\frac{1}{1+u} - 1$ et $\frac{1}{1+u} - (1 - u)$, et d'étudier leur signe.

- $\frac{1}{1+u} - 1 = \frac{-u}{1+u}$.

$u \geqslant 0$, donc $-u \leqslant 0$ et $1 + u > 0$.

Par conséquent, $\frac{-u}{1+u} \leqslant 0$. On en déduit que $\frac{1}{1+u} \leqslant 1$.

- $\frac{1}{1+u} - (1 - u) = \frac{u^2}{1+u}$.

$u^2 \geqslant 0$ et $1 + u > 0$.

Par conséquent, $\frac{u^2}{1+u} \geqslant 0$. On en déduit que $1 - u \leqslant \frac{1}{1+u}$.

- En conclusion, $\mathbf{1 - u \leqslant \frac{1}{1+u} \leqslant 1}$ lorsque $u \geqslant 0$.

2° En intégrant les fonctions $u \mapsto 1 - u$, $u \mapsto \dfrac{1}{1+u}$ et $u \mapsto 1$ sur l'intervalle $[0\,;x]$, on aboutit à :

$$\int_0^x (1-u)\,\mathrm{d}u \leqslant \int_0^x \frac{1}{1+u}\,\mathrm{d}u \leqslant \int_0^x 1\,\mathrm{d}u,$$

$$\left[u - \frac{u^2}{2}\right]_0^x \leqslant [\ln(1+u)]_0^x \leqslant [u]_0^x,$$

soit : $$\boldsymbol{x - \frac{x^2}{2} \leqslant \ln(1+x) \leqslant x} \qquad (\text{pour } x \geqslant 0).$$

3° • Écrivons la double inégalité précédente pour $x = 0{,}1$:

$$0{,}1 - \frac{0{,}1^2}{2} \leqslant \ln 1{,}1 \leqslant 0{,}1,$$

$$\mathbf{0{,}095 \leqslant \ln 1{,}1 \leqslant 0{,}1.}$$

• Pour $x > 0$, divisons les nombres de l'inégalité par $\sqrt{x}$:

$$\frac{x - \dfrac{x^2}{2}}{\sqrt{x}} \leqslant \frac{\ln(x+1)}{\sqrt{x}} \leqslant \frac{x}{\sqrt{x}},$$

$$\sqrt{x} - \frac{x\sqrt{x}}{2} \leqslant \frac{\ln(x+1)}{\sqrt{x}} \leqslant \sqrt{x}.$$

Puisque $\lim\limits_{\substack{x \to 0 \\ x > 0}} \sqrt{x} = 0$ et $\lim\limits_{\substack{x \to 0 \\ x > 0}} \left(\sqrt{x} - \dfrac{x\sqrt{x}}{2}\right) = 0$, on en déduit que :

$$\lim_{\substack{x \to 0 \\ x > 0}} \frac{\ln(x+1)}{\sqrt{x}} = 0.$$

EN BREF !

Pour déterminer un encadrement de fonctions, on utilisera en général les propriétés des inégalités, ou l'étude du signe d'une différence, ou aussi l'étude de variation d'une fonction. On pourra alors en déduire un encadrement d'intégrale.
Les théorèmes sur les limites pourront, dans certains cas, permettre de conclure à l'existence d'une limite ou de déterminer un encadrement de limite.

APPLICATION

1 **1°** Étudier les variations, sur l'intervalle $\left[0\,;\frac{\pi}{2}\right]$, de la fonction $f : x \mapsto x - \sin x$.

En déduire que, pour tout réel x de l'intervalle $\left[0\,;\frac{\pi}{2}\right]$, $\sin x \leqslant x$.

2° En déduire par intégration que, pour tout réel x de l'intervalle $\left[0\,;\frac{\pi}{2}\right]$:

$$1 - \frac{x^2}{2} \leqslant \cos x \leqslant 1.$$

3° Sans utiliser la notion de nombre dérivé, déterminer la limite en 0^+ de $\dfrac{\cos x - 1}{x}$.

4° Par intégration, démontrer que, pour tout réel x de l'intervalle $\left[0\,;\frac{\pi}{2}\right]$, on a $x - \dfrac{x^3}{6} \leqslant \sin x \leqslant x$.

5° En déduire, sans utiliser la notion de nombre dérivé, la limite en 0^+ de $\dfrac{\sin x}{x}$.

6° Démontrer que, pour tout réel x de l'intervalle $\left[0\,;\frac{\pi}{2}\right]$:

$$1 - \frac{x^2}{2} \leqslant \cos x \leqslant 1 - \frac{x^2}{2} + \frac{x^4}{24} \quad \text{et} \quad x - \frac{x^3}{6} \leqslant \sin x \leqslant x - \frac{x^3}{6} + \frac{x^5}{120}.$$

APPLIQUER UN ENCADREMENT DE SUITE À LA DÉTERMINATION D'UNE LIMITE

Exemple

1° En étudiant les variations et les limites de la fonction $g : x \mapsto e^{-x} - x$ dans $\mathbb{R}$, prouver que l'équation $e^{-x} = x$ admet une unique solution α dans $\mathbb{R}$. De plus, justifier que $\alpha \in \left[\frac{1}{2}\,;\ln 2\right]$.

2° Soit $f(x) = e^{-x}$.

Montrer que si $\frac{1}{2} \leqslant x \leqslant \ln 2$, alors $\frac{1}{2} \leqslant f(x) \leqslant \ln 2$.

3° On considère la suite définie par :

$$u_0 = \frac{1}{2} \quad \text{et, pour tout entier } n, \quad u_{n+1} = f(u_n).$$

***a*) Montrer que, pour tout entier n, $\frac{1}{2} \leqslant u_n \leqslant \ln 2$.**

***b*) En appliquant à f l'inégalité des accroissements finis sur l'intervalle $\left[\frac{1}{2} ; \ln 2\right]$, prouver que, pour tout entier n :**

$$|u_{n+1} - \alpha| \leqslant e^{-\frac{1}{2}} |u_n - \alpha|.$$

***c*) Démontrer que, pour tout entier n, $|u_n - \alpha| \leqslant e^{-\frac{n}{2}} \times 0{,}2$.**
***d*) En déduire que la suite (u_n) converge vers α.**
***e*) Déterminer un entier n_0 tel que $|u_{n_0} - \alpha| \leqslant 10^{-3}$.**
***f*) En utilisant la valeur affichée par la calculatrice pour u_{n_0}, déterminer un encadrement de α.**
Quelle amplitude d'encadrement avez-vous obtenue ?

1° Les fonctions $x \mapsto e^{-x}$ et $x \mapsto -x$ sont strictement décroissantes, donc leur somme g est strictement décroissante.

- $\lim\limits_{x \to +\infty} e^{-x} = 0$;

or $\lim\limits_{x \to +\infty} (-x) = -\infty$, donc $\lim\limits_{x \to +\infty} g(x) = -\infty$.

- $\lim\limits_{x \to -\infty} e^{-x} = +\infty$;

or $\lim\limits_{x \to -\infty} (-x) = +\infty$, donc $\lim\limits_{x \to -\infty} g(x) = +\infty$.

g est continue (car dérivable), strictement monotone, $\lim\limits_{x \to +\infty} g(x) = -\infty$ et $\lim\limits_{x \to -\infty} g(x) = +\infty$: g réalise donc une bijection de $\mathbb{R}$ dans $\mathbb{R}$. En particulier, 0 admet un seul antécédent par g ; autrement dit, l'équation $g(x) = 0$ (qui équivaut à $e^{-x} = x$) admet une unique solution α dans $\mathbb{R}$.

De plus, $g\left(\frac{1}{2}\right) = e^{-\frac{1}{2}} - \frac{1}{2}$; une valeur approchée à 10^{-3} près est $g\left(\frac{1}{2}\right) \approx 0{,}106$.

$g(\ln 2) = e^{-\ln 2} - \ln 2 = \frac{1}{2} - \ln 2$;

une valeur approchée à 10^{-3} près est $g(\ln 2) \approx -0{,}193$.

Puisque $g\left(\frac{1}{2}\right) > 0$ et $g(\ln 2) < 0$, et puisque g est strictement décroissante,

alors $\boldsymbol{\frac{1}{2} \leqslant \alpha \leqslant \ln 2}$.

2° La fonction $f : x \mapsto e^{-x}$ est strictement décroissante ; donc, si $\frac{1}{2} \leqslant x \leqslant \ln 2$:

$$f(\ln 2) \leqslant f(x) \leqslant f\left(\frac{1}{2}\right),$$

soit :

$$\frac{1}{2} \leqslant f(x) \leqslant e^{-\frac{1}{2}}.$$

Or $e^{-\frac{1}{2}} \approx 0{,}606$ et $\ln 2 \approx 0{,}693$, donc $e^{-\frac{1}{2}} \leqslant \ln 2$.

Par conséquent, si $\frac{1}{2} \leqslant x \leqslant \ln 2$, alors $\boldsymbol{\frac{1}{2} \leqslant f(x) \leqslant \ln 2}$.

3° Processus de génération des premiers termes de la suite :

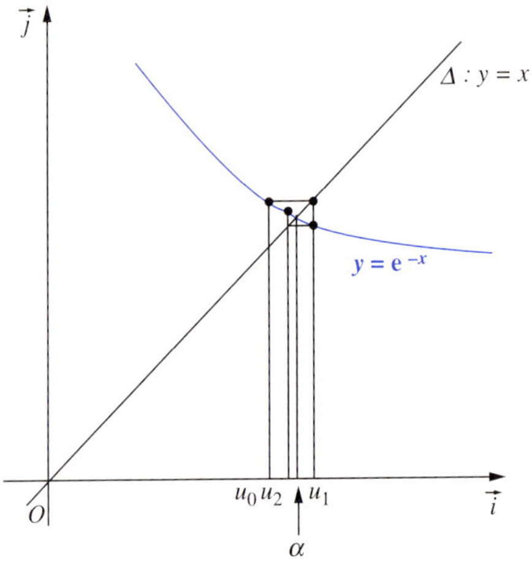

a) Démontrons la propriété au moyen d'un raisonnement par récurrence.

- $u_0 = \frac{1}{2}$. L'inégalité $\frac{1}{2} \leqslant u_0 \leqslant \ln 2$ est donc vérifiée.
- Soit n un entier quelconque. Faisons l'hypothèse $\frac{1}{2} \leqslant u_n \leqslant \ln 2$.

D'après la question **2°**, $\frac{1}{2} \leqslant f(u_n) \leqslant \ln 2$, c'est-à-dire $\frac{1}{2} \leqslant u_{n+1} \leqslant \ln 2$.

On a donc prouvé que $\frac{1}{2} \leqslant u_n \leqslant \ln 2$ impliquait $\frac{1}{2} \leqslant u_{n+1} \leqslant \ln 2$.

- On peut donc conclure que, pour tout entier n, $\boldsymbol{\frac{1}{2} \leqslant u_n \leqslant \ln 2}$.

b) f est dérivable dans $\mathbb{R}$ et $f'(x) = -\,\mathrm{e}^{-x}$; d'où $|f'(x)| = \mathrm{e}^{-x}$.

Si $\frac{1}{2} \leqslant x \leqslant \ln 2$, alors $\frac{1}{2} \leqslant \mathrm{e}^{-x} \leqslant \mathrm{e}^{-\frac{1}{2}}$.

Donc $|f'(x)| \leqslant \mathrm{e}^{-\frac{1}{2}}$, pour tout $x \in \left[\frac{1}{2} ; \ln 2\right]$.

$\alpha \in \left[\frac{1}{2} ; \ln 2\right]$ et $u_n \in \left[\frac{1}{2} ; \ln 2\right]$.

D'après l'inégalité des accroissements finis :

$$|f(u_n) - f(\alpha)| \leqslant \mathrm{e}^{-\frac{1}{2}}\,|u_n - \alpha|,$$

soit : $$\boldsymbol{|u_{n+1} - \alpha| \leqslant \mathrm{e}^{-\frac{1}{2}}\,|u_n - \alpha|} \quad (\text{puisque } f(\alpha) = \alpha).$$

c) Démontrons la propriété au moyen d'un raisonnement par récurrence :

- Pour $n = 0$, a-t-on $|u_0 - \alpha| \leqslant \mathrm{e}^{-\frac{0}{2}} \times 0{,}2$?

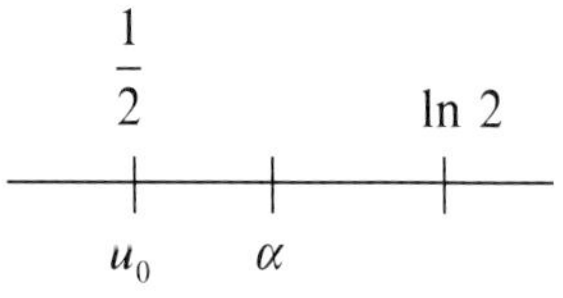

$$|u_0 - \alpha| \leqslant \left|\frac{1}{2} - \ln 2\right| \leqslant 0{,}2$$

$$\left(\text{en effet } \left|\frac{1}{2} - \ln 2\right| \approx 0{,}19\right).$$

Donc on a bien $|u_0 - \alpha| \leqslant \mathrm{e}^{-\frac{0}{2}} \times 0{,}2$.

- Soit n un entier quelconque. Faisons l'hypothèse $|u_n - \alpha| \leqslant \mathrm{e}^{-\frac{n}{2}} \times 0{,}2$.

En multipliant par $\mathrm{e}^{-\frac{1}{2}}$, on obtient $\mathrm{e}^{-\frac{1}{2}}\,|u_n - \alpha| \leqslant \mathrm{e}^{-\frac{n+1}{2}} \times 0{,}2$.

Or, d'après la question **3°** *b*), $|u_{n+1} - \alpha| \leqslant \mathrm{e}^{-\frac{1}{2}}\,|u_n - \alpha|$, donc :

$$|u_{n+1} - \alpha| \leqslant \mathrm{e}^{-\frac{n+1}{2}} \times 0{,}2.$$

On a prouvé que $|u_n - \alpha| \leqslant e^{-\frac{n}{2}} \times 0{,}2$ impliquait :

$$|u_{n+1} - \alpha| \leqslant e^{-\frac{n+1}{2}} \times 0{,}2.$$

• On peut donc conclure que, pour tout entier n, $\boldsymbol{|u_n - \alpha| \leqslant e^{-\frac{n}{2}} \times 0{,}2}$.

d) La suite de terme général $e^{-\frac{n}{2}}$ est une suite géométrique de raison $e^{-\frac{1}{2}}$; en effet, $\left(e^{-\frac{1}{2}}\right)^n = e^{-\frac{n}{2}}$.

Puisque $0 < e^{-\frac{1}{2}} < 1$, alors la suite $\left(e^{-\frac{n}{2}}\right)$ converge vers 0. Donc $\boldsymbol{u_n}$ **converge vers $\boldsymbol{\alpha}$.**

e) Pour que $|u_{n_0} - \alpha| \leqslant 10^{-3}$, il suffit que $e^{-\frac{n}{2}} \times 0{,}2 \leqslant 10^{-3}$.

$e^{-\frac{n}{2}} \times 0{,}2 \leqslant 10^{-3}$ équivaut successivement à :

$$\ln\left(e^{-\frac{n}{2}} \times 0{,}2\right) \leqslant \ln(10^{-3}),$$

$$-\frac{n}{2} + \ln 0{,}2 \leqslant -3 \ln 10,$$

$$2(3 \ln 10 + \ln 0{,}2) \leqslant n.$$

Or $2(3 \ln 10 + \ln 0{,}2) \approx 10{,}59$.
On peut donc affirmer que $|u_{11} - \alpha| \leqslant 10^{-3}$.

f) La valeur affichée par la calculatrice pour u_{11} est 0,567 277 196 (programmation de suites récurrentes). Donc $0{,}567 \leqslant u_{11} \leqslant 0{,}568$.

De plus : $u_{11} - 10^{-3} \leqslant \alpha \leqslant u_{11} + 10^{-3}$,

donc : $0{,}567 - 0{,}001 \leqslant \alpha \leqslant 0{,}568 + 0{,}001$,

$$\boldsymbol{0{,}566 \leqslant \alpha \leqslant 0{,}569.}$$

De cette façon, on obtient un encadrement de α **d'amplitude $\boldsymbol{3 \times 10^{-3}}$.**

EN BREF !

Pour déterminer un encadrement de suites, on pourra utiliser les **propriétés des inégalités,** ou le **sens de variation de fonctions ;** dans certains exercices, on fera intervenir **l'inégalité des accroissements finis.**
Les théorèmes sur les **limites de suites** pourront, dans certains cas, permettre de conclure à l'existence d'une limite ou de déterminer un encadrement de limite.

2 Soit n un entier naturel, $n \geqslant 1$. Soit $u_n = \int_0^1 e^{-nx^2}\,dx$.

1° Préciser le sens de variation de la fonction $x \mapsto e^{-nx^2}$ sur l'intervalle $[0\,;\,1]$.

2° *a*) Soit $a_n = \dfrac{1}{n^{\frac{1}{4}}}$.

Justifier que $a_n \in]0\,;\,1]$, pour tout entier n, et que $\lim\limits_{n \to +\infty} a_n = 0$.

b) On définit les suites v et w de termes généraux $v_n = \int_0^{a_n} e^{-nx^2}\,dx$ et $w_n = \int_{a_n}^1 e^{-nx^2}\,dx$.

Démontrer que :

- $u_n = v_n + w_n$;
- $0 \leqslant v_n \leqslant a_n$;
- $0 \leqslant w_n \leqslant e^{-\sqrt{n}}$.

(On appliquera l'inégalité de la moyenne.)

c) Démontrer que $\lim\limits_{n \to +\infty} u_n = 0$.

3 **1°** Pour tout réel u de l'intervalle $[1\ ;\ +\infty[$, démontrer que :

$$\frac{1}{u^2}\,e^{-u^2} \leqslant e^{-u^2} \leqslant e^{1-2u}.$$

2° Pour tout réel x, $x \geqslant 1$, on définit les fonctions F, G et H par :

$$F(x) = \int_1^x e^{-u^2}\,du\ ; \qquad G(x) = \int_1^x \frac{1}{u^2}\,e^{-u^2}\,du\ ;$$

$$H(x) = \int_1^x e^{1-2u}\,du.$$

a) Calculer $H(x)$.

b) À l'aide d'une intégration par parties, exprimer $G(x)$ en fonction de $F(x)$.

c) Justifier l'encadrement $G(x) \leqslant F(x) \leqslant H(x)$, pour tout réel x, $x \geqslant 1$.
En déduire l'encadrement :

$$\frac{1}{3}\left(e^{-1} - \frac{e^{-x^2}}{x}\right) \leqslant F(x) \leqslant \frac{e^{-1} - e^{1-2x}}{2}, \quad \text{pour } x \geqslant 1.$$

d) En déduire un encadrement du nombre réel $F(1,1)$ par des nombres décimaux.

3° Soit la suite U de terme général $U_n = F(n) = \displaystyle\int_1^n e^{-u^2}\,du$.

a) Démontrer que la suite U est convergente.

b) Soit L sa limite.
Déterminer un encadrement de L.

CORRIGÉS

1 **1°** f est dérivable et $f'(x) = 1 - \cos x$.
Comme $\cos x \leqslant 1$, alors $f'(x) \geqslant 0$.

Pour $x \in \left[0\,;\frac{\pi}{2}\right]$, $f'(x) = 0$ si, et seulement si, $x = 0$.

x	0		$\pi/2$
$f'(x)$	0	$+$	1
f	0	$\nearrow$	$\frac{\pi}{2} - 1$

Puisque f est croissante sur $\left[0\,;\frac{\pi}{2}\right]$, alors $f(x) \geqslant f(0)$, c'est-à-dire

$\boldsymbol{x \geqslant \sin x}$**, pour tout** $\boldsymbol{x \in \left[0\,;\frac{\pi}{2}\right]}$**.**

2° Pour tout $u \in \left[0\,;\frac{\pi}{2}\right]$, $\sin u \leqslant u$.

Donc, pour tout $x \in \left[0\,;\frac{\pi}{2}\right]$:

$$\int_0^x \sin u \, du \leqslant \int_0^x u \, du,$$

$$[-\cos u]_0^x \leqslant \left[\frac{u^2}{2}\right]_0^x,$$

$$-\cos x + 1 \leqslant \frac{x^2}{2},$$

$$1 - \frac{x^2}{2} \leqslant \cos x.$$

Par ailleurs, $\cos x \leqslant 1$, donc $\boldsymbol{1 - \frac{x^2}{2} \leqslant \cos x \leqslant 1}$**.**

3° Pour tout $x \in \left[0\,;\frac{\pi}{2}\right]$, $-\frac{x}{2} \leqslant \frac{\cos x - 1}{x} \leqslant 0$.

Comme $\lim\limits_{\substack{x \to 0 \\ x > 0}} \left(-\frac{x}{2}\right) = 0$, alors $\boldsymbol{\lim\limits_{\substack{x \to 0 \\ x > 0}} \left(\frac{\cos x - 1}{x}\right) = 0}$.

4° Pour tout $u \in \left[0\,;\frac{\pi}{2}\right]$, $1 - \frac{u^2}{2} \leqslant \cos u \leqslant 1$.

Donc, pour tout $x \in \left[0\,;\frac{\pi}{2}\right]$:

$$\int_0^x \left(1 - \frac{u^2}{2}\right) \mathrm{d}u \leqslant \int_0^x \cos u \,\mathrm{d}u \leqslant \int_0^x 1 \,\mathrm{d}u,$$

$$\left[u - \frac{u^3}{6}\right]_0^x \leqslant [\sin u]_0^x \leqslant [u]_0^x,$$

$$x - \frac{x^3}{6} \leqslant \sin x \leqslant x.$$

5° Pour tout $x \in \left[0\,;\frac{\pi}{2}\right]$, $1 - \frac{x^2}{6} \leqslant \frac{\sin x}{x} \leqslant 1$.

$\lim\limits_{\substack{x \to 0 \\ x > 0}} \left(1 - \frac{x^2}{6}\right) = 1$, donc $\boldsymbol{\lim\limits_{\substack{x \to 0 \\ x > 0}} \frac{\sin x}{x} = 1}$.

6° Pour tout $u \in \left[0\,;\frac{\pi}{2}\right]$, $u - \frac{u^3}{6} \leqslant \sin u \leqslant u$.

Donc, pour tout $x \in \left[0\,;\frac{\pi}{2}\right]$:

$$\int_0^x \left(u - \frac{u^3}{6}\right) \mathrm{d}u \leqslant \int_0^x \sin u \,\mathrm{d}u \leqslant \int_0^x u \,\mathrm{d}u,$$

$$\left[\frac{u^2}{2} - \frac{u^4}{24}\right]_0^x \leqslant [-\cos u]_0^x \leqslant \left[\frac{u^2}{2}\right]_0^x,$$

$$\frac{x^2}{2} - \frac{x^4}{24} \leqslant -\cos x + 1 \leqslant \frac{x^2}{2},$$

d'où : $$1 - \frac{x^2}{2} + \frac{x^4}{24} \geqslant \cos x \geqslant 1 - \frac{x^2}{2}.$$

Pour tout $u \in \left[0\,;\frac{\pi}{2}\right]$, $1-\frac{u^2}{2} \leqslant \cos u \leqslant 1-\frac{u^2}{2}+\frac{u^4}{24}$, donc, pour tout $x \in \left[0\,;\frac{\pi}{2}\right]$:

$$\int_0^x \left(1-\frac{u^2}{2}\right) du \leqslant \int_0^x \cos u \, du \leqslant \int_0^x \left(1-\frac{u^2}{2}+\frac{u^4}{24}\right) du,$$

$$\left[u-\frac{u^3}{6}\right]_0^x \leqslant [\sin u]_0^x \leqslant \left[u-\frac{u^3}{6}+\frac{u^5}{120}\right]_0^x,$$

d'où : $\boldsymbol{x-\frac{x^3}{6} \leqslant \sin x \leqslant x-\frac{x^3}{6}+\frac{x^5}{120}}$.

2 **1°** $f_n(x) = \mathrm{e}^{-nx^2}$; $f_n'(x) = -2nx\mathrm{e}^{-nx^2}$.

Pour tout entier naturel n, $n \geqslant 1$, pour tout réel x, $x \in [0\,;1]$, $\mathrm{e}^{-nx^2} > 0$. Donc $f_n'(x) < 0$, et $f_n : x \mapsto \mathrm{e}^{-nx}$ est **strictement décroissante** sur $[0\,;1]$.

2° *a)* • $n \geqslant 1$, donc $n^{\frac{1}{4}} \geqslant 1$ (croissance sur $]0\,;+\infty[$ de la fonction $x \mapsto x^{\frac{1}{4}}$).

Par conséquent, $\boldsymbol{0 < \frac{1}{n^{\frac{1}{4}}} \leqslant 1}$.

• $\lim\limits_{n \to +\infty} n^{\frac{1}{4}} = +\infty$ (voir limite des fonctions puissances).

Donc $\boldsymbol{\lim\limits_{x \to +\infty} \frac{1}{n^{\frac{1}{4}}} = 0}$.

b) • $u_n = v_n + w_n$, d'après la relation de Chasles sur les intégrales.

• Pour tout $x \in [0\,;1]$, $\mathrm{e}^{-nx^2} \leqslant \mathrm{e}^{-n\times 0^2}$, d'où $0 < \mathrm{e}^{-nx^2} \leqslant 1$.

D'après l'inégalité de la moyenne :

$$0 \times (a_n - 0) \leqslant \int_0^{a_n} \mathrm{e}^{-nx^2}\,\mathrm{d}x \leqslant 1 \times (a_n - 0),$$

soit : $\boldsymbol{0 \leqslant v_n \leqslant a_n}$.

• Pour tout $x \in [a_n\,;1]$, $\mathrm{e}^{-nx^2} \leqslant \mathrm{e}^{-n\times a_n^2}$, d'où $0 < \mathrm{e}^{-nx^2} \leqslant \mathrm{e}^{-\sqrt{n}}$.

D'après l'inégalité de la moyenne :

$$0 \times (1 - a_n) \leqslant \int_{a_n}^{1} e^{-nx^2}\,dx \leqslant e^{-\sqrt{n}} \times (1 - a_n).$$

Or $1 - a_n \leqslant 1$, donc $\mathbf{0 \leqslant w_n \leqslant e^{-\sqrt{n}}}$.

c) • $\lim\limits_{n \to +\infty} a_n = 0$ et $0 \leqslant v_n \leqslant a_n$, donc $\lim\limits_{x \to +\infty} v_n = 0$.

• $\lim\limits_{n \to +\infty} e^{-\sqrt{n}} = 0$ $(-\sqrt{n}$ tend vers $-\infty)$ et $0 \leqslant w_n \leqslant e^{-\sqrt{n}}$, donc $\lim\limits_{n \to +\infty} w_n = 0$.

Par conséquent $\mathbf{\lim\limits_{n \to +\infty} u_n = 0}$, puisque $u_n = v_n + w_n$.

3 **1°** • $(1 - 2u) - (-u^2) = u^2 - 2u + 1 = (u - 1)^2$ est positif ou nul.

Donc $1 - 2u \geqslant -u^2$, et, puisque l'exponentielle est croissante, $e^{1-2u} \geqslant e^{-u^2}$.

• $u \geqslant 1$, donc $0 < \dfrac{1}{u^2} \leqslant 1$.

En multipliant par e^{-u^2} (positif), on obtient $\dfrac{1}{u^2} e^{-u^2} \leqslant e^{-u^2}$.

Donc $\mathbf{\dfrac{1}{u^2} e^{-u^2} \leqslant e^{-u^2} \leqslant e^{1-2u}}$**, pour** $u \geqslant 1$.

2° *a)* $H(x) = \left[-\dfrac{1}{2} e^{1-2u}\right]_1^x = -\dfrac{1}{2}(e^{1-2x} - e^{-1})$.

b) Soit $v(u) = e^{-u^2}$, alors $v'(u) = -2ue^{-u^2}$;

soit $w(u) = \dfrac{-1}{u}$, alors $w'(u) = \dfrac{1}{u^2}$.

D'après la formule d'intégration par parties :

$$G(x) = \left[\frac{-1}{u} \times e^{-u^2}\right]_1^x - \int_1^x \frac{-1}{u} \times (-2ue^{-u^2})\,du,$$

$$G(x) = e^{-1} - \frac{e^{-x^2}}{x} - 2\int_1^x e^{-u^2}\,du,$$

soit : $$\mathbf{G(x) = e^{-1} - \frac{e^{-x^2}}{x} - 2F(x).}$$

c) Puisque, pour tout $u \geqslant 1$, $\dfrac{1}{u^2}\,\mathrm{e}^{-u^2} \leqslant \mathrm{e}^{-u^2} \leqslant \mathrm{e}^{1-2u}$, alors :

pour $x \geqslant 1$, $\displaystyle\int_1^x \frac{1}{u^2}\,\mathrm{e}^{-u^2}\,\mathrm{d}u \leqslant \int_1^x \mathrm{e}^{-u^2}\,\mathrm{d}u \leqslant \int_1^x \mathrm{e}^{1-2u}\,\mathrm{d}u$,

c'est-à-dire : $\qquad G(x) \leqslant F(x) \leqslant H(x)$.

- $F(x) \leqslant H(x)$ s'écrit $F(x) \leqslant \dfrac{\mathrm{e}^{-1} - \mathrm{e}^{1-2x}}{2}$;
- $G(x) \leqslant F(x)$ s'écrit $\mathrm{e}^{-1} - \dfrac{\mathrm{e}^{-x^2}}{x} - 2F(x) \leqslant F(x)$, soit :

$$\mathrm{e}^{-1} - \frac{\mathrm{e}^{-x^2}}{x} \leqslant 3F(x).$$

En conclusion, $\boldsymbol{\dfrac{1}{3}\left(\mathrm{e}^{-1} - \dfrac{\mathrm{e}^{-x^2}}{x}\right) \leqslant F(x) \leqslant \dfrac{\mathrm{e}^{-1} - \mathrm{e}^{1-2x}}{2}}$, pour $x \geqslant 1$.

d) Pour $x = 1{,}1$, on a $\dfrac{1}{3}\left[\mathrm{e}^{-1} - \dfrac{\mathrm{e}^{-1{,}21}}{1{,}1}\right] \leqslant F(1,\,1) \leqslant \dfrac{\mathrm{e}^{-1} - \mathrm{e}^{-1{,}2}}{2}$.

On en déduit cet exemple d'encadrement (avec trois décimales) :

$$0{,}032 \leqslant F(1,\,1) \leqslant 0{,}034.$$

3° a) La suite U est croissante. En effet :

$$U_{n+1} - U_n = \int_1^{n+1} \mathrm{e}^{-x^2}\,\mathrm{d}x - \int_1^{n} \mathrm{e}^{-x^2}\,\mathrm{d}x,$$

$$U_{n+1} - U_n = \int_n^{n+1} \mathrm{e}^{-x^2}\,\mathrm{d}x.$$

Comme $\mathrm{e}^{-x^2} > 0$, alors $\displaystyle\int_n^{n+1} \mathrm{e}^{-x^2}\,\mathrm{d}x \geqslant 0$.

On en déduit $U_{n+1} - U_n \geqslant 0$, ce qui signifie que la suite U est croissante.

Par ailleurs, $U_n \leqslant \dfrac{\mathrm{e}^{-1} - \mathrm{e}^{1-2n}}{2} \leqslant \dfrac{\mathrm{e}^{-1}}{2}$.

La suite U est donc majorée par $\dfrac{\mathrm{e}^{-1}}{2}$.

Toute suite croissante majorée converge ; en conséquence, la suite U **converge vers un certain réel L.**

b) Pour tout entier naturel n, on a $\frac{1}{3}\left[e^{-1} - \frac{e^{-n^2}}{n}\right] \leqslant U_n \leqslant \frac{e^{-1} - e^{1-2n}}{2}$.

Or :

- $\lim\limits_{n \to +\infty} \frac{e^{-n^2}}{n} = 0$, donc $\lim\limits_{n \to +\infty} \frac{1}{3}\left[e^{-1} - \frac{e^{-n^2}}{n}\right] = \frac{e^{-1}}{3}$;
- $\lim\limits_{n \to +\infty} e^{1-2n} = 0$, donc $\lim\limits_{n \to +\infty} \left(\frac{e^{-1} - e^{1-2n}}{2}\right) = \frac{e^{-1}}{2}$.

D'après les théorèmes de comparaison, $\boldsymbol{\frac{e^{-1}}{3} \leqslant L \leqslant \frac{e^{-1}}{2}}$.

13

CALCUL VECTORIEL ET GÉOMÉTRIE

OBJECTIFS

- *Utiliser le barycentre dans l'espace*
- *Utiliser le produit scalaire dans l'espace*
- *Utiliser l'expression du produit scalaire dans une base orthonormale*
- *Utiliser le produit vectoriel*

À RETENIR !

BARYCENTRE

Soient $\alpha_1, ..., \alpha_n$ des réels ; $A_1, ..., A_n$ des points de l'espace.
Soit O un point donné de l'espace.
Pour tout point M de l'espace :

$$\sum_{i=1}^{n} \alpha_i \overrightarrow{MA_i} = \sum_{i=1}^{n} \alpha_i \overrightarrow{OA_i} - \left(\sum_{i=1}^{n} \alpha_i\right)\overrightarrow{OM}.$$

• Conséquence et définition

• Si $\sum_{i=1}^{n} \alpha_i = 0$, alors le vecteur $\sum_{i=1}^{n} \alpha_i \overrightarrow{MA_i}$ est un vecteur constant (indépendant du point M).

• Si $\sum_{i=1}^{n} \alpha_i \neq 0$, alors il existe un unique point G tel que :

$$\sum_{i=1}^{n} \alpha_i \overrightarrow{GA_i} = \vec{0}.$$

G est le **barycentre des points pondérés** $(A_1, \alpha_1), ..., (A_n, \alpha_n)$.

On peut écrire aussi $\overrightarrow{OG} = \dfrac{1}{\sum_{i=1}^{n} \alpha_i} \sum_{i=1}^{n} \alpha_i \overrightarrow{OA_i}$.

• Propriétés

• Le barycentre est inchangé si tous les coefficients α_i sont multipliés par un même réel k non nul.

• Un barycentre de deux points A_1 et A_2 distincts appartient à la droite $(A_1 A_2)$.

• Un barycentre de trois points A_1, A_2 et A_3 non alignés appartient au plan $(A_1 A_2 A_3)$.

• Soit p un entier naturel, $1 < p < n$. Supposons $\sum_{i=1}^{n} \alpha_i \neq 0$.

Si $\sum_{i=1}^{p} \alpha_i \neq 0$ et $\sum_{i=p+1}^{n} \alpha_i \neq 0$, on peut définir :

— le point G_1, barycentre des points pondérés $(A_i, \alpha_i)_{1 \leqslant i \leqslant p}$;

— le point G_2, barycentre des points pondérés $(A_i, \alpha_i)_{p+1 \leqslant i \leqslant n}$.

Alors, le barycentre G des points pondérés $(A_i, \alpha_i)_{1 \leqslant i \leqslant n}$ est le barycentre des points pondérés (G_1, λ_1) et (G_2, λ_2), avec :

$$\lambda_1 = \sum_{i=1}^{p} \alpha_i \quad \text{et} \quad \lambda_2 = \sum_{i=p+1}^{n} \alpha_i.$$

Remarque : Cette propriété est connue sous le nom d'**associativité du barycentre** (ou méthode des barycentres partiels). Elle se généralise à un nombre quelconque de barycentres partiels.

CARACTÉRISATION VECTORIELLE D'UNE DROITE

Soient A et B deux points distincts de l'espace.

- La droite (AB) est l'ensemble des points M pour lesquels il existe un réel t tel que $\overrightarrow{AM} = t\overrightarrow{AB}$.
- La demi-droite $[AB)$ est l'ensemble des points M pour lesquels il existe un réel t, $t \geqslant 0$, tel que $\overrightarrow{AM} = t\overrightarrow{AB}$.
- Le segment $[AB]$ est l'ensemble des points M pour lesquels il existe un réel t, $0 \leqslant t \leqslant 1$, tel que $\overrightarrow{AM} = t\overrightarrow{AB}$.

• Traduction dans un repère

Soient $A\begin{pmatrix} x_A \\ y_A \\ z_A \end{pmatrix}$ et $\vec{u}\begin{pmatrix} \alpha \\ \beta \\ \gamma \end{pmatrix}$ un vecteur directeur de la droite D. En désignant par $\begin{pmatrix} x \\ y \\ z \end{pmatrix}$ les coordonnées du point M, l'égalité $\overrightarrow{AM} = t\vec{u}$ s'écrit :

$$\begin{cases} x = x_A + t\alpha \\ y = y_A + t\beta \qquad (t \in \mathbb{R}) \\ z = z_A + t\gamma, \end{cases}$$

et se nomme représentation paramétrique de la droite D.

PRODUIT SCALAIRE

- Soit D une droite de l'espace.

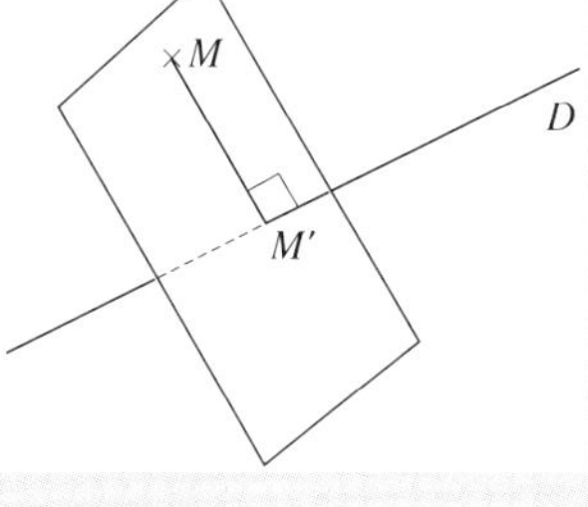

Pour tout point M de l'espace, il existe un plan, et un seul, orthogonal à D, contenant M. Ce plan coupe la droite D en M' : M' est appelé le projeté orthogonal de M sur la droite D.

• Soit $\mathcal{P}$ un plan de l'espace.

Pour tout point M de l'espace, il existe une droite, et une seule, orthogonale à $\mathcal{P}$, contenant M. Cette droite coupe le plan $\mathcal{P}$ en M' : M' est appelé le projeté orthogonal de M sur le plan $\mathcal{P}$.

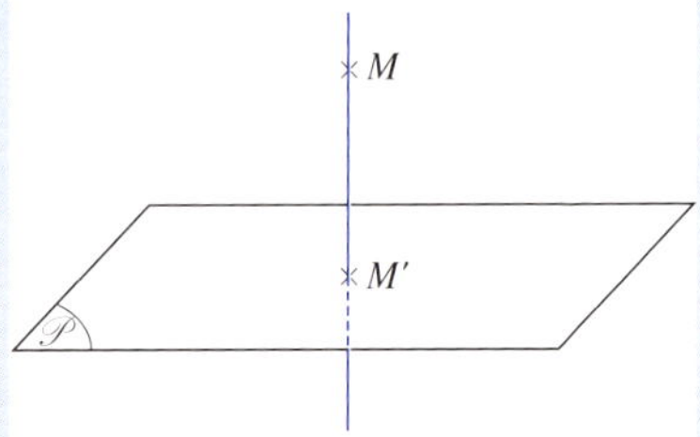

• Définition

Soient les vecteurs $\vec{u} = \overrightarrow{AB}$ et $\vec{v} = \overrightarrow{AC}$ $(\vec{u} \neq \vec{0})$.
Le **produit scalaire** $\vec{u} \cdot \vec{v}$ est le nombre réel :

$$\vec{u} \cdot \vec{v} = \overline{AB} \times \overline{AH},$$

où H est le projeté orthogonal de C sur la droite (AB) orientée.

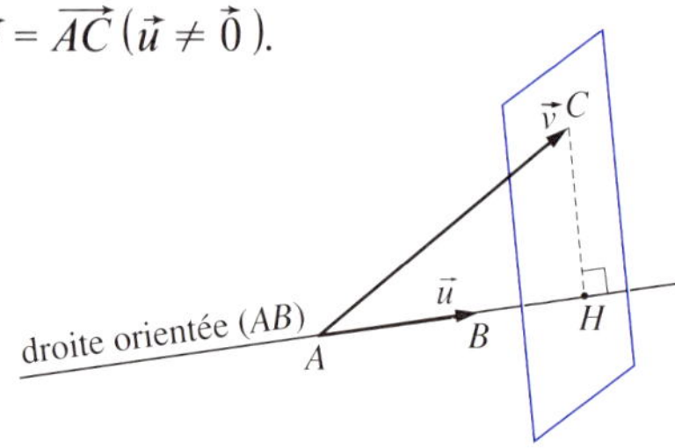

Lorsque $\vec{u} = \vec{0}$, on définit :

$$\vec{0} \cdot \vec{v} = 0.$$

Si $\vec{u} \neq \vec{0}$ et $\vec{v} \neq \vec{0}$, alors :

$$\vec{u} \cdot \vec{v} = \|\vec{u}\| \times \|\vec{v}\| \times \cos\,\theta,$$

θ étant une mesure de l'angle géométrique $\widehat{BAC}$.

• Propriétés

Soient $\vec{u}$, $\vec{v}$, $\vec{w}$ des vecteurs ; k un réel.

- $\vec{u} \cdot \vec{v} = \vec{v} \cdot \vec{u}$;
- $\vec{u} \cdot (\vec{v} + \vec{w}) = \vec{u} \cdot \vec{v} + \vec{u} \cdot \vec{w}$;
- $\vec{u} \cdot (k\vec{v}) = k\vec{u} \cdot \vec{v}$;
- par définition, les vecteurs $\vec{u}$ et $\vec{v}$ sont dits **orthogonaux,** lorsque $\vec{u} \cdot \vec{v} = 0$.

• Expression dans une base orthonormale

Dans une base orthonormale $(\vec{i}, \vec{j}, \vec{k})$, soient les vecteurs $\vec{u}\begin{pmatrix}x\\y\\z\end{pmatrix}$ et $\vec{u}'\begin{pmatrix}x'\\y'\\z'\end{pmatrix}$. Alors :

$$\vec{u} \cdot \vec{u}' = xx' + yy' + zz',$$

$$\|\vec{u}\| = \sqrt{x^2 + y^2 + z^2}.$$

• Caractérisation d'un plan et équation dans un repère orthonormal

Soit le plan $\mathcal{P}(A, \vec{u}, \vec{v})$. Soit $\vec{n}$ un vecteur $(\vec{n} \neq \vec{0})$ tel que :

$$\vec{n} \cdot \vec{u} = \vec{n} \cdot \vec{v} = 0.$$

Alors, quels que soient les points M et N du plan $\mathcal{P}$, $\vec{n} \cdot \overrightarrow{MN} = 0$.

On dit que $\vec{n}$ est un **vecteur normal** au plan $\mathcal{P}$.

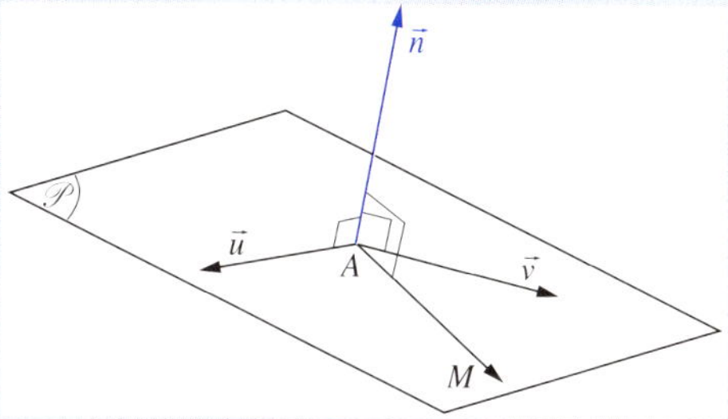

Le plan $\mathcal{P}$ est l'ensemble des points M de l'espace vérifiant :

$$\vec{n} \cdot \overrightarrow{AM} = 0.$$

Soit $(O, \vec{i}, \vec{j}, \vec{k})$ un repère orthonormal de l'espace. Soient le point $A\begin{pmatrix}x_A\\y_A\\z_A\end{pmatrix}$ et le vecteur $\vec{n}\begin{pmatrix}a\\b\\c\end{pmatrix}$, $\vec{n} \neq \vec{0}$.

$\mathcal{P}$ est le plan contenant A, dont un vecteur normal est $\vec{n}$.

Soit un point $M\begin{pmatrix}x\\y\\z\end{pmatrix}$.

L'égalité $\vec{n} \cdot \overrightarrow{AM} = 0$ s'écrit :

$$a(x - x_A) + b(y - y_A) + c(z - z_A) = 0,$$

et définit **une équation du plan $\mathcal{P}$.**

• Équation d'une sphère

Soit Ω un point de l'espace et R un nombre réel strictement positif.
La sphère $\mathcal{S}$ de centre Ω et de rayon R est l'ensemble des points M tels que $\Omega M = R$.

Soient $(O, \vec{i}, \vec{j}, \vec{k})$ un repère orthonormal de l'espace et $\Omega \begin{pmatrix} x_\Omega \\ y_\Omega \\ z_\Omega \end{pmatrix}$. Soit un point $M \begin{pmatrix} x \\ y \\ z \end{pmatrix}$.

L'égalité $\Omega M = R$ est équivalente à l'égalité $\Omega M^2 = R^2$, qui s'écrit :

$$(x - x_\Omega)^2 + (y - y_\Omega)^2 + (z - z_\Omega)^2 = R^2,$$

et définit une **équation de la sphère $\mathcal{S}$.**

PRODUIT VECTORIEL

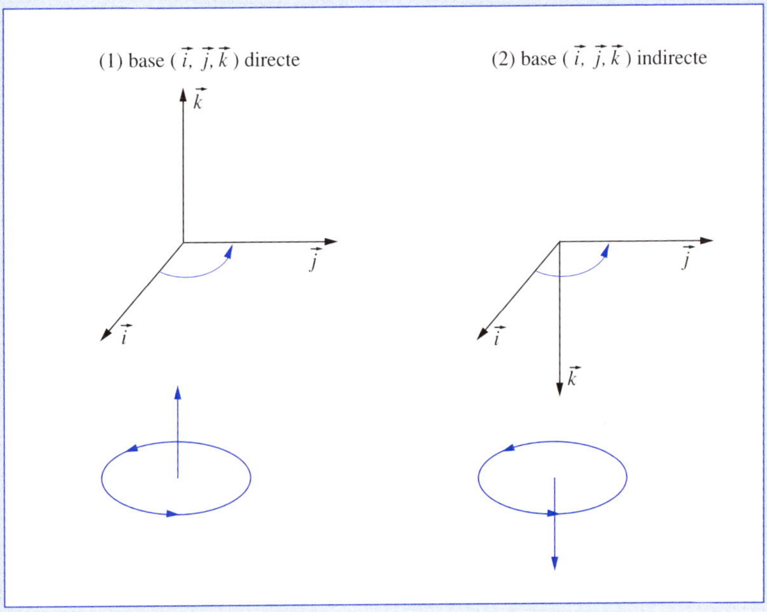

Les bases orthonormales de l'espace se rangent en deux catégories : « lorsqu'on tourne de $\vec{i}$ vers $\vec{j}$ », le vecteur $\vec{k}$ peut être d'un côté, ou de l'autre. Conventionnellement, les bases de type (1) sont dites directes ; celles de types (2) sont dites indirectes. On dit alors que l'espace est orienté.

• Définition

Soient $\vec{u}$ et $\vec{v}$ des vecteurs de l'espace orienté.
Le **produit vectoriel** des vecteurs $\vec{u}$ et $\vec{v}$, noté $\vec{u} \wedge \vec{v}$ (ou $\vec{u} \times \vec{v}$), est le **vecteur** défini ainsi :

- si $\vec{u}$ et $\vec{v}$ sont colinéaires, $\vec{u} \wedge \vec{v} = \vec{0}$;
- si $\vec{u}$ et $\vec{v}$ ne sont pas colinéaires, soient $\vec{u} = \overrightarrow{AB}$ et $\vec{v} = \overrightarrow{AC}$.

$\vec{i}$ est le vecteur unitaire colinéaire à $\vec{u}$ et de même sens.
C se projette orthogonalement en C' sur la perpendiculaire à (AB) passant par A.

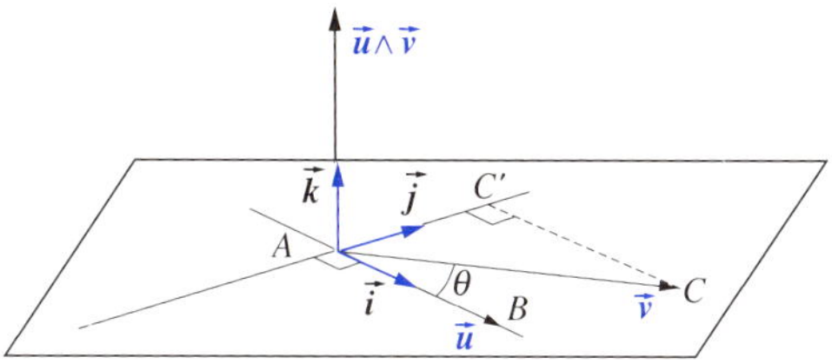

$\vec{j}$ est le vecteur unitaire colinéaire à $\overrightarrow{AC'}$ et de même sens.
$\vec{k}$ est le vecteur unitaire tel que $(\vec{i}, \vec{j}, \vec{k})$ soit une base orthonormale directe.
Alors :

$$\vec{u} \wedge \vec{v} = (AB \times AC \times \sin\,\theta)\,\vec{k},$$

où θ est une mesure de l'angle géométrique $\widehat{BAC}$.

Remarque : Si $(\vec{i}, \vec{j}, \vec{k})$ est une base orthonormale directe, alors $\vec{i} \wedge \vec{j} = \vec{k}$, $\vec{j} \wedge \vec{k} = \vec{i}$ et $\vec{k} \wedge \vec{i} = \vec{j}$.

• Propriétés

- $\vec{v} \wedge \vec{u} = -\,\vec{u} \wedge \vec{v}$;
- $\vec{u} \wedge (k\vec{v}) = k\vec{u} \wedge \vec{v}$;

- si $ABDC$ est un parallélogramme, alors $\|\overrightarrow{AB} \wedge \overrightarrow{AC}\|$ = aire de $ABDC = 2 \times$ aire du triangle ABC ;
- $\vec{u} \wedge \vec{v}$ est un vecteur orthogonal à $\vec{u}$ et orthogonal à $\vec{v}$.

● Expression dans une base orthonormale directe

Soient $(\vec{i}, \vec{j}, \vec{k})$ une base orthonormale directe, $\vec{u}\begin{pmatrix} x \\ y \\ z \end{pmatrix}$ et $\vec{u}'\begin{pmatrix} x' \\ y' \\ z' \end{pmatrix}$.

Alors :

$$\vec{u} \wedge \vec{u}'\begin{pmatrix} X \\ Y \\ Z \end{pmatrix},$$

avec : $X = \begin{vmatrix} y & y' \\ z & z' \end{vmatrix} = yz' - zy'$, $\quad Y = \begin{vmatrix} z & z' \\ x & x' \end{vmatrix} = zx' - xz'$,

$$Z = \begin{vmatrix} x & x' \\ y & y' \end{vmatrix} = xy' - yx'.$$

COMMENT FAIRE ?

UTILISER LE BARYCENTRE DANS L'ESPACE

Exemple

Soient A et B des points, $\vec{u}$ et $\vec{v}$ $(\vec{u} \neq \vec{0}\ ;\ \vec{v} \neq \vec{0})$ des vecteurs de l'espace.
À tout réel t, on associe les points M et N définis par :

$$\overrightarrow{AM} = t\vec{u} \quad \text{et} \quad \overrightarrow{BN} = t\vec{v}.$$

Soient α et β des réels donnés tels que $\alpha + \beta \neq 0$. G est le barycentre des points pondérés (M, α) et (N, β).

1° Quel ensemble le point G décrit-il, lorsque t décrit $\mathbb{R}$?

2° *Application* : $ABCD$ est un tétraèdre. On définit $\overrightarrow{AM} = t\overrightarrow{AC}$ et $\overrightarrow{BN} = t\overrightarrow{BD}$.
Quel ensemble le milieu G de $[MN]$ décrit-il, lorsque t décrit $\mathbb{R}$?

1° O étant un point quelconque de l'espace, on peut écrire, par définition du point G :

$$\overrightarrow{OG} = \frac{1}{\alpha + \beta}(\alpha\overrightarrow{OM} + \beta\overrightarrow{ON}).$$

On en déduit :

$$\overrightarrow{OG} = \frac{1}{\alpha + \beta}(\alpha\overrightarrow{OA} + \alpha\overrightarrow{AM} + \beta\overrightarrow{OB} + \beta\overrightarrow{BN}),$$

$$\overrightarrow{OG} = \frac{1}{\alpha + \beta}(\alpha\overrightarrow{OA} + \beta\overrightarrow{OB}) + \frac{t}{\alpha + \beta}(\alpha\vec{u} + \beta\vec{v})$$

Choisissons comme point O particulier, le barycentre des points pondérés (A, α) et (B, β). O est alors défini par $\alpha\overrightarrow{OA} + \beta\overrightarrow{OB} = \vec{0}$.

Pour ce point O, l'égalité précédente s'écrit $\overrightarrow{OG} = \dfrac{t}{\alpha + \beta}(\alpha\vec{u} + \beta\vec{v})$.

- <u>1er cas : $\alpha\vec{u} + \beta\vec{v} = \vec{0}$</u>

Alors $\overrightarrow{OG} = \vec{0}$. G est fixe, confondu avec O. L'ensemble que décrit G est donc réduit au **point O.**

- <u>2e cas : $\alpha\vec{u} + \beta\vec{v} \neq \vec{0}$</u>

Lorsque t décrit $\mathbb{R}$, G décrit **la droite** contenant O, dont un vecteur directeur est $\vec{w} = \alpha\vec{u} + \beta\vec{v}$.

2° *Application*

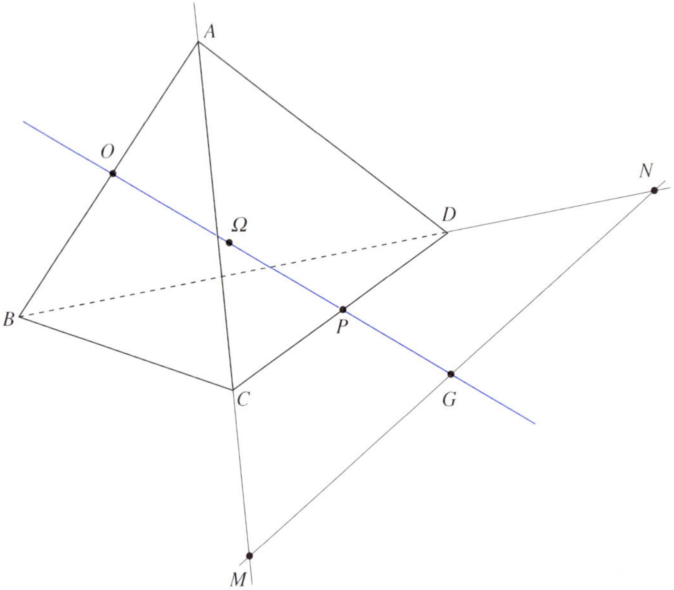

On applique le cas général avec $\vec{u} = \overrightarrow{AC}$, $\vec{v} = \overrightarrow{BD}$ et $\alpha = \beta = 1$.
O est alors défini comme le barycentre $(A, 1)$ et $(B, 1)$, c'est-à-dire comme le milieu de $[AB]$.
Le vecteur $\vec{w} = \vec{u} + \vec{v} = \overrightarrow{AC} + \overrightarrow{BD}$ n'est pas le vecteur nul, car $ADBC$ n'est pas un parallélogramme. G décrit donc une droite.
Pour $t = 0$: $G = O$.
Pour $t = 1$: $M = C$ et $N = D$, donc G est le milieu P de $[CD]$.
Le point G décrit donc la **droite (OP).**
Notons que le centre de gravité Ω du tétraèdre $ABCD$ appartient à (OP). On pourrait montrer que lorsque $t = \frac{1}{2}$, alors $M = \Omega$.

EN BREF !

Pour toutes les questions où intervient un barycentre, il est nécessaire de bien connaître — sous toutes les formes — les égalités vectorielles définissant le barycentre. Ensuite, on choisira une transformation de l'expression vectorielle, la mieux adaptée, pour résoudre le problème posé.

APPLICATION

1 $ABCD$ désigne un tétraèdre de l'espace.
À tout réel t, on associe le barycentre G des points pondérés $(A, -t)$, $(B, -t)$, (C, t) et $(D, 1+t)$.
Quel ensemble le point G décrit-il, lorsque t décrit $\mathbb{R}$?

UTILISER LE PRODUIT SCALAIRE DANS L'ESPACE

Exemple

$ABCD$ est un tétraèdre régulier de l'espace, d'arête a.

1° Montrer que deux arêtes opposées, par exemple $[AB]$ et $[CD]$, ont pour supports des droites orthogonales.

2° Soit A' le centre de gravité du triangle BCD.
Montrer que la droite (AA') est orthogonale au plan (BCD).

3° Soit G l'isobarycentre des points BCD. (On rappelle que $\overrightarrow{A'G} = \frac{1}{4}\overrightarrow{A'A}$.)
Calculer $\overrightarrow{GA} \cdot \overrightarrow{GB}$. En déduire une valeur approchée à 0,1° près de l'angle $\widehat{AGB}$.

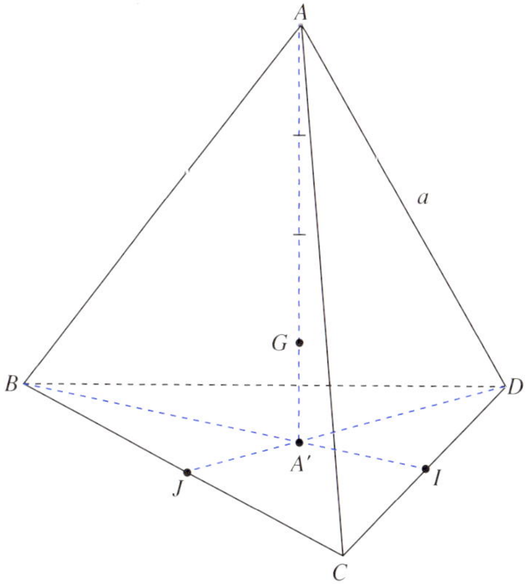

1° Calculons le produit scalaire $\overrightarrow{AB} \cdot \overrightarrow{CD}$.
Soit I le milieu de $[CD]$.

$\overrightarrow{AB} \cdot \overrightarrow{CD} = (\overrightarrow{AI} + \overrightarrow{IB}) \cdot \overrightarrow{CD} = \overrightarrow{AI} \cdot \overrightarrow{CD} + \overrightarrow{IB} \cdot \overrightarrow{CD}$.

ACD est un triangle équilatéral, donc (AI) est une hauteur de ce triangle. Par conséquent, $\overrightarrow{AI} \cdot \overrightarrow{CD} = 0$.
De même, BCD est un triangle équilatéral, donc $\overrightarrow{IB} \cdot \overrightarrow{CD} = 0$.

Ceci prouve donc que $\overrightarrow{AB} \cdot \overrightarrow{CD} = 0$; par suite, les droites (AB) et (CD) sont orthogonales.

2° A' est le centre de gravité du triangle BCD, c'est-à-dire l'isobarycentre des points B, C et D. D'où :

$$\overrightarrow{AA'} = \frac{1}{3}(\overrightarrow{AB} + \overrightarrow{AC} + \overrightarrow{AD}),$$

$$\overrightarrow{AA'} \cdot \overrightarrow{BC} = \frac{1}{3}(\overrightarrow{AB} + \overrightarrow{AC} + \overrightarrow{AD}) \cdot \overrightarrow{BC},$$

$$\overrightarrow{AA'} \cdot \overrightarrow{BC} = \frac{1}{3}(\overrightarrow{AB} + \overrightarrow{AC}) \cdot \overrightarrow{BC} + \overrightarrow{AD} \cdot \overrightarrow{BD},$$

$$\overrightarrow{AA'} \cdot \overrightarrow{BC} = \frac{1}{3}(2\overrightarrow{AJ} \cdot \overrightarrow{BC}) + \overrightarrow{AD} \cdot \overrightarrow{BC}$$

(J étant le milieu de $[BC]$).

Le triangle ABC est équilatéral, donc $\overrightarrow{AJ} \cdot \overrightarrow{BC} = 0$. On a vu précédemment que $\overrightarrow{AD} \cdot \overrightarrow{BC} = 0$. Donc $\overrightarrow{AA'} \cdot \overrightarrow{BC} = 0$.
Par une démonstration analogue, on prouverait que $\overrightarrow{AA'} \cdot \overrightarrow{BD} = 0$.
Comme $\overrightarrow{AA'}$ est orthogonal aux vecteurs $\overrightarrow{BC}$ et $\overrightarrow{BD}$ qui forment un système de vecteurs directeurs du plan (BCD), la droite (AA') est orthogonale au plan (BCD).

3° Représentons, en vue de face, le triangle ABI :

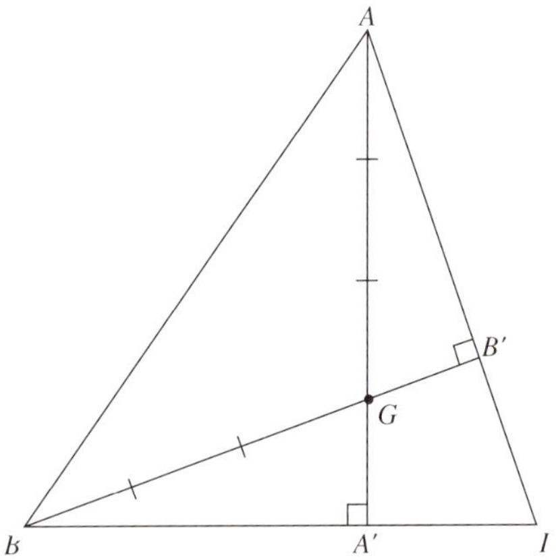

Par définition du produit scalaire, $\overrightarrow{GA} \cdot \overrightarrow{GB} = \overrightarrow{GA} \cdot \overrightarrow{GA'}$.

Or $\overrightarrow{GA} = -\frac{3}{4}\overrightarrow{AA'}$ et $\overrightarrow{GA'} = \frac{1}{4}\overrightarrow{AA'}$, d'où $\overrightarrow{GA} \cdot \overrightarrow{GB} = -\frac{3}{16} \times AA'^2$.

Par ailleurs, $\overrightarrow{GA} \cdot \overrightarrow{GB} = GA \times GB \times \cos \widehat{AGB}$.

Or $GA = \frac{3}{4} AA'$; de même $GB = \frac{3}{4} BB' = \frac{3}{4} AA'$.

D'où $\overrightarrow{GA} \cdot \overrightarrow{GB} = \frac{9}{16} AA'^2 \times \cos \widehat{AGB}$.

On en déduit $-\frac{3}{16} AA'^2 = \frac{9}{16} AA'^2 \times \cos \widehat{AGB}$, d'où $\cos \widehat{AGB} = -\frac{1}{3}$.

La calculatrice donne $\boldsymbol{\widehat{AGB} = 109{,}5^\circ}$ à $0{,}1^\circ$ près par excès.

EN BREF !

Pour utiliser le produit scalaire en géométrie dans l'espace, on aura souvent recours à une décomposition de vecteurs par la relation de Chasles et aux propriétés de calcul sur le produit scalaire. Il faudra choisir la décomposition la mieux adaptée au problème posé. Enfin, la formule $\overrightarrow{AB} \cdot \overrightarrow{AC} = AB \times AC \times \cos \widehat{BAC}$ permet des calculs d'angles.

APPLICATION

2 Soit un cube $ABCDEFGH$ d'arête a.

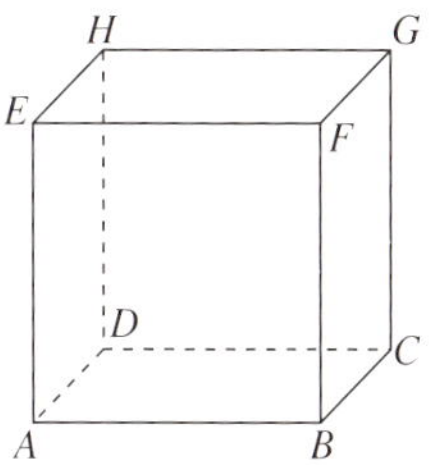

1° Calculer $\overrightarrow{DF} \cdot \overrightarrow{BE}$ et $\overrightarrow{DF} \cdot \overrightarrow{BG}$.
Que peut-on en déduire pour la droite (DF) et le plan (BEG) ?

2° I est le milieu de $[BF]$.

En quels points R et S, le plan $\mathcal{P}$ contenant B et orthogonal à (DI) coupe-t-il respectivement (DI) et (FH) ?

3° Sous quel angle est vue une arête, respectivement une diagonale d'une face, depuis le centre O du cube ?

UTILISER L'EXPRESSION DU PRODUIT SCALAIRE DANS UNE BASE ORTHONORMALE

Exemple

Dans un repère orthonormal $(O, \vec{i}, \vec{j}, \vec{k})$ de l'espace, soient les points $\Omega\begin{pmatrix}1\\1\\1\end{pmatrix}$ et $A\begin{pmatrix}3\\3\\0\end{pmatrix}$.

1° Établir une équation de la sphère $\mathcal{S}$ de centre Ω, contenant le point A.

2° Établir une équation du plan $\mathcal{P}$ tangent à $\mathcal{S}$ en A.

3° Vérifier que le point $B\begin{pmatrix}-1\\2\\-1\end{pmatrix}$ est un point de la sphère $\mathcal{S}$.

Établir une équation du plan $\mathcal{Q}$ tangent à $\mathcal{S}$ en B.

4° Montrer que $\mathcal{P}$ et $\mathcal{Q}$ sont des plans perpendiculaires.
Déterminer un vecteur directeur de la droite Δ d'intersection de $\mathcal{P}$ et $\mathcal{Q}$.

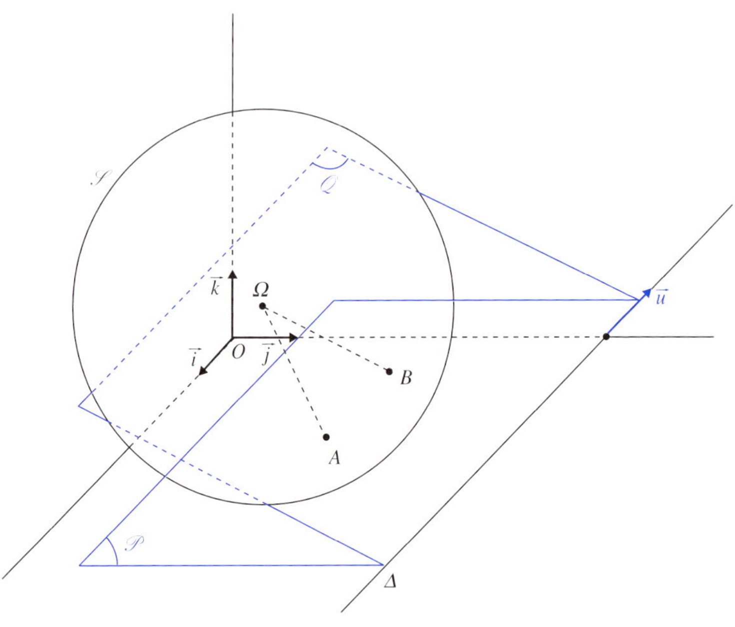

1° Un point $M\begin{pmatrix} x \\ y \\ z \end{pmatrix}$ appartient à la sphère $\mathcal{S}$, par définition, si, et seulement si, $\Omega M = \Omega A$, ou encore $\Omega M^2 = \Omega A^2$.

$\overrightarrow{\Omega M}\begin{pmatrix} x-1 \\ y-1 \\ z-1 \end{pmatrix}$, d'où $\Omega M^2 = (x-1)^2 + (y-1)^2 + (z-1)^2$.

$\overrightarrow{\Omega A}\begin{pmatrix} 2 \\ 2 \\ -1 \end{pmatrix}$, d'où $\Omega A^2 = 2^2 + 2^2 + (-1)^2 = 9$.

Une équation de la sphère $\mathcal{S}$ est $\mathbf{(x-1)^2 + (y-1)^2 + (z-1)^2 = 9}$.

2° Le plan $\mathcal{P}$ tangent à $\mathcal{S}$ en A contient A, et est orthogonal à la droite (ΩA). Par conséquent, un point M appartient à $\mathcal{P}$ si, et seulement si, $\overrightarrow{\Omega A} \cdot \overrightarrow{AM} = 0$.

$$\overrightarrow{AM}\begin{pmatrix} x-3 \\ y-3 \\ z \end{pmatrix} \quad \text{et} \quad \overrightarrow{\Omega A}\begin{pmatrix} 2 \\ 2 \\ -1 \end{pmatrix}.$$

$\overrightarrow{\Omega A} \cdot \overrightarrow{AM} = 0$ se traduit par $2(x-3) + 2(y-3) - z = 0$.
Ainsi, une équation du plan $\mathcal{P}$ est $\mathbf{2x + 2y - z - 12 = 0}$.

3° $\overrightarrow{\Omega B}\begin{pmatrix} -2 \\ 1 \\ -2 \end{pmatrix}$, d'où $\Omega B^2 = (-2)^2 + 1^2 + (-2)^2 = 9$.

Donc $\Omega B = \Omega A = 3$, et $\boldsymbol{B \in \mathcal{S}}$.
M appartient au plan $\mathcal{Q}$ si, et seulement si, $\overrightarrow{\Omega B} \cdot \overrightarrow{BM} = 0$; ce qui se traduit par $-2(x+1) + (y-2) - 2(z+1) = 0$.
Une équation du plan $\mathcal{Q}$ est $\mathbf{-2x + y - 2z - 6 = 0}$.

4° Deux plans sont perpendiculaires lorsqu'ils admettent des vecteurs normaux respectifs orthogonaux.

$\overrightarrow{\Omega A}\begin{pmatrix} 2 \\ 2 \\ -1 \end{pmatrix}$ est un vecteur normal à $\mathcal{P}$.

$\overrightarrow{\Omega B}\begin{pmatrix} -2 \\ 1 \\ -2 \end{pmatrix}$ est un vecteur normal à $\mathcal{Q}$.

$\overrightarrow{\Omega A} \cdot \overrightarrow{\Omega B} = 2 \times (-2) + 2 \times 1 + (-1) \times (-2) = -4 + 2 + 2 = 0$.
$\overrightarrow{\Omega A}$ et $\overrightarrow{\Omega B}$ sont donc des vecteurs orthogonaux. Par conséquent, $\mathcal{P}$ et $\mathcal{Q}$ sont des plans perpendiculaires.

Un vecteur directeur de la droite d'intersection Δ de $\mathcal{P}$ et $\mathcal{Q}$ est orthogonal à $\overrightarrow{\Omega A}$ et $\overrightarrow{\Omega B}$, et donc colinéaire à $\overrightarrow{\Omega A} \wedge \overrightarrow{\Omega B}$, dans l'espace supposé orienté.

$$\overrightarrow{\Omega A} \wedge \overrightarrow{\Omega B} \begin{pmatrix} \begin{vmatrix} 2 & 1 \\ -1 & -2 \end{vmatrix} \\ \begin{vmatrix} -1 & -2 \\ 2 & -2 \end{vmatrix} \\ \begin{vmatrix} 2 & -2 \\ 2 & 1 \end{vmatrix} \end{pmatrix}, \text{ soit } \overrightarrow{\Omega A} \wedge \overrightarrow{\Omega B} \begin{pmatrix} -3 \\ 6 \\ 6 \end{pmatrix}.$$

Choisissons, par exemple, $\vec{u} = \dfrac{1}{3}\left(\overrightarrow{\Omega A} \wedge \overrightarrow{\Omega B}\right)$ pour vecteur directeur de Δ.

$\boldsymbol{\vec{u}\begin{pmatrix} -1 \\ 2 \\ 2 \end{pmatrix}}$ **est un vecteur directeur de Δ.**

EN BREF !

Pour les calculs dans une base orthonormale, il faut connaître l'expression du produit scalaire et de la norme, et savoir déterminer l'équation d'un plan défini par un point et un vecteur normal.

APPLICATION

3 Dans un repère orthonormal $(O, \vec{i}, \vec{j}\ \vec{k})$ de l'espace, soient les points $A\begin{pmatrix} 4 \\ 4 \\ 1 \end{pmatrix}$, $B\begin{pmatrix} 3 \\ -1 \\ 1 \end{pmatrix}$, $C\begin{pmatrix} 3 \\ 1 \\ 3 \end{pmatrix}$ et $D\begin{pmatrix} 2 \\ 0 \\ 3 \end{pmatrix}$.

1° Établir des équations des plans médiateurs respectifs $\mathcal{P}_1$, $\mathcal{P}_2$ et $\mathcal{P}_3$ des segments $[AB]$, $[BC]$ et $[CD]$.

2° En déduire le centre et le rayon de la sphère $\mathcal{S}$ circonscrite au tétraèdre $ABCD$.

Établir une équation de la sphère $\mathcal{S}$.

UTILISER LE PRODUIT VECTORIEL

Exemple

L'espace est muni d'un repère orthonormal direct $(O, \vec{i}, \vec{j}, \vec{k})$.

On donne les points $A\begin{pmatrix}3\\-1\\2\end{pmatrix}$, $B\begin{pmatrix}4\\-2\\2\end{pmatrix}$ **et** $C\begin{pmatrix}5\\-1\\1\end{pmatrix}$.

1° Vérifier que les points A, B et C ne sont pas alignés.
Soit $\mathscr{P}$ le plan contenant A, B et C.

2° Déterminer un vecteur normal à $\mathscr{P}$.

3° Établir une équation du plan $\mathscr{P}$.

4° Calculer l'aire du triangle ABC.

1° Calculons, par exemple, les coordonnées des vecteurs $\overrightarrow{AB}$ et $\overrightarrow{AC}$:

$$\overrightarrow{AB}\begin{pmatrix}1\\-1\\0\end{pmatrix};\quad \overrightarrow{AC}\begin{pmatrix}2\\0\\-1\end{pmatrix}.$$

On constate que les coordonnées de $\overrightarrow{AB}$ ne sont pas proportionnelles à celles de $\overrightarrow{AC}$. Les vecteurs $\overrightarrow{AB}$ et $\overrightarrow{AC}$ ne sont pas colinéaires.
Donc, les points A, B et C ne sont pas alignés.

2° Calculons les coordonnées de $\overrightarrow{AB} \wedge \overrightarrow{AC}$:

$$\overrightarrow{AB} \wedge \overrightarrow{AC}\begin{pmatrix}\begin{vmatrix}-1 & 0\\ 0 & -1\end{vmatrix}\\ \begin{vmatrix}0 & -1\\ 1 & 2\end{vmatrix}\\ \begin{vmatrix}1 & 2\\ -1 & 0\end{vmatrix}\end{pmatrix}, \text{ soit } \overrightarrow{AB} \wedge \overrightarrow{AC}\begin{pmatrix}1\\1\\2\end{pmatrix}.$$

Le vecteur $\vec{n} = \overrightarrow{AB} \wedge \overrightarrow{AC}$ est orthogonal aux vecteurs $\overrightarrow{AB}$ et $\overrightarrow{AC}$; **$\vec{n}$ est un vecteur normal à $\mathscr{P}$.**

3° Pour obtenir une équation du plan $\mathscr{P}$, traduisons analytiquement l'égalité $\vec{n} \cdot \overrightarrow{AM} = 0$, qui exprime l'appartenance du point M au plan $\mathscr{P}$:

$$1 \times (x - 3) + 1 \times (y + 1) + 2 \times (z - 2) = 0.$$

$x + y + 2z - 6 = 0$ est une équation du plan $\mathscr{P}$.

4° Soit $\mathcal{A}$ l'aire du triangle ABC :

$$\mathcal{A} = \frac{1}{2} \| \overrightarrow{AB} \wedge \overrightarrow{AC} \|,$$

$$\mathcal{A} = \frac{1}{2} \sqrt{1^2 + 1^2 + 2^2},$$

$$\mathcal{A} = \frac{\sqrt{6}}{2}.$$

EN BREF !

Lorsqu'on connaît un système de vecteurs directeurs $(\vec{u}, \vec{v})$ d'un plan $\mathcal{P}$, alors le vecteur $\vec{n} = \vec{u} \wedge \vec{v}$ est un vecteur normal à $\mathcal{P}$. Le produit vectoriel peut aussi être utilisé pour déterminer l'aire d'un triangle ou d'un parallélogramme.

APPLICATION

4 L'espace est muni d'un repère orthonormal direct $(O, \vec{i}, \vec{j}, \vec{k})$. Soient les points $A\begin{pmatrix}1\\0\\-2\end{pmatrix}$, $B\begin{pmatrix}2\\-1\\-2\end{pmatrix}$ et $C\begin{pmatrix}2\\1\\1\end{pmatrix}$.

1° Démontrer que ABC est un triangle rectangle en A.

2° Déterminer un vecteur normal au plan $\mathcal{P}$ (ABC), puis une équation du plan $\mathcal{P}$.

3° Déterminer les coordonnées de la base orthonormale directe $(\vec{I}, \vec{J}, \vec{K})$ telle que $\vec{I}$ et $\vec{J}$ soient respectivement colinéaires aux vecteurs $\overrightarrow{AB}$ et $\overrightarrow{AC}$, et de même sens.

FAIRE LE POINT . . . . .

5 A, B et C sont trois points de l'espace $\mathcal{E}$.
G est le barycentre des points pondérés $(A, 2)$, $(B, 1)$ et $(C, 1)$.

1° Soit I le milieu de $[BC]$. En utilisant la méthode des barycentres partiels, justifier que G est le milieu de $[AI]$.

2° À tout point M de l'espace, on associe le nombre réel positif $f(M) = 2MA^2 + MB^2 + MC^2$.

a) Montrer que $f(M) = 4MG^2 + 2GA^2 + GB^2 + GC^2$.

b) Soit k un nombre réel positif. Suivant les valeurs de k, déterminer la nature de l'ensemble $S_k = \{M \in \mathcal{E} \text{ tel que } f(M) = k\}$.

3° Dans un repère $(O, \vec{i}, \vec{j}, \vec{k})$, on donne les points $A\begin{pmatrix} 2 \\ -1 \\ -2 \end{pmatrix}$, $B\begin{pmatrix} 0 \\ -2 \\ 2 \end{pmatrix}$ et $C\begin{pmatrix} 0 \\ 0 \\ 2 \end{pmatrix}$.

Déterminer le réel k tel que S_k soit une sphère de rayon 2. Préciser son centre.

6 $ABCD$ est un tétraèdre régulier ; G est l'isobarycentre des points A, B, C et D. Soit $\mathcal{F}$ l'ensemble des points M de l'espace, tels que $MA^2 + MB^2 = MC^2 + MD^2$.

1° Montrer que $MA^2 + MB^2 - MC^2 - MD^2 = 4\overrightarrow{MG} \cdot \overrightarrow{JI}$, où I et J sont les milieux respectifs de $[AB]$ et $[CD]$.

2° En déduire que $\mathcal{F}$ est le plan médiateur de $[IJ]$.

Vérifier que $\vec{u} = \overrightarrow{AB}$ et $\vec{v} = \overrightarrow{CD}$ forment un système de vecteurs directeurs de $\mathcal{F}$.

1 Soit O un point quelconque du plan.

On peut écrire, après avoir remarqué que la somme des coefficients est non nulle : $(-t)+(-t)+t+(1+t)=1$, que :

$$\overrightarrow{OG}=\frac{1}{(-t)+(-t)+t+(1+t)}\left(-t\overrightarrow{OA}-t\overrightarrow{OB}+t\overrightarrow{OC}+(1+t)\overrightarrow{OD}\right),$$

$$\overrightarrow{OG}=t\left(-\overrightarrow{OA}-\overrightarrow{OB}+\overrightarrow{OC}+\overrightarrow{OD}\right)+\overrightarrow{OD}.$$

Pour $O=D$, on a $\overrightarrow{DG}=t\left(-\overrightarrow{DA}-\overrightarrow{DB}+\overrightarrow{DC}\right)$.

Soit $\vec{u}=-\overrightarrow{DA}-\overrightarrow{DB}+\overrightarrow{DC}=\overrightarrow{AD}+\overrightarrow{BC}$.

$\vec{u}\neq\vec{0}$, car les points $ABCD$ ne sont pas coplanaires, par définition d'un tétraèdre.

Conclusion : Quand t décrit $\mathbb{R}$, **G décrit la droite Δ contenant D, dont un vecteur directeur est $\vec{u}=\overrightarrow{AD}+\overrightarrow{BC}$.**

2

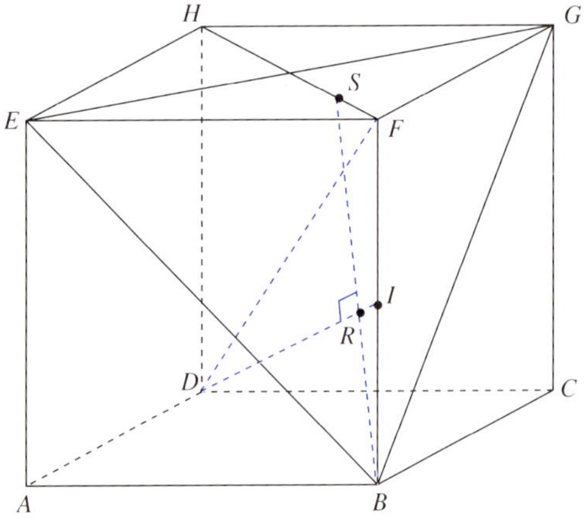

1° Décomposons $\overrightarrow{DF}$ et $\overrightarrow{BE}$; par exemple $\overrightarrow{DF}=\overrightarrow{DB}+\overrightarrow{BF}$ et $\overrightarrow{BE}=\overrightarrow{BF}+\overrightarrow{FE}$.

$$\overrightarrow{DF}\cdot\overrightarrow{BE}=\left(\overrightarrow{DB}+\overrightarrow{BF}\right)\cdot\left(\overrightarrow{BF}+\overrightarrow{FE}\right),$$

$$\overrightarrow{DF}\cdot\overrightarrow{BE}=\overrightarrow{DB}\cdot\overrightarrow{BF}+\overrightarrow{DB}\cdot\overrightarrow{FE}+\overrightarrow{BF}^2+\overrightarrow{BF}\cdot\overrightarrow{FE}.$$

$\overrightarrow{DB}\cdot\overrightarrow{BF}=0$, car le plan (DAC) est orthogonal à (BF).

$\overrightarrow{BF}\cdot\overrightarrow{FE}=0$; $\quad\overrightarrow{BF}^2=a^2$.

$\overrightarrow{DB}\cdot\overrightarrow{FE}=\overrightarrow{DB}\cdot\overrightarrow{BA}=-\overrightarrow{BA}\cdot\overrightarrow{BD}=-\overrightarrow{BA}^2$(par projection orthogonale de D sur (BA)). Donc $\overrightarrow{DB}\cdot\overrightarrow{FE}=-a^2$.

Par conséquent, $\boldsymbol{\overrightarrow{DF}\cdot\overrightarrow{BE}=0}$.

Une décomposition et un calcul tout à fait similaires prouveraient que $\overrightarrow{DF} \cdot \overrightarrow{BG} = 0$.

$(\overrightarrow{BE}, \overrightarrow{BG})$ est un système de **vecteurs directeurs du plan *BEG* ;** donc la droite **(*DF*) est orthogonale au plan (*BEG*).**

2° Représentons, en vue de face, le rectangle *DBFH* :

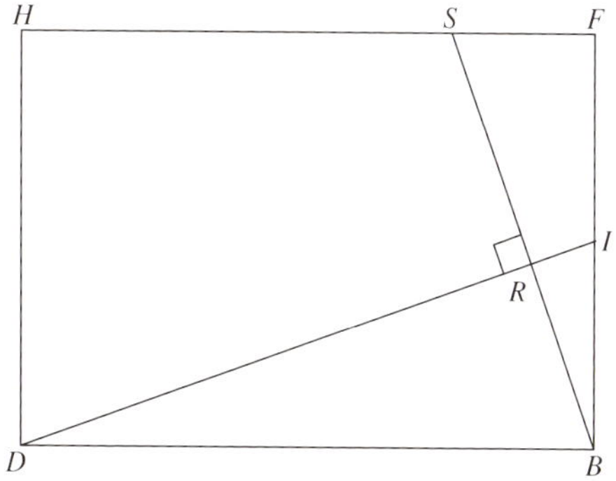

• Soit k le réel tel que $\overrightarrow{DR} = k\overrightarrow{DI}$.

Par définition du point R, $\overrightarrow{BR} \cdot \overrightarrow{DI} = 0$.

D'où :

$$(\overrightarrow{BD} + \overrightarrow{DR}) \cdot \overrightarrow{DI} = 0,$$
$$\overrightarrow{BD} \cdot \overrightarrow{DI} + \overrightarrow{DR} \cdot \overrightarrow{DI} = 0,$$
$$-\overrightarrow{DB} \cdot \overrightarrow{DI} + k\overrightarrow{DI}^2 = 0.$$

$\overrightarrow{DB} \cdot \overrightarrow{DI} = \overrightarrow{DB}^2 = (a\sqrt{2})^2 = 2a^2$.

$\overrightarrow{DI}^2 = DI^2 = DB^2 + BI^2 = (a\sqrt{2})^2 + \left(\dfrac{a}{2}\right)^2 = \dfrac{9a^2}{4}$.

D'où $-2a^2 + k \times \dfrac{9a^2}{4} = 0$, soit $k = \dfrac{8}{9}$.

• Soit l le réel tel que $\overrightarrow{FS} = l\,\overrightarrow{FH}$.

Par définition, $\overrightarrow{BS} \cdot \overrightarrow{DI} = 0$.

D'où :

$$(\overrightarrow{BF} + \overrightarrow{FS}) \cdot (\overrightarrow{DB} + \overrightarrow{BI}) = 0,$$

$\overrightarrow{BF} \cdot \overrightarrow{DB} + \overrightarrow{BF} \cdot \overrightarrow{BI} + \overrightarrow{FS} \cdot \overrightarrow{DB} + \overrightarrow{FS} \cdot \overrightarrow{BI} = 0$.

$\overrightarrow{BF} \cdot \overrightarrow{DB} = 0$.

$\overrightarrow{BF} \cdot \overrightarrow{BI} = \dfrac{1}{2}\,\overrightarrow{BF}^2 = \dfrac{a^2}{2}$.

$\overrightarrow{FS} \cdot \overrightarrow{DB} = (l\overrightarrow{FH}) \cdot (-\overrightarrow{FH}) = -l\,\overrightarrow{FH}^2 = -l(a\sqrt{2})^2 = -2la^2$.

$\overrightarrow{FS} \cdot \overrightarrow{BI} = 0$.

D'où $\dfrac{a^2}{2} - 2la^2 = 0$, soit $l = \dfrac{1}{4}$.

3°

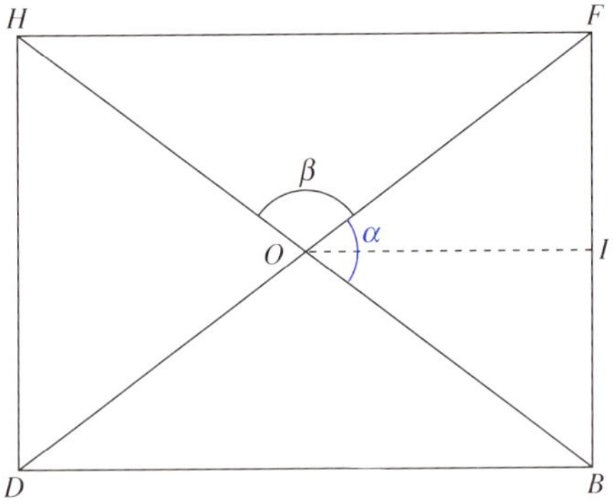

Soient $\alpha = \widehat{BOF}$, angle sous lequel est vue une arête depuis le point O, et $\beta = \widehat{FOH}$ angle sous lequel est vue une diagonale de face depuis le point O.

Notons que $\alpha + \beta = 180°$.

$$\overrightarrow{OB} \cdot \overrightarrow{OF} = (\overrightarrow{OI} + \overrightarrow{IB}) \cdot (\overrightarrow{OI} + \overrightarrow{IF}),$$

$$\overrightarrow{OB} \cdot \overrightarrow{OF} = (\overrightarrow{OI} - \overrightarrow{IF}) \cdot (\overrightarrow{OI} + \overrightarrow{IF}),$$

$$\overrightarrow{OB} \cdot \overrightarrow{OF} = \overrightarrow{OI}^2 - \overrightarrow{IF}^2,$$

$$\overrightarrow{OB} \cdot \overrightarrow{OF} = \left(\frac{a\sqrt{2}}{2}\right)^2 - \left(\frac{a}{2}\right)^2 = \frac{a^2}{4}.$$

Par ailleurs : $$\overrightarrow{OB} \cdot \overrightarrow{OF} = OB \times OF \times \cos \widehat{BOF},$$

$$\overrightarrow{OB} \cdot \overrightarrow{OF} = \left(\frac{a\sqrt{3}}{2}\right)^2 \times \cos \widehat{BOF},$$

$$\overrightarrow{OB} \cdot \overrightarrow{OF} = \frac{3a^2}{4} \cos \widehat{BOF}.$$

On en déduit : $$\frac{3a^2}{4} \cos \widehat{BOF} = \frac{a^2}{4},$$

soit : $$\cos \widehat{BOF} = \frac{1}{3}.$$

La calculatrice donne $\boldsymbol{\alpha} = $ **70,5°** à 0,1° près par défaut.
D'où $\boldsymbol{\beta} = $ **109,5°** à 0,1° près par excès.

3 **1°** Le plan médiateur $\mathcal{P}_1$ de $[AB]$, contient le milieu I de $[AB]$ et admet $\overrightarrow{AB}$ pour vecteur normal.

$$I\begin{pmatrix}7/2\\3/2\\1\end{pmatrix} \quad \text{et} \quad \overrightarrow{AB}\begin{pmatrix}-1\\-5\\0\end{pmatrix}.$$

Soit $M\begin{pmatrix}x\\y\\z\end{pmatrix}$ un point, $\overrightarrow{IM}\begin{pmatrix}x-7/2\\y-3/2\\z-1\end{pmatrix}$.

M appartient à $\mathcal{P}_1$ si, et seulement si, $\overrightarrow{AB}\cdot\overrightarrow{IM}=0$, soit :

$$-\left(x-\frac{7}{2}\right)-5\left(y-\frac{3}{2}\right)+0\,(z-1)=0.$$

Une équation de $\mathcal{P}_1$ est $\boldsymbol{x+5y-11=0}$.
En procédant de la même manière pour $\mathcal{P}_2$ et $\mathcal{P}_3$, on obtient :

$$\boldsymbol{\mathcal{P}_2 : y+z-2=0} \qquad \text{et} \qquad \boldsymbol{\mathcal{P}_3 : x+y-3=0.}$$

2° Le centre Ω de la sphère circonscrite au tétraèdre $ABCD$ est équidistant de A, B, C et D ; Ω appartient à la fois à $\mathcal{P}_1$, $\mathcal{P}_2$ et $\mathcal{P}_3$. Ses coordonnées sont solutions du système :

$$\begin{cases} x+5y \quad -11=0 & \mathbf{L_1}\\ \quad y+z-2=0 & \mathbf{L_2}\\ x+y \quad -3-0, & \mathbf{L_3}\end{cases}$$

$$\begin{cases} 4y \quad -8=0 & \mathbf{L_1} \leftarrow \mathbf{L_1}-\mathbf{L_3}\\ \quad y+z-2=0 & \mathbf{L_2}\\ x+y \quad -3=0, & \mathbf{L_3}\end{cases}$$

$$\begin{cases} y=2\\ z=0\\ x=1.\end{cases}$$

$\Omega\begin{pmatrix}1\\2\\0\end{pmatrix}$ est équidistant de A, B, C et D ; il est le centre de la sphère $\mathcal{S}$ circonscrite à $ABCD$.
Pour calculer le rayon de la sphère $\mathcal{S}$, calculons indifféremment l'une des distances ΩA, ΩB, ΩC ou ΩD.

Par exemple $\overrightarrow{\Omega A}\begin{pmatrix}3\\2\\1\end{pmatrix}$, d'où $\Omega A = \sqrt{3^2 + 2^2 + 1^2} = \sqrt{14}$.

Une équation de la sphère $\mathcal{S}$ est :

$$\mathbf{(x - 1)^2 + (y - 2)^2 + z^2 = 14.}$$

4 **1°** On calcule $\overrightarrow{AB}\begin{pmatrix}1\\-1\\0\end{pmatrix}$ et $\overrightarrow{AC}\begin{pmatrix}1\\1\\3\end{pmatrix}$.

$\overrightarrow{AB} \cdot \overrightarrow{AC} = 1 \times 1 + (-1) \times 1 + 0 \times 3 = 0.$

$\overrightarrow{AB}$ et $\overrightarrow{AC}$ sont des vecteurs orthogonaux, distincts du vecteur nul ; ***ABC*** **est donc un triangle rectangle en *A*.**

2° Calculons $\overrightarrow{AB} \wedge \overrightarrow{AC}\begin{pmatrix}\begin{vmatrix}-1 & 1\\0 & 3\end{vmatrix}\\ \begin{vmatrix}0 & 3\\1 & 1\end{vmatrix}\\ \begin{vmatrix}1 & 1\\-1 & 1\end{vmatrix}\end{pmatrix}$, soit $\overrightarrow{AB} \wedge \overrightarrow{AC}\begin{pmatrix}-3\\-3\\2\end{pmatrix}$.

Le vecteur $\vec{n} = \overrightarrow{AB} \wedge \overrightarrow{AC}$ est un vecteur normal au plan $\mathcal{P}$.

Pour un point $M\begin{pmatrix}x\\y\\z\end{pmatrix}$, $\vec{n} \cdot \overrightarrow{AM} = 0$ s'écrit :

$$-3(x-1) - 3(y-0) + 2(z+2) = 0.$$

$-3x - 3y + 2z + 7 = 0$ est une équation de $\mathcal{P}$.

3° • Il faut déterminer le réel α tel que $\vec{I} = \alpha\overrightarrow{AB}$, avec $\alpha > 0$ et $\|\vec{I}\| = 1$.

$\|\vec{I}\| = 1$ équivaut à $|\alpha| \times \|\overrightarrow{AB}\| = 1$, et, puisque $\alpha > 0$, on a $\alpha = \dfrac{1}{\|\overrightarrow{AB}\|}$.

D'où $\alpha = \dfrac{1}{\sqrt{2}}$ et $\vec{I}\begin{pmatrix}\dfrac{1}{\sqrt{2}}\\ -\dfrac{1}{\sqrt{2}}\end{pmatrix}$.

• De même pour $\vec{J} = \alpha' \overrightarrow{AC}$, avec $\alpha' > 0$ et $\|\vec{J}\| = 1$.

$$\alpha' = \frac{1}{\|\overrightarrow{AC}\|} = \frac{1}{\sqrt{11}}, \text{ d'où } \vec{J}\begin{pmatrix} 1/\sqrt{11} \\ 1/\sqrt{11} \\ 3/\sqrt{11} \end{pmatrix}.$$

• De même pour $\vec{K} = \alpha'' \overrightarrow{AB} \wedge \overrightarrow{AC}$.

$$\alpha'' = \frac{1}{\|\overrightarrow{AB} \wedge \overrightarrow{AC}\|} = \frac{1}{\sqrt{22}}, \text{ d'où } \vec{K}\begin{pmatrix} -3/\sqrt{22} \\ -3/\sqrt{22} \\ 1/\sqrt{22} \end{pmatrix}.$$

(On aurait pu déterminer $\vec{K} = \vec{I} \wedge \vec{J}$.)

$(\vec{I}, \vec{J}, \vec{K})$ **est bien une base orthonormale directe ;** en effet :

• $\|\vec{I}\| = \|\vec{J}\| = \|\vec{K}\| = 1$, par construction ;

• $\vec{I} \cdot \vec{J} = 0$, car $\overrightarrow{AB}$ et $\overrightarrow{AC}$ sont orthogonaux,
$\vec{I} \cdot \vec{K} = \vec{J} \cdot \vec{K} = 0$, par propriété du produit scalaire ;

• $(\vec{I}, \vec{J}, \vec{K})$ est directe par définition du produit vectoriel.

5 **1°** I, milieu de $[BC]$, est le barycentre de $(B, 1)$ et $(C, 1)$. D'après la méthode des barycentres partiels, G est le barycentre de $(A, 2)$ et $(I, 2)$, donc G est le milieu de $[AI]$.

2° *a*) Transformons l'écriture de $f(M)$:

$$f(M) = 2\overrightarrow{MA}^2 + \overrightarrow{MB}^2 + \overrightarrow{MC}^2,$$
$$f(M) = 2(\overrightarrow{MG} + \overrightarrow{GA})^2 + (\overrightarrow{MG} + \overrightarrow{GB})^2 + (\overrightarrow{MG} + \overrightarrow{GC})^2,$$
$$f(M) = 4\overrightarrow{MG}^2 + 2\overrightarrow{MG} \cdot (2\overrightarrow{GA} + \overrightarrow{GB} + \overrightarrow{GC}) + 2\overrightarrow{GA}^2 + \overrightarrow{GB}^2 + \overrightarrow{GC}^2.$$

Par définition du point G, $2\overrightarrow{GA} + \overrightarrow{GB} + \overrightarrow{GC} = \vec{0}$.

Donc $\boldsymbol{f(M) = 4MG^2 + 2GA^2 + GB^2 + GC^2}$.

b) $f(M) = k$ équivaut à $MG^2 = \dfrac{k - 2GA^2 - GB^2 - GC^2}{4}$.

• Si $0 < k < 2GA^2 + GB^2 + GC^2$, alors $S_k = \varnothing$.

• Si $k = 2GA^2 + GB^2 + GC^2$, alors $S_k = \{G\}$.

• Si $k > 2GA^2 + GB^2 + GC^2$, alors S_k est la sphère de centre G et de rayon $R = \dfrac{\sqrt{k - 2GA^2 - GB^2 - GC^2}}{2}$.

3° Calculons les coordonnées de I : $I\begin{pmatrix} 0 \\ -1 \\ 2 \end{pmatrix}$, puis celle de G : $G\begin{pmatrix} 1 \\ -1 \\ 0 \end{pmatrix}$.

$\overrightarrow{GA}\begin{pmatrix}1\\0\\-2\end{pmatrix}$; $GA^2 = 1 + (-2)^2 = 5.$

$\overrightarrow{GB}\begin{pmatrix}-1\\-1\\2\end{pmatrix}$; $GB^2 = (-1)^2 + (-1)^2 + 2^2 = 6.$

$\overrightarrow{GC}\begin{pmatrix}-1\\1\\2\end{pmatrix}$; $GC^2 = (-1)^2 + 1^2 + 2^2 = 6.$

Par suite, $f(M) = 4MG^2 + 22.$

Lorsque $k > 22$, le rayon R de la sphère S_k est $R = \dfrac{\sqrt{k-22}}{2}$.

$R = 2$ se traduit par $\dfrac{\sqrt{k-22}}{2} = 2$, d'où $\boldsymbol{k = 38.}$

La sphère S_{38} a pour centre $G\begin{pmatrix}1\\-1\\0\end{pmatrix}$ et pour rayon $R = 2$.

6 **1°** Soit $g(M) = MA^2 + MB^2 - MC^2 - MD^2.$

$g(M) = \overrightarrow{MA}^2 + \overrightarrow{MB}^2 - \overrightarrow{MC}^2 - \overrightarrow{MD}^2,$
$g(M) = (\overrightarrow{MG} + \overrightarrow{GA})^2 + (\overrightarrow{MG} + \overrightarrow{GB})^2 - (\overrightarrow{MG} + \overrightarrow{GC})^2 - (\overrightarrow{MG} + \overrightarrow{GD})^2,$
$g(M) = 2\overrightarrow{MG}\cdot(\overrightarrow{GA} + \overrightarrow{GB} - \overrightarrow{GC} - \overrightarrow{GD}) + GA^2 + GB^2 - GC^2 - GD^2.$

(On pourra vérifier que dans un tétraèdre **régulier** de côté a,

$GA = GB = GC = GD = a\sqrt{\dfrac{2}{3}}$).

D'où $GA^2 + GB^2 - GC^2 - GD^2 = 0.$

Soit I le milieu de $[AB]$, $\overrightarrow{GA} + \overrightarrow{GB} = 2\overrightarrow{GI}.$

Soit J le milieu de $[CD]$, $\overrightarrow{GC} + \overrightarrow{GD} = 2\overrightarrow{GJ}.$

D'où $\overrightarrow{GA} + \overrightarrow{GB} - \overrightarrow{GC} - \overrightarrow{GD} = 2\overrightarrow{GI} - 2\overrightarrow{GJ} = 2\overrightarrow{JI}.$

On en déduit que $\boldsymbol{g(M) = 4\overrightarrow{MG}\cdot\overrightarrow{JI}}$.

2° Pour tout point M de l'espace, $MA^2 + MB^2 = MC^2 + MD^2$ équivaut à $g(M) = 0$, soit à $\overrightarrow{MG}\cdot\overrightarrow{JI} = 0.$

$\mathcal{F}$ est donc le plan contenant G, dont un vecteur normal est $\overrightarrow{IJ}$. Or G est le milieu de $[IJ]$, donc $\mathcal{F}$ **est le plan médiateur de $[IJ]$.**

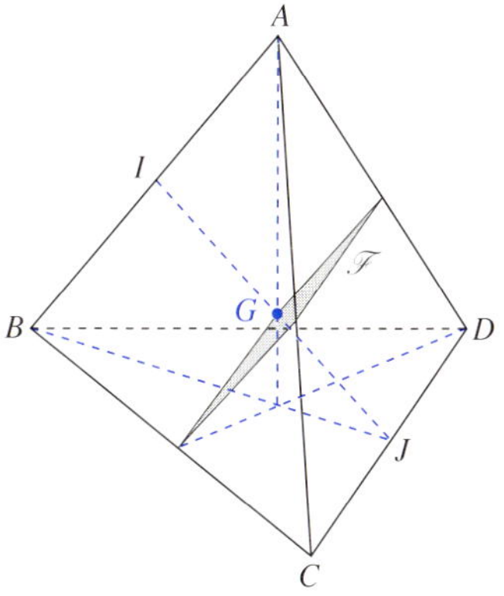

On vérifiera que ABJ est un triangle isocèle :

$$BJ = AJ = \frac{AB\sqrt{3}}{2}.$$

Donc $\overrightarrow{IJ}$ et $\overrightarrow{AB}$ sont des vecteurs orthogonaux.
De même, $\overrightarrow{IJ}$ et $\overrightarrow{CD}$ sont orthogonaux.
Puisque les points A, B, C et D ne sont pas coplanaires, $\overrightarrow{AB}$ et $\overrightarrow{CD}$ ne sont pas colinéaires. Ces deux vecteurs forment donc un système de vecteurs directeurs du plan $\mathcal{F}$.

14

LIEUX GÉOMÉTRIQUES*

OBJECTIFS

- *Étudier les lignes de niveau d'une application* $M \mapsto \sum_{i=1}^{n} \alpha_i MA_i^2$
- *Reconnaître un ensemble de points M vérifiant* $(\overrightarrow{MA}, \overrightarrow{MB}) = \alpha$

À RETENIR !

DÉFINITION

Soit f une application du plan $\mathscr{P}$ dans l'ensemble $\mathbb{R}$ des nombres réels.
Pour un réel k, on appelle **ligne de niveau** k de l'application f, l'ensemble $\mathscr{L}_k$ des points M du plan tels que $f(M) = k$.

(*) *Ce chapitre n'est étudié qu'en enseignement de spécialité.*

Remarques :
- On notera $\mathcal{L}_k = \{M \in \mathcal{P} \text{ tel que } f(M) = k\}$.
- f est appelée **application scalaire** dans $\mathcal{P}$.

LIGNES DE NIVEAU DE $M \mapsto \sum_{i=1}^{n} \alpha_i MA_i^2$

Soient $A_1, A_2, ..., A_n$ des points du plan.

Soient $\alpha_1, \alpha_2, ..., \alpha_n$ des nombres réels.

Rappels :

- Si $\sum_{i=1}^{n} \alpha_i \neq 0$, alors il existe un unique point G tel que $\sum_{i=1}^{n} \alpha_i \overrightarrow{GA_i} = \vec{0}$.

G est le **barycentre** des points pondérés $(A_1, \alpha_1), ..., (A_n, \alpha_n)$.

- Si $\sum_{i=1}^{n} \alpha_i = 0$, le vecteur $\sum_{i=1}^{n} \alpha_i \overrightarrow{MA_i} = \vec{u}$ est un **vecteur constant** (indépendant du point M).

• Propriété 1

- Si $\sum_{i=1}^{n} \alpha_i \neq 0$, alors, pour tout point M du plan :

$$\sum_{i=1}^{n} \alpha_i MA_i^2 = \left(\sum_{i=1}^{n} \alpha_i\right) MG^2 + \sum_{i=1}^{n} \alpha_i GA_i^2.$$

G est le barycentre des points pondérés $(A_1, \alpha_1), ..., (A_n, \alpha_n)$.

- Si $\sum_{i=1}^{n} \alpha_i = 0$, alors, pour tout point M du plan :

$$\sum_{i=1}^{n} \alpha_i MA_i^2 = \sum_{i=1}^{n} \alpha_i OA_i^2 - 2\vec{u} \cdot \overrightarrow{OM}.$$

O est un point du plan, quelconque.

$\vec{u}$ est le vecteur constant $\vec{u} = \sum_{i=1}^{n} \alpha_i \overrightarrow{OA_i}$.

• Propriété 2

Soit f l'application scalaire dans $\mathcal{P}$ définie par $f(M) = \sum_{i=1}^{n} \alpha_i MA_i^2$.

• Si $\sum_{i=1}^{n} \alpha_i \neq 0$, alors une ligne de niveau de f est :

— soit l'ensemble vide ;

— soit un cercle de centre G ;

— soit réduite à $\{G\}$ $\left(\text{lorsque } k = \sum_{i=1}^{n} \alpha_i GA_i^2\right)$.

• Si $\sum_{i=1}^{n} \alpha_i = 0$ et $\vec{u} \neq \vec{0}$, alors les lignes de niveau de f sont les droites orthogonales à la direction de $\vec{u}$.

• Cas particulier de deux points A_1 et A_2

• Si $\alpha_1 + \alpha_2 \neq 0$, soit G le barycentre des points pondérés (A_1, α_1) et (A_2, α_2). G est défini par $\overrightarrow{A_1G} = \dfrac{\alpha_2}{\alpha_1 + \alpha_2} \overrightarrow{A_1A_2} \left(\text{ou } \overrightarrow{A_2G} = \dfrac{\alpha_1}{\alpha_1 + \alpha_2} \overrightarrow{A_1A_2}\right)$.

Lorsque $\mathcal{L}_k \neq \varnothing$, $\mathcal{L}_k$ est un cercle de centre G.

$\left(\text{On trouve } f(M) = \alpha_1 MA_1^2 + \alpha_2 MA_2^2 = (\alpha_1 + \alpha_2) MG^2 + \dfrac{\alpha_1 \alpha_2}{\alpha_1 + \alpha_2} A_1A_2^2.\right)$

• Si $\alpha_1 + \alpha_2 = 0$ et $\alpha_1 \neq 0$, alors $\mathcal{L}_k$ est une droite orthogonale à la droite (A_1A_2). (On trouve $f(M) = \alpha_1(MA_1^2 - MA_2^2) = 2\alpha_1 \overrightarrow{A_1A_2} \cdot \overrightarrow{IM}$, avec I milieu de $[A_1A_2]$.)

LIGNES DE NIVEAU DE $M \mapsto \dfrac{MA}{MB}$

Soient A et B deux points du plan.

Pour tout point M, $M \neq B$, on définit $f(M) = \dfrac{MA}{MB}$.

- Si $k < 0$, alors $\mathcal{L}_k = \varnothing$.
- Si $k = 0$, alors $\mathcal{L}_0 = \{A\}$.
- Si $k = 1$, alors $\mathcal{L}_1$ est la médiatrice du segment de $[AB]$.
- Si $k > 0$ et $k \neq 1$, $\dfrac{MA}{MB} = k$ équivaut à $MA^2 - k^2 MB^2 = 0$. $\mathcal{L}_k$ est la ligne

de niveau 0 de l'application $M \mapsto MA^2 - k^2 MB^2$. $\mathcal{L}_k$ est le cercle de centre G et de rayon $R = \dfrac{k}{|1 - k^2|} AB$.

(G est le barycentre des points pondérés $(A, 1)$ et $(B, -k^2)$, défini par

$\overrightarrow{AG} = \dfrac{-k^2}{1-k^2} \overrightarrow{AB}$, ou $\overrightarrow{BG} = \dfrac{1}{1-k^2} \overrightarrow{BA}$.)

LIGNES DE NIVEAU DE $M \mapsto \overline{(\overrightarrow{MA}, \overrightarrow{MB})}$

• Propriété 1

Soient (C) un cercle de centre O, et A et B deux points de (C) dans le plan orienté.

Pour tout point M du cercle (C), $M \neq A$, $M \neq B$:

$$\overline{(\overrightarrow{OA}, \overrightarrow{OB})} = 2\overline{(\overrightarrow{MA}, \overrightarrow{MB})} \ (2\pi),$$

ou encore :

$$\frac{1}{2}\overline{(\overrightarrow{OA}, \overrightarrow{OB})} = \overline{(\overrightarrow{MA}, \overrightarrow{MB})} \ (\pi).$$

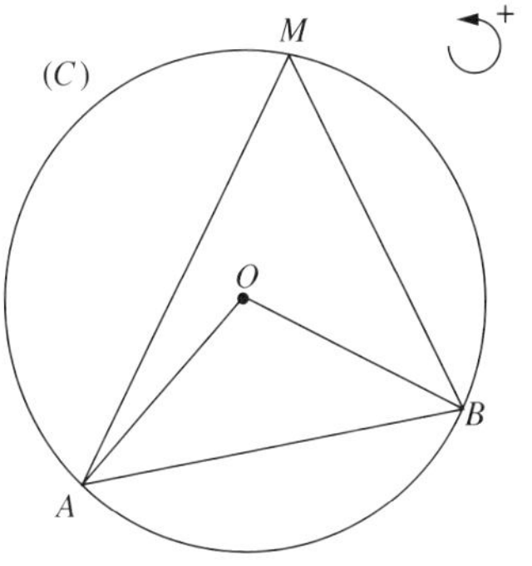

Plus précisément :
La médiatrice de $[AB]$ coupe le cercle (C) en U et V.
Soient (C_U) l'arc $\widehat{AB}$ contenant U et (C_V) l'arc $\widehat{AB}$ contenant V.
Soit M un point du cercle (C), $M \neq A$, $M \neq B$.
Si $M \in (C_V)$, alors :

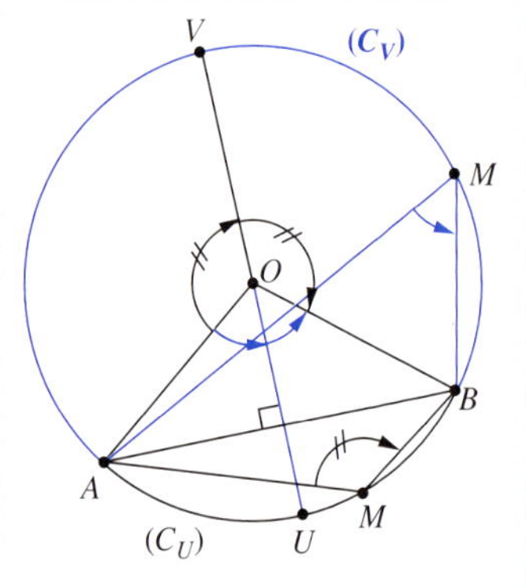

$$\overline{(\overrightarrow{MA}, \overrightarrow{MB})} = \overline{(\overrightarrow{OA}, \overrightarrow{OU})}$$
$$= \overline{(\overrightarrow{OU}, \overrightarrow{OB})}\ (2\pi).$$

Si $M \in (C_U)$, alors :

$$\overline{(\overrightarrow{MA}, \overrightarrow{MB})} = \overline{(\overrightarrow{OA}, \overrightarrow{OV})}$$
$$= \overline{(\overrightarrow{OV}, \overrightarrow{OB})}\ (2\pi).$$

• Propriété 2

Soient A et B deux points et α un réel.
$\mathcal{E}$ est l'ensemble des points M du plan ($M \neq A$ et $M \neq B$) tels que $\overline{(\overrightarrow{MA}, \overrightarrow{MB})} = \alpha\ (2\pi)$.

- Si $\alpha = 0\ (2\pi)$, $\mathcal{E}$ est la droite (AB) privée du segment $[AB]$:

- Si $\alpha = \pi\ (2\pi)$, $\mathcal{E}$ est le segment ouvert $]AB[$:

- Si $\alpha \neq 0$ et $\alpha \neq \pi\ (2\pi)$; soient O le point de la médiatrice de $[AB]$, tel que $\overline{(\overrightarrow{OA}, \overrightarrow{OB})} = 2\alpha\ (2\pi)$, et (C) le cercle de centre O contenant A et B.
$\mathcal{E}$ est alors l'un des deux arcs ouverts $\widehat{AB}$ du cercle (C). (Le déterminer, par exemple, avec le signe de la mesure principale de α.)

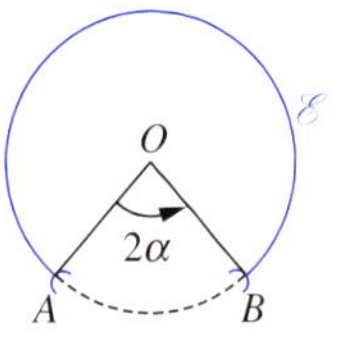

• Propriété 3

Soient A et B deux points et α un réel.
$\mathcal{F}$ est l'ensemble des points M du plan ($M \neq A$ et $M \neq B$) tels que $(\overrightarrow{MA}, \overrightarrow{MB}) = \alpha\ (\pi)$.

- Si $\alpha = 0\ (\pi)$, alors $\mathcal{F}$ est la droite (AB) privée des points A et B :

- Si $\alpha \neq 0\ (\pi)$, soit O le point de la médiatrice du segment $[AB]$ tel que $(\overrightarrow{OA}, \overrightarrow{OB}) = 2\alpha\ (2\pi)$.
$\mathcal{F}$ est le cercle de centre O contenant A et B, et privé des deux points A et B.

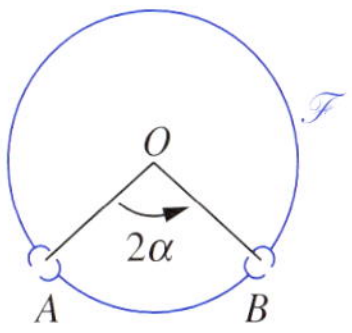

• Propriété 4 : condition de cocyclicité de quatre points

Soient A, B, C et D quatre points non alignés.
A, B, C et D sont **cocycliques** si, et seulement si :

$$(\overrightarrow{CA}, \overrightarrow{CB}) = (\overrightarrow{DA}, \overrightarrow{DB})\ (\pi).$$

ÉTUDIER LES LIGNES DE NIVEAU D'UNE APPLICATION $M \mapsto \sum_{i=1}^{n} \alpha_i MA_i^2$

Exemple

1° *ABC* est un triangle isocèle tel que $AB = 4$ et $CB = CA = 6$.
***a*) Étudier les lignes de niveau de l'application :**

$$f : M \mapsto MA^2 + MB^2 + 2MC^2.$$

Pour quelle valeur du réel *k*, la ligne de niveau $\mathcal{L}_k$ contient-elle le point *A* ? Même question pour *B* et *C*.
***b*) Étudier les lignes de niveau de l'application :**

$$g : M \mapsto MA^2 + MB^2 - 2MC^2.$$

Pour quelle valeur du réel *k*, la ligne de niveau $\mathcal{L}_k$ contient-elle le point *A* ? Même question pour *B* et *C*. Tracer $\mathcal{L}_0$.

2° On suppose maintenant que *C* est le milieu de [*AB*], avec $AB = 4$. Que peut-on dire des lignes de niveau de l'application :

$$g : M \mapsto MA^2 + MB^2 - 2MC^2 \,?$$

Dans les exercices portant sur des lignes de niveau, on ne doit pas retenir par cœur tous les résultats ; il importe de retenir seulement les différents cas que l'on peut rencontrer, et savoir les retrouver dans chaque exemple.

1° *a*) Dans cet exemple, on fera intervenir le **barycentre *G*** des points pondérés $(A, 1)$ $(B, 1)$ et $(C, 2)$, puisque $1 + 1 + 2 \neq 0$.
Alors $f(M) = 4MG^2 + GA^2 + GB^2 + 2GC^2$.
Calculons les distances GA, GB, GC.
G est défini par $\overrightarrow{GA} + \overrightarrow{GB} + 2\overrightarrow{GC} = \vec{0}$, soit, en appelant I le milieu de $[AB]$, $2\overrightarrow{GI} + 2\overrightarrow{GC} = \vec{0}$.
G est donc le milieu de $[IC]$.
La propriété de Pythagore donne :
$IC^2 = AC^2 - AI^2 = 36 - 4 = 32$, d'où $IC = 4\sqrt{2}$.
On en déduit $GC = 2\sqrt{2}$.
De même, $AG^2 = AI^2 + IG^2 = 4 + 8 = 12$, et on en déduit $GA = GB = 2\sqrt{3}$.

D'où : $f(M) = 4MG^2 + (2\sqrt{3})^2 + (2\sqrt{3})^2 + 2 \times (2\sqrt{2})^2,$

$f(M) = 4MG^2 + 40.$

Soit k un réel.

$f(M) = k$ équivaut à : $4MG^2 + 40 = k,$

soit : $$MG^2 = \frac{k-40}{4}.$$

Ainsi, suivant les valeurs de k :

— si $k < 40$, alors $\mathcal{L}_k \neq \varnothing$;
— si $k = 40$, alors $\mathcal{L}_{40} = \{G\}$;
— si $k > 40$, alors $\mathcal{L}_k$ est le cercle de centre G, de rayon $\dfrac{\sqrt{k-40}}{2}$.

• $A \in \mathcal{L}_k$ signifie $f(A) = k$. Calculons $f(A)$:
$f(A) = AA^2 + AB^2 + 2AC^2 = 0^2 + 4^2 + 2 \times 6^2 = 88$, **donc** $\boldsymbol{A \in \mathcal{L}_{88}}$.
• Puisque $\mathcal{L}_{88}$ est un cercle de centre G et puisque $GA = GB$, alors $\boldsymbol{B \in \mathcal{L}_{88}}$ (ce qui peut être trouvé par calcul).
• $C \in \mathcal{L}_k$ signifie $f(C) = k$.
$f(C) = CA^2 + CB^2 + 2CC^2 = 6^2 + 6^2 + 2 \times 0^2 = 72$, **donc** $\boldsymbol{C \in \mathcal{L}_{72}}$.

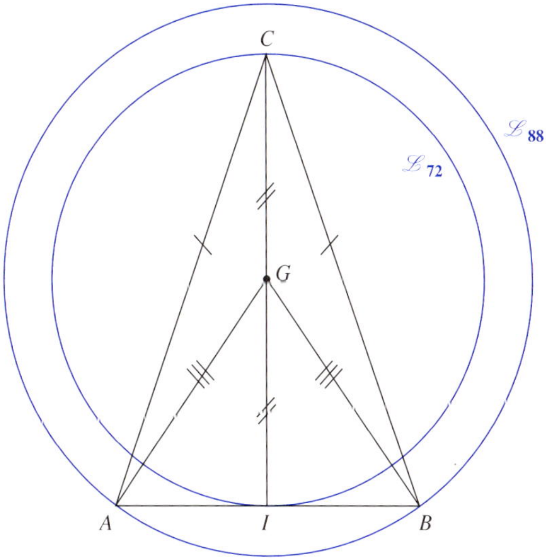

b) Ici, il n'est plus question de faire intervenir de barycentre, puisque $1 + 1 + (-2) = 0$.
Écrivons, par exemple :

$g(M) = \overrightarrow{MA}^2 + \overrightarrow{MB}^2 - 2\overrightarrow{MC}^2,$

$g(M) = \overrightarrow{MA}^2 + (\overrightarrow{MA} + \overrightarrow{AB})^2 - 2(\overrightarrow{MA} + \overrightarrow{AC})^2,$

$g(M) = \overrightarrow{MA}^2 + \overrightarrow{MA}^2 + 2\overrightarrow{MA} \cdot \overrightarrow{AB} + \overrightarrow{AB}^2 - 2\overrightarrow{MA}^2 - 4\overrightarrow{MA} \cdot \overrightarrow{AC} - 2\overrightarrow{AC}^2,$

$g(M) = 2\overrightarrow{MA} \cdot (\overrightarrow{AB} - 2\overrightarrow{AC}) + AB^2 - 2AC^2,$
$g(M) = 2\overrightarrow{AM} \cdot (-\overrightarrow{AB} + 2\overrightarrow{AC}) - 56.$

Remarque : On aurait pu faire apparaître le vecteur $\overrightarrow{BM}$, ou encore le vecteur $\overrightarrow{CM}$.

Dans le cas choisi, soit le vecteur $\vec{u} = -\overrightarrow{AB} + 2\overrightarrow{AC}$, distinct du vecteur nul. Les lignes de niveau sont les **droites orthogonales à la direction de $\vec{u}$.**

- $g(A) = AA^2 + AB^2 - 2AC^2 = -56, \quad A \in \mathcal{L}_{-56}.$
- $g(B) = BA^2 + BB^2 - 2BC^2 = -56, \quad B \in \mathcal{L}_{-56}.$
- $g(C) = CA^2 + CB^2 - 2CC^2 = 72, \quad C \in \mathcal{L}_{72}.$

Notons que le vecteur $\vec{u}$ s'écrit aussi :
$\vec{u} = -\overrightarrow{AB} + 2\overrightarrow{AC} = \overrightarrow{BA} + \overrightarrow{AC} + \overrightarrow{AC} = \overrightarrow{BC} + \overrightarrow{AC} = 2\overrightarrow{IC}.$
Les lignes de niveau sont donc perpendiculaires à (IC), c'est-à-dire **parallèles à (AB).**

Pour déterminer $\mathcal{L}_0$, considérons la droite Δ passant par A, parallèle à (IC) ; orientons Δ dans le sens du vecteur $\overrightarrow{IC}$, par exemple. Déterminons un point E de Δ, tel que $g(E) = 0$. Alors $2\overrightarrow{AE} \cdot (2\overrightarrow{IC}) - 56 = 0$.

Soit C' tel que $\overrightarrow{IC} = \overrightarrow{AC'}$. Puisque A, E et C' sont des points de Δ :

$$2\,\overline{AE} \times 2\,\overline{AC'} - 56 = 0.$$

Or $\overline{AC'} = 4\sqrt{2}$, donc : $\quad \overline{AE} = \dfrac{56}{4 \times 4\sqrt{2}},$

$$\overline{AE} = \frac{7}{2\sqrt{2}} = \frac{7\sqrt{2}}{4} \quad \left(\text{ou } \overrightarrow{AE} = \frac{7}{16}\,\overrightarrow{IC}\right).$$

$\mathcal{L}_0$ est la droite parallèle à (AB), passant par E.

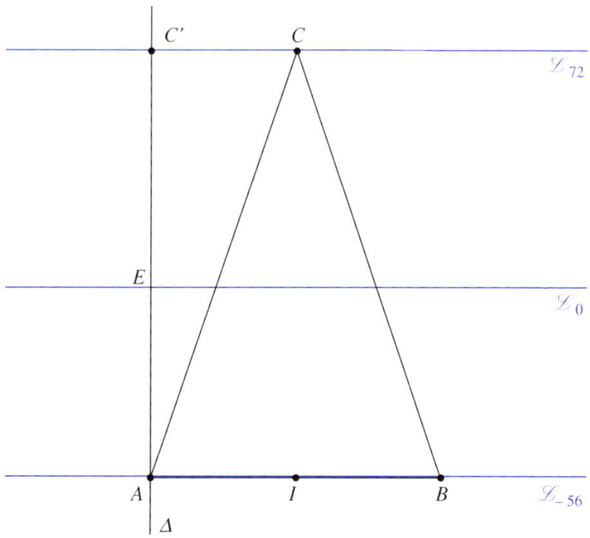

2° Si C est le milieu de $[AB]$, alors $\overrightarrow{AB} = 2\overrightarrow{AC}$.
La transformation de $g(M)$ est la même que celle établie en **1°** *b*), avec $-\overrightarrow{AB} + 2\overrightarrow{AC} = \vec{0}$.
D'où :

$$g(M) = 2\overrightarrow{AM} \cdot (-\overrightarrow{AB} + 2\overrightarrow{AC}) + AB^2 - 2AC^2,$$
$$g(M) = 2\overrightarrow{AM} \cdot \vec{0} + 4^2 - 2 \times 4,$$
$$g(M) = 8.$$

g est donc une application constante. Ceci implique que :
si $\boldsymbol{k \neq 8}$, alors $\mathcal{L}_k = \varnothing$; et $\mathcal{L}_8 = \mathcal{P}$ (le plan).

EN BREF !

Dans les questions comportant des lignes de niveau, on commencera par transformer l'expression $f(M)$ de l'application scalaire f. C'est elle qui déterminera la nature des lignes de niveau.

- Si l'égalité $f(M) = k$ équivaut à une égalité de la forme $\boldsymbol{GM^2 = \alpha}$, on trouvera, selon le signe, positif, nul ou négatif, de α, **un cercle de centre G**, le **point G, ou l'ensemble vide.**
- Si on obtient une égalité de la forme $\vec{u} \cdot \overrightarrow{OM} = \alpha \; (\vec{u} \neq \vec{0})$, on trouvera une **droite orthogonale à la direction de $\vec{u}$.**

APPLICATION

1 ABC est un triangle équilatéral de côté a.

1° Soit $f(M) = MA^2 + MB^2 + MC^2$.
Étudier les lignes de niveau de l'application scalaire f.
Pour quelle valeur de k, la ligne de niveau $\mathcal{L}_k$ est-elle le cercle circonscrit au triangle ABC ?
Même question pour le cercle inscrit.

2° Soit D le symétrique orthogonal de C par rapport à (AB).
a) Soit $g(M) = MA^2 + MB^2 + MC^2 - 3MD^2$.
Étudier les lignes de niveau de l'application scalaire g.
Pour quelle valeur du réel k, la ligne de niveau $\mathcal{L}_k$ contient-elle le point A ?
Même question pour les points B, C et D.
Représenter $\mathcal{L}_0$.
b) Soit $h(M) = MA^2 + MB^2 + MC^2 - MD^2$.
Étudier les lignes de niveau de l'application scalaire h.

RECONNAÎTRE UN ENSEMBLE DE POINTS M VÉRIFIANT $(\overrightarrow{MA}, \overrightarrow{MB}) = \alpha$

Exemple

Soient A et B deux points du plan orienté.
Construire le lieu $\mathcal{E}$ des points M et le lieu $\mathcal{E}'$ des points N tels que AMN soit un triangle équilatéral et tels que B appartienne à la droite (MN). (On se limitera au cas où $(\overrightarrow{MA}, \overrightarrow{MN}) = \frac{\pi}{3} \quad (2\pi)$.)

Pour faire apparaître les conditions, commençons par construire de tels triangles :

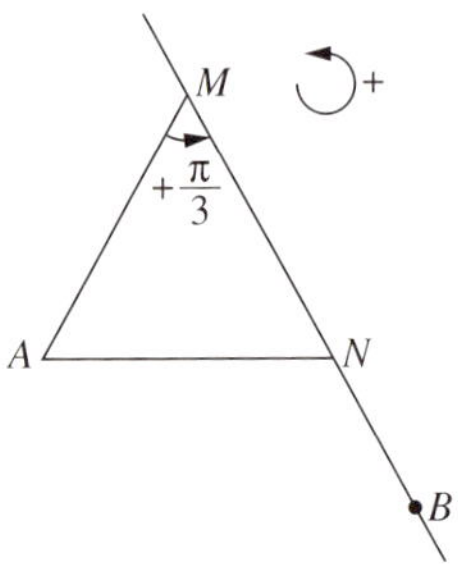

Dans ce cas, $\overrightarrow{MN}$ et $\overrightarrow{MB}$ sont colinéaires et de même sens, donc :

$$(\overrightarrow{MA}, \overrightarrow{MB}) = \frac{\pi}{3} \ (2\pi).$$

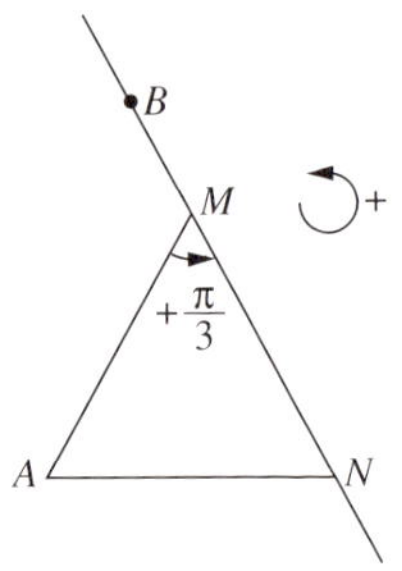

Dans ce cas $\overrightarrow{MN}$ et $\overrightarrow{MB}$ sont colinéaires et de sens contraires, donc :

$$(\overrightarrow{MA}, \overrightarrow{MB}) = \frac{\pi}{3} + \pi \ (2\pi).$$

• Une condition nécessaire pour que $M \in \mathcal{E}$ (lorsque $M \neq A$ et $M \neq B$) est $(\overrightarrow{MA}, \overrightarrow{MB}) = \frac{\pi}{3} \ (\pi)$.

Soient O le point de la médiatrice de $[AB]$ tel que $(\overrightarrow{OA}, \overrightarrow{OB}) = \frac{2\pi}{3} \ (2\pi)$, et (C) le cercle de centre O contenant A et B. On sait que l'ensemble des points M vérifiant $(\overrightarrow{MA}, \overrightarrow{MB}) = \frac{\pi}{3} \ (\pi)$ est $(C)\backslash\{A\,;\,B\}$.

Donc $\mathcal{E} \subset (C)$.

À partir de deux points A et B fixés, construisons (C).

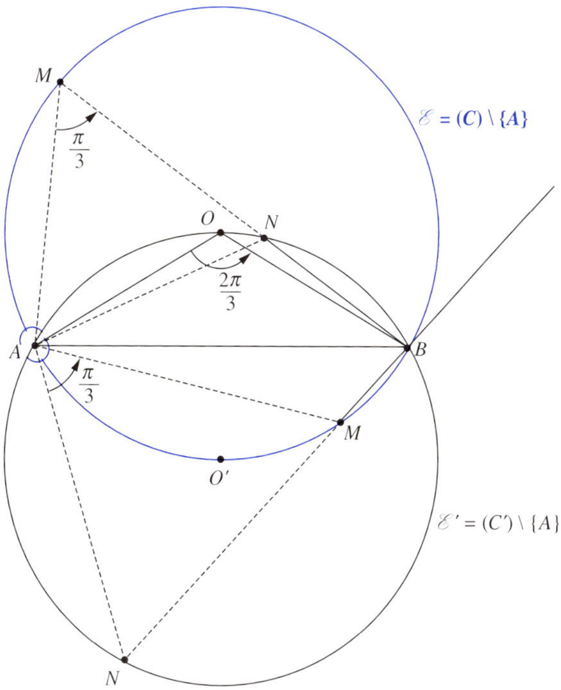

Réciproquement, soit M un point de (C).
Si $M = A$, il ne peut y avoir, à proprement parler, de triangle équilatéral puisqu'alors $A = M = N$.
Si $M \neq A$, alors on construit N comme image de M par la rotation de centre A et d'angle $-\frac{\pi}{3}$; AMN est un triangle équilatéral.
Si $M = B$, alors M, N et B sont alignés.
Si $M \neq B$, alors $\overline{(\overrightarrow{MA}, \overrightarrow{MB})} = \frac{\pi}{3}\ (\pi)$.

Puisque $\overline{(\overrightarrow{MA}, \overrightarrow{MN})} = \frac{\pi}{3}\ (2\pi)$, alors $\overline{(\overrightarrow{MB}, \overrightarrow{MN})} = 0\ (\pi)$.

Donc, M, N et B sont alignés.
Finalement, $\mathscr{E} = \mathbf{(C)}\setminus\{A\}$.

- $AM = AN$ et $\overline{(\overrightarrow{AM}, \overrightarrow{AN})} = -\frac{\pi}{3}\ (2\pi)$, car N est l'image de M par la rotation de centre A et d'angle $-\frac{\pi}{3}$.

Donc, N décrit l'ensemble $\mathcal{E}'$ image de $\mathcal{E}$ par la rotation de centre A et d'angle $-\frac{\pi}{3}$: $\mathcal{E}'$ **est un cercle (C') privé de A.** Le cercle (C') a pour centre O'**, image de O,** et pour **rayon le même que celui de (C).**

EN BREF !

Dans les problèmes d'angles orientés, il s'agira de reconnaître et de faire apparaître, dans les configurations usuelles, des relations du type :

$$\overline{(\overrightarrow{MA}, \overrightarrow{MB})} = \alpha\ (2\pi) \quad \text{ou} \quad \overline{(\overrightarrow{MA}, \overrightarrow{MB})} = \alpha\ (\pi)$$

et de bien connaître les ensembles qu'elles représentent.

APPLICATIONS

2 Soient A et B deux points dans le plan orienté.
Déterminer et construire le lieu $\mathcal{E}$ des points M et le lieu $\mathcal{E}'$ des points N tels que AMN soit un triangle isocèle, rectangle en A, et tels que M, N, B soient alignés.

On se limitera au cas où $\overline{(\overrightarrow{MA}, \overrightarrow{MN})} = \frac{\pi}{4}\ (2\pi)$.

3 A et B sont deux points du plan.
Δ est la droite perpendiculaire à (AB) passant par B. Soit M un point quelconque de Δ $(M \neq B)$.
Le cercle Γ de diamètre $[BM]$ et la droite (AM) se coupent en M et N.

Quel est le lieu du point N, lorsque M décrit $\Delta \backslash \{B\}$?

4 Soient A et B deux points du plan $\mathscr{P}$.

Pour tout point M du plan distinct de B, on définit $f(M) = \dfrac{MA}{MB}$.

Pour tout réel k strictement positif, $\mathcal{L}_k$ désigne la ligne de niveau k de l'application scalaire f définie dans $\mathscr{P} \setminus \{B\}$.

1° Déterminer $\mathcal{L}_1$.

2° Soit $k \neq 1$.

Montrer que $M \in \mathcal{L}_k$ si, et seulement si, $MG^2 = \dfrac{k^2}{(1-k^2)^2} AB^2$; G désignant le barycentre des points pondérés $(A, 1)$ et $(B, -k^2)$.
En déduire la nature de $\mathcal{L}_k$.

3° Montrer que, pour $k \neq 1$, $\mathcal{L}_k$ et $\mathcal{L}_{\frac{1}{k}}$ sont des cercles symétriques par rapport au milieu I du segment $[AB]$.

4° Construire $\mathcal{L}_2$, $\mathcal{L}_{\sqrt{2}}$, $\mathcal{L}_{\frac{1}{2}}$, $\mathcal{L}_{\frac{1}{\sqrt{2}}}$.

1 **1°** Soit G l'isobarycentre des points A, B et C.
$f(M) = 3MG^2 + GA^2 + GB^2 + GC^2$.

$GA = GB = GC = \frac{2}{3} H$ et $H = \frac{a\sqrt{3}}{2}$ est la hauteur du triangle équilatéral ABC. On en déduit :

$$f(M) = 3MG^2 + a^2.$$

$f(M) = k$ ($k \in \mathbb{R}$) équivaut à $MG^2 = \frac{k - a^2}{3}$.

- En conséquence :

— si $\boldsymbol{k < a^2}$, alors $\mathcal{L}_k = \varnothing$;

— si $\boldsymbol{k = a^2}$, $\mathcal{L}_{a^2} = \{G\}$;

— si $\boldsymbol{k > a^2}$, alors $\mathcal{L}_k$ **est le cercle de centre G et de rayon** $\boldsymbol{R = \sqrt{\frac{k - a^2}{3}}}$.

- $\mathcal{L}_k$ est le cercle circonscrit au triangle ABC pour $k = f(A)$ $(k = f(B) = f(C))$.

$f(A) = AA^2 + AB^2 + AC^2 = 2a^2$.

$\mathcal{L}_{2a^2}$ **est le cercle circonscrit au triangle *ABC*.**

- Désignons par I, J et K les milieux respectifs des côtés $[AB]$, $[BC]$ et $[C, A]$. $\mathcal{L}_k$ est le cercle inscrit dans le triangle ABC pour $k = f(I)$ $(k = f(J) = f(K))$.

$$f(I) = IA^2 + IB^2 + IC^2,$$

$$f(I) = \left(\frac{a}{2}\right)^2 + \left(\frac{a}{2}\right)^2 + \left(\frac{a\sqrt{3}}{2}\right)^2 = \frac{5a^2}{4}.$$

$\mathcal{L}_{\frac{5a^2}{4}}$ **est le cercle inscrit dans le triangle *ABC*.**

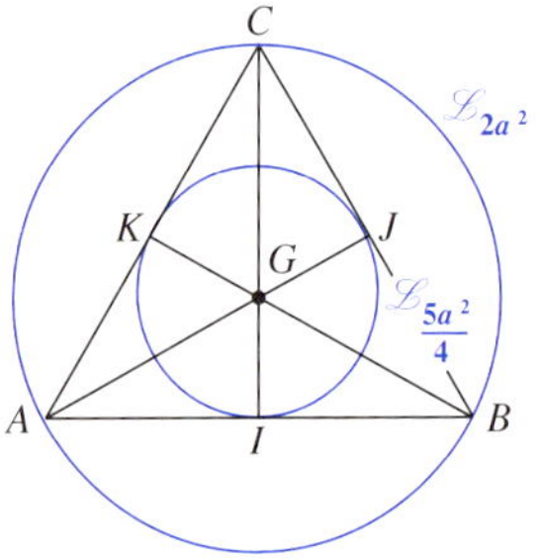

2° *a*) Écrivons $g(M) = \overrightarrow{MA}^2 + \overrightarrow{MB}^2 + \overrightarrow{MC}^2 - 3\overrightarrow{MD}^2$, puis, par exemple :

$$\overrightarrow{MB} = \overrightarrow{MA} + \overrightarrow{AB}\,; \quad \overrightarrow{MC} = \overrightarrow{MA} + \overrightarrow{AC}\,; \quad \overrightarrow{MD} = \overrightarrow{MA} + \overrightarrow{AD}.$$

Ceci donne, après simplification :

$$g(M) = 2\overrightarrow{MA} \cdot \left(\overrightarrow{AB} + \overrightarrow{AC} - 3\overrightarrow{AD}\right) + \overrightarrow{AB}^2 + \overrightarrow{AC}^2 - 3\overrightarrow{AD}^2.$$

Notons que :

$$\begin{aligned}\overrightarrow{AB} + \overrightarrow{AC} - 3\overrightarrow{AD} &= \left(\overrightarrow{DA} + \overrightarrow{AB}\right) + \left(\overrightarrow{DA} + \overrightarrow{AC}\right) + \overrightarrow{DA}, \\ &= \overrightarrow{DB} + \overrightarrow{DC} + \overrightarrow{DA}.\end{aligned}$$

Par ailleurs, $\overrightarrow{DA} + \overrightarrow{DB} = \overrightarrow{DC}$, donc $\overrightarrow{AB} + \overrightarrow{AC} - 3\overrightarrow{AD} = 2\overrightarrow{DC}$.

Finalement, $g(M) = 4\overrightarrow{AM} \cdot \overrightarrow{CD} - a^2$.

Les lignes de niveau de g sont donc les **droites orthogonales à la direction du vecteur $\overrightarrow{CD}$** (c'est-à-dire parallèles à (AB)).

• $g(A) = AA^2 + AB^2 + AC^2 - 3AD^2 = -a^2$. $\qquad g(B) = -a^2$.
$\mathcal{L}_{-a^2}$ contient A et B ($\mathcal{L}_{-a^2} = (AB)$).

• $g(C) = CA^2 + CB^2 + CC^2 - 3CD^2 = a^2 + a^2 - 3(a\sqrt{3})^2 = -7a^2$.
$\mathcal{L}_{-7a^2}$ contient C.

• $g(D) = DA^2 + DB^2 + DC^2 - 3DD^2 = a^2 + a^2 + (a\sqrt{3})^2 = 5a^2$.
$\mathcal{L}_{5a^2}$ contient D.

• Pour tracer $\mathcal{L}_0$, notons que $\overrightarrow{AM} \cdot \overrightarrow{CD} = \overrightarrow{IM} \cdot \overrightarrow{CD}$, où I désigne le centre du losange $ACBD$. (En effet $\overrightarrow{IA} \cdot \overrightarrow{CD} = 0$). Orientons la droite (CD) selon le sens du vecteur $\overrightarrow{CD}$.

$M \in \mathcal{L}_0$ signifie :

$$4\overrightarrow{AM} \cdot \overrightarrow{CD} \quad a^2 - 0,$$

ou encore : $$4\overrightarrow{IM} \cdot \overrightarrow{CD} = a^2.$$

Si $M \in (CD)$, alors :

$$\overline{IM} \times \overline{CD} = \frac{a^2}{4},$$

$$\overline{IM} \times a\sqrt{3} = \frac{a^2}{4},$$

d'où : $$\overline{IM} = \frac{a\sqrt{3}}{12} \qquad \left(\text{Noter que } \overrightarrow{IM} = \frac{1}{12}\,\overrightarrow{CD}.\right)$$

$\mathcal{L}_0$ est la droite orthogonale à (CD), contenant le point M de (CD) défini par $IM = \dfrac{a\sqrt{3}}{12}$.

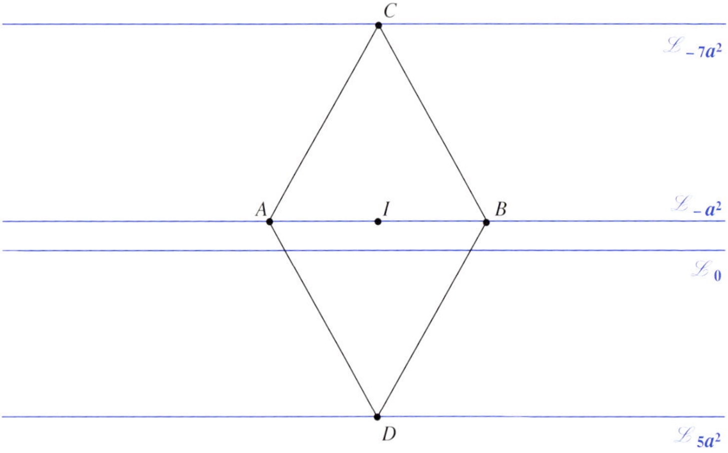

b) Écrivons $h(M) = \overrightarrow{MA}^2 + \overrightarrow{MB}^2 - \overrightarrow{MC}^2 - \overrightarrow{MD}^2$.

Puis, par exemple :

$$\overrightarrow{MB} = \overrightarrow{MA} + \overrightarrow{AB}\,; \quad \overrightarrow{MC} = \overrightarrow{MA} + \overrightarrow{AC}\,; \quad \overrightarrow{MD} = \overrightarrow{MA} + \overrightarrow{AD}.$$

Après simplification, on obtient :

$h(M) = 2\overrightarrow{MA} \cdot (\overrightarrow{AB} - \overrightarrow{AC} - \overrightarrow{AD}) + \overrightarrow{AB}^2 - \overrightarrow{AC}^2 - \overrightarrow{AD}^2$.

Or $\overrightarrow{AC} + \overrightarrow{AD} = \overrightarrow{AB}$, donc $\quad \overrightarrow{AB} - \overrightarrow{AC} - \overrightarrow{AD} = \vec{0}$.

On en déduit que $h(M) = -a^2$. h est une application constante.

Par suite : si $\boldsymbol{k \neq -a^2}$, **alors** $\mathscr{L}_k = \varnothing$ **;**
$\mathscr{L}_{-a^2} = \mathscr{P}$ (le plan).

2 • Une condition nécessaire pour que M appartienne à $\mathscr{E}$ (lorsque $M \neq A$ et $M \neq B$) est $\overline{(\overrightarrow{MA}, \overrightarrow{MB})} = \dfrac{\pi}{4}\ (\pi)$.

On construit le point O de la médiatrice de $[AB]$ tel que $\overline{(\overrightarrow{OA}, \overrightarrow{OB})} = \dfrac{\pi}{2}\ (2\pi)$.

Soit C le cercle de centre O, contenant A et B. Alors $\mathscr{E} \subset (C)$.

Réciproquement, soit $M \in (C)$. N est l'image de M par la rotation r de centre A et d'angle $-\dfrac{\pi}{2}$: AMN est un triangle isocèle, rectangle en A.

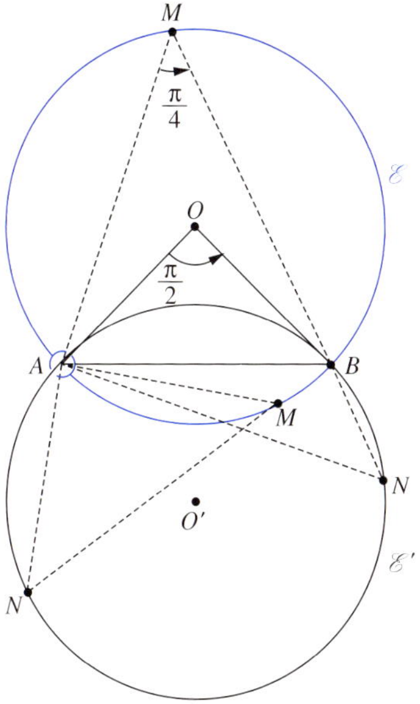

Si $M = A$, alors $M = A = N$, et l'on n'a pas, à proprement parler, de triangle.

Si $M \neq A$, alors $\overline{(\overrightarrow{MA}, \overrightarrow{MB})} = \frac{\pi}{4}\ (\pi)$.

Puisque $\overline{(\overrightarrow{MA}, \overrightarrow{MN})} = \frac{\pi}{4}\ (2\pi)$, alors M, N, B sont alignés.

On en conclut que $\mathscr{E}$ **= (*C*)\\{*A*}.**

• L'ensemble $\mathscr{E}'$ que décrit le point N est l'image de $\mathscr{E}$ par le quart de tour négatif r. Il s'agit d'un **cercle (C') de même rayon que (C), privé du point A.**

3

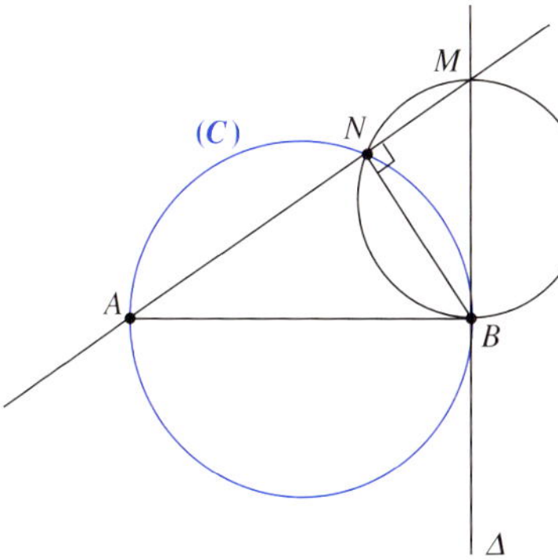

Puisque $[BM]$ est un diamètre du cercle Γ, alors l'angle $\widehat{BNM}$ est droit. Donc, l'angle $\widehat{ANB}$ est droit. (Ce qu'on peut traduire par $(\overrightarrow{NA}, \overrightarrow{NB}) = \frac{\pi}{2}$ (π).) Donc N appartient au cercle (C) de diamètre $[AB]$.

Notons que N est toujours distinct de A, car aucun cercle de diamètre $[MB]$ ne contient A, et N est toujours distinct de B.

Réciproquement, soit N un point quelconque de $(C)\backslash\{A\,;\,B\}$.
(AN) et Δ sont sécantes en M. Le triangle ANB est rectangle en N, donc l'angle $\widehat{BNM}$ est droit. En conséquence, N appartient au cercle Γ de diamètre $[BM]$. N est bien associé à un certain point M de $\Delta\backslash\{B\}$ par la construction formulée dans l'énoncé.

Le point N décrit donc $(C)\backslash\{A\,;\,B\}$.

4 **1° $\mathcal{L}_1$ est la médiatrice du segment $[AB]$.**

2° $f(M) = k$ équivaut, pour k positif et $k \neq 1$, à :

$$MA^2 - k^2MB^2 = 0.$$

Comme $k \neq 1$ et $k > 0$, alors $1 + (-k^2) \neq 0$. On peut donc définir le barycentre G des points pondérés $(A, 1)$ et $(B, -k^2)$.
$MA^2 - k^2MB^2 = 0$ s'écrit alors :

$$(1 - k^2)\,MG^2 + GA^2 - k^2GB^2 = 0.$$

Or $\overrightarrow{AG} = \dfrac{-k^2}{1-k^2}\overrightarrow{AB}$ et $\overrightarrow{BG} = \dfrac{1}{1-k^2}\overrightarrow{BA}$, donc :

$$AG^2 = \frac{k^4}{(1-k^2)^2}AB^2 \quad \text{et} \quad BG^2 = \frac{1}{(1-k^2)^2}BA^2,$$

d'où :

$$GA^2 - k^2GB^2 = \frac{k^4 - k^2}{(1-k^2)^2}AB^2 = \frac{k^2(k^2-1)}{(1-k^2)^2}AB^2 = \frac{-k^2}{(1-k^2)}AB^2.$$

$MA^2 - k^2MB^2 = 0$ s'écrit donc :

$$(1-k^2)\,MG^2 - \frac{k^2}{1-k^2}AB^2 = 0,$$

soit :

$$MG^2 = \frac{k^2}{(1-k^2)^2}AB^2.$$

Par conséquent, **$M \in \mathcal{L}_k$ si, et seulement si, $MG = \dfrac{k}{|1-k^2|}AB$.**

Pour $k > 0$ et $k \neq 1$, **$\mathcal{L}_k$ est le cercle de centre G et de rayon $R = \dfrac{k}{|1-k^2|}AB$.**

3° Soit I le milieu de $[AB]$. Si M est un point quelconque du plan, on désigne par M' son symétrique par rapport à I.

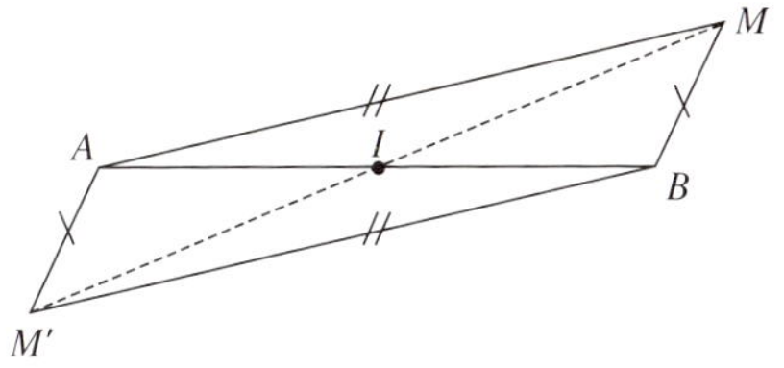

Si $M \neq A$ et $M \neq B$, alors :
$$\frac{MA}{MB} = \frac{M'B}{M'A}.$$

Soit $M \in \mathcal{L}_k$ $(k \neq 1)$. Alors, par définition, $\dfrac{MA}{MB} = k$.

Donc $\dfrac{M'A}{M'B} = \dfrac{MB}{MA} = \dfrac{1}{k}$.

Par conséquent $\quad M' \in \mathcal{L}_{\frac{1}{k}}$.

L'image du cercle $\mathcal{L}_k$ par la symétrie de centre I est **un cercle, inclus dans le cercle $\mathcal{L}_{\frac{1}{k}}$.** Donc, l'image de $\mathcal{L}_k$ est $\mathcal{L}_{\frac{1}{k}}$; ce qui signifie que **$\mathcal{L}_k$ et $\mathcal{L}_{\frac{1}{k}}$ sont symétriques par rapport à I.**

4° Pour $k = 2$, $\overrightarrow{AG_1} = \dfrac{4}{3}\overrightarrow{AB}$ et $R_1 = \dfrac{2}{3} \times AB$.

Pour $k = \sqrt{2}$, $\overrightarrow{AG_2} = 2\overrightarrow{AB}$ et $R_2 = \sqrt{2} \times AB$.

On trace $\mathcal{L}_{\frac{1}{2}}$ et $\mathcal{L}_{\frac{1}{\sqrt{2}}}$ comme symétriques de $\mathcal{L}_2$ et $\mathcal{L}_{\sqrt{2}}$ par rapport à I.

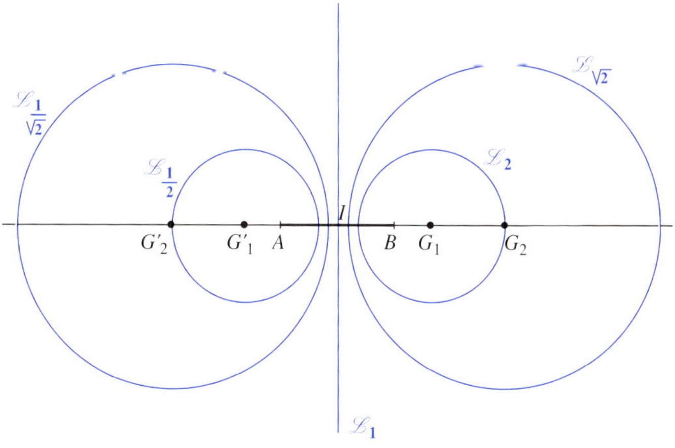

15
COURBES PLANES *

OBJECTIFS

- *Construire une courbe paramétrée*
- *Reconnaître et construire une conique*

À RETENIR !

COURBES PARAMÉTRÉES PLANES

Le plan est muni d'un repère orthonormal $(O, \vec{i}, \vec{j})$.

> Soient deux fonctions numériques f et g définies sur un même intervalle I. L'ensemble des points M, dont les coordonnées (x, y) vérifient :
>
> $$\begin{cases} x = f(t) \\ y = g(t) \end{cases} \quad t \in \mathbb{R}$$
>
> est une **courbe paramétrée plane,** de paramètre t.

(*) *Ce chapitre n'est étudié qu'en enseignement de spécialité.*

Remarques :

- On désigne souvent par $x(t)$ et $y(t)$ les coordonnées et par $M(t)$ le point de paramètre t.
- Pour tout $t \in I$, on a $\overrightarrow{OM}(t) = x(t)\,\vec{i} + y(t)\,\vec{j}$.

> Si f et g sont dérivables sur I, le vecteur :
> $$\vec{v}(t) = f'(t)\,\vec{i} + g'(t)\,\vec{j}$$
> s'appelle le vecteur dérivé au point $M(t)$.

Le vecteur dérivé se note aussi $\dfrac{\mathrm{d}\overrightarrow{OM}}{\mathrm{d}t}(t)$.

> Soit t_0 un élément de I. Si f et g sont dérivables en t_0, et si le vecteur dérivé $\dfrac{\mathrm{d}\overrightarrow{OM}}{\mathrm{d}t}(t_0)$ n'est pas nul, c'est-à-dire si le couple $\big(f'(t_0)\,;\,g'(t_0)\big) \neq (0\,;\,0)$, alors la droite passant par $M(t_0)$ et dirigée par $\dfrac{\mathrm{d}\overrightarrow{OM}}{\mathrm{d}t}(t_0)$ est tangente à la courbe au point $M(t_0)$.

CONIQUES

• Définitions

> Soient $\mathcal{D}$ une droite fixe, F un point fixe ($F \notin \mathcal{D}$) et e un réel strictement positif.
>
> L'ensemble des points M du plan vérifiant $\dfrac{MF}{MH} = e$, où H est le projeté orthogonal de M sur $\mathcal{D}$, est appelé **conique de foyer F, de directrice $\mathcal{D}$ et d'excentricité e.**

Cette conique est appelée :

- parabole si $e = 1$;
- ellipse si $0 < e < 1$;
- hyperbole si $e > 1$.

La droite Δ, orthogonale à $\mathcal{D}$ et passant par le foyer F s'appelle **axe focal** de la conique. L'axe focal est un axe de symétrie de la conique.
Une conique $\mathcal{C}$ coupe son axe focal :

- en un unique point S si $\mathcal{C}$ est une parabole ;
- en deux points distincts A et A' si $\mathcal{C}$ est une ellipse ou une hyperbole.

Les points S ou A et A' s'appellent sommets de la conique $\mathcal{C}$.

• Équations réduites

Parabole :

Soit $\mathcal{P}$ la parabole de foyer F et de directrice $\mathcal{D}$.
Si K est le point d'intersection de $\mathcal{D}$ avec l'axe focal, la distance $p = FK$ est appelée **paramètre** de la parabole.

> Dans le repère $(S, \vec{i}, \vec{j})$, où S est le milieu de $[FK]$ et $\vec{i}$ le vecteur unitaire de même direction et de même sens que $\overrightarrow{SF}$, la parabole $\mathcal{P}$ a pour équation réduite :
> $$y^2 = 2px.$$

S est le sommet de la parabole.

Dans $(S, \vec{i}, \vec{j})$, le point F a pour coordonnées $\left(\frac{p}{2}; 0\right)$; la directrice $\mathcal{D}$ a pour équation $x = \frac{-p}{2}$.

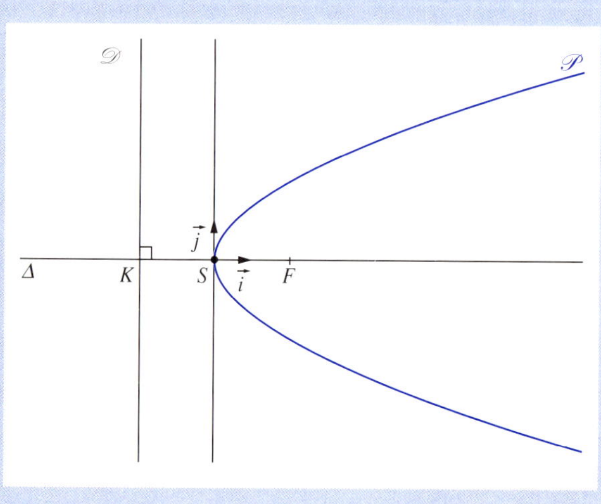

Ellipse :

Soit $\mathcal{E}$ l'ellipse de foyer F, de directrice $\mathcal{D}$ et d'excentricité e.

Si A et A' sont les sommets de $\mathcal{E}$ et O le milieu de $[AA']$, alors O est le centre de symétrie de l'ellipse $\mathcal{E}$.

$\mathcal{E}$ peut également se définir comme l'ellipse de foyer $F' = s_O(F)$, de directrice $\mathcal{D}' = s_O(\mathcal{D})$ et d'excentricité e.

On note $OA = OA' = a$ et $OF = OF' = c$, avec $e = \dfrac{c}{a}$.

Dans le repère $(O, \vec{i}, \vec{j})$ où $\vec{i}$ est le vecteur unitaire de même direction et de même sens que $\overrightarrow{OA}$, l'ellipse $\mathcal{E}$ a pour équation réduite :

$$\frac{x^2}{a^2} + \frac{y^2}{b^2} = 1 \quad (b^2 = a^2 - c^2 \ (b < a)).$$

Dans $(O, \vec{i}, \vec{j})$, les foyers F et F' ont respectivement pour coordonnées $(c\,;\,0)$ et $(-c\,;\,0)$; les directrices $\mathcal{D}$ et $\mathcal{D}'$ ont pour équations $x = \dfrac{a^2}{c}$ et $x = -\dfrac{a^2}{c}$.

Les points d'intersection B et B' de $\mathcal{E}$ avec l'axe des ordonnées ont respectivement pour coordonnées $(0\,;\,b)$ et $(0\,;\,-b)$.

$[AA']$ est appelé **grand axe** de l'ellipse. Sa longueur est $2a$.

$[BB']$ est appelé **petit axe** de l'ellipse. Sa longueur est $2b$.

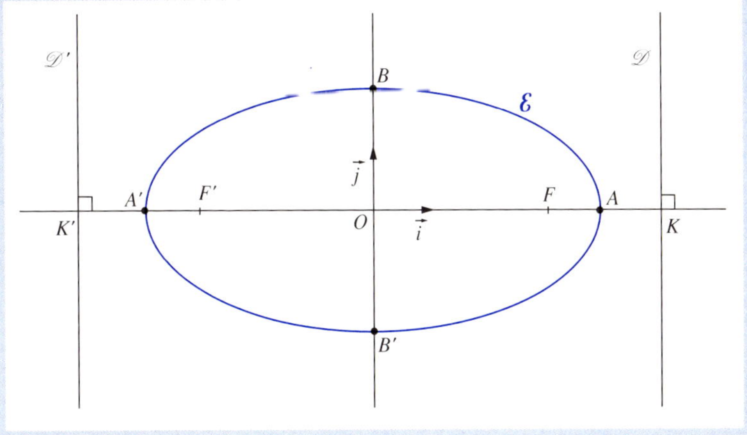

Hyperbole :

Soit $\mathcal{H}$ l'hyperbole de foyer F, de directrice $\mathcal{D}$ et d'excentricté e.
Si A et A' sont les sommets de $\mathcal{H}$, et O le milieu de $[AA']$, alors O est le centre de symétrie de $\mathcal{H}$.
$\mathcal{H}$ peut donc également se définir comme l'hyperbole de foyer $F' = s_O(F)$, de directrice $\mathcal{D}' = s_O(\mathcal{D})$ et d'excentricité e.

On note $OA = OA' = a$ et $OF = OF' = c$, avec $e = \frac{c}{a}$.

> Dans le repère $(O, \vec{i}, \vec{j})$, où $\vec{i}$ est le vecteur unitaire de même direction et de même sens que $\overrightarrow{OA}$, l'hyperbole $\mathcal{H}$ a pour équation réduite :
> $$\frac{x^2}{a^2} - \frac{y^2}{b^2} = 1 \quad (b^2 = c^2 - a^2).$$

Dans $(O, \vec{i}, \vec{j})$, les foyers F et F' ont respectivement pour coordonnées $(c\,;0)$ et $(-c\,;0)$; les directrices $\mathcal{D}$ et $\mathcal{D}'$ ont pour équations $x = \frac{a^2}{c}$ et $x = -\frac{a^2}{c}$.

$\mathcal{H}$ admet deux asymptotes d'équations respectives $y = \frac{b}{a}x$ et $y = \frac{-b}{a}x$.

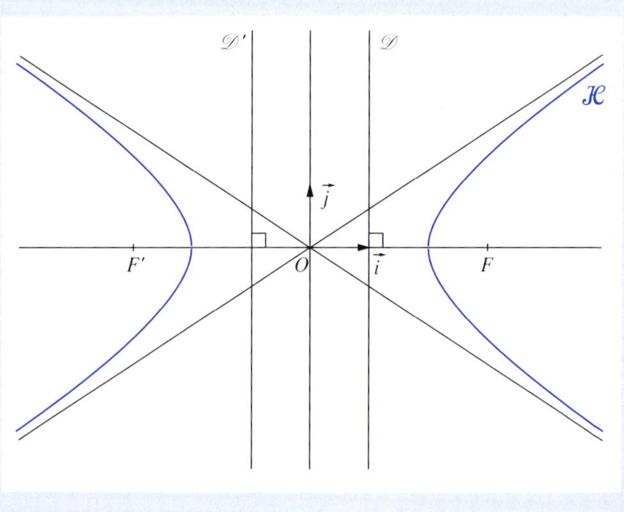

• Problèmes réciproques

Dans un repère orthonormal $(O, \vec{i}, \vec{j})$, l'ensemble des points M dont les coordonnées vérifient :

$$y^2 = 2px$$

est la parabole de foyer $F\left(\frac{p}{2}\,;\,0\right)$, de directrice $\mathcal{D}$ d'équation $x = \frac{-p}{2}$ et de paramètre $|p|$.

Dans un repère orthonormal $(O, \vec{i}, \vec{j})$, l'ensemble des points M dont les coordonnées vérifient :

$$\frac{x^2}{a^2} + \frac{y^2}{b^2} = 1, \quad \text{avec } a > 0,\ b > 0 \text{ et } a \neq b,$$

est :

- une ellipse d'axe focal (Ox) si $a > b$;
- une ellipse d'axe focal (Oy) si $a < b$.

Dans un repère orthonormal $(O, \vec{i}, \vec{j})$, l'ensemble des points M dont les coordonnées vérifient $\frac{x^2}{a^2} - \frac{y^2}{b^2} = 1$ est une hyperbole d'axe focal (Ox).

Dans un repère orthonormal $(O, \vec{i}, \vec{j})$, l'ensemble des points M dont les coordonnées vérifient $\frac{x^2}{a^2} - \frac{y^2}{b^2} = -1$ est une hyperbole d'axe focal (Oy).

CONSTRUIRE UNE COURBE PARAMÉTRÉE

Exemple

Étudier, et représenter dans le plan rapporté à un repère orthonormal $(O, \vec{i}, \vec{j})$ la courbe $\mathcal{C}$ définie paramétriquement par :

$$\begin{cases} x(t) = 2\cos t \\ y(t) = \sin 2t. \end{cases}$$

On pourra comparer les points $M(-t)$ et $M(t)$; puis $M(\pi - t)$ et $M(t)$, et en déduire qu'il suffit d'étudier les variations de x et de y sur $\left[0\,;\frac{\pi}{2}\right]$.

On peut remarquer que x et y admettent 2π pour période, ce qui permet de limiter l'étude à un intervalle de longueur 2π ; par exemple $[-\pi\,;\pi]$.
De plus :

$$\begin{cases} x(-t) = 2\cos(-t) = 2\cos t = x(t) \\ y(t) = \sin(-2t) = -\sin(2t) = -y(t). \end{cases}$$

Ainsi, les points $M(-t)$ et $M(t)$ sont symétriques par rapport à l'axe (Ox). Pour obtenir toute la courbe, il suffit d'étudier x et y sur $[0\,;\pi]$, puis de compléter l'arc obtenu par son symétrique par rapport à (Ox).
Par ailleurs :

$$\begin{cases} x(\pi - t) = 2\cos(\pi - t) = -2\cos t = -x(t) \\ y(\pi - t) = \sin\big(2(\pi - t)\big) = \sin(-2t) = -\sin 2t = -y(t). \end{cases}$$

Les points $M(\pi - t)$ et $M(t)$ sont donc symétriques par rapport à O, origine du repère. De plus, lorsque t décrit l'intervalle $\left[0\,;\frac{\pi}{2}\right]$, $\pi - t$ décrit l'intervalle $\left[\frac{\pi}{2}\,;\pi\right]$.

Pour obtenir la partie de la courbe correspondant à $t \in [0\,;\pi]$, il suffit d'étudier x et y sur $\left[0\,;\frac{\pi}{2}\right]$, puis de compléter l'arc obtenu par son symétrique par rapport à O.

Cette étude préalable montre qu'il suffit d'étudier x et y sur $\left[0\,;\frac{\pi}{2}\right]$ pour obtenir toute la courbe.

Les fonctions x et y sont dérivables sur $\left[0\,;\frac{\pi}{2}\right]$ et :

$$x'(t) = -\,2\sin t \quad \text{et} \quad y'(t) = 2\cos 2t.$$

L'étude du signe de $x'(t)$ et $y'(t)$ permet d'affirmer que x est strictement décroissant sur $\left[0\,;\frac{\pi}{2}\right]$, et que y est strictement croissant sur $\left[0\,;\frac{\pi}{4}\right]$ et strictement décroissant sur $\left[\frac{\pi}{4}\,;\frac{\pi}{2}\right]$.

Dressons un tableau résumant les variations de x et de y :

t	0		$\frac{\pi}{4}$		$\frac{\pi}{2}$
$x'(t)$	0	$-$	$-\sqrt{2}$	$-$	-2
x	2	↘	$\sqrt{2}$	↘	0
y	0	↗	1	↘	0
$y'(t)$	2	$+$	0	$-$	-2

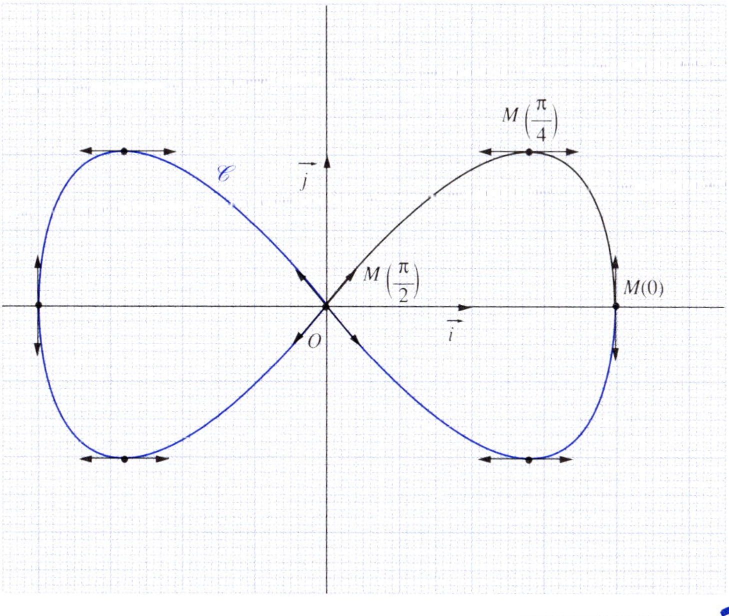

Au point $M(0)$ de coordonnées $(2\,;\,0)$, on a $\frac{\mathrm{d}\overrightarrow{OM}}{\mathrm{d}t}(0) = 2\vec{j}$. La courbe $\mathcal{C}$ admet une tangente parallèle à l'axe (Oy).

Au point $M\left(\frac{\pi}{4}\right)$ de coordonnées $(\sqrt{2}\,;\,1)$, on a $\frac{\mathrm{d}\overrightarrow{OM}}{\mathrm{d}t}\left(\frac{\pi}{4}\right) = -\sqrt{2}\vec{i}$. La courbe $\mathcal{C}$ admet en ce point une tangente parallèle à l'axe (Ox).

Au point $M\left(\frac{\pi}{2}\right)$ de coordonnées $(0\,;\,0)$, on a $\frac{\mathrm{d}\overrightarrow{OM}}{\mathrm{d}t}\left(\frac{\pi}{2}\right) = -2\vec{i} - 2\vec{j}$. La courbe $\mathcal{C}$ admet en ce point une tangente d'équation $y = x$.

EN BREF !

Après avoir déterminé l'ensemble de définition des fonctions x et y, on recherchera leurs éventuelles propriétés de périodicité ou de parité, et l'existence possible de symétries particulières. Cette recherche est importante car elle permet de réduire au maximum l'intervalle d'étude afin de simplifier la construction de la courbe. Bien souvent, les indications nécessaires seront fournies dans l'énoncé.
Pour l'étude des variations de x et de y, on cherchera le signe de leurs dérivées et on regroupera les résultats dans un seul et même tableau.
Enfin, après avoir placé les points particuliers et leur tangente (données par le vecteur dérivé $\frac{\mathrm{d}\overrightarrow{OM}}{\mathrm{d}t}(t)$), on construira la courbe en suivant les variations de x et de y.

APPLICATION

1 Construire la courbe paramétrée $\mathcal{C}$ définie par les relations suivantes :

$$\begin{cases} x(t) = 2\sin t \\ y(t) = \dfrac{2\sin t}{2+\cos t}. \end{cases}$$

(On pourra comparer $M(-t)$ à $M(t)$ puis faire l'étude sur $[0\,;\,\pi]$.)

RECONNAÎTRE ET CONSTRUIRE UNE CONIQUE

Exemple 1

On considère la droite $\mathcal{D}$, d'équation $x = -3$ dans un repère orthonormal $(O, \vec{i}, \vec{j})$. Soit $\mathcal{C}$ la conique de foyer O, de directrice $\mathcal{D}$ et d'excentricité $\frac{1}{2}$.

Déterminer une équation réduite de $\mathcal{C}$, puis construire $\mathcal{C}$ en précisant ses éléments géométriques.

$\mathcal{C}$ est une ellipse, car son excentricité e est inférieure à 1.
Son axe focal est l'axe (Ox).
Appelons I le centre de la conique, A le sommet « associé » au foyer O et à $\mathcal{D}$, et K le point d'intersection de $\mathcal{D}$ avec (Ox).

On a $IA = a$, $IO = c$ et $IK = \frac{a^2}{c}$.

Comme K, O et I sont alignés dans cet ordre, on a $IK = IO + OK$, soit $\frac{a^2}{c} = c + 3$ (car $OK = 3$).

Comme $e = \frac{1}{2}$, on a $\frac{c}{a} = \frac{1}{2}$, soit $a = 2c$.

Ainsi $\frac{4c^2}{c} = c + 3$, soit $4c = c + 3$, d'où $\boldsymbol{c = 1}$ et donc $\boldsymbol{a = 2}$.

I a donc pour coordonnées $(1 ; 0)$.
De plus $b = \sqrt{a^2 - c^2} = \sqrt{3}$.

Dans le repère $(I, \vec{i}, \vec{j})$, l'ellipse $\mathcal{C}$ a pour équation $\frac{X^2}{4} + \frac{Y^2}{3} = 1$.

Dans le repère $(O, \vec{i}, \vec{j})$, $\mathcal{C}$ a pour équation $\frac{(x-1)^2}{4} + \frac{y^2}{3} = 1$.

Les sommets sont $A(-1 ; 0)$ et $A'(3 ; 0)$, $B(1 ; \sqrt{3})$ et $B'(1 ; -\sqrt{3})$; les foyers de $\mathcal{C}$ sont O et $F'(2 ; 0)$; ses directrices les droites $\mathcal{D} : x = -3$ et $\mathcal{D}' : x = 5$.

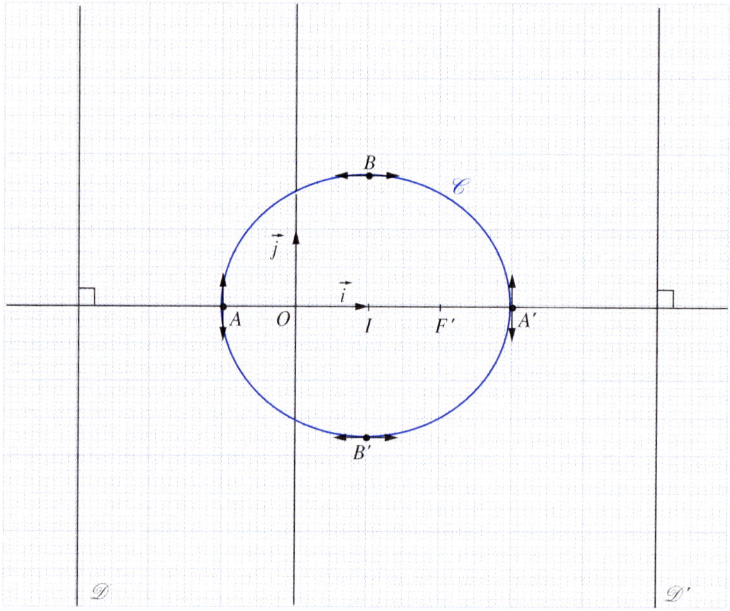

Exemple 2

Déterminer et représenter la conique $\mathscr{H}$ d'équation :

$$-4x^2 + y^2 - 16x - 20 = 0.$$

L'équation s'écrit :

$$x^2 + 4x + 5 - \frac{y^2}{4} = 0,$$

soit :

$$(x+2)^2 + 1 - \frac{y^2}{4} = 0,$$

ou encore :

$$(x+2)^2 - \frac{y^2}{4} = -1.$$

D'après le cours, $\mathscr{H}$ **est une hyperbole** de centre $I(-2\,;0)$, de sommets $A(-2\,;2)$ et $A'(-2\,;-2)$ (car $b = 2$) et d'asymptotes les droites d'équations $y = 2(x+2)$ et $y = -2(x+2)$.

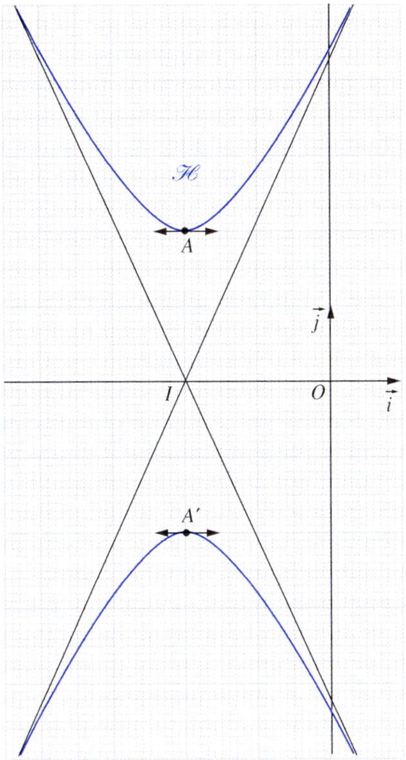

EN BREF !

Les exercices sur les coniques sont souvent des exercices d'application directe du cours. Il est indispensable de connaître parfaitement toutes les formules, et en particulier de savoir déterminer la nature de la conique.
Attention, les formules ne sont valables que dans un **repère adapté** à la courbe étudiée, ce qui oblige souvent à effectuer un changement de repère.

APPLICATIONS

2 Le plan étant rapporté à un repère orthonormal $(O, \vec{i}, \vec{j})$, on considère la parabole $\mathscr{P}$ de foyer O et de directrice la droite $\mathscr{D}$, d'équation $x = 1$.
Écrire une équation de $\mathscr{P}$ et construire $\mathscr{P}$.

(D'après bac C, 1991.)

3 Soit la conique $\mathcal{C}$ d'équation $3(x+1)^2 + 4y^2 = 12$, dans un repère orthonormal $(O, \vec{i}, \vec{j})$.

1° Quelle est la nature de cette conique ?

2° Construire $\mathcal{C}$.

3° Déterminer les foyers, les directrices et l'excentricité de $\mathcal{C}$.

FAIRE LE POINT . . . . .

4 Le plan est rapporté à un repère orthonormal $(O, \vec{i}, \vec{j})$.
Soit $\mathcal{C}$ la courbe dont une représentation paramétrique est :

$$\begin{cases} x(t) = 2e^t + e^{-t} \\ y(t) = 2e^t - e^{-t}, \quad \text{où } t \text{ décrit } \mathbb{R}. \end{cases}$$

1° Soit $M(a\,;\,b)$ un point de $\mathcal{C}$.
a) Donner, en fonction de a et b, les coordonnées d'un vecteur directeur $\vec{u}$ de la tangente en M à $\mathcal{C}$.
b) Soit N le point de coordonnées $(b\,;\,a)$ et T le point défini par $\overrightarrow{OT} = \overrightarrow{OM} + \overrightarrow{ON}$.
Montrer que (MT) est la tangente à la courbe $\mathcal{C}$ en M.

2° *a*) Montrer que la courbe $\mathcal{C}$ est contenue dans l'hyperbole $\mathcal{H}$ d'équation $x^2 - y^2 = 8$.
b) Tracer l'hyperbole $\mathcal{H}$ et préciser les éléments caractéristiques suivants : centre, sommets, foyers et asymptotes.

(D'après bac C, 1991.)

CORRIGÉS

1 Les fonctions x et y admettent 2π pour période, de plus :

$$\begin{cases} x(-t) = 2\sin(-t) = -2\sin t = -x(t) \\ y(-t) = \dfrac{2\sin(-t)}{2+\cos(-t)} = \dfrac{-2\sin t}{2+\cos t} = -y(t). \end{cases}$$

$M(-t)$ et $M(t)$ sont symétriques par rapport à O, il suffit donc d'étudier x et y sur $[0\,;\,\pi]$.

x et y sont dérivables sur $[0\,;\,\pi]$ et :

$$\begin{cases} x'(t) = 2\cos t \\ y'(t) = \dfrac{4\cos t + 2}{(2+\cos t)^2}. \end{cases}$$

On trouve, alors le tableau de variations suivant :

t	0		$\frac{\pi}{2}$		$\frac{2\pi}{3}$		π
$x'(t)$	2	$+$	0	$-$	-1	$-$	-2
x	0	$\nearrow$	2	$\searrow$	$\sqrt{3}$	$\searrow$	0
y	0	$\nearrow$	1	$\nearrow$	$\frac{2\sqrt{3}}{3}$	$\searrow$	0
$y'(t)$	$\frac{2}{3}$	$+$	$\frac{1}{2}$	$+$	0	$-$	-2

On peut alors construire la courbe $\mathcal{C}$:

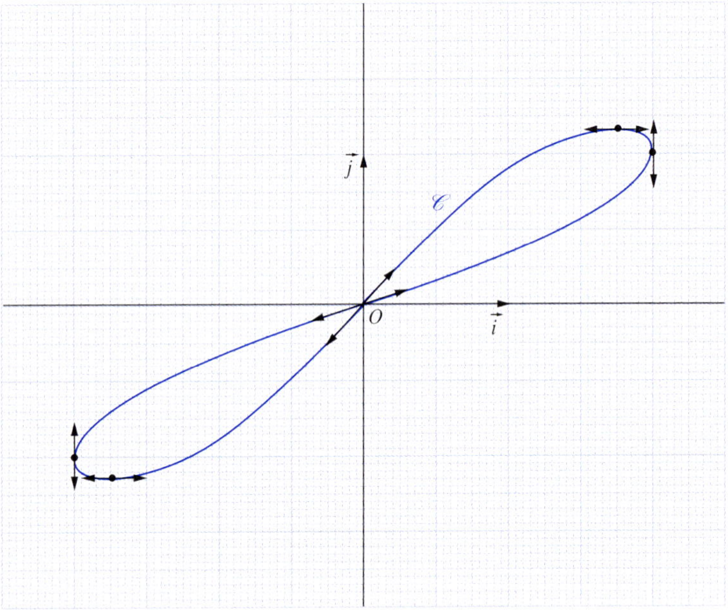

2 Soit $K(1\ ;\ 0)$ le point d'intersection de $\mathscr{D}$ et de l'axe (Ox). Le sommet S de la parabole est le milieu de $[OK]$, donc $S\left(\frac{1}{2}\ ;\ 0\right)$.

Le paramètre p de $\mathscr{P}$ vaut 1 et, dans ce cas, $\mathscr{P}$ a pour équation $Y^2 = -2X$ dans le repère $(S, \vec{i}, \vec{j})$.

Dans $(O, \vec{i}, \vec{j})$, $\mathscr{P}$ a pour équation $y^2 = -2\left(x - \frac{1}{2}\right)$, soit $\boldsymbol{y^2 + 2x - 1 = 0}$.

Construction de $\mathscr{P}$:

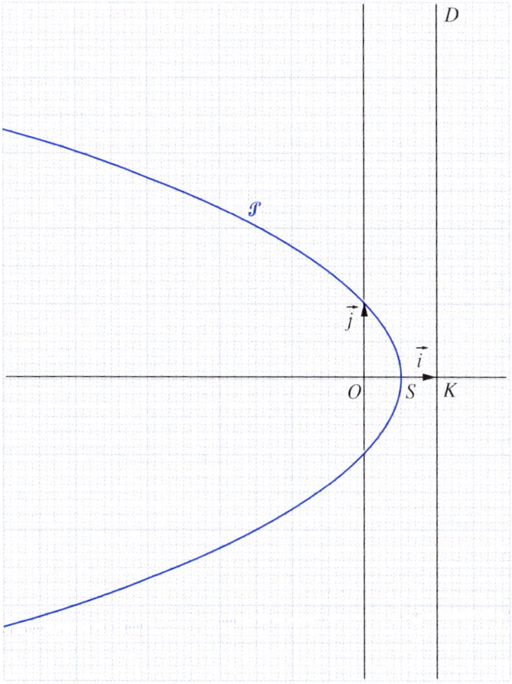

3 1° Dans $(O, \vec{i}, \vec{j})$ la conique $\mathscr{C}$ a pour équation :

$$3(x+1)^2 + 4y^2 = 12,$$

soit :
$$\frac{(x+1)^2}{4} + \frac{y^2}{3} = 1.$$

$\mathscr{C}$ est une ellipse de centre $I(-1\,;\,0)$.

2° Construction de $\mathcal{C}$:

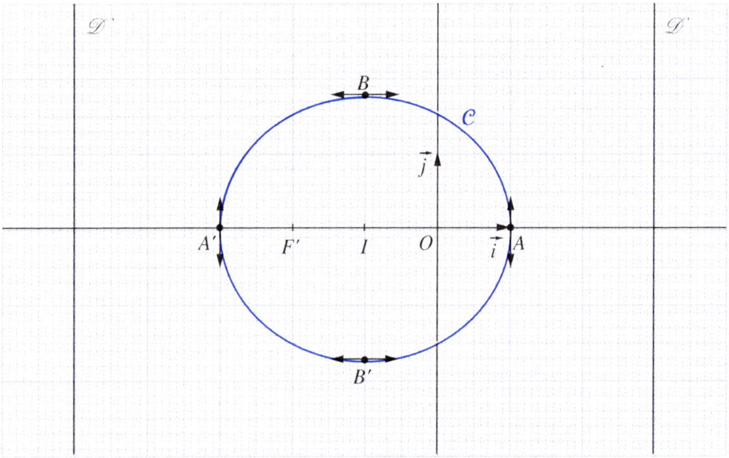

3° Les sommets de $\mathcal{C}$ sont les points $A(1\,;\,0)$, $A'(-3\,;\,0)$, $B\left(-1\,;\,\sqrt{3}\right)$ et $B'\left(-1\,;\,-\sqrt{3}\right)$.

Les foyers sont $F'(-2\,;\,0)$ et $O(0\,;\,0)$. Et les directrices de $\mathcal{C}$ sont les droites $\mathcal{D} : x = 3$ et $\mathcal{D}' : x = -5$.

L'excentricité de $\mathcal{C}$ vaut $\mathrm{e} = \dfrac{c}{a}$, avec $c = \sqrt{a^2 - b^2} = 1$, soit $\mathrm{e} = \dfrac{1}{2}$.

4 **1°** *a*) Un vecteur directeur $\vec{u}$ de la tangente en M à $\mathcal{C}$ a pour coordonnées $\left(x'(t)\,;\,y'(t)\right)$, avec :

$$\begin{cases} x'(t) = 2\mathrm{e}^t - \mathrm{e}^{-t} \\ y'(t) = 2\mathrm{e}^t + \mathrm{e}^{-t} \end{cases} \quad \left(\vec{u} \text{ n'est jamais nul car } y'(t) \neq 0\right).$$

On remarque que $x'(t) = y(t)$ et $y'(t) = x(t)$.

Donc si $M(a\,;\,b)$, alors $\boldsymbol{\vec{u}(b\,;\,a)}$.

b) $\overrightarrow{OT} = \overrightarrow{OM} + \overrightarrow{ON}$, donc $OMTN$ est un parallélogramme et $\overrightarrow{MT} = \overrightarrow{ON}$, d'où $\overrightarrow{MT} = \vec{u}$.
Donc **(MT) est la tangente à $\mathcal{C}$ en M.**

2° *a*) $$\begin{aligned}(x(t))^2 - (y(t))^2 &= (2e^t + e^{-t})^2 - (2e^t - e^{-t})^2,\\ &= 4e^{2t} + 4 + e^{-2t} - (4e^{2t} - 4 + e^{-2t}),\\ &= 8.\end{aligned}$$
$\mathcal{C}$ est donc contenue dans $\mathcal{H}$ d'équation $x^2 - y^2 = 8$.

b) L'équation de $\mathcal{H}$ s'écrit aussi $\dfrac{x^2}{(2\sqrt{2})^2} - \dfrac{y^2}{(2\sqrt{2})^2} = 1$.

$\mathcal{H}$ a donc pour sommets $A(2\sqrt{2}\,;\,0)$ et $A'(-2\sqrt{2}\,;\,0)$, pour foyers $F(4\,;\,0)$ et $F'(-4\,;\,0)$, et pour asymptotes les droites d'équations $y = x$ et $y = -x$.

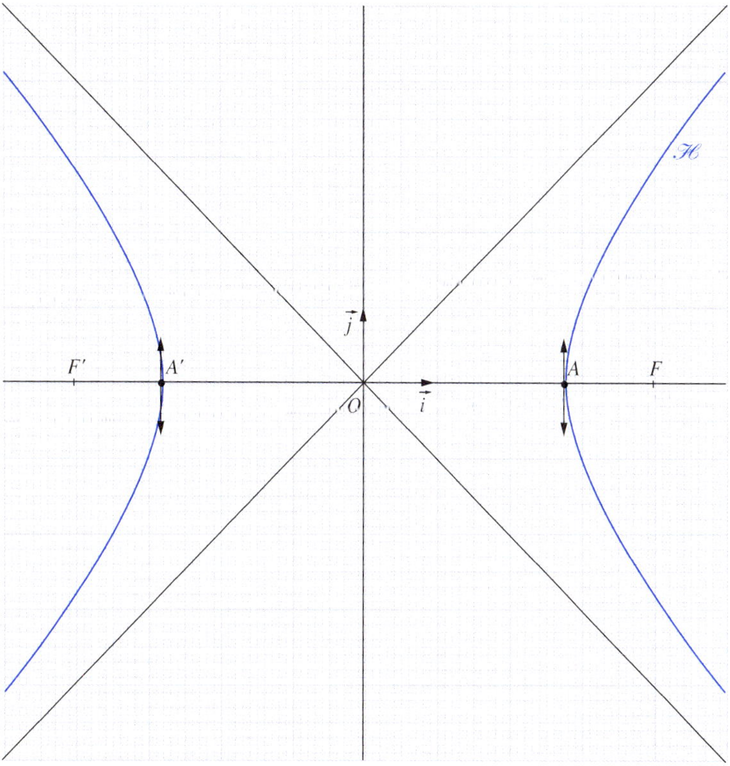

16

TRANSFORMATIONS DU PLAN *

OBJECTIFS

- *Utiliser la composée de deux réflexions*
- *Étudier les isométries laissant invariant un ensemble de points*
- *Utiliser la forme complexe d'une similitude*

À RETENIR !

- Lorsqu'il n'y a pas de confusion possible, on notera M' l'image d'un point M par la transformation considérée.

- Le plan est muni d'une distance et orienté.

(*) *Ce chapitre n'est étudié qu'en enseignement de spécialité.*

ISOMÉTRIES

• Définition

On appelle **isométrie** du plan toute transformation du plan conservant la distance.

Par conservation de la distance, on entend : « pour tous points M et N du plan, $M'N' = MN$ ».

• Propriétés

• Si f et g sont des isométries du plan, la composée $g \circ f$ est une isométrie du plan.
• Si f est une isométrie du plan, la transformation réciproque, notée f^{-1}, est une isométrie du plan.

Remarque : Les translations, les rotations, les réflexions et leurs composées sont des isométries du plan.

Propriétés :

• Toute isométrie du plan transforme :
— une droite en une droite ;
— un cercle en un cercle ;
— une conique en une conique de même nature.

• Toute isométrie conserve :

— **le produit scalaire** (c'est-à-dire, pour tous points A, B, C, D du plan : $\overrightarrow{A'B'} \cdot \overrightarrow{C'D'} = \overrightarrow{AB} \cdot \overrightarrow{CD}$) ;

— **l'orthogonalité** (si D_1 et D_2 sont des droites orthogonales, leurs images D_1' et D_2' sont des droites orthogonales) ;

— le **parallélisme** (si D_1 et D_2 sont des droites parallèles, leurs images D_1' et D_2' sont des droites parallèles) ;

— **le contact** (si une droite D est tangente à un cercle (C), l'image D' de D est une droite tangente à l'image (C') de (C) ; de même pour la tangente à une conique, ou pour deux cercles tangents) ;

— **le barycentre** (si G est le barycentre des points pondérés (A_1, α_1), ..., (A_n, α_n), alors G' est le barycentre des points pondérés (A'_1, α_1), ..., (A'_n, α_n) ;

— **les angles géométriques** (mais pas nécessairement les angles orientés) ;

— **les aires.**

• Définition

On dit qu'un point $\boldsymbol{O}$ est un **point fixe** (ou encore, **point invariant**) par une transformation si $\boldsymbol{O' = O}$.

• Propriétés

• Si une isométrie admet un point fixe O, alors cette isométrie est :

— soit une **réflexion d'axe contenant $\boldsymbol{O}$;**

— soit une **rotation de centre $\boldsymbol{O}$.**

• **Soient** f une isométrie du plan et O un point quelconque du plan.

Il existe une unique isométrie u telle que $u(O) = O$ et une unique translation t, telles que $f = t \circ u$.

DÉPLACEMENTS

• Définition

On appelle **déplacement du plan,** toute isométrie conservant les angles orientés.

Par conservation des angles orientés, on entend : « pour tous points A, B et C tels que $A \neq B$ et $A \neq C$, $\widehat{(\overrightarrow{A'B'}, \overrightarrow{A'C'})} = \widehat{(\overrightarrow{AB}, \overrightarrow{AC})}$ ».

Remarques :

• Les translations et les rotations sont des déplacements.

• Les réflexions ne sont pas des déplacements.

• Propriétés

Si f et g sont des déplacements du plan, alors la composée $g \circ f$ est un déplacement.

• Si f est un déplacement du plan, la transformation réciproque f^{-1} est un déplacement du plan.

• Les seuls déplacements du plan sont les translations et les rotations.

• Étant donné des points A, B, A', B' tels que $AB = A'B'$ avec $A \neq B$ et $A' \neq B'$, il existe un unique déplacement f tel que $f(A) = A'$ et $f(B) = B'$.

Si $\overrightarrow{AB} = \overrightarrow{A'B'}$, alors f est une **translation.**

Si $\overrightarrow{AB} \neq \overrightarrow{A'B'}$, alors f est une **rotation d'angle $\alpha = (\overrightarrow{AB}, \overrightarrow{A'B'})$.**

• Cas d'une translation : $(\overrightarrow{AB} = \overrightarrow{A'B'})$

$t_{\vec{u}} : A \mapsto A'$

$\quad\quad B \mapsto B'$

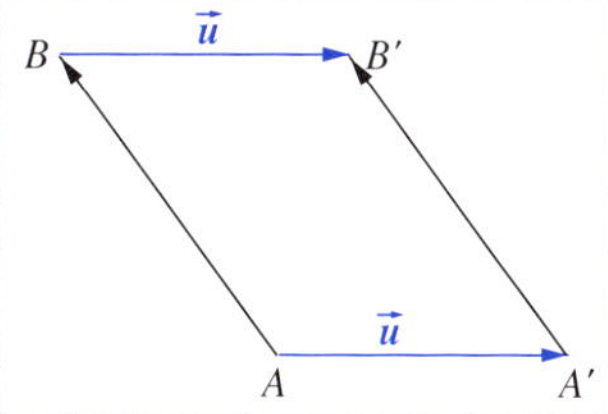

• Cas d'une rotation : $(\overrightarrow{AB} \neq \overrightarrow{A'B'})$

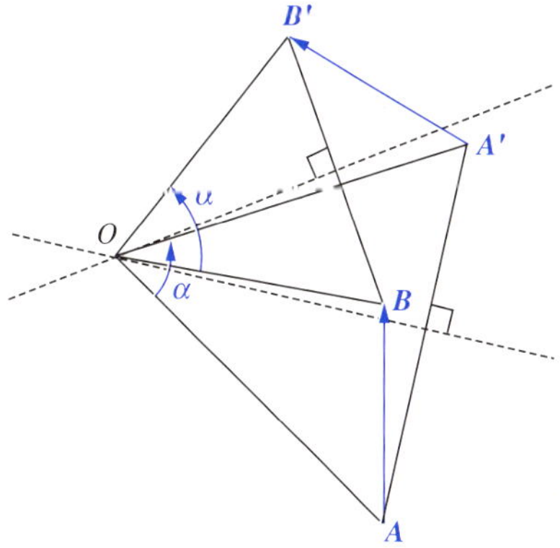

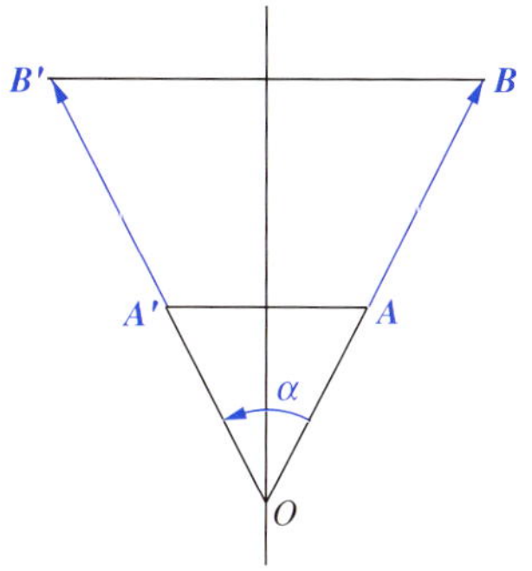

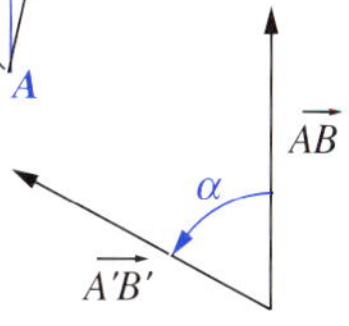

Cas où la médiatrice de [AA′] et la médiatrice de [BB′] sont sécantes.

Cas où la médiatrice de [AA′] est confondue avec la médiatrice de [BB′].

• Propriété

Soient h une homothétie de rapport k strictement positif et r une rotation de même centre O.
La transformation $f = h \circ r$:
- conserve les angles orientés ;
- multiplie les distances par k (c'est-à-dire, pour tous points A et B du plan, $A'B' = kAB$).

De plus, $f = h \circ r = r \circ h$.

Remarque : f conserve le rapport des distances, c'est-à-dire, pour tous points A, B, C, D ($C \neq D$) : $\dfrac{A'B'}{C'D'} = \dfrac{AB}{CD}$.

• Définition

On appelle **similitude directe de rapport *k*** (k réel strictement positif), toute transformation du plan qui conserve les angles orientés et multiplie les distances par k.

Remarques :
- Les translations sont des similitudes directes de rapport 1.
- Les rotations sont des similitudes directes de rapport 1.
- Une homothétie de rapport k (k réel non nul) est une similitude de rapport $|k|$.
- La composée d'une homothétie de rapport k ($k > 0$) et d'une rotation de même centre est une similitude de rapport k.

• Propriété

Soit f une similitude directe de rapport k (k réel strictement positif).
S'il existe un point Ω du plan invariant par f, alors il existe une unique rotation r de centre Ω telle que $f = h \circ r = r \circ h$, où h désigne l'homothétie de centre Ω et de rapport k.

ÉCRITURE COMPLEXE D'UNE SIMILITUDE DIRECTE

Le plan $\mathcal{P}$ est rapporté à un repère orthonormal direct $(O, \vec{u}, \vec{v})$. À tout point M du plan, on associe son affixe complexe z.

• Propriété

> Soit f une transformation du plan associant à tout point M d'affixe z, le point M' d'affixe z'.
> f est une similitude directe s'il existe des nombres complexes a et b ($a \neq 0$) tels que $z' = az + b$.
> Le nombre réel strictement positif $k = |a|$ est le **rapport** de la similitude f.

Remarques :

- Si $a = 1$, alors f est une translation.
- Si $a \neq 1$, alors il existe un unique point fixe Ω par f. Son affixe, z_0, est telle que $z_0 = az_0 + b$, soit $z_0 = \dfrac{b}{1-a}$.

f est la composée de l'homothétie h de centre Ω et de rapport $k = |a|$, et de la rotation de centre Ω et d'angle $\alpha = \arg a$.

- Si ***f* n'est pas une translation,** alors f est caractérisée par :

— son **centre Ω** $\left(\text{d'affixe } z_0 = \dfrac{b}{1-a}\right)$;

— son **rapport $k = |a|$;**

— son **angle $\alpha = \arg(a)$.**

Cas particuliers :

- Si $b = 0$, alors $\Omega = 0$.
- Si a est un réel strictement positif, $a \neq 1$, alors f est une **homothétie de rapport $k = a$.**
- Si $|a| = 1$ et $a \neq 1$, alors f est une **rotation d'angle $\alpha = \arg(a)$.**

UTILISER LA COMPOSÉE DE DEUX RÉFLEXIONS

Exemple

Soient A et B deux points du plan orienté.

- **r_1 désigne la rotation d'angle $\frac{2\pi}{3}$ et de centre A.**
- **r_2 désigne la rotation d'angle $\frac{\pi}{2}$ et de centre B.**
- **S_Δ désigne la réflexion d'axe Δ.**

1° Construire la droite Δ_1 telle que $r_1 = S_{(AB)} \circ S_{\Delta_1}$.

2° Construire la droite Δ_2 telle que $r_2 = S_{\Delta_2} \circ S_{(AB)}$.

3° En déduire que $r_2 \circ r_1$ est une rotation dont on précisera le centre et l'angle.

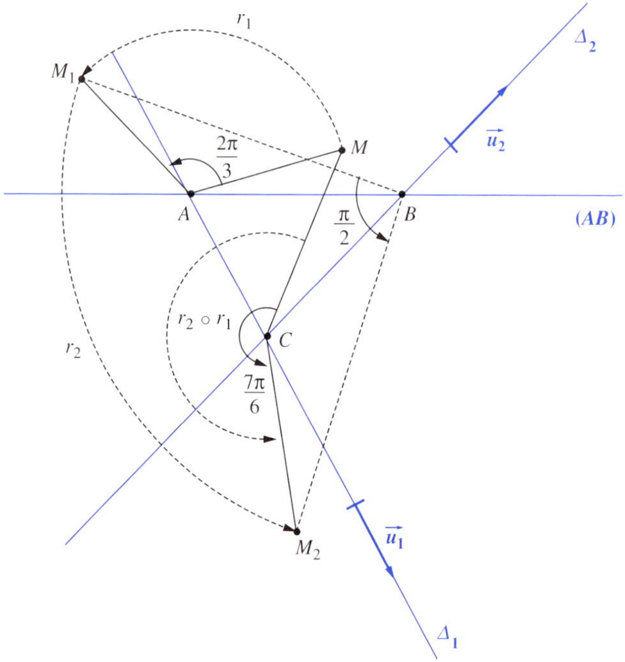

1° Soient $\vec{u}_1$ un vecteur tel que $(\vec{u}_1, \overrightarrow{AB}) = \frac{\pi}{3}$, et la droite $\Delta_1 = (A, \vec{u}_1)$.

Alors, $S_{(AB)} \circ S_{\Delta_1}$ est la **rotation de centre** A, d'angle $2(\vec{u}_1, \overrightarrow{AB}) = \mathbf{\frac{2\pi}{3}}$, soit r_1.

2° Soient $\vec{u}_2$ un vecteur tel que $(\overrightarrow{AB}, \vec{u}_2) = \frac{\pi}{4}$, et la droite $\Delta_2 = (B, \vec{u}_2)$.

Alors $S_{\Delta_2} \circ S_{(AB)}$ est la **rotation de centre** B, d'angle $2(\overrightarrow{AB}, \vec{u}_2) = \mathbf{\frac{\pi}{2}}$, soit r_2.

3° $r_2 \circ r_1 = (S_{\Delta_2} \circ S_{(AB)}) \circ (S_{(AB)} \circ S_{\Delta_1})$,

$r_2 \circ r_1 = S_{\Delta_2} \circ (S_{(AB)} \circ S_{(AB)}) \circ S_{\Delta_1}$,

$r_2 \circ r_1 = S_{\Delta_2} \circ S_{\Delta_1}$, car $S_{(AB)} \circ S_{(AB)} = \text{Id}$.

Δ_1 et Δ_2 sont sécantes en un point C.

$(\vec{u}_1, \vec{u}_2) = (\vec{u}_1, \overrightarrow{AB}) + (\overrightarrow{AB}, \vec{u}_2) = \frac{\pi}{3} + \frac{\pi}{4} = \frac{7\pi}{12}$.

$\mathbf{r_2 \circ r_1}$ est donc **la rotation de centre** C**, d'angle** $2(\vec{u}_1, \vec{u}_2) = \mathbf{\frac{7\pi}{6}}$.

EN BREF !

Il faut savoir déterminer la composée de deux réflexions, mais aussi écrire une rotation ou une translation comme composée de deux réflexions. L'un des deux axes pouvant être choisi arbitrairement, certains choix pourront être plus judicieux que d'autres pour résoudre le problème posé.

APPLICATIONS

1 Soient A et B deux points du plan orienté.

- r_1 est le quart de tour positif de centre A ;
- r_2 est le quart de tour négatif de centre B.

En écrivant r_1 et r_2 comme composées de réflexions, montrer que $r_2 \circ r_1$ est une translation dont on précisera le vecteur.

2 Soient A et B deux points du plan orienté. Soit M un point quelconque du plan.

- M_1 désigne l'image de M par le quart de tour positif r_1 de centre A.
- M_2 désigne l'image de M par le quart de tour négatif r_2 de centre B.

En considérant $r_2 \circ r_1^{-1}$, montrer que le milieu I de $[M_1M_2]$ est indépendant de M. Construire I.

ÉTUDIER LES ISOMÉTRIES LAISSANT INVARIANT UN ENSEMBLE DE POINTS

Exemple

Déterminer toutes les isométries laissant invariant l'ensemble $\mathcal{E} = \{A\ ;\ B\ ;\ C\}$ des sommets d'un triangle équilatéral. Établir la table de composition de ces isométries.

- Toute isométrie conserve le barycentre ; en particulier, l'isobarycentre des sommets d'un triangle est transformé en l'isobarycentre des sommets du triangle image.

Ici, le triangle ABC est invariant ; le centre de gravité O (isobarycentre de A, B, C) du triangle est donc invariant.

Conséquence : Une isométrie laissant invariant l'ensemble $\mathcal{E} = \{A\ ;\ B\ ;\ C\}$ est, soit une **réflexion d'axe contenant O**, soit une **rotation de centre O.**

- Soit f une isométrie laissant $\mathcal{E}$ invariant.

f peut être égale à l'**identité du plan** (Id).

Supposons $f \neq$ Id.
Si f laisse deux des points A, B ou C invariants, alors $f =$ Id, puisque O est invariant et non aligné avec deux sommets ; ceci est contraire à l'hypothèse.
Donc, f laisse invariant au plus l'un des trois points A, B ou C.
Supposons que f laisse exactement un point A, B ou C invariant.
Si $f(A) = A$, alors nécessairement f est la réflexion d'axe (OA) : $S_{(OA)}$.
En effet, $S_{(OA)}(B) = C$ et $S_{(OA)}(C) = B$, donc $\boldsymbol{f = S_{(OA)}}$.
De même, si $f(B) = B$, alors $\boldsymbol{f = S_{(OB)}}$.
Et si $f(C) = C$, alors $\boldsymbol{f = S_{(OC)}}$.
Supposons que f ne laisse aucun des trois points A, B ou C invariant. Alors :

$$\begin{array}{lcl} f(A) = B & & f(A) = C \\ f(B) = C & \text{ou bien} & f(B) = A \\ f(C) = A & & f(C) = B. \end{array}$$

f ne peut être une réflexion, car, par une réflexion, deux points s'échangeraient et le troisième serait invariant. Donc, f est une **rotation de centre O.**

L'une est la rotation de centre O d'**angle** $\frac{2\pi}{3}$ **;** l'autre, la rotation de centre O **d'angle** $-\frac{2\pi}{3}$.

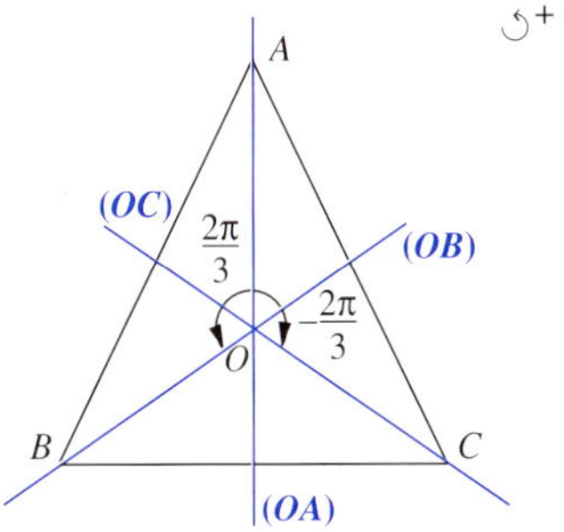

Dans ce cas de figure :

$\circ$	Id	r	r'	$S_{(OA)}$	$S_{(OB)}$	$S_{(OC)}$
Id	Id	r	r'	$S_{(OA)}$	$S_{(OB)}$	$S_{(OC)}$
r	r	r'	Id	$S_{(OB)}$	$S_{(OC)}$	$S_{(OA)}$
r'	r'	Id	r	$S_{(OC)}$	$S_{(OA)}$	$S_{(OB)}$
$S_{(OA)}$	$S_{(OA)}$	$S_{(OC)}$	$S_{(OB)}$	Id	r	r'
$S_{(OB)}$	$S_{(OB)}$	$S_{(OA)}$	$S_{(OC)}$	r'	Id	r
$S_{(OC)}$	$S_{(OC)}$	$S_{(OB)}$	$S_{(OA)}$	r	r'	Id

$r = r\left(O, \frac{2\pi}{3}\right)$ et $r' = r\left(O, -\frac{2\pi}{3}\right)$.

EN BREF !

Pour déterminer les isométries laissant invariant un ensemble de points, il faut tout d'abord chercher les points invariants ; puis étudier tous les cas possibles, en éliminant ceux qui ne peuvent convenir.

3 Déterminer toutes les isométries laissant invariant l'ensemble $\mathcal{E} = \{A\,;\, B\,;\, C\,;\, D\}$ des sommets d'un carré. Établir la table de composition de ces isométries.

4 Soient D_1 et D_2 deux droites sécantes en O et l'ensemble $\mathcal{E} = D_1 \cup D_2$. On cherche toutes les isométries laissant $\mathcal{E}$ invariant.

1° Montrer que O est invariant. (On utilisera le fait que les seules droites incluses dans $\mathcal{E}$ sont D_1 et D_2.)

2° Soit A un point de D_1, distinct de O.
Chercher les images possibles de A.

3° En déduire les isométries laissant $\mathcal{E}$ invariant :
a) lorsque D_1 et D_2 ne sont pas orthogonales ;
b) lorsque D_1 et D_2 sont orthogonales.

UTILISER LA FORME COMPLEXE D'UNE SIMILITUDE

Exemple

Soit $\mathcal{P}$ le plan complexe rapporté à un repère orthonormal direct $(O, \vec{u}, \vec{v})$. On désigne par f la similitude plane directe associant à tout point M de $\mathcal{P}$ d'affixe z, le point M' d'affixe $z' = (1 + \mathrm{i})z + 1$.

1° Déterminer le centre Ω, le rapport k et l'angle α de cette similitude.

2° Soit M un point du plan distinct de Ω.
Montrer que le triangle $\Omega MM'$ est isocèle et rectangle en M.

3° Soit (C) le cercle de centre A d'affixe $z_A = 1 + \mathrm{i}$ et contenant Ω.
Construire l'image (C') de (C) par la similitude f.

1° $z' = az + b$, avec $a = 1 + \mathrm{i}$ et $b = 1$.
$a \neq 1$, donc f n'est pas une translation.
• Le centre Ω de f est le point d'affixe z_0 tel que $(1 + \mathrm{i})\,z_0 + 1 = z_0$.
On en déduit :

$$\mathrm{i}z_0 = -1,$$
$$z_0 = -\frac{1}{\mathrm{i}},$$
$$\mathbf{z_0 = i}.$$

- Le rapport k de la similitude f est :

$k = |1 + \mathrm{i}| = \sqrt{1^2 + 1^2} = \sqrt{\mathbf{2}}.$

- L'angle de la similitude f est $\alpha = \arg(1 + \mathrm{i})$.

Or $1 + \mathrm{i} = \sqrt{2}\left(\frac{1}{\sqrt{2}} + \mathrm{i}\,\frac{1}{\sqrt{2}}\right) = \sqrt{2}\mathrm{e}^{\mathrm{i}\frac{\pi}{4}}$, donc $\boldsymbol{\alpha = \frac{\pi}{4}}$.

2° Pour montrer que le triangle est isocèle et rectangle on peut calculer le module et l'argument du nombre complexe $\frac{z' - z}{z - z_0}$.

On peut aussi utiliser les relations métriques dans le triangle ; en effet :

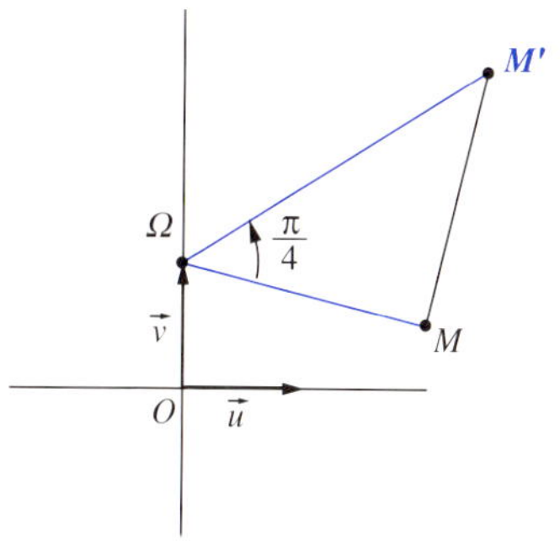

$(\overrightarrow{\Omega M}, \overrightarrow{\Omega M'}) = \frac{\pi}{4},$

$\Omega M' = \Omega M \times \sqrt{2}.$

Or : $\quad MM'^2 = \Omega M^2 + \Omega M'^2 - 2 \times \Omega M \times \Omega M' \times \cos\widehat{M\Omega M'},$

ce qui donne ici :

$$MM'^2 = \Omega M^2 + 2\Omega M^2 - 2\sqrt{2}\Omega M^2 \times \frac{1}{\sqrt{2}},$$

$$MM'^2 = \Omega M^2,$$

donc : $\quad MM' = \Omega M.$

Le triangle $\Omega MM'$ est donc **isocèle.**

Puisque $\widehat{M\Omega M'} = \frac{\pi}{4}$, alors $\widehat{\Omega M'M} = \frac{\pi}{4}$ et $\widehat{\Omega MM'} = \frac{\pi}{2}$. Le triangle $\widehat{\Omega MM'}$ est donc **rectangle en M.**

3° L'image d'un cercle de centre A est un cercle de centre A'. De plus, (C) contient Ω, qui est invariant. Donc (C') contient Ω.

Pour construire A', il n'est pas nécessaire de calculer son affixe. On utilisera le résultat établi à la question **2°.**

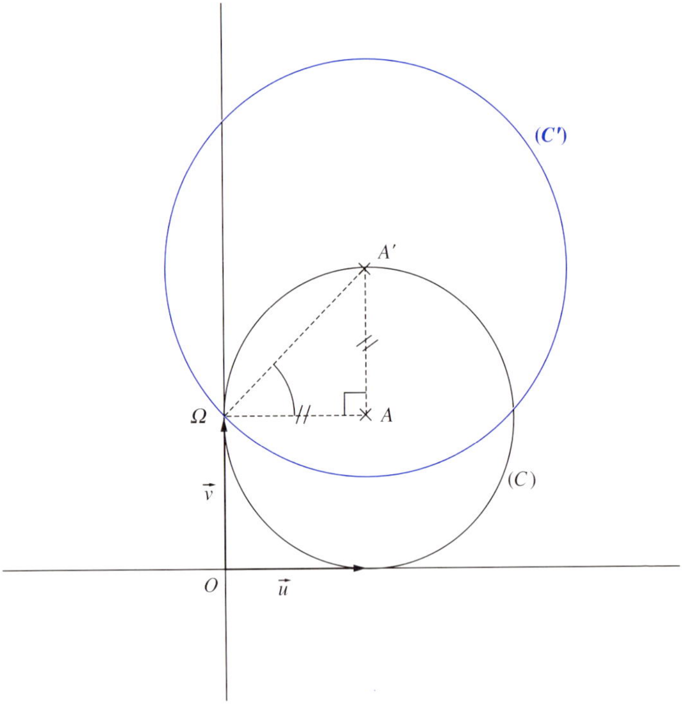

EN BREF !

Pour utiliser des similitudes dans le plan complexe, il faut bien savoir déterminer les éléments caractéristiques d'une similitude et connaître ses propriétés géométriques ; il faut, aussi, parfaitement maîtriser le calcul dans $\mathbb{C}$, et savoir transcrire un problème sous une forme géométrique.

5 Le plan complexe $\mathcal{P}$ est rapporté à un repère orthonormal direct $(O, \vec{u}, \vec{v})$. Soit f l'application de $\mathcal{P}$ vers $\mathcal{P}$ qui, à tout point M d'affixe z, associe le point M' d'affixe z' défini par :

$$z' = \frac{3 + \mathrm{i}\sqrt{3}}{3} z + \frac{1 - \mathrm{i}\sqrt{3}}{2}.$$

1° Déterminer la nature et les éléments caractéristiques de f.

2° Montrer que le triangle $\Omega MM'$ est rectangle en M'. (Ω est le point tel que $f(\Omega) = \Omega$; M est un point quelconque distinct de Ω.)

3° En déduire une construction au compas du point M', lorsqu'on connaît M et le milieu I de $[\Omega M]$.

(D'après bac C, 1991.)

6 **1°** Dans le plan complexe, rapporté à un repère orthonormal $(O, \vec{u}, \vec{v})$, déterminer la forme complexe de la similitude f de centre $\Omega(1\ ;\ 1)$, de rapport 2 et d'angle $\frac{\pi}{3}$.

2° Déterminer analytiquement, puis construire l'ensemble $\mathcal{E}$ des points M tels que $f(M)$ est un point de l'axe $(O, \vec{u})$.

FAIRE LE POINT . . . . .

7 (C) est un cercle de centre O.
$[AB]$ est une corde de ce cercle.
M est un point variable du cercle (C).
Lorsque $M \neq A$ et $M \neq B$, H est l'orthocentre du triangle AMB.

1° On désigne par I le milieu de $[AB]$ et par B' le symétrique de B par rapport à O.
a) Montrer que $AHMB'$ est un parallélogramme.
b) Montrer que $\overrightarrow{B'A} = 2\overrightarrow{OI}$.
c) En déduire que H est l'image de M par la translation de vecteur $2\overrightarrow{OI}$.

COMMENT FAIRE ?

2° Soit Δ la droite parallèle à (AB) contenant O.

a) Montrer que $S_{(AB)} \circ S_{\Delta} = t_{2\overrightarrow{OI}}$.

b) En déduire que le symétrique de H par rapport à (AB) appartient à (C).

c) Quel est l'ensemble décrit par le point H lorsque M décrit $(C) \setminus \{A ; B\}$?

3° Soit ABC un triangle et (C) le cercle circonscrit à ABC. On désigne par (C_1), (C_2) et (C_3) les symétriques respectifs du cercle (C) par rapport aux droites (AB), (BC) et (CA).

Justifier que (C_1), (C_2) et (C_3) se coupent en l'orthocentre du triangle ABC.

CORRIGÉS

1 • Soit $\vec{u}_1$ un vecteur tel que $(\vec{u}_1, \overrightarrow{AB}) = \frac{\pi}{4}$, et soit la droite $\Delta_1 = (A, \vec{u}_1)$.

Alors $S_{(AB)} \circ S_{\Delta_1} = r_1$.

• Soit $\vec{u}_2$ un vecteur tel que $(\overrightarrow{AB}, \vec{u}_2) = -\frac{\pi}{4}$ et soit la droite $\Delta_2 = (B, \vec{u}_2)$.

Alors $S_{\Delta_2} \circ S_{(AB)} = r_2$.

• $r_2 \circ r_1 = (S_{\Delta_2} \circ S_{(AB)}) \circ (S_{(AB)} \circ S_{\Delta_1})$,

$\boldsymbol{r_2 \circ r_1 = S_{\Delta_2} \circ S_{\Delta_1}}$, car $S_{(AB)} \circ S_{(AB)} = \text{Id}$.

$(\vec{u}_1, \vec{u}_2) = (\vec{u}_1, \overrightarrow{AB}) + (\overrightarrow{AB}, \vec{u}_2) = \frac{\pi}{4} + \left(-\frac{\pi}{4}\right) = 0.$

Donc $\vec{u}_1$ et $\vec{u}_2$ sont des vecteurs colinéaires, et les droites Δ_1 et Δ_2 sont parallèles. Par conséquent, $S_{\Delta_2} \circ S_{\Delta_1}$ est une **translation :** le vecteur de la translation est $\boldsymbol{\vec{v} = 2\overrightarrow{H_1H_2}}$, H_1 étant un point quelconque de Δ_1 et H_2 son projeté orthogonal sur Δ_2.

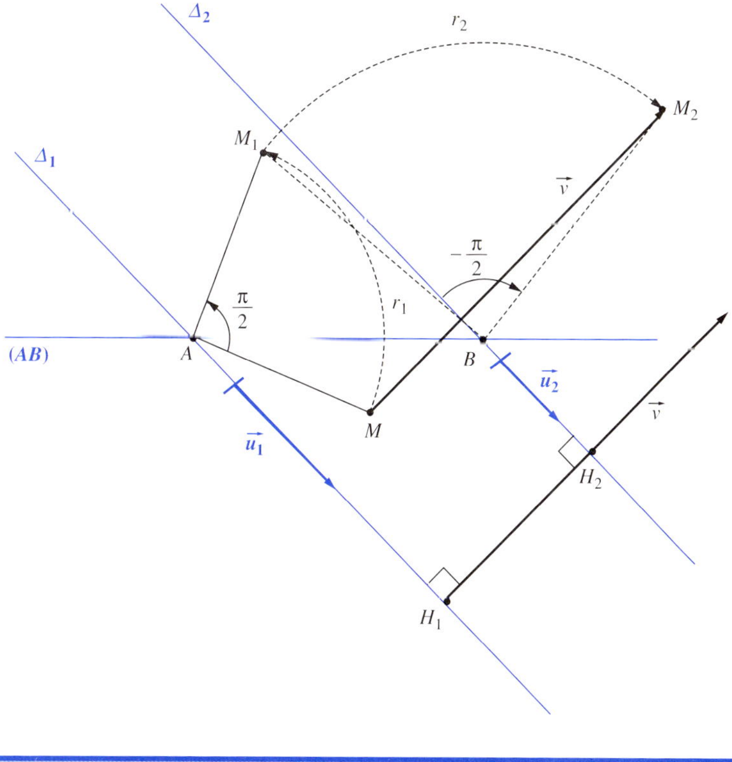

2

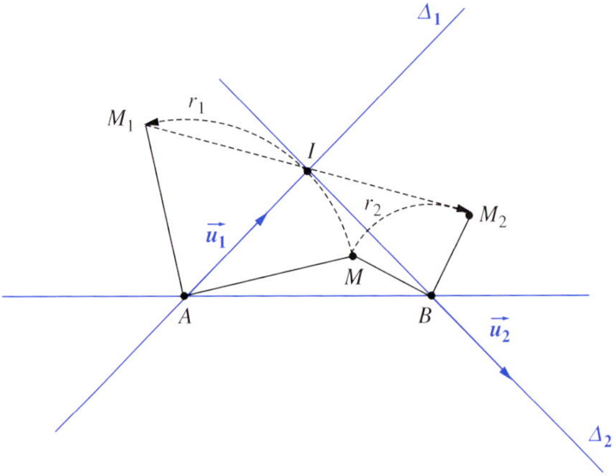

- $r_1(M) = M_1$, donc $M = r_1^{-1}(M_1)$.
  r_1^{-1} est le quart de tour négatif de centre A.
  $r_2(M) = M_2$, donc $(r_2 \circ r_1^{-1})(M_1) = M_2$.
- r_1^{-1} s'écrit comme composée des réflexions :
  $r_1^{-1} = S_{(AB)} \circ S_{\Delta_1}$, où Δ_1 est la droite $(A, \vec{u}_1)$ avec $(\vec{u}_1, \overrightarrow{AB}) = -\dfrac{\pi}{4}$.
- r_2 s'écrit comme composée des réflexions :
  $r_2 = S_{\Delta_2} \circ S_{(AB)}$, où Δ_2 est la droite $(B, \vec{u}_2)$ avec $(\overrightarrow{AB}, \vec{u}_2) = -\dfrac{\pi}{4}$.
- $r_2 \circ r_1^{-1} = (S_{\Delta_2} \circ S_{(AB)}) \circ (S_{(AB)} \circ S_{\Delta_1})$,
  $r_2 \circ r_1^{-1} = S_{\Delta_2} \circ S_{\Delta_1}$, car $S_{(AB)} \circ S_{(AB)} = \mathrm{Id}$.

Δ_1 et Δ_2 sont sécantes en I. $S_{\Delta_2} \circ S_{\Delta_1}$ est donc la **rotation de centre I et d'angle $2(\vec{u}_1, \vec{u}_2)$.**

$(\vec{u}_1, \vec{u}_2) = (\vec{u}_1, \overrightarrow{AB}) + (\overrightarrow{AB}, \vec{u}_2) = \left(-\dfrac{\pi}{4}\right) + \left(-\dfrac{\pi}{4}\right) = -\dfrac{\pi}{2}$.

$r_2 \circ r_1^{-1}$ est la rotation de centre I, d'angle $-\pi$, c'est-à-dire la **symétrie centrale de centre I.**

$(r_2 \circ r_1^{-1})(M_1) = M_2$, donc **$I$ est le milieu de $[M_1 M_2]$**, et ce, **indépendamment du point M.**

3 Le centre O du carré $ABCD$, qui est l'isobarycentre des sommets, est invariant par toute isométrie laissant $\mathcal{E}$ invariant. Par conséquent, une isométrie laissant $\mathcal{E}$ invariant est nécessairement une **réflexion d'axe contenant O,** ou **une rotation de centre O.**

Soit f une isométrie laissant $\mathcal{E}$ invariant.

• Si f laisse deux sommets consécutifs invariants, alors **f est l'identité du plan.**

Supposons $f \neq \text{Id}$.

• Si $f(A) = A$, alors la droite (OA) est invariante point par point, et $f(C) = C$. On a : $f(B) = D$ et $f(D) = B$. f est la **réflexion** d'axe (AC) : $f = S_{(AC)}$.

De même, si $f(B) = B$, alors $f = S_{(BD)}$.

• Supposons qu'aucun sommet ne soit invariant. On peut avoir :

1° $f(A) = B$, $f(B) = A$, $f(C) = D$, $f(D) = C$.

f est alors la **réflexion d'axe Δ, médiatrice de $[AB]$ et $[CD]$.**

2° $f(A) = B$,
$f(B) = C$ ($f(B) = D$ n'est pas possible, car $AB \neq BD$),
$f(C) = D$ ($f(C) = A$ n'est pas possible, car $BC \neq CA$),
$f(D) = A$.

Dans ce cas de figure, f est la **rotation r_1 de centre O d'angle $\frac{\pi}{2}$.**

3° $f(A) = C$,
$f(B) = D$ (seul cas possible, car f est une isométrie),
$f(C) = A$ (seul cas possible, car f est une isométrie),
$f(D) = B$.

Alors f est la **symétrie centrale r_2 de centre O.**

4° $f(A) = D$, $f(B) = C$, $f(C) = B$, $f(D) = A$.

f est alors la **réflexion d'axe Δ', médiatrice de $[AD]$ et $[B, C]$.**

5° $f(A) = D$,
$f(B) = A$,
$f(C) = B$ (seul cas possible, car f est une isométrie),
$f(D) = C$.

f est alors la **rotation r_3 de centre O, d'angle $-\frac{\pi}{2}$.**

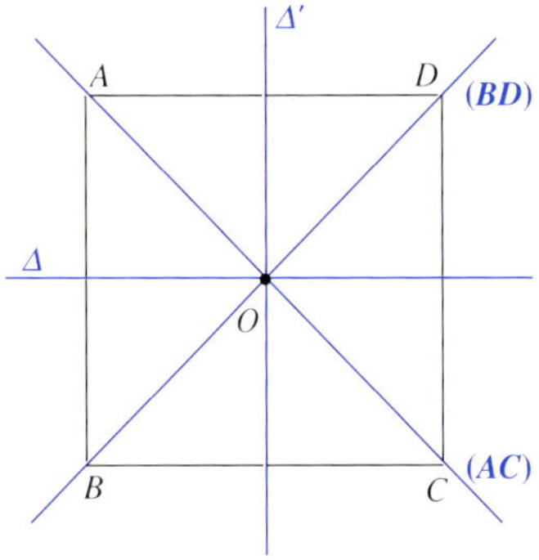

Table de composition :

$\circ$	Id	r_1	r_2	r_3	$S_{(AC)}$	$S_{(BD)}$	S_{Δ}	$S_{\Delta'}$
Id	Id	r_1	r_2	r_3	$S_{(AC)}$	$S_{(BD)}$	S_{Δ}	S_{Δ}'
r_1	r_1	r_2	r_3	Id	$S_{\Delta'}$	S_{Δ}	$S_{(AC)}$	$S_{(BD)}$
r_2	r_2	r_3	Id	r_1	$S_{(BD)}$	$S_{(AC)}$	$S_{\Delta'}$	S_{Δ}
r_3	r_3	Id	r_1	r_2	S_{Δ}	$S_{\Delta'}$	$S_{(BD)}$	$S_{(AC)}$
$S_{(AC)}$	$S_{(AC)}$	S_{Δ}	$S_{(BD)}$	$S_{\Delta'}$	Id	r_2	r_1	r_3
$S_{(BD)}$	$S_{(BD)}$	$S_{\Delta'}$	$S_{(AC)}$	S_{Δ}	r_2	Id	r_3	r_1
S_{Δ}	S_{Δ}	$S_{(BD)}$	$S_{\Delta'}$	$S_{(AC)}$	r_3	r_1	Id	r_2
$S_{\Delta'}$	$S_{\Delta'}$	$S_{(AC)}$	S_{Δ}	$S_{(BD)}$	r_1	r_3	r_2	Id

4 **1°** Puisque D_1 et D_2 sont les seules droites incluses dans $\mathcal{E} = D_1 \cup D_2$ et puisque l'image d'une droite est une droite, alors, si f est une isométrie laissant $\mathcal{E}$ invariant, on ne peut avoir que :

$$f(D_1) = D_1 \quad \text{et} \quad f(D_2) = D_2,$$

ou bien :

$$f(D_1) = D_2 \quad \text{et} \quad f(D_2) = D_1.$$

$O \in D_1 \cap D_2$, donc $f(O) \in f(D_1) \cap f(D_2)$.

Or $f(D_1) \cap f(D_2) = D_1 \cap D_2$, donc $\boldsymbol{f(O) = O}$.

2°

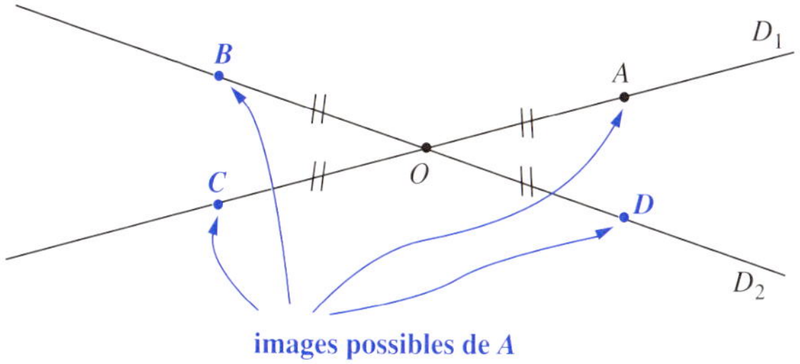

Les images possibles de A sont A, B, C et D, les quatre points de $D_1 \cup D_2$ tels que $OA = OB = OC = OD$; ceci provient du fait que O est invariant et f est une isométrie.

3° *a*) Cas où D_1 et D_2 ne sont pas orthogonales

Rotations : les seules rotations laissant $\mathcal{E}$ invariant sont **Id** et $\boldsymbol{r(O, \pi)}$.

Réflexions :

• Si $f(A) = B$, alors $f(B) = A$.
Soit Δ la médiatrice de $[AB]$. Δ contient O et est la médiatrice de $[CD]$. D'où $f(C) = D$ et $f(D) = C$.

• Si $f(A) = D$, alors $f(D) = A$.
Soit Δ' la médiatrice de $[AD]$. Δ' contient O et est la médiatrice de $[BC]$. D'où $f(B) = C$ et $f(C) = B$.

• Le cas $f(A) = C$ n'est pas possible, car la réflexion dont l'axe est la médiatrice de $[AC]$ ne transforme D_2, ni en D_1, ni en D_2.

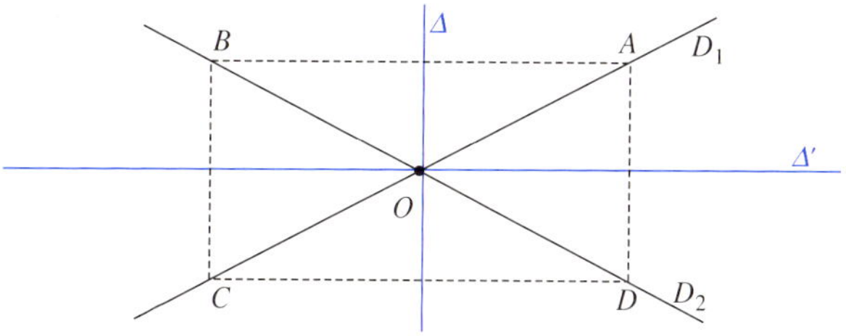

Les seules isométries laissant $\mathcal{E}$ invariant sont **Id**, $\boldsymbol{r(O, \pi)}$, $\boldsymbol{S_\Delta}$ **et** $\boldsymbol{S_{\Delta'}}$.

b) Cas où D_1 et D_2 sont orthogonales

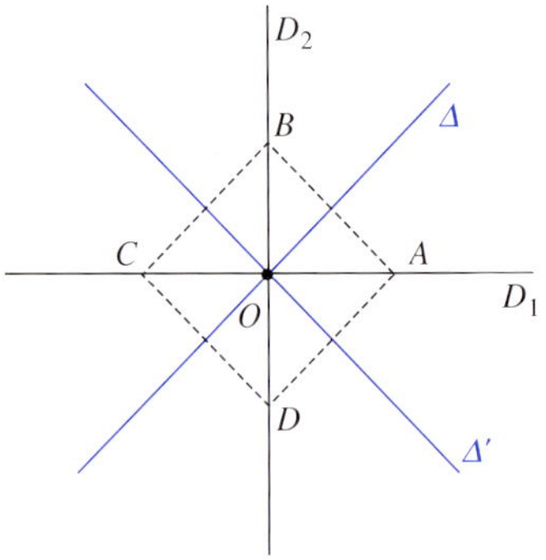

ABCD est alors un carré. Aux isométries précédentes, s'ajoutent S_{D_1}, S_{D_2}, $r\left(O, \frac{\pi}{2}\right)$ et $r\left(O, -\frac{\pi}{2}\right)$.

5 **1°** Puisque z' est de la forme $z' = az + b$, avec $a \in \mathbb{C}$ $(a \neq 1)$ et $b \in \mathbb{C}$, f est une **similitude.** (f n'est pas une translation.)

- L'affixe z_0 de son centre Ω vérifie $f(z_0) = z_0$.

D'où $\boldsymbol{z_0 = 2}$.

- Son rapport est $k = \left|\frac{3 + \mathrm{i}\sqrt{3}}{4}\right| = \boldsymbol{\frac{\sqrt{3}}{2}}$.

- Son angle est $\alpha = \arg\left(\frac{3 + \mathrm{i}\sqrt{3}}{4}\right)$:

$$\frac{3 + \mathrm{i}\sqrt{3}}{4} = \frac{\sqrt{3}}{2}\left(\frac{\sqrt{3}}{2} + \mathrm{i}\,\frac{1}{2}\right) = \frac{\sqrt{3}}{2}\,\mathrm{e}^{\mathrm{i}\frac{\pi}{6}}, \text{ donc } \boldsymbol{\alpha = \frac{\pi}{6}}.$$

2° $(\overrightarrow{M'\Omega}, \overrightarrow{M'M}) = \arg\left(\frac{z' - z}{z' - z_0}\right)$.

$$\frac{z' - z}{z' - z_0} = \frac{\frac{-1 + \mathrm{i}\sqrt{3}}{4}z + \frac{1 - \mathrm{i}\sqrt{3}}{2}}{\frac{3 + \mathrm{i}\sqrt{3}}{4}z + \frac{-3 - \mathrm{i}\sqrt{3}}{2}},$$

$$\frac{z'-z}{z'-z_0} = \frac{(-1+i\sqrt{3})z + 2(1-i\sqrt{3})}{(3+i\sqrt{3})z - 2(3+i\sqrt{3})},$$

$$= \frac{(-1+i\sqrt{3})(z-2)}{(3+i\sqrt{3})(z-2)} = \frac{-1+i\sqrt{3}}{3+i\sqrt{3}},$$

$$= \frac{(-1+i\sqrt{3})(3-i\sqrt{3})}{12} = i\,\frac{\sqrt{3}}{3}.$$

Donc $\arg\left(\dfrac{z'-z}{z'-z_0}\right) = \dfrac{\pi}{2}$, et l'angle géométrique $\widehat{\Omega M'M}$ est droit.

3° $\widehat{\Omega M'M}$ est droit, donc M' appartient au cercle (C) de centre I, contenant M.

Par ailleurs, $\overline{(\overrightarrow{\Omega M}, \overrightarrow{\Omega M'})} = \dfrac{\pi}{6}$. Donc l'angle géométrique $\widehat{\Omega MM'}$ vaut $\dfrac{\pi}{3}$.

Or $\widehat{\Omega MM'} = \widehat{IMM'}$. Le triangle $\widehat{IMM'}$ est donc équilatéral.

• On trace le cercle (C), puis le triangle $\Omega MM'$ tel que $\overline{(\overrightarrow{\Omega M}, \overrightarrow{\Omega M'})} = \dfrac{\pi}{6}$.

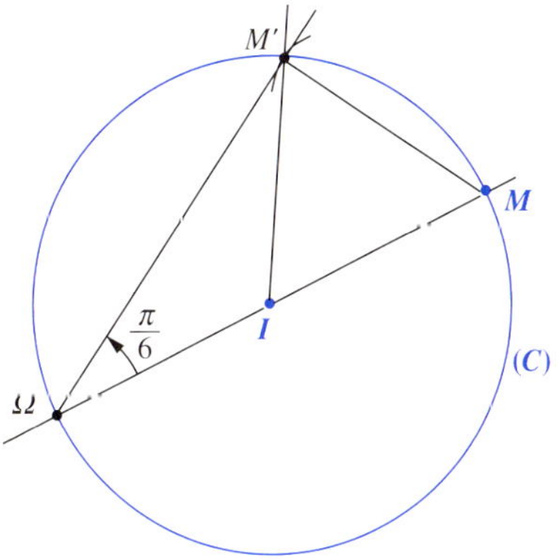

6 **1°** L'affixe z' de l'image M' de M, s'exprime en fonction de l'affixe z de M par $z' = az + b$, avec $a = 2e^{i\frac{\pi}{3}}$.

$a = 2\left(\dfrac{1}{2} + i\,\dfrac{\sqrt{3}}{2}\right) = \mathbf{1 + i\sqrt{3}}.$

Le point Ω d'affixe $z_0 = 1 + i$ est invariant, donc :

$1 + i = (1 + i\sqrt{3})(1 + i) + b,$

d'où $\boldsymbol{b} = \sqrt{3}(\mathbf{1} - \mathbf{i})$.

Finalement $\boldsymbol{z}' = (\mathbf{1} + \mathbf{i}\sqrt{3})\boldsymbol{z} + \sqrt{3}(\mathbf{1} - \mathbf{i})$.

2° $f(M)$ est un point de l'axe $(O, \vec{u})$ signifie que z' est réel.
Soit $z = x + \mathrm{i}y$, avec x et y réels.

$$z' = (1 + \mathrm{i}\sqrt{3})(x + \mathrm{i}y) + \sqrt{3}(1 - \mathrm{i}),$$
$$= (x - y\sqrt{3} + \sqrt{3}) + \mathrm{i}(x\sqrt{3} + y - \sqrt{3}).$$

z' est réel si, et seulement si, sa partie imaginaire est nulle, c'est-à-dire :

$$x\sqrt{3} + y - \sqrt{3} = 0,$$

soit : $$y = \sqrt{3}(-x + 1).$$

$\mathcal{E}$ est donc une droite.

Notons que le point A d'affixe 1 appartient à $\mathcal{E}$ et qu'un vecteur directeur de $\mathcal{E}$ est le vecteur $\vec{w}$ d'affixe $2\mathrm{e}^{-\mathrm{i}\frac{\pi}{3}}$.

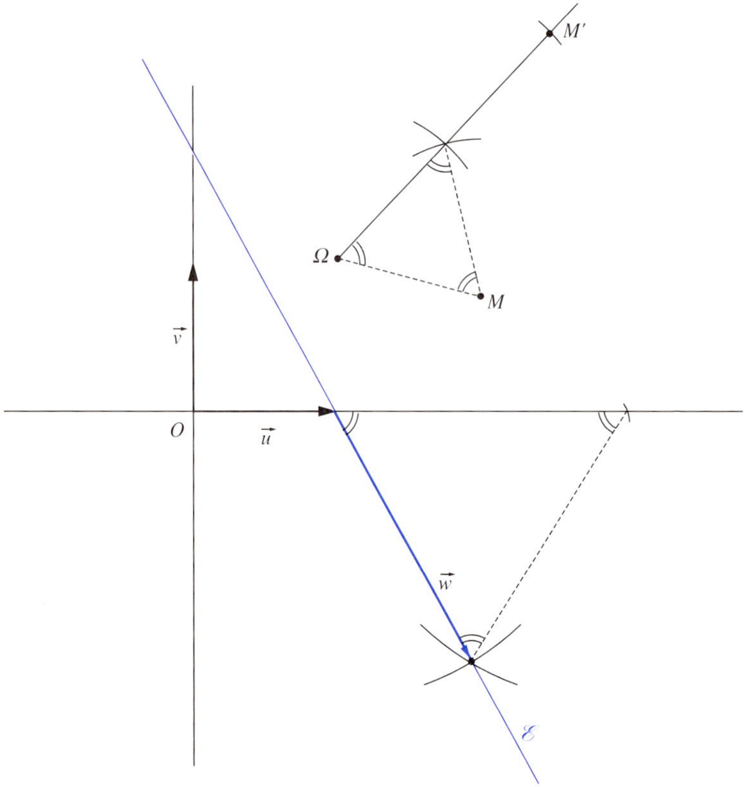

7

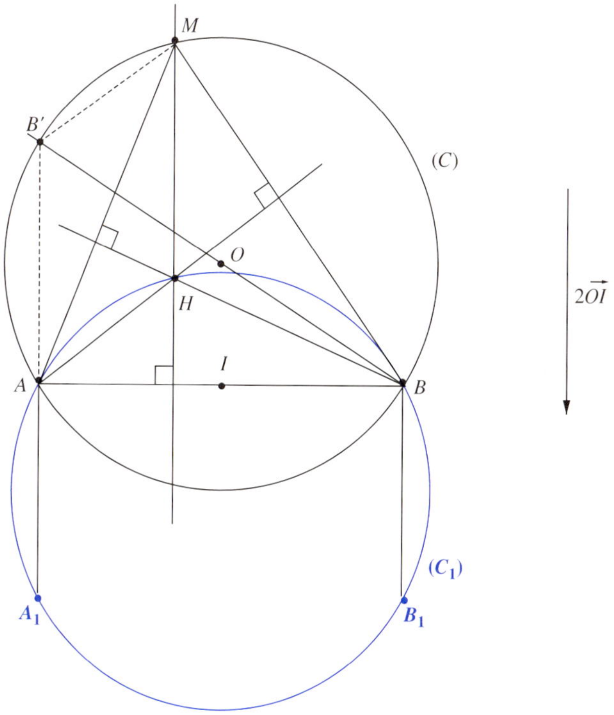

1° *a*) Le triangle $BB'A$ est inscrit dans le cercle (C) de diamètre $[BB']$; donc les droites (AB') et (AB) sont orthogonales. Par ailleurs, la droite (MH) est orthogonale à (AB), par définition d'une hauteur. Donc les droites **(AB') et (MH) sont parallèles.**

Par un raisonnement analogue appliqué au triangle $BB'M$, et à la droite (AH), on montre que les droites **(AH) et $(B'M)$ sont parallèles.**

Le quadrilatère $AHMB'$ est donc un parallélogramme.

Remarque : Si $B' = A$, le résultat est encore vrai ; on a alors $M = H$.

b) O est le milieu de $[BB']$ et I le milieu de $[AB]$. D'après le théorème des milieux, $\overrightarrow{B'A} = 2\overrightarrow{OI}$.

c) $\overrightarrow{MH} = \overrightarrow{B'A}$, car $AHMB'$ est un parallélogramme.

Donc $\overrightarrow{MH} = 2\overrightarrow{OI}$; ce qui signifie que H est l'image de M par la translation de vecteur $2\overrightarrow{OI}$.

2° *a*) Puisque (AB) et Δ sont des droites parallèles, $S_{(AB)} \circ S_\Delta$ est une translation ; I est le projeté orthogonal de O sur (AB) ; $S_{(AB)} \circ S_\Delta$ est donc la translation de vecteur $2\overrightarrow{OI}$.

b) Le symétrique N de M par rapport à Δ appartient à (C) (car $S_\Delta(C) = (C)$).

Soit : $N' = S_{(AB)}(N)$,

$$N' = S_{(AB)}(S_\Delta(M)) = (S_{(AB)} \circ S_\Delta)(M) = t_{2\overrightarrow{OI}}(M) = H.$$

Donc le symétrique de H par rapport à (AB) est le point N, et il appartient à (C).

c) Quand M décrit $(C)\backslash\{A\,;\,B\}$, H décrit $\mathbf{(C_1)\backslash\{A_1\,;\,B_1\}}$, où (C_1) est le **cercle translaté de (C)** et où A_1 et B_1 sont les translatés respectifs de A et B par la translation $\boldsymbol{t_{2\overrightarrow{OI}}}$.

3° On démontrerait de même que, dans tout triangle ABC, les symétriques respectifs H_1, H_2 et H_3 de l'orthocentre H par rapport à (AB), (BC) et (CA) appartiennent au cercle (C) circonscrit au triangle ABC. $H_1 \in (C)$, donc $H \in (C_1)$; de même, $H \in (C_2)$ et $H \in (C_3)$. Donc (C_1), (C_2) et (C_3) se coupent en H.

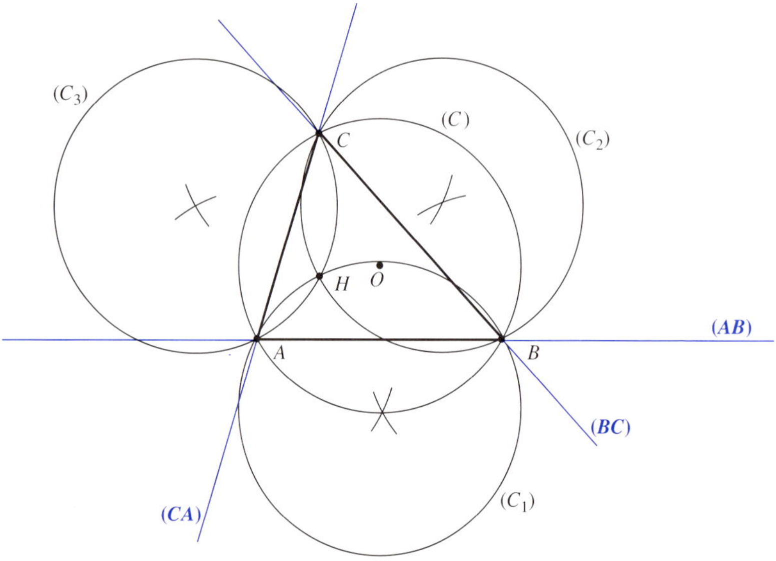

Conception de la maquette intérieure : MEDIAMAX
Couverture : SG Production

Impression Jean-Lamour
Dépôt légal n° 9052-09/94- Collection n° 07- Edition n° 01
16/6635/3